CW01467183

HTML5 & CSS3

辞典 第2版
second edition

（株）アンク 著

SE
SHOEISHA

本書内容に関するお問い合わせについて

このたびは翔泳社の書籍をお買い上げいただき、誠にありがとうございます。弊社では、読者の皆様からのお問い合わせに適切に対応させていただくため、以下のガイドラインへのご協力をお願い致しております。下記項目をお読みいただき、手順に従ってお問い合わせください。

●ご質問される前に

弊社Webサイトの「正誤表」をご参照ください。これまでに判明した正誤や追加情報を掲載しています。

正誤表　　　　http://www.shoeisha.co.jp/book/errata/

●ご質問方法

弊社Webサイトの「刊行物Q&A」をご利用ください。

刊行物Q&A　　http://www.shoeisha.co.jp/book/qa/

インターネットをご利用でない場合は、FAXまたは郵便にて、下記"翔泳社 愛読者サービスセンター"までお問い合わせください。
電話でのご質問は、お受けしておりません。

●回答について

回答は、ご質問いただいた手段によってご返事申し上げます。ご質問の内容によっては、回答に数日ないしはそれ以上の期間を要する場合があります。

●ご質問に際してのご注意

本書の対象を越えるもの、記述個所を特定されないもの、また読者固有の環境に起因するご質問等にはお答えできませんので、予めご了承ください。

●郵便物送付先およびFAX番号

送付先住所	〒160-0006　東京都新宿区舟町5
FAX番号	03-5362-3818
宛先	(株)翔泳社 愛読者サービスセンター係

※本書に記載されたURL等は予告なく変更される場合があります。
※本書の対象に関する詳細はxiページの「本書の動作環境」をご参照ください。
※本書の出版にあたっては正確な記述につとめましたが、著者や出版社などのいずれも、本書の内容に対してなんらかの保証をするものではなく、内容やサンプルに基づくいかなる運用結果に関してもいっさいの責任を負いません。
※本書に掲載されているサンプルプログラムやスクリプト、および実行結果を記した画面イメージなどは、特定の設定に基づいた環境にて再現される一例です。
※本書に記載された内容は、2012年12月段階で策定された最新の仕様と、2013年4月現在のブラウザ対応状況にもとづいて執筆されています。仕様、ブラウザ対応状況、その他は今後も変更されることが予想されます。ご了承ください。

※本書に記載されている会社名、製品名はそれぞれ各社の商標および登録商標です。

CONTENTS

目　次

第1部 第1章 HTML5の基礎知識

第1部 第2章 HTML5リファレンス

第2部 第1章 CSS3の基礎知識

▌第2部 第2章 CSS3リファレンス

第3部 付録

本書の読み方

　本書は「HTML5」と「CSS3」の2部構成で、それぞれの部は基礎知識を解説する1章と、リファレンスパートである2章からなっています。特徴や概念、新機能、記述方法等は各部の1章「HTML5の基礎知識」(p.1)と「CSS3の基礎知識」(p.255)を参照してください。

　2章のリファレンスパートでは、項目を機能別にカテゴリー分けし、基本書式、解説、サンプルソース、サンプルの表示画面、各ブラウザの対応表などをセットにして掲載しています。HTML5とCSS3のリファレンス構成は基本的に同一の形式になっていますが、わかりやすさを重視し、一部形式を変更しています。異なる部分に関しては、p.x～xiを参照してください。

【共通の項目】

カテゴリー▶
効果や種類によって分けています。数字は、そのカテゴリの何項目かを表します。

タイトル▶
具体的に何ができるのかを表しています。使用目的から選んでください。

基本書式▶
HTML5とCSS3で見方が異なります。p.xを参照してください。

値▶
HTML5とCSS3で見方が異なります。p.xを参照してください。

HTML5 > SECTION.05

見出しを表したい

<h★>～</h★>

★‥‥‥‥1～6

▼ 要素解説

カテゴリー	フロー・コンテンツ／見出しコンテンツ／パルパブル・コンテンツ
利用できる場所	hgroupの子要素として／フロー・コンテンツが期待される場所
コンテンツモデル	フレージング・コンテンツ

　見出しは、h1～h6要素で表します。数字は見出しのランク（階層）を表すもので、h1が1番上位、以下数字が大きくなるにつれて見出しのランクが下がることを意味します。
　h1～h6要素が使われると、暗黙的にセクションであるとみなされます。
　なお、明示的にセクションを表すには、section要素(p.46)やarticle要素など(p.50)のセクショニング・コンテンツに属する要素を指定します。
見出しとセクションの関係については、p.22を参照してください。

Sample Source

```
<body>
<h1>見出しA</h1>
<h2>見出しB</h2>
<h3>見出しC</h3>
<h2>見出しD</h2>
</body>
```

サイドバー: 〈書の基本　セクション　コンテンツのグループ化　テキストレベルの意味付け　コンテンツの埋め込み　テーブル　フォーム　インタラクティブ

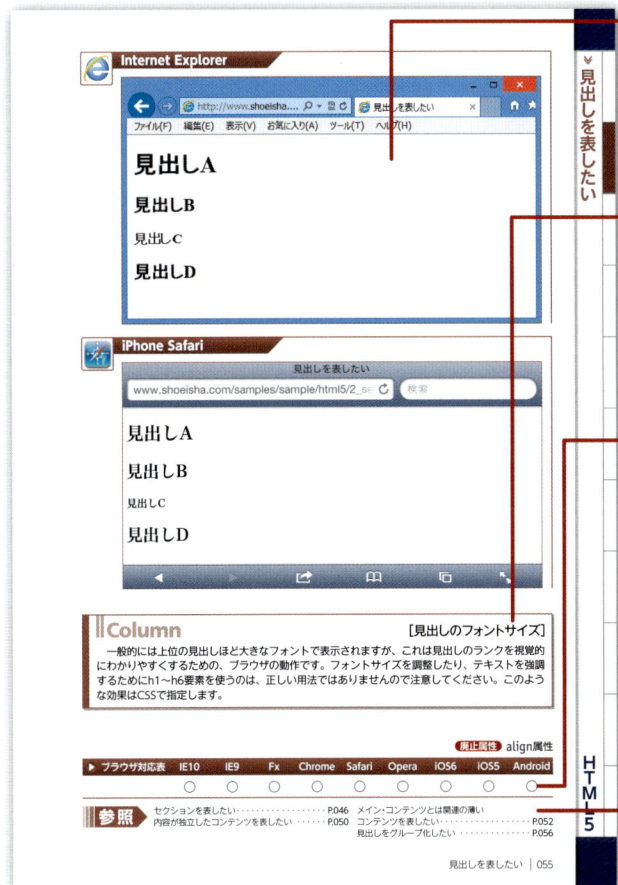

**サンプル
表示画面▶**

サンプルソースを実際
にブラウザで表示した
場合の画面です。

Internet Explorer

http://www.shoeisha....

ファイル(F) 編集(E) 表示(V) お気に入り(A) ツール(T) ヘルプ(H)

見出しを表したい

見出しA

見出しB

見出しC

見出しD

コラム▶

その項目に関する注意
点や関連するトピック、
さらに理解を深めるた
めの内容を紹介してい
ます。

iPhone Safari

見出しを表したい

www.shoeisha.com/samples/sample/html5/2_se 検索

見出しA

見出しB

見出しC

見出しD

対応表▶

各ブラウザでの対応状
況を表しています。
HTML5とCSS3で内容
が異なります。p. x を
参照してください。

‖Column　　　　　　　　　　　　　　　　　　[見出しのフォントサイズ]

　一般的には上位の見出しほど大きなフォントで表示されますが、これは見出しのランクを視覚的
にわかりやすくするための、ブラウザの動作です。フォントサイズを調整したり、テキストを強調
するために h1～h6 要素を使うのは、正しい用法ではありませんので注意してください。このよう
な効果は CSS で指定します。

参照▶

関連の深い項目へのリ
ンクです。参照するこ
とで体系的に理解でき
ます。

廃止属性 align属性

▶ ブラウザ対応表	IE10	IE9	Fx	Chrome	Safari	Opera	iOS6	iOS5	Android
	○	○	○	○	○	○	○	○	○

参照▶ セクションを表したい ・・・・・・・・・・・・・ P.046　メイン・コンテンツとは関連の薄い

内容が独立したコンテンツを表したい ・・・・・・ P.050　コンテンツを表したい ・・・・・・・・・・・・・・・ P.052

見出しをグループ化したい ・・・・・・・・・・・・ P.056

要素・属性解説▶

HTML5とCSS3で内容が異なります。p. x
を参照してください。

解説▶

その項で取り上げているタグ、CSSに関す
る解説です。

サンプルソース▶

HTML5とCSS3で内容が異なります。p. x
を参照してください。
なお、紙面の関係で一部省略や改行を行っ
ています。

【HTML5タグリファレンスの項目】

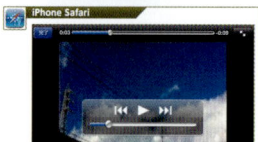

1 新しい要素・変更された要素・新しい属性、新しい値▶

HTML5で新たに追加された要素には「新しい要素」、意味の変更された要素には「変更された要素」、新たに追加された属性と値にはそれぞれ「新しい属性」「新しい値」のアイコンが付けられています。要素の変更については、p.10を参照してください。

（新しい要素）（変更された要素）
（新しい属性）（新しい値）

2 基本書式▶

タイトルで表している内容を表現するためのタグの基本的な書式です。タグ（要素）と属性は赤色、値は青色の文字で表記しています。

3 値▶

その属性がとる値です。★や●で表しています。項目によっては、この欄で属性も紹介しています。

4 要素解説▶

その項で取り上げている要素の解説です。「カテゴリー」では、その要素が分類されているカテゴリーを表記しています。カテゴリーについては、p.14を参照してください。「利用できる場所」では、その要素を利用できる場所を、「コンテンツモデル」では、その要素の中に入れることのできるコンテンツを表します。この欄に「空」とある場合、その要素内にはコンテンツを入れることができません。

5 サンプルソース▶

その項目で解説しているタグや属性を使用したサンプルソースです。基本書式に合わせてタグ（要素）・属性は赤色、値は青色の文字にしています。

6 対応表と廃止属性▶

各ブラウザでの対応状況を○×で示しています。ブラウザの環境についてはp.xiiを参照してください。また、その要素で廃止された属性がある場合は、対応表の上に表記しています。

【CSS3リファレンスの項目】

CSS3 > BOX.05

アウトラインとボーダーとの間隔を指定したい

outline-offset: ★ ━━ **1**

★…実数値+単位 ━━ **2**

初期値 0 / 値の継承 しない / 適応要素 すべての要素 ━━ **3**

アウトラインとは、要素の輪郭線（縁取り）のことです。CSS2.1では、アウトラインはボーダーのすぐ外側に表示され、間隔の調整はできませんでした。CSS3では、outline-offsetプロパティを使ってアウトラインとボーダーとの間隔を指定できます。

値の指定方法
実数値+単位 数値に単位を付けて、アウトラインとボーダーとの間隔を指定します（単位についてはp.278を参照）。

CSS Source
```
div {
    margin: 50px;
    padding: 20px;
    border: #ccccff solid 10px;
    width: 250px;
    height: 100px;
    outline: #cc0066 solid 10px;
    outline-offset: 10px;
}
```

HTML Source
```
<body>
<div><p>外側がアウトラインです。<br>ボーダーと10px離れています。</p></div>
</body>
```

4

Firefox

外側がアウトラインです。
ボーダーと10px離れています。

iPhone Safari

www.shoeisha.com/samples/sample/css3/3_b...

外側がアウトラインです。
ボーダーと10px離れています。

5

▶ブラウザごとの指定方法と対応

ブラウザ	プロパティ		ブラウザ	プロパティ
IE10	—		Opera	outline-offset
IE9	—		iOS6	outline-offset
Fx	outline-offset		iOS5	outline-offset
Chrome	outline-offset		Android	-webkit-outline-offset
Safari	outline-offset			

320 | CSS3 > BOX.05

アウトラインとボーダーとの間隔を指定したい | 321

---

1 基本書式▶
タイトルで表している内容を表現するためのタグの基本的な書式です。解説するプロパティを赤色、値を青色で表記しています。

2 値▶
その属性がとる値です。★や●で表しています。値の詳細については本文中で解説しています。

3 初期値・値の継承・適応要素▶
その属性がとる値です。項目によっては、この欄で属性も紹介しています。

4 サンプルソース▶
その項目で解説しているタグや属性を使用したサンプルソースです。基本書式に合わせて、解説しているプロパティを赤色、値を青色で表記しています。そのプロパティのセレクタにあたる要素やクラス、IDは緑色です。本書では、サンプルをHTML5と外部スタイルシートで構成しています。

5 ブラウザごとの指定方法と対応▶
各ブラウザでの対応状況と指定方法を示しています。「―」とある欄は、対応していないことを表します。「個別のプロパティ参照」とあるものは、基本書式での指定が可能です。ベンダープレフィックス（p.259参照）が必要なプロパティや、ブラウザごとに値の指定方法が異なるものは、実際に記述すべき内容が書かれています。

ベンダープレフィックスが必要なプロパティ

▶ブラウザごとの指定方法と対応

ブラウザ	プロパティ		ブラウザ	プロパティ
IE10	animation		Opera	animation
IE9	—		iOS6	-webkit-animation
Fx	animation		iOS5	-webkit-animation
Chrome	-webkit-animation		Android	-webkit-animation
Safari	-webkit-animation			

ブラウザごとに値の指定方法も異なるもの

■break-inside

ブラウザ	プロパティ	値
IE10	break-inside	auto、avoid、avoid-page、avoid-column
IE9	—	—
Fx	—	—
Chrome	-webkit-column-break-inside	auto、avoid
Safari	webkit column break inside	auto、avoid
Opera	break-inside	auto、avoid、avoid-page、avoid-column
iOS6	-webkit-column-break-inside	auto、avoid
iOS5	-webkit-column-break-inside	auto、avoid
Android	-webkit-column-break-inside	auto、avoid

本書の動作環境

■OSとブラウザの環境

本書は、以下の動作におけるブラウザ表示にもとづいて記述しており、対応表も以下の環境での結果となります。

OS	日本語版 Microsoft Windows 8/7
ブラウザ	Internet Explorer10（デスクトップ版、Metro UI版）、Internet Explorer9（Windows7のみ）、Firefox 19.0.2、Google Chrome 25、Opera12.14
OS	日本語版Mac OS X 10.8.2
ブラウザ	Firefox 19.0.2、Google Chrome 25、Opera12.14、Safari 6.0.2
OS	iOS 6.1.3/5.1.1
ブラウザ	iPhone Safari
OS	Android 4.2/4.1
ブラウザ	Android標準ブラウザ、アプリ版Google Chrome（4.2のみ）

※Windows版Safariは2012年7月に提供が終了したため、SafariはMacでの検証結果となります
※2013年現在Android4.2搭載機種はNexus 10のみで、この端末の標準ブラウザはGoogle Chromeです。そのため対応表のAndroid欄は、Android4.1搭載機種ならびにAndroid4.2のシミュレータを使った「Android標準ブラウザ」での検証結果です
※Android4.2搭載のGoogle Chromeでの挙動がPC版と異なる場合は対応表の下に脚注で表記しています

■検証用端末

本書の検証に使用したモバイル端末は以下の通りです。
- Apple iPhone 5（iOS 6.1.3搭載）
- Apple iPhone 4（iOS 5.1.1搭載）
- Xperia Z SO-02E（Android 4.1搭載）
- Nexus 10（Android 4.2搭載）

Apple iPhone 5　　Xperia Z SO-02E

■HTML5とCSS3

HTML5はすべてHTML構文（p.7）に従って記述し、CSS3はすべてlink要素で外部スタイルシートを読み込む方法（p.269）で適用しています。

■ディスプレイ表示

サンプルソースを表示しているディスプレイ画面は、基本的に各ブラウザの最新バージョン（Internet Explorerなら10）の初期設定のものを掲載しています。効果が明確に現れるように、適宜画面表示を拡大している場合もあります。

掲載画面はあくまでも一例ですので、ユーザーの設定によっては、本書の表示通りにはならないので注意してください。

■サンプルデータ

本書のサンプルデータは以下のURLよりダウンロードまたは、最後のページのQRコードよりアクセスしてください。

http://www.shoeisha.com/book/pc/dic/

第1部 第1章

HTML5の基礎知識

HTML BASIC

文書の基本

セクション

コンテンツの
グループ化

テキストレベルの
意味付け

コンテンツの
埋め込み

テーブル

フォーム

インタラクティブ

HTML5とは

HTML4.01/XHTML1.0

現在、Webページの多くはHTML4.01やXHTML1.0で作成されています。

HTML4.01は、HTML4.0を改定して1999年に勧告された、HTMLとしては一番新しい仕様です。HTML4.0/HTML4.01で最も注目された点は、文書構造と視覚的な表現（見栄え）の分離です。HTMLとは本来、文書の論理的な構造をしるし付け（マークアップ）し、文書の持つ情報をコンピュータが読めるようにする言語です。しかし、Webの発展に伴ってレイアウトや色、フォントなど、ページの見栄えまでをも指定するようになっていきました。W3CはそうしたHTMLから本来の機能以外の部分を取り除き、HTMLでは文書構造を、そして見栄えについてはスタイルシートを利用するべきという方針を打ち出したのです。

HTML4.01に続いてW3Cから勧告された仕様が、HTMLをXMLで書き直したXHTMLです。XMLの厳しい文法規則を用いてコンピュータが文書構造をより理解しやすくし、また、XMLの持つ拡張性や柔軟性をHTMLに取り入れることで、Web上の情報がさらに活用できるようになると考えられていました。2000年に勧告されたXHTML1.0は、HTML4.01との互換性が考慮されていたためHTMLからの移行もしやすく、現在でも広く利用されています。

その後W3Cは、XHTML BasicやXHTML1.1などを勧告し、XHTML2.0の策定にも着手しましたが、普及は進みませんでした。普及を妨げたおもな理由としては、よりXML志向の強い仕様となり、HTMLとの互換性も無かったことや、Webアプリケーションが注目されるようなWebの実情に適応していなかったことなどがあげられます。つまり、難解で煩わしい定義や、これまでに得た知識・今あるコンテンツを利用できない実用性に問題のある仕様は、ブラウザを開発するベンダーやWeb制作の現場に受け入れられなかったのです。

HTML5の登場

一方、W3Cの方針を疑問視したApple、Mozilla、Operaは、2004年にWHATWGを発足させ、XHTML2.0に代わる新しいHTMLの策定を開始します。彼らは、シンプルで実用的であり、Webの世界を発展させられるような仕様を独自に作りあげていきました。

W3Cが新たなHTMLの策定を発表したのは、2007年3月のことです。これを知ったWHATWGは2007年4月、W3Cに対し、彼らが策定している仕様をW3Cで採用して「HTML5」という名前で策定を始めてはどうかと提案します。同じ年の5月にW3Cはこの提案を受け入れる決定をしました。HTML5という名前はこのときに始まります。そして、W3C側のXHTML2.0は2009年末に策定が打ち切られ、W3CはWHATWGとともにHTML5の策定に力を注ぐことになりました。

その後しばらく共同で作業が行われていましたが、2012年7月、策定をより合理的に進め

るため、W3CとWHATWGは再び作業を分けることが発表されました。ただし、両者がまったく別物になるわけではありません。随時バグを修正しながら新たな機能を追加していき、常に最新かつ正式の仕様であり続けるWHATWG版（「HTML Living Standard」）と、そうした機能やブラウザの実装状況を検討しつつW3Cの標準化プロセスにしたがって策定が進められるW3C版（「HTML5」）という位置付けで、それぞれに作業が行われていきます。

　W3C版のHTML5は、2012年12月17日（日本時間18日）に、機能面での策定完了が発表され、「勧告候補（Candidate Recommendation）」となりました。これにより、現在は相互運用やテストに専念する段階に進んでいます。なお仕様の正式勧告は2014年が予定されています。

▌HTML5について

　これまでのHTMLやXHTMLは文章の構造を示すためのマークアップ言語、またはその仕様を指すものでした。しかし、HTML5という場合は、マークアップ言語にとどまらず、その関連技術を数多く含んだ包括的な用語として使われるのが一般的のようです。

　どこまでをHTML5とするかについてはいろいろな捉えかたがありますが、例えばWebページに図形を描画できる「Canvas」、JavaScriptの処理をバックグラウンドで実行できる「Web Workers」、ブラウザーにデータを保存する「Web Storage」など、Webアプリケーションを実現するさまざまな技術が含まれています。その中には、もともとはHTML5の仕様の中で策定されていたものの、その後独立したAPIの仕様などもあります。また、CSS3やSVG、MathMLなどを含める場合もあります。

　従来のようなマークアップ言語としての仕様書も、HTML5ではかなり大きなものになっています。これは、W3C版の仕様書のタイトルが「A vocabulary and associated APIs for HTML and XHTML」であることからもわかるように、Webアプリケーションのプラットフォームとなるべく、各種APIなどをも含む仕様となっているためです。

▌本書で扱う範囲

　本書ではこれまでの『HTMLタグ辞典』（翔泳社）の流れを引き継ぎ、HTML5仕様のうちのマークアップに関する部分に焦点をあてて解説を進めます。また、W3C版のHTML5仕様を参考にしています。

　HTML5は新しい仕様ですが、これまでの知識が使えなくなるわけでも、すべてを新しく学び直さなければならないわけでもありません。HTML5には「互換性」「有用性」「相互運用性」「ユニバーサルアクセス」という設計原則があり、すでにある技術やノウハウを活かしつつ、実用的でより高度なWebアプリケーションを作成できるように考えられているからです。この原則は、本書が扱うマークアップの仕様についてもあてはまるものです。すでにHTML4.01やXHTML1.0でページを作っていた人は、その知識を生かして移行しやすい仕様になっています。

　ただし、HTML5の仕様は現在、勧告候補の段階です。内容はほぼ固まった状態といえますが、今後変更される可能性がまったく無いわけではありません。その点は注意してください。本書の情報は、基本的に2012年12月の状況に基づいています。

HTMLの基本的な構造

HTML文書の一番基本的な構造は次のようになります。

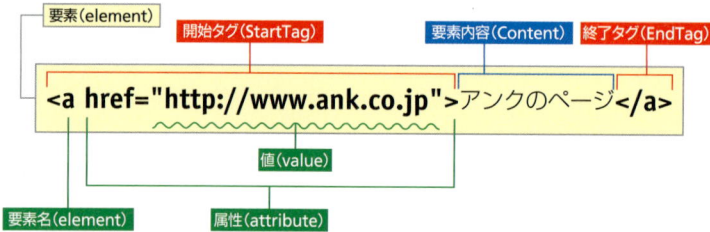

このようにHTMLでは、文書を構成する各内容をその意味や性質によって「要素」に分類し、当該の箇所がどの要素なのかを「タグ」というしるしを付けて示します。

タグには通常、「開始タグ」と「終了タグ」があり、この2つで「要素内容」を挟むように記述します。

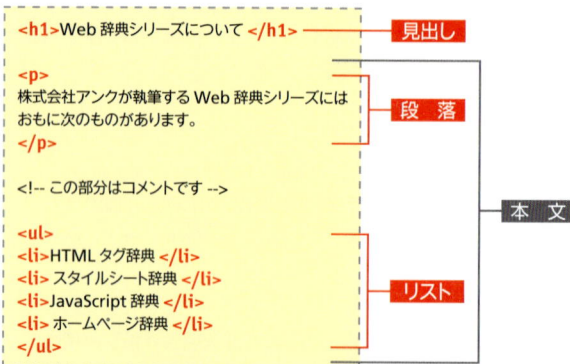

ただし、次の要素は要素内容を持たないために、開始タグのみで終了タグがありません。このような要素を「空要素」といいます。

area	base	br	col	command	embed
hr	img	input	keygen	link	meta
param	source	track	wbr		

属性と値

　各要素には、その要素の性質や役割など詳細情報を示す「属性」を指定することもできます。開始タグの要素名のあとに半角スペースを入れ、基本的には「属性名="値"」のかたちで記述します。

　値には、rect、circle、polyのように既定のものと、数値や文字列などのように文書の作成者が任意で指定するものとがあります。上記のように、引用符(""や")で括って記述するのが一般的です。「""」で囲われた中に「"」、あるいはその逆といったように、引用符を入れ子状にして使うこともできます。

```
<textarea name="comment">ご意見をどうぞ</textarea>
```

　HTMLの場合、属性名と値が同じ属性(論理属性)のときは次のような指定方法も認められています。

```
disabled="disabled"
disabled=""
disabled
```

　複数の属性を指定する場合は、それぞれを半角スペースで区切って記述します。順序は問いません。

```
<textarea name="comment" rows="5" cols="50">ご意見をどうぞ
</textarea>
```

グローバル属性

　属性の中には、すべての要素で共通して利用できる「グローバル属性」があります(p.12)。

コメント

　「<!--」と「-->」に挟まれた部分がコメントになります。ブラウザには表示されないので、編集時にメモを入れたり、一時的に文書の　部を隠したりするときなどに利用できます。

▌親要素と子要素

　HTML文書では、すでにタグが付けられた要素の中で別のタグを指定し、さらに情報を追加することもできます(入れ子／ネスト)。入れ子にする場合、終了タグが互い違いにならないよう、より内側のタグから順番に閉じていきます。

```
<p>タグと要素は<strong>別のもの</strong>です。</p>
```

　このような場合、外側にあって別の要素を含む要素を「親要素」、内側で親要素に含まれている要素を「子要素」といいます。上の例ではp要素が親要素に、strong要素が子要素になります。

各要素がどのような性質を持ち、内容として他のどの要素を入れられるかなどは、仕様で決められています。詳しくは「コンテンツモデルとカテゴリー」(p.14)を参照してください。

HTMLの木構造

　HTMLの要素が親要素と子要素の関係を作ることからわかるように、HTML文書は、その全体がhtml要素を基点(ルート)とする階層構造になっています。このような構造を木構造(ツリー構造)ともいいます。

　ごく簡単なサンプルを使って木構造を表すと、図のようになります。

```
<html>
<head>
<title>木構造のサンプル</title>
</head>
<body>
<h1>HTMLとは</h1>
<ul>
    <li>Webページ用の文書を記述するために開発された言語
</li>
    <li>タグを使って文書構造を示す</li>
</ul>
<h2>HTMLの基本構造</h2>
<p>HTML文書は、html要素を基点とする<strong>木構造
</strong>になっています。</p>
</body>
</html>
```

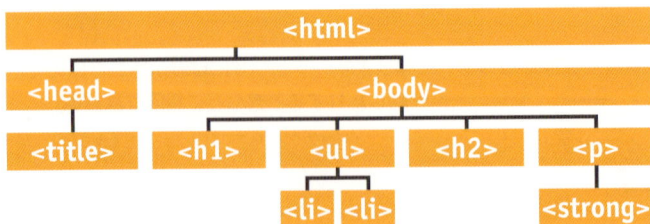

　木構造では親要素と子要素のほか、次のような表現も使われます。

　祖先要素…ある要素を含み、その要素よりも上位にある要素。このうち、1つ上の階層の要素が親要素になります。

　子孫要素…ある要素が含む、その要素よりも下位にある要素。このうち、1つ下の階層の要素が子要素になります。

　兄弟要素…木構造上、同じ親を持ち、同じ階層に位置する要素。

この考え方は、CSSの「包含ブロック」や「継承」という性質を考える際にも重要になります。

文法上の注意点

HTML構文とXHTML構文

HTML5では、「HTML構文」と「XHTML（XML）構文」という2通りの文書形式が規定されています。

HTML構文

HTML構文は、これまで使われてきたHTML4.01と、HTML4.01をXMLの文法で定義しなおしたXHTML1.0の両方に互換性のある構文です。基本的にはHTML4.01の文法規則に従って記述しますが、XHTML1.0の文法規則で記述することも認められています。

```html
<!DOCTYPE html>
<html>
  <head>
    <meta charset="UTF-8">
    <title>HTML5文書のサンプル</title>
  </head>
  <body>
    <p>段落のサンプル<br>...</p>
  </body>
</html>
```

XHTML構文

XHTML（XML）構文は、これまで使われてきたXHTML1.0と互換性があり、XHTML1.0の文法規則に従って記述します。

```html
<?xml version="1.0" encoding="UTF-8"?>
<html xmlns="http://www.w3.org/1999/xhtml">
  <head>
    <title>文書のサンプル</title>
  </head>
  <body>
    <p>段落のサンプル<br />...</p>
  </body>
</html>
```

なお、通常、HTML文書のMIMEタイプには「text/html」を指定しますが、XHTML（XML）構文で文書を作成した場合には、MIMEタイプを「application/xhtml+xml」として配信しなければなりません。XHTML構文のページとして正しくブラウザに解釈させるには、サーバー側での設定が必要になることもありますし、また、ブラウザによってはこの「application/xhtml+xml」に対応していないこともあるため注意が必要です。

　本書では、HTML構文に従って、HTML5の解説やソースの記述を行います。

DOCTYPE宣言

　HTML4.01やXHTML1.0では、その文書がどのバージョンのDTD（Document Type Definition/文書型定義：使用できる要素や属性の特色、用法などを記したもの）に基づいて作成されているのかを示す、長いDOCTYPE宣言を文書の冒頭に記述していました。

```
<!DOCTYPE HTML PUBLIC "-//W3C//DTD HTML 4.01//EN"
    "http://www.w3.org/TR/html4/strict.dtd">
```

HTML 4.01の最も厳密な仕様で文書を作成する場合のDOCTYPE宣言。

　HTML5のDOCTYPE宣言は、次のように非常にシンプルで書きやすいものになっています。

```
<!DOCTYPE html>
```

　HTML5にはDTDが存在しないため、DOCTYPE宣言でHTMLのバージョンやDTDを示す必要はなくなりました。HTML5のDOCTYPE宣言は、ブラウザの表示モードを標準モードにするという目的でのみ利用されるものです。

　HTML構文で文書を作成する場合は、DOCTYPE宣言は必須です。大文字と小文字は区別されませんので、上記のように大文字と小文字で記述することも、大文字だけ、または小文字だけに統一して記述することもできます。

文字エンコーディングの指定方法

　HTML5では、文書の文字エンコーディングに「UTF-8」が強く推奨されています。
　文字エンコーディングの指定方法としては、meta要素にcharset属性（p.38）が追加されました。次の一文を、文書の先頭から1024バイト以内に記述します。
　　└ 先頭にあればあるほどいい

HTML5の文字エンコーディングの指定方法（UTF-8の場合）

```
<meta charset="UTF-8">
```

　これは従来の文字エンコーディングの指定方法に置き換わるものですが、HTML5では従来の指定方法を利用することもできます。

従来の文字エンコーディングの指定方法

```
<meta http-equiv="Content-Type"
content="text/html; charset=UTF-8">
```

ただし、両方の指定方法を混在させることはできません。また、meta要素で指定する文字エンコーディング名と、文書の実際の文字エンコーディングが同じになるように注意してください。

[手書きメモ] 他のverとCSS表示を一致させるため省くことが多い。

‖Column　　　　　　[XHTML構文の文字エンコーディングとDOCTYPE宣言]

XHTML構文の文字エンコーディングは、通常、文書の先頭に配置したXML宣言で指定します。meta要素のhttp-equiv属性を使った従来の文字エンコーディングの指定方法は、使用できませんので注意してください。

```
<?xml version="1.0" encoding="UTF-8"?>
```

また、XHTML構文ではDOCTYPE宣言の記述は任意ですが、もし記述するのであれば、大文字小文字が区別されますのでp.7の通りに記述しなければなりません。

▌ブラウジング・コンテキストの導入

　文法とは意味合いが異なりますが、仕様書ではこれまでのウィンドウ、フレームに代わって「ブラウジング・コンテキスト（browsing context）」という概念が導入されました。これは、文書がユーザーに表示される環境を表します。例えば、タブブラウザであれば個々のタブ、タブに対応していないブラウザであればウィンドウが、ブラウジング・コンテキストになります。インラインフレームの場合は「入れ子にされたブラウジング・コンテキスト（nested browsing context）」と呼ばれます。

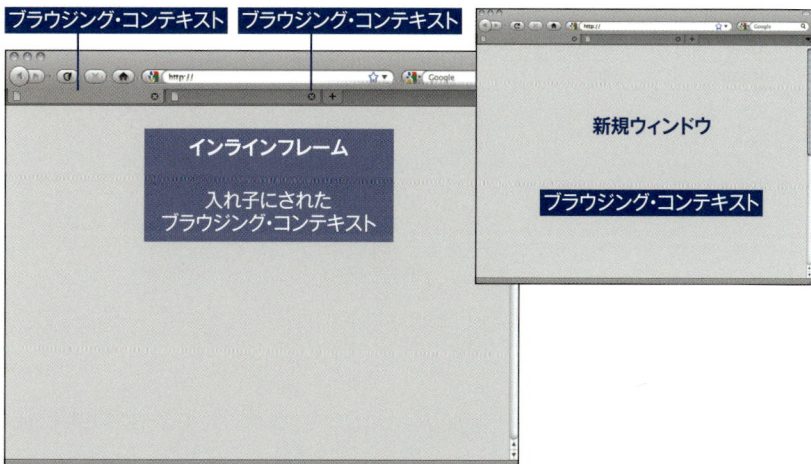

要素の変更

HTML5では、仕様の意図に沿って、要素の追加や削除、意味の変更などが行われています。

■追加された要素

HTML5で新しく追加された要素は次の表で黄色で示したところです。文書構造をより適切に示すための要素、マルチメディアを扱うための要素、APIとともに利用することを前提とした要素などが規定されています。

a	abbr	address	area	article	aside
audio	b	base	bdi	bdo	blockquote
body	br	button	canvas	caption	cite
code	col	colgroup	command	datalist	dd
del	details	dfn	dialog	div	dl
dt	em	embed	fieldset	figcaption	figure
footer	form	h1~h6	head	header	hgroup
hr	html	i	iframe	img	input
ins	kbd	keygen	label	legend	li
link	map	mark	menu	meta	meter
nav	noscript	object	ol	optgroup	option
output	p	param	pre	progress	q
rp	rt	ruby	s	samp	script
section	select	small	source	span	strong
style	sub	summary	sup	table	tbody
td	textarea	tfoot	th	thead	time
title	tr	track	u	ul	var
video	wbr				

■変更された要素

HTML5で意味が変更された要素は次の表で黄色で示したところです。Webでどのように使われているのかを考慮したり、より便利なものとなるよう変更が加えられています。

a	abbr	address	area	article	aside
audio	b	base	bdi	bdo	blockquote
body	br	button	canvas	caption	cite
code	col	colgroup	command	datalist	dd
del	details	dfn	dialog	div	dl
dt	em	embed	fieldset	figcaption	figure
footer	form	h1〜h6	head	header	hgroup
hr	html	i	iframe	img	input
ins	kbd	keygen	label	legend	li
link	map	mark	menu	meta	meter
nav	noscript	object	ol	optgroup	option
output	p	param	pre	progress	q
rp	rt	ruby	s	samp	script
section	select	small	source	span	strong
style	sub	summary	sup	table	tbody
td	textarea	tfoot	th	thead	time
title	tr	track	u	ul	var
video	wbr				

■廃止された要素

HTML5で廃止になった要素は次の通りです。装飾的な役割しか持たず、その効果はCSSで代わりに表現できる要素や、フレーム関連要素のようにユーザビリティやアクセシビリティに影響を与えるとされるもの、あまり利用されずほかの要素で代用できるものなどが廃止されています。

acronym	applet	basefont	big	center	dir
font	isindex	frame	frameset	noframes	strike
tt					

■廃止された属性

HTML5で廃止になった属性とその代替方法は、p.484からの廃止された属性一覧表にまとめていますので参照してください。

グローバル属性

　HTML4.01では、ほぼすべての要素で利用できるclass、dir、id、lang、style、tabindex、titleという属性が定義されていました。HTML5では、これらの属性にいくつかの属性を加えた以下の属性を「グローバル属性」として定義しています。グローバル属性はすべての要素で共通して利用できます。

accesskey="ショートカットキー"

　要素にキーボード・ショートカット用のキーを割り当てます。半角スペースで区切って複数のキーを指定することもできます。この場合は指定した順に優先順位が付けられ、その環境で利用可能な最初のキーがショートカットキーとして採用されることになっています。

class="クラス名"

　要素に対してクラス名を指定します。半角スペースで区切って複数のクラス名を指定することもできます。class属性では同一の文書内の複数の要素に対して同じ名前を指定でき、スタイルシートを適用する場合のセレクタなどに利用されます。

contenteditable="編集可能かどうか"

　要素を編集可能にするかどうかを指定します。編集可能にする場合は「true」または空文字("")、編集不可にする場合は「false」を値に指定します。

contextmenu="menu要素のid属性値"

　menu要素で定義したメニューを当該要素のコンテキスト・メニューとして表示します。値には、menu要素のid属性の値を指定します。

dir="テキストの表記方向"

　要素内容のテキストの表記方向を指定します。左から右の場合は「ltr」、右から左の場合は「rtl」を値に指定します。

draggable="ドラッグ可能かどうか"

　要素をドラッグ可能にするかどうかを指定します。ドラッグ可能にする場合は「true」、ドラッグ不可にする場合は「false」を値に指定します。
　dropzone属性とdraggable属性は、ドラッグ＆ドロップAPIと組み合わせて利用します。

dropzone="ドロップしたアイテムの処理方法"

　要素をドロップ可能な場所とし、この場所が受け入れられるアイテムを、どのように処理す

るのかを指定します。値に「copy」を指定するとドラッグされたデータがこの場所にコピーされ、「move」を指定するとドラッグされたデータが移動されます。「link」を指定した場合は、オリジナルのデータとドロップ先との間に何らかの関連付けや繋がりが作られます。
dropzone属性とdraggable属性は、ドラッグ＆ドロップAPIと組み合わせて利用します。

hidden="hidden"

指定した要素が、他の部分とは無関係であることを表します。この属性が指定された要素はブラウザにも表示されません。この属性は、当該の要素が無関係の状態を表す場合にのみ「hidden="hidden"」「hidden=""」「hidden」のいずれかの書式で指定します。

id="名前"

要素の名前（識別子）を指定します。同一の文書内で同じ名前を重複して使うことはできません。スタイルシートのセレクタ、リンクの対象、スクリプトからの参照などで利用されます。

lang="言語コード"

要素内容の言語を表す言語コード指定します。日本語はja、英語はen、米国英語はen-US、フランス語はfrのように指定します。このlang属性が指定されていない要素の言語は、lang属性が指定されている親要素の言語と同じになります。

spellcheck="スペルチェックを有効にするかどうか"

テキストが入力可能な要素において、スペルチェックや文法チェックを有効にするかどうかを指定します。チェックを有効にする場合は「true」または空文字（""）、無効にする場合は「false」を値に指定します。フォームのテキスト入力欄（input要素やtextarea要素）、contenteditable属性が指定され編集可能になっている要素に対して利用できます。

style="CSS宣言"

要素に指定するCSSの宣言（p.40）を直接記述します。「;（セミコロン）」で区切って複数のCSS宣言を指定することができます。

tabIndex="移動の順番"

[Tab] キーを使ってフォーカスを移動させる際の、順番を指定します。ただし、実際に[Tab] キーを利用するかどうかは環境によって異なります。値には整数を指定し、値の小さなものから大きなものへ移動します。値に0が指定されている要素と、tabindex属性が指定されていない要素は、この属性に1以上の値が指定されている要素のあとにフォーカスが移動します。また、マイナスの値を指定した場合は、フォーカスは可能になりますが、[Tab] キーによる移動の対象にはなりません。

titleＬ="補足情報"

要素の補足情報を表します。例えば、当該の要素がリンクであればリンク先のタイトルや説明、画像であればその画像のタイトルや著作権表示、引用であれば引用元に関する情報の記載などに利用できます。title属性に指定された内容は、一般的にはマウスカーソルを当てたときに ツールチップとして表示されます。

translate="翻訳するかどうか"

　ページが機械翻訳されるときに、その要素の属性値や要素内のテキストを翻訳対象にするかどうかを指定します。翻訳する場合は「yes」または空文字(""),翻訳せずにそのままにする場合は「no」を値に指定します。固有名詞やコンピュータプログラムなど、翻訳されることを防ぎたい箇所に利用します。

data="任意の値"

　この属性はカスタムデータ属性と呼ばれ、「data-」につづく「*」の部分に独自の名前を指定することで要素に独自の属性を追加します。この属性によりユーザーは、任意の情報をHTML内に埋め込むことができ、JavaScriptから取得するなどして利用できます。

HTML5 > BASIC.06

コンテンツモデルとカテゴリー

　コンテンツ・モデル(内容モデル)とは、各要素がその中に入れることのできるコンテンツを定義したものです。

　HTML4.01やXHTML1.0では、要素の多くは「ブロックレベル要素」と「インライン要素」に分類され、この概念によって要素同士の関係性が規定されていました。

　HTML5は、ブロックレベル要素やインライン要素といった分類方法の代わりに「カテゴリー」という概念を導入しました。カテゴリーによって、要素はより細かく、厳密に分類されるようになり、コンテンツ・モデルも基本的にこのカテゴリーに基づいて定義されています。

　カテゴリーには次のものがあり、カテゴリー同士は、おおよそ右下の図のような関係になっています。

- ・メタデータ・コンテンツ
- ・フロー・コンテンツ
- ・セクショニング・コンテンツ
- ・見出しコンテンツ
- ・フレージング・コンテンツ
- ・埋め込みコンテンツ
- ・インタラクティブ・コンテンツ

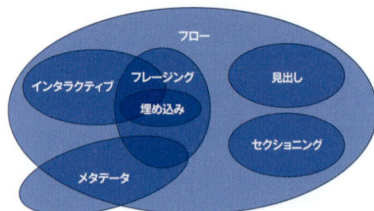

　上の図からもわかるように、1つの要素が属すカテゴリーは1つに限定されません。複数のカテゴリーに属すこともあれば、どのカテゴリーにも属さない要素もあります。

■メタデータ・コンテンツ

文書に関する情報や、他の文書との関係などを定義するコンテンツです。

a	abbr	address	area	article	aside
audio	b	base	bdi	bdo	blockquote
body	br	button	canvas	caption	cite
code	col	colgroup	command	datalist	dd
del	details	dfn	dialog	div	dl
dt	em	embed	fieldset	figcaption	figure
footer	form	h1～h6	head	header	hgroup
hr	html	i	iframe	img	input
ins	kbd	keygen	label	legend	li
link	map	mark	menu	meta	meter
nav	noscript	object	ol	optgroup	option
output	p	param	pre	progress	q
rp	rt	ruby	s	samp	script
section	select	small	source	span	strong
style	sub	summary	sup	table	tbody
td	textarea	tfoot	th	thead	time
title	tr	track	u	ul	var
video	wbr	テキスト			

■フロー・コンテンツ

文書内に現れる一般的なコンテンツを表します。メタデータ・コンテンツに含まれる一部の要素をのぞき、ほとんどの要素がフロー・コンテンツに属しています。

a	abbr	address	area	article	aside
audio	b	base	bdi	bdo	blockquote
body	br	button	canvas	caption	cite
code	col	colgroup	command	datalist	dd
del	details	dfn	dialog	div	dl
dt	em	embed	fieldset	figcaption	figure
footer	form	h1～h6	head	header	hgroup
hr	html	i	iframe	img	input
ins	kbd	keygen	label	legend	li
link	map	mark	menu	meta	meter
nav	noscript	object	ol	optgroup	option
output	p	param	pre	progress	q
rp	rt	ruby	s	samp	script
section	select	small	source	span	strong
style	sub	summary	sup	table	tbody
td	textarea	tfoot	th	thead	time
title	tr	track	u	ul	var
video	wbr	テキスト			

※area…map要素の中にある場合
※style…scoped属性が指定されている場合

■セクショニング・コンテンツ

章や節、コラムやブログの記事のように、見出しからその内容までを含んだある範囲を定義するコンテンツです。

a	abbr	address	area	article	aside
audio	b	base	bdi	bdo	blockquote
body	br	button	canvas	caption	cite
code	col	colgroup	command	datalist	dd
del	details	dfn	dialog	div	dl
dt	em	embed	fieldset	figcaption	figure
footer	form	h1〜h6	head	header	hgroup
hr	html	i	iframe	img	input
ins	kbd	keygen	label	legend	li
link	map	mark	menu	meta	meter
nav	noscript	object	ol	optgroup	option
output	p	param	pre	progress	q
rp	rt	ruby	s	samp	script
section	select	small	source	span	strong
style	sub	summary	sup	table	tbody
td	textarea	tfoot	th	thead	time
title	tr	track	u	ul	var
video	wbr	テキスト			

■見出しコンテンツ

見出しを表します。

a	abbr	address	area	article	aside
audio	b	base	bdi	bdo	blockquote
body	br	button	canvas	caption	cite
code	col	colgroup	command	datalist	dd
del	details	dfn	dialog	div	dl
dt	em	embed	fieldset	figcaption	figure
footer	form	h1〜h6	head	header	hgroup
hr	html	i	iframe	img	input
ins	kbd	keygen	label	legend	li
link	map	mark	menu	meta	meter
nav	noscript	object	ol	optgroup	option
output	p	param	pre	progress	q
rp	rt	ruby	s	samp	script
section	select	small	source	span	strong
style	sub	summary	sup	table	tbody
td	textarea	tfoot	th	thead	time
title	tr	track	u	ul	var
video	wbr	テキスト			

■フレージング・コンテンツ

段落などの中に含まれるテキストを表します。

a	abbr	address	area	article	aside
audio	b	base	bdi	bdo	blockquote
body	br	button	canvas	caption	cite
code	col	colgroup	command	datalist	dd
del	details	dfn	dialog	div	dl
dt	em	embed	fieldset	figcaption	figure
footer	form	h1～h6	head	header	hgroup
hr	html	i	iframe	img	input
ins	kbd	keygen	label	legend	li
link	map	mark	menu	meta	meter
nav	noscript	object	ol	optgroup	option
output	p	param	pre	progress	q
rp	rt	ruby	s	samp	script
section	select	small	source	span	strong
style	sub	summary	sup	table	tbody
td	textarea	tfoot	th	thead	time
title	tr	track	u	ul	var
video	wbr	テキスト			

※area…map要素の中にある場合

■埋め込みコンテンツ

外部のリソースを文書内に埋め込むコンテンツや、HTML以外の言語で表現されるコンテンツです。

a	abbr	address	area	article	aside
audio	b	base	bdi	bdo	blockquote
body	br	button	canvas	caption	cite
code	col	colgroup	command	datalist	dd
del	details	dfn	dialog	div	dl
dt	em	embed	fieldset	figcaption	figure
footer	form	h1～h6	head	header	hgroup
hr	html	i	iframe	img	input
ins	kbd	keygen	label	legend	li
link	map	mark	menu	meta	meter
nav	noscript	object	ol	optgroup	option
output	p	param	pre	progress	q
rp	rt	ruby	s	samp	script
section	select	small	source	span	strong
style	sub	summary	sup	table	tbody
td	textarea	tfoot	th	thead	time
title	tr	track	u	ul	var
video	wbr	テキスト			

■インタラクティブ・コンテンツ

ユーザーが操作することのできるコンテンツです。

a	abbr	address	area	article	aside
audio	b	base	bdi	bdo	blockquote
body	br	button	canvas	caption	cite
code	col	colgroup	command	datalist	dd
del	details	dfn	dialog	div	dl
dt	em	embed	fieldset	figcaption	figure
footer	form	h1〜h6	head	header	hgroup
hr	html	i	iframe	img	input
ins	kbd	keygen	label	legend	li
link	map	mark	menu	meta	meter
nav	noscript	object	ol	optgroup	option
output	p	param	pre	progress	q
rp	rt	ruby	s	samp	script
section	select	small	source	span	strong
style	sub	summary	sup	table	tbody
td	textarea	tfoot	th	thead	time
title	tr	track	u	ul	var
video	wbr	テキスト			

※audio、video…controls属性が指定されている場合
※img…usemap属性が指定されている場合
※input…type属性の値が「hidden」でない場合
※menu…type属性の値が「toolbar」でない場合
※object…usemap属性が指定されている場合

■セクショニング・ルート

次の要素は上記のカテゴリーとは別に、セクショニング・ルートというカテゴリーに属しています。セクショニング・ルートについてはp.22を参照してください。

a	abbr	address	area	article	aside
audio	b	base	bdi	bdo	blockquote
body	br	button	canvas	caption	cite
code	col	colgroup	command	datalist	dd
del	details	dfn	dialog	div	dl
dt	em	embed	fieldset	figcaption	figure
footer	form	h1〜h6	head	header	hgroup
hr	html	i	iframe	img	input
ins	kbd	keygen	label	legend	li
link	map	mark	menu	meta	meter
nav	noscript	object	ol	optgroup	option
output	p	param	pre	progress	q
rp	rt	ruby	s	samp	script
section	select	small	source	span	strong
style	sub	summary	sup	table	tbody
td	textarea	tfoot	th	thead	time
title	tr	track	u	ul	var
video	wbr	テキスト			

■パルパブル・コンテンツ

「明瞭な内容」という意味のカテゴリーです。原則として、コンテンツモデルがフロー・コンテンツまたはフレージング・コンテンツの要素は、hidden属性が指定されていないパルパブル・コンテンツを1つ以上、内容に持つべきであるとされています（ただし、要素が合法的に空になるケースはよくあることなので、厳しく要求されるルールではありません）。

このパルパブル・コンテンツに分類されるのが次の要素です。

a	abbr	address	area	article	aside
audio	b	base	bdi	bdo	blockquote
body	br	button	canvas	caption	cite
code	col	colgroup	command	datalist	dd
del	details	dfn	dialog	div	dl
dt	em	embed	fieldset	figcaption	figure
footer	form	h1〜h6	head	header	hgroup
hr	html	i	iframe	img	input
ins	kbd	keygen	label	legend	li
link	map	mark	menu	meta	meter
nav	noscript	object	ol	optgroup	option
output	p	param	pre	progress	q
rp	rt	ruby	s	samp	script
section	select	small	source	span	strong
style	sub	summary	sup	table	tbody
td	textarea	tfoot	th	thead	time
title	tr	track	u	ul	var
video	wbr	テキスト			

※audio…controls属性が指定されている場合
※dl…1つ以上のdt要素とdd要素のセットを子要素に含む場合
※input…type属性の値が「hidden」でない場合
※menu…type属性値が「toolbar」または「list」の場合
※ol、ul…1つ以上のli要素を子要素に含む場合
※テキスト…要素内の空白文字でないテキスト

■トランスペアレント

一部の要素には、コンテンツ・モデルに「トランスペアレント」と定義されているものがあります。これは、そのコンテンツ・モデルが透過であるという意味です。親要素のコンテンツ・モデルをそのまま継承することになります。

セクションとアウトライン

　HTML5では、文書の構造をより明確にするために「セクション」と「アウトライン」という概念が用いられています。

セクション

　セクションとは、章や節、項のように、見出しとそれに関する内容で形成されたひとまとまりの領域を指します。これまで使われてきたHTMLやXHTMLでは、セクションの領域は見出しであるh1〜h6要素を手がかりに推測するしかなく、ほかに明らかに指し示す手段がありませんでした。また、領域の区切りを「div id="navi"」「div class="article"」のようにdiv要素で表すことも多かったため、構造のわかりづらい文書になりがちでした。

■明示的なセクションと暗黙的なセクション

　HTML5では、こうした問題を改善するために、セクションを表す要素が新たに定義されました。セクショニング・コンテンツに分類されるsection、nav、article、asideの4つの要素が、それにあたります。これらの要素を使うことで、明示的にセクションを表せるようになります。

　しかし、必ずこれらの要素を使って明示的にセクションを表さなければいけないわけではありません。見出しであるh1〜h6要素が現れると暗黙的にセクションであるとみなされるため、従来のようにh1〜h6要素で（暗黙的に）セクションを表すこともできます。その場合は、そのあとに続く見出しのレベルによって、次のようにセクションの構成が変化します。

　・レベルが同じか、高い見出しが続く場合：暗黙的に新しいセクションが開始される
　・低いレベルの見出しが続く場合：1つ前のセクションに含まれる、サブセクションが開始される

　HTML5の仕様書では、各見出しごとにセクショニング・コンテンツに含まれる要素を使って明示的にセクションを示す方法が推奨されています。

アウトライン

　このようにHTML5ではセクション同士の階層関係が厳密に定義されています。セクションやその見出しから判別されるコンテンツの階層構造を「アウトライン」といいます。次の例は、従来のようにh1～h6要素だけで暗黙的にセクションを表した例です。

```
<body>
<h1>HTML5について</h1>
<p>HTML5とは...</p>
<h2>要素</h2>
<p>要素とは...</p>
<h3>要素の分類</h3>
<p>要素を分類すると...</p>
<h2>属性</h2>
<p>属性とは...</p>
</body>
```

このソースから作成されるアウトラインを番号で表すと、次のようになります。

```
1. HTML5について
　1.1 要素
　　1.1.1 要素の分類
　1.2 属性
```

同じ例を使って明示的にセクションを表した場合も、アウトラインは同じになります。

```
<body>
<h1>HTML5について</h1>
<p>HTML5とは...</p>
<section>
  <h2>要素</h2>
  <p>要素とは...</p>
  <section>
    <h3>要素の分類</h3>
    <p>要素を分類すると...</p>
  </section>
</section>
<section>
  <h2>属性</h2>
  <p>属性とは...</p>
</section>
</body>
```

セクションと見出し

　セクションとアウトラインという、コンテンツの階層構造を判別する手がかりが用意されたため、セクションの中にh1〜h6の見出しを自由に入れても文法的には誤りではなくなりました。

　ただし、HTML5の仕様書では、見出しとして次の2つの方法が強く推奨されています。

・h1要素のみを使う（下の例を参照）
・セクションの入れ子のレベルに合わせて、適切なランクの見出しを使う

見出しにh1要素のみを使った例

```
<body>
<h1>HTML5について</h1>
<p>HTML5とは...</p>
<section>
  <h1>要素</h1>
  <p>要素とは...</p>
  <section>
    <h1>要素の分類</h1>
    <p>要素を分類すると...</p>
  </section>
</section>
<section>
  <h1>属性</h1>
  <p>属性とは...</p>
</section>
</body>
```

セクショニング・ルート

　blockquote、body、details、fieldset、figure、tdといった要素は、セクショニング・ルートというカテゴリーに属しています。セクショニング・ルートに属する要素は、その中に独自のセクション（アウトライン）を持つことができる要素です。そのセクションは独立したコンテンツとみなされ、前後のコンテンツのアウトラインには影響しません。

MathMLとSVG

MathML（Mathematical Markup Language）は数式を記述するためのマークアップ言語、SVG（Scalable Vector Graphics）はベクター形式で画像を描画するための言語仕様、またはこの言語で記述された画像フォーマットのことです。いずれもXMLをベースとした仕様のため、Webページ上に表現するためには基本的にXHTMLで利用する必要がありました。

HTML5では、これらの言語をHTML構文中に直接記述できるようになりました（インラインMathML、インラインSVG）。

■MathMLをインラインで記述した例

```
<!DOCTYPE html>
<html lang="ja">
<head>
<meta charset="UTF-8">
<title>インラインMathML</title>
</head>
<body>
<p>MathMLで数式を表しています。</p>
<math>
  <msqrt>
    <mi>x</mi>
  </msqrt>
  <mo>+</mo>
  <msqrt>
    <mn>2</mn>
  </msqrt>
</math>
</body>
</html>
```

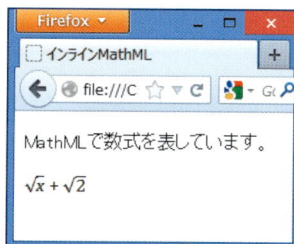

Firefoxでの表示例です。

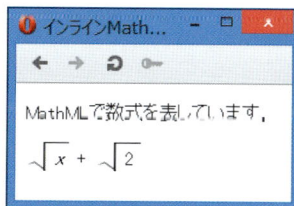

Operaでの表示例です。

■SVGをインラインで記述した例

```
<!DOCTYPE html>
<html lang="ja">
<head>
<meta charset="UTF-8">
<title>インラインSVG</title>
</head>
<body>
<p>SVGで描いた矩形と円です
<svg>
  <rect x="50" y="30" width="150" height="100" fill="#000080" />
  <circle cx="180" cy="100" r="50" fill="#ffff00" />
</svg>
</p>
</body>
</html>
```

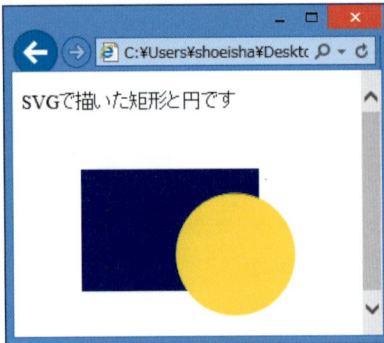

IE10での表示例です。

Google Chromeでの表示例です。

第1部 第2章

HTML5 リファレンス
HTML REFERENCE

- 文書の基本
- セクション
- コンテンツのグループ化
- テキストレベルの意味付け
- コンテンツの埋め込み
- テーブル
- フォーム
- インタラクティブ

文書の基本
セクション
コンテンツのグループ化
テキストレベルの意味付け
コンテンツの埋め込み
テーブル
フォーム
インタラクティブ

HTML5

CSS3

文書の基本構造を定義する

`<html>`〜`</html>`
`<head>`〜`</head>`
`<body>`〜`</body>`

▶ 要素解説	html	head	body
カテゴリー	なし	なし	セクショニング・ルート
利用できる場所	文書のルート要素として	html要素の最初の要素として	html要素の2番目の要素として
コンテンツモデル	最初にhead要素、その次にbody要素	iframe要素のsrcdoc属性で指定された文書で使う場合、またはタイトル情報が上位プロトコルから得られる場合：メタデータ・コンテンツに属する要素を0個以上／それ以外の場合：メタデータ・コンテンツを1個以上(title属性は必須)	フロー・コンテンツ

　HTMLで記述される文書の基本的な構造は、html、head、bodyの3つの要素で定義されます。

html要素

　html要素はHTML文書のルートを表し、HTML文書に記述される内容をすべて含む要素です。ただし、DOCTYPE宣言(p.8)だけは、`<html>`タグよりも前に記述します。

　html要素の中にはhead要素とbody要素をこの順で1つずつ入れ、それ以外の要素はすべてhead要素かbody要素の中に入れます。また、html要素にはグローバル属性のlang属性を指定し、文書の言語を表すことが推奨されています。

head要素

　head要素は、文書のタイトルや基準となるURL、制作者の情報をはじめとした、文書に関する各種の情報を入れる要素です。head要素内に記述された内容は、基本的にtitle要素内のテキスト以外、ブラウザに表示されません。

body要素

　body要素は、文書の本文を表します。body要素内に記述された内容が、実際にブラウザに表示される部分になります。

（左側縦書きタブ）文書の基本　セクション　コンテンツのグループ化　テキストレベルの意味付け　コンテンツの埋め込み　テーブル　フォーム　インタラクティブ

Sample Source

```
<!DOCTYPE html>
<html lang="ja">
<head>
    :
（文書の情報）
    :
</head>
<body>
    :
（実際に表示されるページの内容）
    :
</body>
</html>
```

html 廃止属性 version属性
head 廃止属性 profile属性
body 廃止属性 alink属性、background属性、bgcolor属性、link属性、text属性、vlink属性

▶ ブラウザ対応表	IE10	IE9	Fx	Chrome	Safari	Opera	iOS6	iOS5	Android
html	○	○	○	○	○	○	○	○	○
head	○	○	○	○	○	○	○	○	○
body	○	○	○	○	○	○	○	○	○

参照 ▶ DOCTYPE宣言 ・・・・・・・・・・・・・・・・・・・・・・・ P.008

HTML5

文書にタイトルを付けたい

<title>〜</title>

▶ 要素解説

カテゴリー	メタデータ・コンテンツ
利用できる場所	head要素内に1つだけ
コンテンツモデル	テキスト

文書のタイトルはtitle要素で表します。head要素（p.26）の中で、1つだけ指定できます。

一般的にはここに指定されたテキストがブラウザのタイトルバーやタブバーに表示され、ブックマーク（お気に入り）に登録するときのデフォルトのタイトル、履歴などに使われます。また、検索エンジンの検索結果としても表示されます。そのため、ページの内容を表すようなわかりやすいタイトルを、文字数にも気を付けながら指定してください。

Sample Source

```
<!DOCTYPE html>
<html lang="ja">
<head>
<meta charset="UTF-8">
<title>文書のタイトルを表すtitle要素</title>
</head>
<body>
<p>title要素は文書のタイトルを表します。</p>
</body>
</html>
```

Internet Explorer

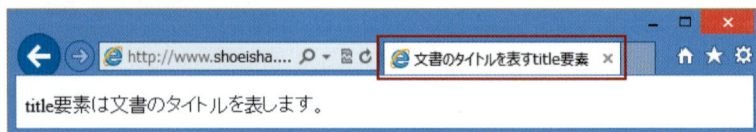

http://www.shoeisha.... 　文書のタイトルを表すtitle要素 ×

title要素は文書のタイトルを表します。

▶ ブラウザ対応表	IE10	IE9	Fx	Chrome	Safari	Opera	iOS6	iOS5	Android
	○	○	○	○	○	○	○	○	○

左側見出し（縦書き）：文書の基本　セクション　コンテンツのグループ化　テキストレベルの意味付け　コンテンツの埋め込み　テーブル　フォーム　インタラクティブ

基準となるURLを指定したい

\<base ★\>

★‥‥‥‥href="絶対パス"
     target="ブラウジング・コンテキスト名"、"_blank"、"_self"、"_parent"、"_top"

▶ 要素解説

カテゴリー	メタデータ・コンテンツ
利用できる場所	head要素内に1つだけ
コンテンツモデル	空

　そのHTML文書の基準となるURLはbase要素で表します。head要素の中で、1つだけ指定できます。base要素には、href属性とtarget属性のいずれか、または両方を指定します。

href属性

　そのHTML文書の基準となるURLを、絶対パスで指定します。この指定を行うと、それ以降に現れる相対URLが、このURLを基準としてブラウザに認識されるようになります。

target属性

　リンク先の文書を読み込むデフォルトのブラウジング・コンテキスト（p.9）を指定します。指定できる値は次の通りです。

ブラウジング・コンテキスト名	指定した名前のブラウジング・コンテキストに表示
_blank	新しいブラウジング・コンテキストを開いて表示
_self	リンク元と同じブラウジング・コンテキストに表示
_parent	現在のブラウジング・コンテキストに親があれば、その親のブラウジング・コンテキストに表示
top	最上位のブラウジング・コンテキスト（現在のブラウザ領域全体）に表示

Sample Source

```
<!DOCTYPE html>
<html lang="ja">
<head>
<meta charset="UTF-8">
<title>基準となるURLを指定したい</title>
<base href="http://www.ank.co.jp/index.html" target="_blank">
```

文書の基本

セクション

コンテンツの
グループ化

テキストレベルの
意味付け

コンテンツの
埋め込み

テーブル

フォーム

インタラクティブ

```
</head>
<body>
<p>株式会社アンクは<a href="profile.html">こんな会社</a>です。
</p>
</body>
</html>
```

Internet Explorer

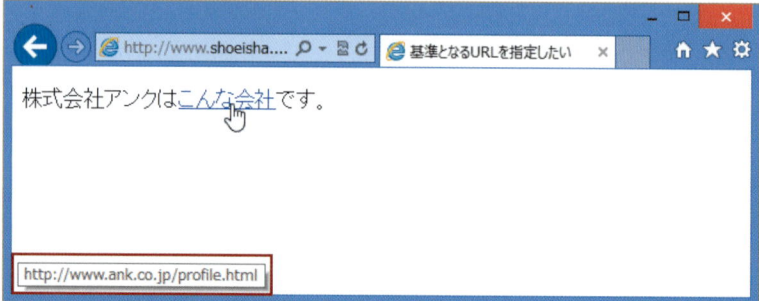

株式会社アンクはこんな会社です。

http://www.ank.co.jp/profile.html

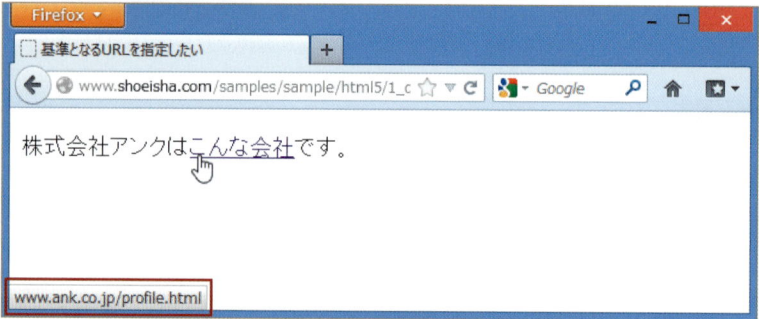

<base>タグのURLを基準に「profile.html」のリンクが「http://www.ank.co.jp/profile.html」として
認識されます。なおリンクは別ウィンドウ（タブ）に表示されます。

Firefox

株式会社アンクはこんな会社です。

www.ank.co.jp/profile.html

<base>タグのURLを基準に「profile.html」のリンクが「http://www.ank.co.jp/profile.html」として
認識されます。なおリンクは別ウィンドウ（タブ）に表示されます。

▶ ブラウザ対応表	IE10	IE9	Fx	Chrome	Safari	Opera	iOS6	iOS5	Android
	○	○	○	○	○	○	○	○	○

参照　リンクを設定したい ・・・・・・・・・・・・・・・・・・ P.085

文書同士の関係を表したい

`<link rel="★" href="◆" ▲>` → 空タグなので最後は「/」必要。

- ★‥‥‥‥キーワード（stylesheet、next、prev、など）
- ◆‥‥‥‥URL
- ▲‥‥‥‥必要な属性（下記参照）

▶ 要素解説

カテゴリー	メタデータ・コンテンツ
利用できる場所	メタデータ・コンテンツが期待される場所／head要素の子要素であるnoscript要素内
コンテンツモデル	空

　HTML文書を別のファイルと関連付け、それがどのような関係であるのかを表すには、link要素を使います。関連付けるファイルのURLをhref属性で指定し、その関係性を表すキーワードをrel属性で指定します。

rel属性

　関連付けるファイルがこのHTML文書から見てどのような関係であるのかを、既定のキーワードで指定します。キーワードについてはp.33のCOLUMNを参照してください。
　例えば現在の文書がchapter2.htmlの場合は次のようになります。

`<link rel="Index" href="../index.html">`　←indexページとの関係
`<link rel="Next" href="chapter3.html">`　←次の文書はchapter3.html
`<link rel="Prev" href="chapter1.html">`　←前の文書はchapter1.html

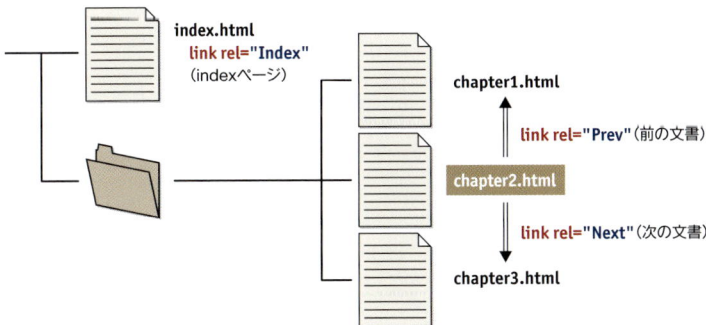

HTML5

文書の基本

セクション

コンテンツの
グループ化

テキストレベルの
意味付け

コンテンツの
埋め込み

テーブル

フォーム

インタラクティブ

スタイルシート用の外部ファイルを読み込むときにも、link要素を利用します（p.278）。例えば、style.cssというファイルを読み込む場合は次のようになります。

```
<link rel="stylesheet" href="style.css" type="text/css">
<link rel="stylesheet" href="style.css">
```

type属性

関連付けるファイルのMIMEタイプを指定する場合は、type属性で指定します。

media属性

href属性に指定されたファイルを、どのメディアに適用するのかを指定します（p.271）。

```
<link rel="stylesheet" media="screen" href="screen.css" title="PC用">
<link rel="stylesheet" media="print" href="print.css" title="印刷用">
```

Sample Source

```html
<!DOCTYPE html>
<html lang="ja">
<head>
<meta charset="UTF-8">
<title>文書同士の関係を表したい</title>
<link rel="stylesheet" href="style.css" type="text/css">
<link rel="help" href="help.html">
<link rel="prev" href="chapter2.html">
<link rel="next" href="chapter4.html">
<link rel="author" href="profile.html">
</head>
<body>
    :
</body>
</html>
```

Opera

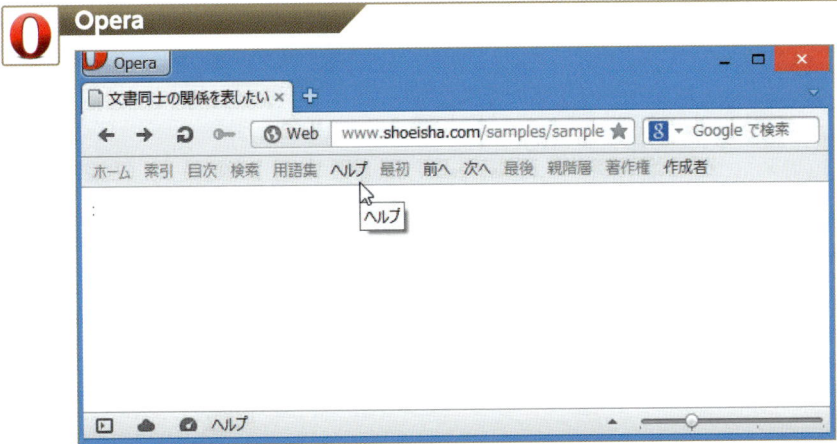

Operaには、文書同士の関係をナビゲーションバーで表示する機能があり、下の表のキーワードのいくつかに対応しています。

‖Column

[リンクタイプ一覧]

rel属性に指定できるキーワードを「リンクタイプ」といいます。rel属性は、link要素、a要素、area要素に指定できますが、要素によって指定できるリンクタイプが異なります。また、このリンクタイプごとに、href属性で参照できるファイルの性質が決められています。

リンクタイプ	link	a/area	説明
alternate	○	○	現在の文書の代替文書
author	○	○	著者
bookmark	×	○	パーマリンク
help	○	○	ヘルプ
icon	●	×	文書のアイコン
license	○	○	現在の文書の著作権を示した文書
next	○	○	一連の文書中の次の文書

リンクタイプ	link	a/area	説明
nofollow	×	○	リンク先を保証しない
noreferrer	×	○	リファラー禁止
prefetch	●	●	プリ・フェッチ
prev	○	○	一連の文書中の前の文書
search	○	○	現在の文書やそれに関連する文書を検索するためのページ
stylesheet	●	×	スタイルシートの読み込み
tag	○	○	現在の文書に適用されるタグ

○…ハイパーリンク(移動して閲覧するような別の文書へのリンク)
●…外部リソース(現在の文書を補強するような文書へのリンク)
×…利用不可

‖Column

[廃止されたrev属性]

これまでのHTMLでは、rel属性とちょうど反対の意味を持ち、関連付けるファイルから見てこのHTML文書がどのような関係であるのかを示すrev属性が定義されていましたが、HTML5で廃止されました。

廃止属性 charset属性、rev属性、target属性

▶ ブラウザ対応表	IE10	IE9	Fx	Chrome	Safari	Opera	iOS6	iOS5	Android
	○	○	○	○	○	○	○	○	○

参照　リンクを設定したい ・・・・・・・・・・・・・・・・・ P.085　　メディアクエリー ・・・・・・・・・・・・・・・・・・・ P.271
　　　　スタイルシートを使いたい ・・・・・・・・・・・・・ P.040
　　　　HTML文書への適用方法 ・・・・・・・・・・・・・ P.268

HTML5

文書の基本

セクション

コンテンツのグループ化

テキストレベルの意味付け

コンテンツの埋め込み

テーブル

フォーム

インタラクティブ

HTML5 > DOCUMENT.05

文書情報を表したい

<meta name="★" content="◆">

★………メタデータの名前（description、keywordsなど）
◆………name属性に対して指定する値

▶ 要素解説

カテゴリー	メタデータ・コンテンツ
利用できる場所	charset属性があるか、http-equiv属性の値が「content-type」の場合：head要素内／http-equiv属性があるが、その値が「content-type」ではない場合：head要素内、またはhead要素の子要素であるnoscript要素内／name属性がある場合：メタデータ・コンテンツが期待される場所
コンテンツモデル	空

　meta要素は、さまざまなメタデータ（HTML文書に関する情報）を表せる要素です。
　meta要素にname属性を指定すると、文書の著者、文書の概要、検索用キーワードなどを表せます。name属性でメタデータの名前を、content属性でその値を指定してください。name属性に指定できる名前と意味は次の通りです。

application-name
　文書がWebアプリケーション用に作られている場合、そのWebアプリケーション名を表します。

auther
　文書の著者を表します。

description
　文書の概要を表します。この名前を指定すると、content属性に指定した値が検索エンジンなどの検索結果として表示されます。文書の概要やWebページの説明文としてわかりやすい文章を入れましょう。

generator
　文書の作成に利用したソフトウェア名を表します。

keywords
　文書の内容に関連のあるキーワードを表します。この名前を指定すると、検索ロボットに提供するキーワードを指定できます。複数のキーワードを入れたいときは、それぞれをカンマ（,）で区切ってください。実際にキーワードが有効かどうかは検索エンジンによって異なります。

viewport
　スマートフォンで閲覧する際のブラウザ幅を表します。詳しくは右ページのColumnを参照してください。

Sample Source

```
<!DOCTYPE html>
<html lang="ja">
<head>
<meta charset="UTF-8">
<title>文書情報を表したい</title>
<meta name="author" content="Taro ANK">
<meta name="description" content="HTML5のリファレンスサイトです。">
<meta name="keywords" content="HTML5,要素,属性,値,タグ,リファレンス">
</head>
<body>
    :
</body>
</html>
```

▋Column　　　　　　　　　　　　［スマートフォンサイトとviewport］

　viewportはスマートフォンの表示領域を表します。スマートフォンのブラウザでは、デフォルトの表示幅が980ピクセルに設定されています。そのため、コンテンツ全体が小さく表示されて見づらくなったり、また980ピクセル以下のサイズで作成されているWebサイトでは、小さく表示されることで幅があまるといった問題が生じます。

　name="viewport"を指定すると、スマートフォンでWebページを開いたときのサイズや拡大縮小の倍率などを、設定しておくことができます。

```
<meta name="viewport" content="width=device-width">
```

　この例ではWebページの幅をデバイスの横幅に合わせるよう指定しています。

　content属性には指定できる値は次の通りです。複数の値を指定する場合は、「,（カンマ）」で区切って記述します。

	説明	値	デフォルト
width	デバイスの横幅	200px〜10000px device-width（デバイスの横幅に合わせる）	980px
height	デバイスの縦幅	223px〜10000px device-width（デバイスの横幅に合わせる）	auto
initial-scale	最初にページが読み込まれたときの拡大率	倍率 （minimum-scale〜maximum-scaleの範囲）	1
user-scalable	ユーザーによる拡大縮小の操作	yes（許可する）／no（許可しない）	yes
minimum-scale	縮小率の下限	0〜10	0.25
maximum-scale	拡大率の上限	0〜10	1.6

廃止属性 scheme属性

▶ ブラウザ対応表	IE10	IE9	Fx	Chrome	Safari	Opera	iOS6	iOS5	Android
	○	○	○	○	○	○	○	○	○

参照　初期情報を表したい ・・・・・・・・・・・・・・・・・ P.036
文字エンコーディングを表したい ・・・・・・・・・ P.038

HTML5

初期情報を表したい

`<meta http-equiv="★" content="◆">`

★………キーワード（content-language、content-typeなど）
◆………http-equiv属性に対して指定する値

▶ 要素解説
meta要素についてはp.34参照

　meta要素（p.34）にhttp-equiv属性を指定すると、文書のデフォルトの言語やMIMEタイプ、デフォルトのスタイルシートなど表せます。http-equiv属性でキーワードを、content属性でその値を指定してください。http-equiv属性に指定できるキーワードと意味は次の通りです。

content-type

　文書のMIMEタイプや文字エンコーディングを指定します。MIMEタイプにtext/html、文字エンコーディングにUTF-8を指定する場合は右ページのサンプルソースのようになります。
　HTML5では、新しく追加されたcharset属性（p.38）で文字エンコーディングを指定できます。

default-style

　デフォルトのスタイルシートを指定します。このキーワードを利用すると、複数の代替スタイルシートを用意してlink要素で読み込む場合に、どのスタイルシートを優先して適用させるのかを指定できます。content属性に、優先するスタイルシートのtitle属性の値を指定してください。
　右ページのサンプルソースでは、meta要素がなければsun.cssとmoon.cssの両方が適用されますが、meta要素の指定により、sun.cssだけがこの文書に適用されます。この方法を利用すると、ブラウザによってはサンプルのように、ユーザーが適用するスタイルを選択できるようになります。

refresh

　そのページをリロード（再読み込み）させたり、自動的にほかのページへ移動させます。content属性に数字のみを指定すると同じページをリロードし、数字とセミコロン（;）に続けてURLを指定すると、指定した秒数後に指定のURLへ移動します。

```
<meta http-equiv="refresh" content="10">
<meta http-equiv="refresh" content="10;http://www.example.co.jp/info.html">
```

文書の基本
セクション
コンテンツのグループ化
テキストレベルの意味付け
コンテンツの埋め込み
テーブル
フォーム
インタラクティブ

　1行目の例では、10秒後に同じページをリロードします。さらに10秒後に同じページをリロードするため、結果として同じページを繰り返し読み込むことになります。

　2行目の例では、10秒後に「http://www.example.co.jp/info.html」へ移動するよう指定しています。WebサイトのURLが変わったときに、ユーザーを自動的に新しいサイトへ誘導する場合などに利用されます。

Sample Source

```
<!DOCTYPE html>
<html>
<head>
<meta http-equiv="content-language" content="ja">
<meta http-equiv="content-type" content="text/html;charset=UTF-8">
<title>初期情報を表したい</title>
<meta http-equiv="default-style" content="sun">
<link rel="stylesheet" href="sun.css" title="sun">
<link rel="stylesheet" href="moon.css" title="moon">
</head>
<body>
    :
</body>
</html>
```

Firefox

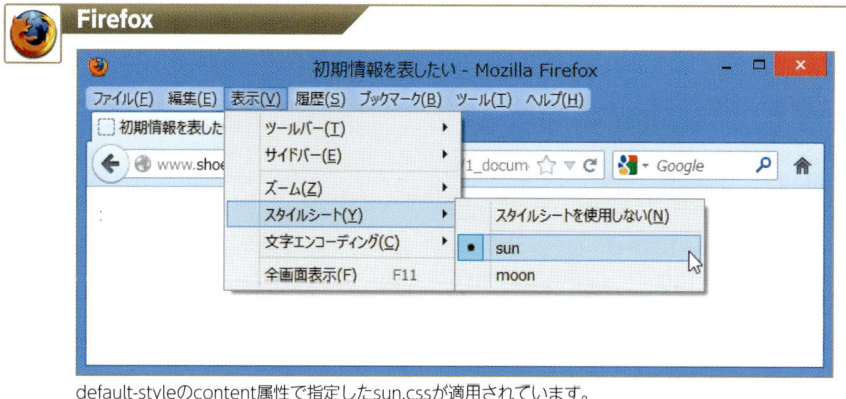

default-styleのcontent属性で指定したsun.cssが適用されています。

廃止属性 scheme属性

▶ ブラウザ対応表	IE10	IE9	Fx	Chrome	Safari	Opera	iOS6	iOS5	Android
	○	○	○	○	○	○	○	○	○

参照　文字エンコーディングの指定方法・・・・・・・・・・ P.008
　　　　文書情報を表したい・・・・・・・・・・・・・・・・・ P.034
　　　　文字エンコーディングを表したい・・・・・・・・・ P.038

HTML5

文書の基本

セクション

コンテンツの
グループ化

テキストレベルの
意味付け

コンテンツの
埋め込み

テーブル

フォーム

インタラクティブ

HTML5 > DOCUMENT.07

文字エンコーディングを表したい

新しい属性 charset属性

<meta charset="★">

- -

★………文字エンコーディング

▶ 要素解説
meta要素についてはp.34参照

　文書の文字エンコーディングはmeta要素のcharset属性で表します。この指定は、文書の先頭から1024バイト以内に1つだけ記述します。ただし、ブラウザによっては古い仕様に従い512バイト以内としている場合もありますので、なるべく先頭のほうに記述したほうがよいでしょう。

　従来のHTMLと同様、meta要素のhttp-equiv属性にcontent-typeを指定して文字エンコーディングを表すこともできますが(p.36)、その場合<meta charset="★">は指定できませんので注意してください。

　なお、HTML5では、文書の文字エンコーディングとしてUTF-8を使用することが推奨されています。文字エンコーディングの指定方法については、p.8も参照してください。

Sample Source

```
<!DOCTYPE html>
<html lang="ja">
<head>
<meta charset="UTF-8">
<title>文字エンコーディングを表したい</title>
</head>
<body>
<p>文書の文字エンコーディングはmeta要素のcharset属性で表します。</p>
</body>
</html>
```

Internet Explorer

http://www.shoeisha....

文字エンコーディングを表したい ×

ファイル(F)　編集(E)　表示(V)　お気に入り(A)　ツール(T)　ヘルプ(H)

文書の文字エンコーディングはmeta要素のcharset属性で表します。

iPhone Safari

文字エンコーディングを表したい

www.shoeisha.com/samples/sample/html5/1_do　検索

文書の文字エンコーディングはmeta要素のcharset属性で表します。

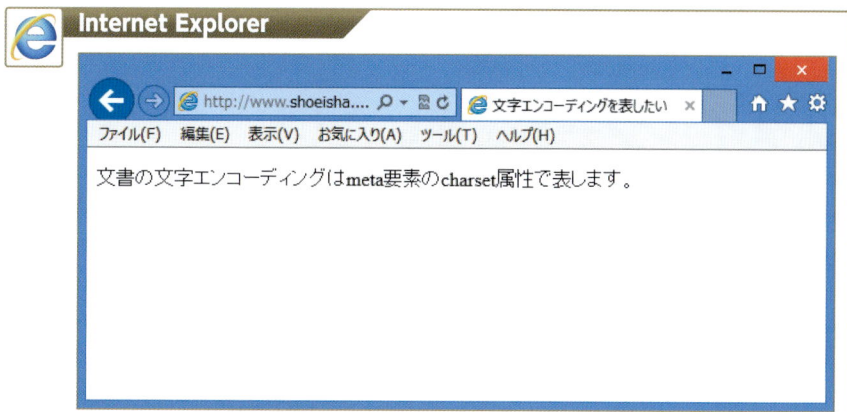

▶ ブラウザ対応表	IE10	IE9	Fx	Chrome	Safari	Opera	iOS6	iOS5	Android
	○	○	○	○	○	○	○	○	○

参照　文字エンコーディングの指定方法・・・・・・・・・・ P.008
文書情報を表したい ・・・・・・・・・・・・・・・・・・・ P.034
初期情報を表したい ・・・・・・・・・・・・・・・・・・・ P.036

HTML5

文書の基本
セクション
コンテンツのグループ化
テキストレベルの意味付け
コンテンツの埋め込み
テーブル
フォーム
インタラクティブ

スタイルシートを使いたい

<style ★>〜</style>

★‥‥‥‥type="MIMEタイプ"
media="対象メディア"

▶ 要素解説

カテゴリー	メタデータ・コンテンツ／scoped属性が指定されている場合：フロー・コンテンツ
利用できる場所	scoped属性が指定されていない場合：メタデータ・コンテンツが期待される場所、またはhead要素の子要素であるnoscript要素内／scoped属性が指定されている場合：フロー・コンテンツが期待される場所（ただし、style要素とホワイトスペース以外の他のフロー・コンテンツより前）
コンテンツモデル	type属性の値による

　HTML文書にスタイルシートを組み込むにはいくつかの方法がありますが、該当のHTML文書全体に適用されるスタイルシートを1箇所にまとめて記述する場合は、style要素を使います。

type属性

　スタイルシート言語のMIMEタイプを指定します。デフォルトの値は「text/css」です。そのため、Webページで一般的なCSSを利用する場合には、type属性を省略することができます。

media属性

　style要素の中に記述されたスタイルシートを、どのメディアに適用するのかを指定します。例えば、PCの画面であれば「screen」、印刷時用であれば「print」のように指定します。デフォルトの値は「all」です。そのため、media属性が省略されたときは、すべてのメディアに同じスタイルシートが適用されます。

Sample Source

```
<!DOCTYPE html>
<html lang="ja">
<head>
<meta charset="UTF-8">
<title>スタイルシートを使いたい</title>
<style media="screen">
    em{
        color: #ff0000;
        font-style: normal;
    }
```

```
</style>
<style media="print">
    em{
        border-bottom-style: double;
        font-style: normal;
    }
</style>
</head>
<body>
<p>一般には、スタイルシート言語の一つである<em>CSS(Cascading Style Sheets)</em>
を、スタイルシートと呼ぶことが多いです。</p>
</body>
</html>
```

‖Column   ［適用範囲を限定するscoped属性］

　HTML5では、特定の範囲に対してスタイルシートを適用できるscoped属性が追加されています。scoped属性を指定したstyle要素のスタイルは、style要素の親要素とその子要素に対してのみ適用されます。ただし、現在のところ対応したブラウザはないようです。

```
<p>スタイルは適用されません。</p>
<div>
<style scoped="scoped">
  p {
    color: #ffffff;
    background-color: #000099;
  }
</style>
<p>スタイルが適用されます。</p>
</div>
```

Internet Explorer

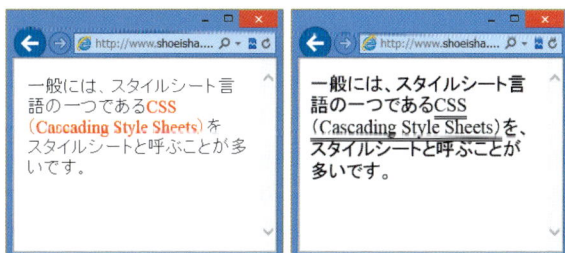

一般には、スタイルシート言語の一つである**CSS**（Caccading Style Sheets）をスタイルシートと呼ぶことが多いです。

一般には、スタイルシート言語の一つであるCSS（Cascading Style Sheets）を、スタイルシートと呼ぶことが多いです。

左はPC画面での表示、右は印刷用の表示です。

▶ ブラウザ対応表	IE10	IE9	Fx	Chrome	Safari	Opera	iOS6	iOS5	Android
	○	○	○	○	○	○	○	○	○

参照　文書同士の関係を表したい ・・・・・・・・ P.031　　汎用的な範囲を設定したい ・・・・・・・・ P.119
汎用的な領域を設定したい ・・・・・・・・ P.083　　HTML文書への適用方法 ・・・・・・・・ P.269

HTML5

文書の基本
セクション
コンテンツのグループ化
テキストレベルの意味付け
コンテンツの埋め込み
テーブル
フォーム
インタラクティブ

HTML5 > DOCUMENT.09

スクリプトを使いたい

<script ★>〜</script>

★‥‥‥‥type="スクリプトのMIMEタイプ"
　　　　src="外部スクリプトのファイル名（URL）"
　　　　charset="外部スクリプト・ファイルの文字エンコーディング"

▶ 要素解説

カテゴリー	メタデータ・コンテンツ／フロー・コンテンツ／フレージング・コンテンツ
利用できる場所	メタデータ・コンテンツが期待される場所／フレージング・コンテンツが期待される場所
コンテンツモデル	src属性がない場合：type属性の値による／src属性がある場合：なし、またはスクリプトの説明のみ

　HTML文書にスクリプトを組み込むにはscript要素を使います。スクリプトはこの要素の中に直接記述することも、別に用意した外部スクリプト・ファイルを読み込ませることもできます。ただし、これらの2つの方法を、1つのscript要素で同時に指定することはできませんので注意してください。

type属性

　スクリプト言語のMIMEタイプ（text/javascript、text/ecmascriptなど）を指定します。デフォルトの値は「text/javascript」です。そのため、WebページでJavaScriptを利用する場合には、type属性を省略することができます。
　　　　　　　└XHTMLはできない。

src属性

　外部のスクリプト・ファイルを読み込んで利用する場合に、スクリプト・ファイルのURLを指定します。

charset属性

　src属性で外部のスクリプト・ファイルを読み込んで利用する場合に、スクリプト・ファイルの文字エンコーディングを指定します。src属性が指定されていない場合には、この属性を指定することはできません。

Sample Source

```html
<!DOCTYPE html>
<html lang="ja">
<head>
<meta charset="UTF-8">
<title>スクリプトを使いたい</title>
</head>
<body>
<script>
    document.write("<p>JavaScriptを使ったサンプルページです。</p>");
</script>
</body>
</html>
```

Internet Explorer

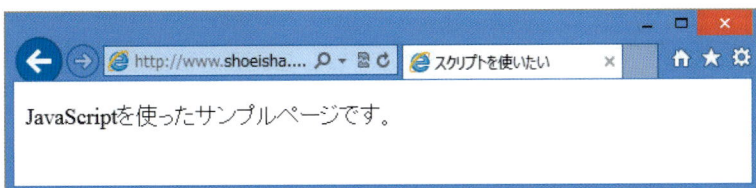

http://www.shoeisha.... スクリプトを使いたい

JavaScriptを使ったサンプルページです。

iPhone Safari

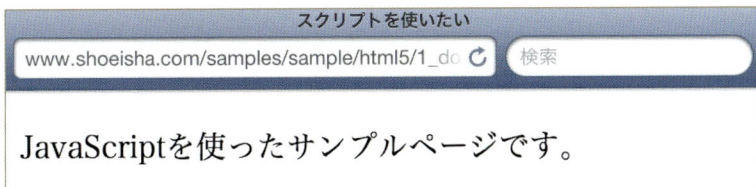

スクリプトを使いたい

www.shoeisha.com/samples/sample/html5/1_do　検索

JavaScriptを使ったサンプルページです。

‖Column
[HTML5で廃止された属性]

　script要素には、使用するスクリプト言語を指定するlanguage属性がありましたが、従来使われていた古いブラウザ向けの属性のため、HTML5で廃止されました。代わりにtype属性でスクリプト言語のMIMEタイプを指定してください。

廃止属性 language属性

▶ ブラウザ対応表	IE10	IE9	Fx	Chrome	Safari	Opera	iOS6	iOS5	Android
	○	○	○	○	○	○	○	○	○

参照　スクリプトが実行されない環境に対処したい‥P.044
　　　スクリプトを使って図を描きたい‥‥‥‥‥P.153

HTML5

スクリプトが実行されない環境に対処したい

<noscript>〜</noscript>

▶ 要素解説

カテゴリー	メタデータ・コンテンツ／フロー・コンテンツ／フレージング・コンテンツ
利用できる場所	head要素の中、またはフレージング・コンテンツが期待される場所（ただし、script要素の入れ子は不可）
コンテンツモデル	スクリプトが無効で、head要素の中にある場合：link要素を0個以上、style要素を0個以上、meta要素を0個以上（順不同） スクリプトが無効でhead要素の中にない場合：トランスペアレント （ただし、noscript要素の入れ子は不可） スクリプトが有効の場合：テキスト

　スクリプトを無効にしているブラウザなどで代わりに表示させる内容は、noscript要素で表します。

　XML構文ではnosctipt要素を使うことはできませんので、注意してください。

Sample Source

```
<body>
<script>
    document.write("<p>JavaScriptを使ったサンプルページです。</p>");
</script>
<noscript>
    <p>スクリプトが無効になっているか、またはスクリプトに対応していません。<br>
    <a href="noscript.html">次のページ</a>へどうぞ。</p>
</noscript>
</body>
```

Internet Explorer

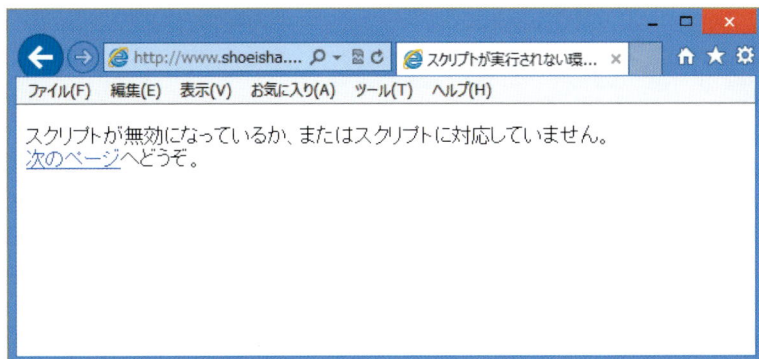

スクリプトが無効になっているか、またはスクリプトに対応していません。
次のページへどうぞ。

Firefox

スクリプトが実行されない環境に対応したい - Mozilla Firefox

www.shoeisha.com/samples/sample/html5/1_docu

スクリプトが無効になっているか、またはスクリプトに対応していません。
次のページへどうぞ。

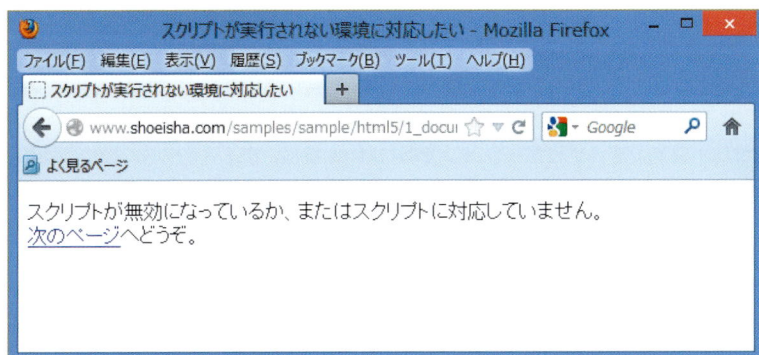

iPhone Safari

スクリプトが実行されない環境に対応したい

www.shoeisha.com/samples/sample/html5/1_do

スクリプトが無効になっているか、またはスクリプトに対応していません。
次のページへどうぞ。

▶ ブラウザ対応表	IE10	IE9	Fx	Chrome	Safari	Opera	iOS6	iOS5	Android
	○	○	○	○	○	○	○	○	○

参照　スクリプトを使いたい・・・・・・・・・・・・・・・・・ P.042

HTML5

セクションを表したい

新しい要素 section要素

<section>〜</section>

▶ 要素解説

カテゴリー	フロー・コンテンツ／セクショニング・コンテンツ／パルパブル・コンテンツ
利用できる場所	フロー・コンテンツが期待される場所
コンテンツモデル	フロー・コンテンツ

　section要素は、一般的なセクションを表します。文書中の章や節といったまとまりを示すもので、通常は見出し（p.54）を入れて使います。

　HTML5では、セクションを表す要素として、section要素、nav要素（p.48）、article要素（p.50）、aside要素（p.52）が定義されています。このなかで、一般的なセクションを表す要素がsection要素です。ナビゲーションであればnav要素、RSSフィードで扱いうる内容であればarticle要素のように、section要素以外に適した要素がある場合はそちらを使用してください。

　また、複数の要素をグループ化してスタイルを適用したり、スクリプトで操作したりするためにsection要素を使うことは、正しい用法ではありません。このような場合はdiv要素を使用します。

Sample Source

```
<body>
<header>
    <h1>ウィーンのお菓子</h1>
    <p>ウィーン在住10年で甘党の筆者が、ウィーンのお菓子をご紹介します。</p>
</header>
<section>
    <h2>ザッハトルテ</h2>
    <p>みなさんご存知のチョコレートケーキ。ウィーンのホテル・ザッハーのものが有名です
...</p>
</section>
<section>
    <h2>シュトゥルーデル</h2>
    <p>薄く延ばした生地で、詰め物をぐるぐる巻いて作る菓子です。代表的なのは、りんごを使
ったアプフェルシュトゥルーデルです...</p>
</section>
</body>
```

文書の基本

セクション

コンテンツの
グループ化

テキストレベルの
意味付け

コンテンツの
埋め込み

テーブル

フォーム

インタラクティブ

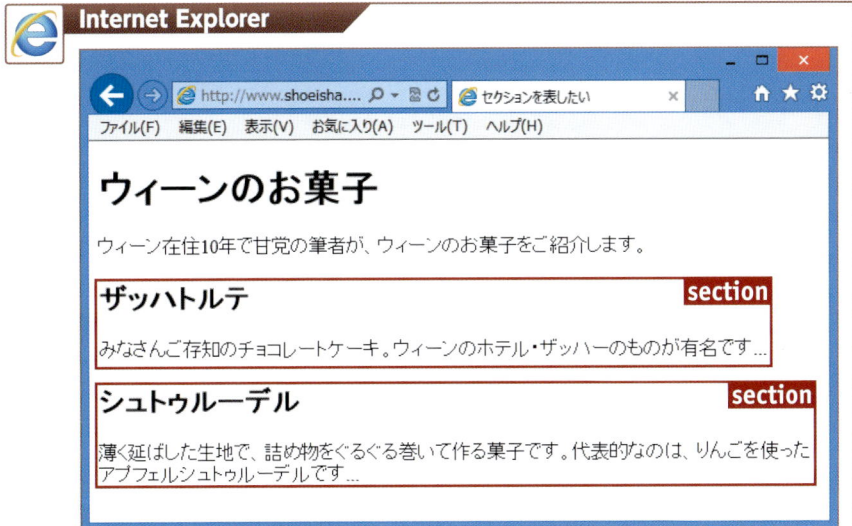

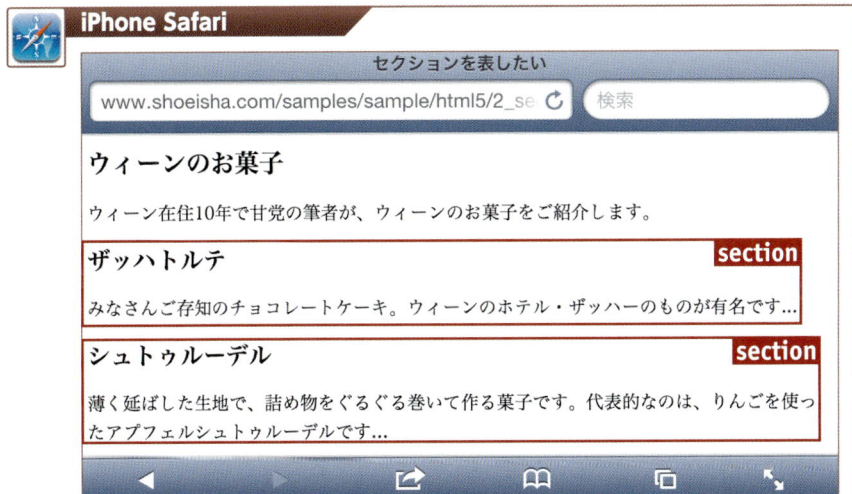

Internet Explorer

http://www.shoeisha....　　セクションを表したい　×

ファイル(F)　編集(E)　表示(V)　お気に入り(A)　ツール(T)　ヘルプ(H)

ウィーンのお菓子

ウィーン在住10年で甘党の筆者が、ウィーンのお菓子をご紹介します。

ザッハトルテ　　　　　　　　　`section`

みなさんご存知のチョコレートケーキ。ウィーンのホテル・ザッハーのものが有名です…

シュトゥルーデル　　　　　　　　`section`

薄く延ばした生地で、詰め物をぐるぐる巻いて作る菓子です。代表的なのは、りんごを使った
アプフェルシュトゥルーデルです…

iPhone Safari

セクションを表したい

www.shoeisha.com/samples/sample/html5/2_se　　検索

ウィーンのお菓子

ウィーン在住10年で甘党の筆者が、ウィーンのお菓子をご紹介します。

ザッハトルテ　　　　　　　　　`section`

みなさんご存知のチョコレートケーキ。ウィーンのホテル・ザッハーのものが有名です…

シュトゥルーデル　　　　　　　　`section`

薄く延ばした生地で、詰め物をぐるぐる巻いて作る菓子です。代表的なのは、りんごを使っ
たアプフェルシュトゥルーデルです…

‖Column　　　　　　　　　　　[section要素かarticle要素か]

　ニュースサイトの記事やブログの記事のように、RSSフィードの内容になりうるコンテンツを
section要素で表しても、文法的に誤りではありません。ですが、そのコンテンツがどのような性
質であるのかをより明確に示すには、一般的なセクションを表すsection要素よりも、article要素
のほうが適しています。このように、意味をよく考えて、適した要素を使うようにしてください。

▶ ブラウザ対応表	IE10	IE9	Fx	Chrome	Safari	Opera	iOS6	iOS5	Android
	○	○	○	○	○	○	○	○	○

‖参照　ナビゲーションを表したい ・・・・・・・・・・・・ P.048　メイン・コンテンツとは関連の薄い
　　　　　内容が独立したコンテンツを表したい ・・・・・・ P.050　コンテンツを表したい ・・・・・・・・・・・・・・・・・・ P.052
　　　　　　　　　　　　　　　　　　　　　　　　　　　　　見出しを表したい ・・・・・・・・・・・・・・・・・・・・・ P.054

HTML5

ナビゲーションを表したい

新しい要素 nav要素

<nav>～</nav>

▶ 要素解説

カテゴリー	フロー・コンテンツ／セクショニング・コンテンツ／パルパブル・コンテンツ
利用できる場所	フロー・コンテンツが期待される場所
コンテンツモデル	フロー・コンテンツ

　Webサイトのナビゲーションとなる部分は、nav要素で表します。ただし、リンクの集まりである部分すべてにnav要素が使えるわけではありません。サイト内を移動する手段として主要なナビゲーションにのみ、使用するようにしてください。

　例えば、一般的にWebページやブログの上部、左右に表示されるナビゲーションは、nav要素で表す内容として適しています。しかし、フッターにある簡単なナビゲーションについては、通常はnav要素を使わず、footer要素（p.59）の中に入れるだけでよいでしょう。

Sample Source

```
<body>
<h1>ウィーン旅行ガイド</h1>
<nav>
    <ul>
        <li><a href="index.html">ホーム</a></li>
        <li><a href="wien.html">ウィーンについて</a></li>
        <li><a href="place.html">見どころ</a></li>
        <li><a href="plan.html">旅行計画</a></li>
    </ul>
</nav>
</body>
```

〈ul〉を含む形で

左側サイドバー（縦書き）：
文書の基本　セクション　コンテンツのグループ化　テキストレベルの意味付け　コンテンツの埋め込み　テーブル　フォーム　インタラクティブ

Internet Explorer

ウィーン旅行ガイド

- ホーム `nav`
- ウィーンについて
- 見どころ
- 旅行計画

iPhone Safari

ナビゲーションを表したい

www.shoeisha.com/samples/sample/html5/2_se　検索

ウィーン旅行ガイド

- ホーム `nav`
- ウィーンについて
- 見どころ
- 旅行計画

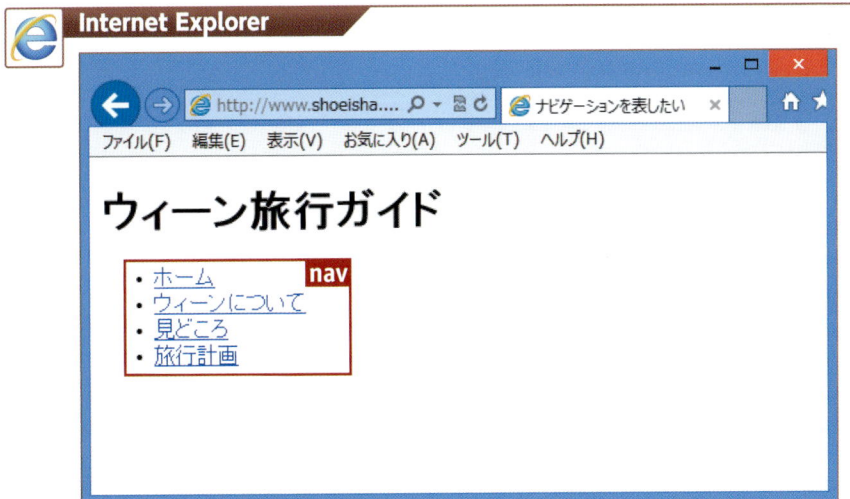

▶ ブラウザ対応表	IE10	IE9	Fx	Chrome	Safari	Opera	iOS6	iOS5	Android
	○	○	○	○	○	○	○	○	○

参照

HTML5

内容が独立したコンテンツを表したい

新しい要素 article要素

`<article>`〜`</article>`

▶ 要素解説

カテゴリー	フロー・コンテンツ／セクショニング・コンテンツ／パルパブル・コンテンツ
利用できる場所	フロー・コンテンツが期待される場所
コンテンツモデル	フロー・コンテンツ

　article要素は、ニュースサイトの記事やブログの記事（エントリー）のように、独立し、それだけで完結しているコンテンツを表す要素です。掲示板の投稿、ブログ記事へのコメント、ウィジェットやガジェットの領域などにも利用できます。

　コンテンツがarticle要素の内容として適しているかどうかは、RSSフィードで利用される場合を考えるとよいでしょう。そのコンテンツがRSSフィードの内容になりうるとすれば、article要素が適しているといえます。

Sample Source

```
<body>
<article>
    <header>
        <h1>本場のザッハトルテ</h1>
        <p><time datetime="2013-04-01T20:30:00+01:00"></time></p>
    </header>
    <p>ご存知のとおり、ザッハトルテはオーストリアの代表的なお菓子です。</p>
    <p>今日は、ウィーンにあるホテル・ザッハーのザッハトルテを紹介します。</p>
    <footer>
        <p><a href="http://exampleblog.jp/abcd/entry-20130401001.html
#comment">1件のコメント</a>
    </footer>
</article>
</body>
```

※あまり使われていない。

（左端縦書きタブ）文書の基本／セクション／コンテンツのグループ化／テキストレベルの意味付け／コンテンツの埋め込み／テーブル／フォーム／インタラクティブ

Internet Explorer

本場のザッハトルテ `article`

ご存知のとおり、ザッハトルテはオーストリアの代表的なお菓子です。

今日は、ウィーンにあるホテル・ザッハーのザッハトルテを紹介します。

1件のコメント

iPhone Safari

内容が独立したコンテンツを表したい

www.shoeisha.com/samples/sample/html5/2_se 検索

本場のザッハトルテ `article`

ご存知のとおり、ザッハトルテはオーストリアの代表的なお菓子です。

今日は、ウィーンにあるホテル・ザッハーのザッハトルテを紹介します。

1件のコメント

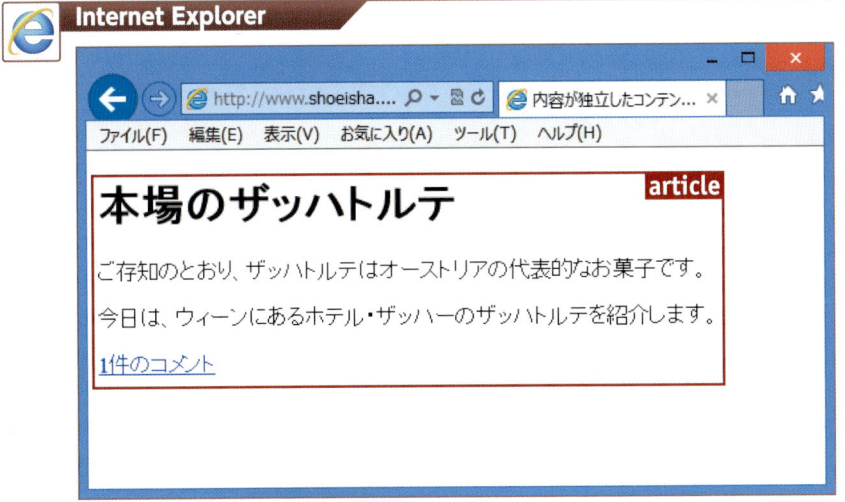

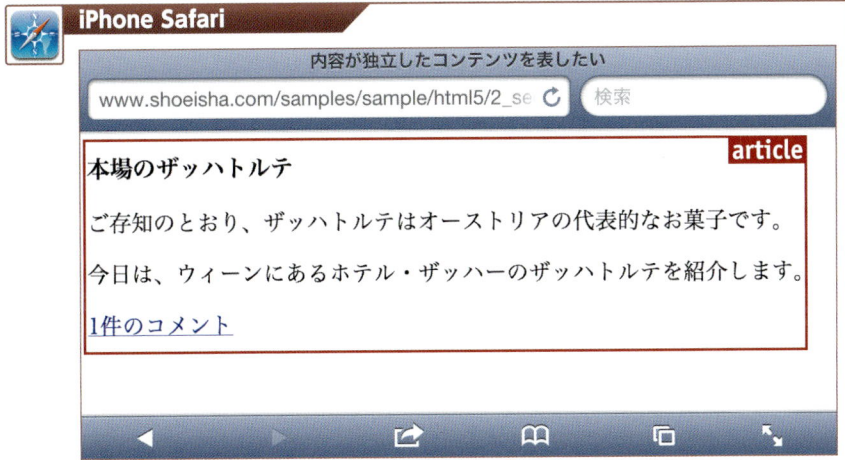

ブログ記事での利用例です。

▶ ブラウザ対応表	IE10	IE9	Fx	Chrome	Safari	Opera	iOS6	iOS5	Android
	○	○	○	○	○	○	○	○	○

参照 ▶ セクションを表したい・・・・・・・・・・・・・・・・・・ P.046
メイン・コンテンツとは関連の薄い
コンテンツを表したい・・・・・・・・・・・・・・・・・・ P.052

HTML5

メイン・コンテンツとは関連の薄い コンテンツを表したい

新しい要素 aside要素

<aside>〜</aside>

▶ 要素解説

カテゴリー	フロー・コンテンツ／セクショニング・コンテンツ／パルパブル・コンテンツ
利用できる場所	フロー・コンテンツが期待される場所
コンテンツモデル	フロー・コンテンツ

　aside要素は、ページのメイン・コンテンツとは関連性が薄いコンテンツを表す要素です。メインのコンテンツと無関係ではないけれども、仮にそのコンテンツをページから切り離しても、メインのコンテンツには影響がないものに対して使います。

　例えば、新聞や雑誌によくみられるような本文を抜粋したリード文、メイン・コンテンツを補足する記事・情報、ブログのサイドバー、広告などのコンテンツに利用できます。

Sample Source

```
<body>
<article>
<h1>Bluetooth</h1>
    <p><dfn style="font-weight: bold;">Bluetooth</dfn>は、Ericsson、IBM、Intel、
Nokia、東芝の5社が中心となって策定された、近距離無線通信の規格です...</p>
    <p>...現在、パソコン、周辺機器、携帯電話、携帯端末、携帯オーディオプレイヤー、ヘッド
セットなどさまざまな機器の間の通信を無線化することに、広く利用されています。</p>
</article>
<aside>
    <h1>名前の由来</h1>
    <p>規格の名前は、10世紀のデンマーク王Harald Blatand（ハーラル・ブラッタン）の英名
Harold Bluetoothにちなんだものです。彼がデンマークとノルウェーを平和的に統一したように、
乱立する無線通信規格を統合したいという意味がこめられています。</p>
</aside>
</body>
```

Internet Explorer

Internet Explorer

http://www.shoeisha.... メインコンテンツとは関連の薄... ×

ファイル(F)　編集(E)　表示(V)　お気に入り(A)　ツール(T)　ヘルプ(H)

Bluetooth

Bluetoothは、Ericsson、IBM、Intel、Nokia、東芝の5社が中心となって策定された、近距離無線通信の規格です...

...現在、パソコン、周辺機器、携帯電話、携帯端末、携帯オーディオプレイヤー、ヘッドセットなどさまざまな機器の間の通信を無線化することに、広く利用されています。

名前の由来   aside

規格の名前は、10世紀のデンマーク王Harald Blatand（ハーラル・ブラッタン）の英名Harold Bluetoothにちなんだものです。彼がデンマークとノルウェーを平和的に統一したように、乱立する無線通信規格を統合したいという意味がこめられています。

iPhone Safari

メインコンテンツとは関連の薄いコンテンツを表...

www.shoeisha.com/san ⟳ 検索

Bluetooth

Bluetoothは、Ericsson、IBM、Intel、Nokia、東芝の5社が中心となって策定された、近距離無線通信の規格です...

...現在、パソコン、周辺機器、携帯電話、携帯端末、携帯オーディオプレイヤー、ヘッドセットなどさまざまな機器の間の通信を無線化することに、広く利用されています。

名前の由来   aside

規格の名前は、10世紀のデンマーク王Harald Blatand（ハーラル・ブラッタン）の英名Harold Bluetoothにちなんだものです。彼がデンマークとノルウェーを平和的に統一したように、乱立する無線通信規格を統合したいという意味がこめられています。

▶ ブラウザ対応表	IE10	IE9	Fx	Chrome	Safari	Opera	iOS6	iOS5	Android
	○	○	○	○	○	○	○	○	○

参照　セクションを表したい・・・・・・・・・・・・・・・・・ P.046
　　　　　内容が独立したコンテンツを表したい ・・・・・・ P.050

メイン・コンテンツとは関連の薄いコンテンツを表したい　**新しい要素** aside要素 ｜ 053

HTML5 > SECTION.05

見出しを表したい

`<h★>`～`</h★>`

★………1～6

▶ 要素解説

カテゴリー	フロー・コンテンツ／見出しコンテンツ／パルパブル・コンテンツ
利用できる場所	hgroupの子要素として／フロー・コンテンツが期待される場所
コンテンツモデル	フレージング・コンテンツ

　見出しは、h1～h6要素で表します。数字は見出しのランク（階層）を表すもので、h1が1番上位、以下数字が大きくなるにつれて見出しのランクが下がることを意味します。

　h1～h6要素が使われると、暗黙的にセクションであるとみなされます。

　なお、明示的にセクションを表すには、section要素（p.46）やarticle要素など（p.50）のセクショニング・コンテンツに属する要素を指定します。

見出しとセクションの関係については、p.22を参照してください。

HTML5の話

Sample Source

```
<body>
<h1>見出しA</h1>
<h2>見出しB</h2>
<h3>見出しC</h3>
<h2>見出しD</h2>
</body>
```

・`<h1>`は1ページ内に1つのみ ✓ ← 本のタイトルは1つだけ 章は複数あるのと同じ考え方。

・`<h2>`…等は適宜（複数でも）

必ず順番通り（h1, h2, h3…）に使う。

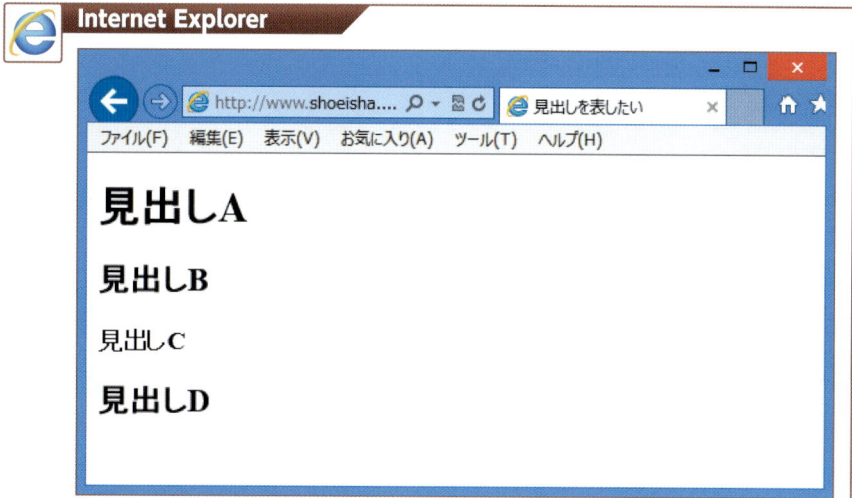

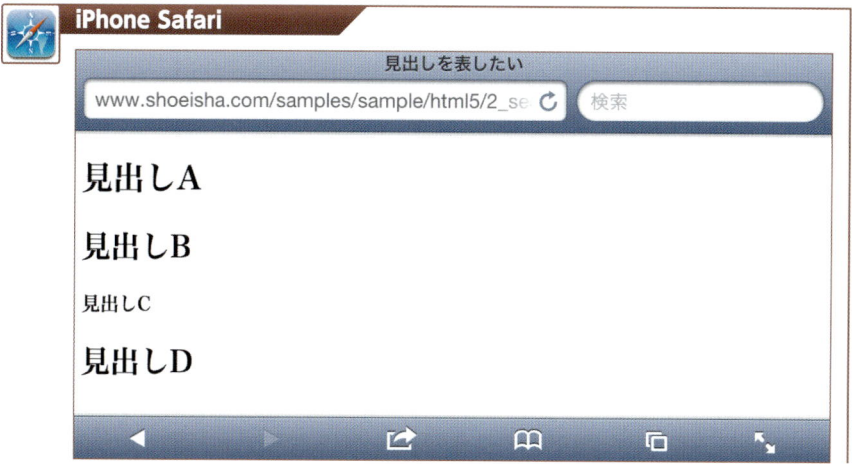

Internet Explorer

見出しA

見出しB

見出しC

見出しD

iPhone Safari

見出しを表したい

www.shoeisha.com/samples/sample/html5/2_se　検索

見出しA

見出しB

見出しC

見出しD

‖Column　　　　　　　　　　　　　　　　　[見出しのフォントサイズ]

　一般的には上位の見出しほど大きなフォントで表示されますが、これは見出しのランクを視覚的にわかりやすくするための、ブラウザの動作です。フォントサイズを調整したり、テキストを強調するためにh1〜h6要素を使うのは、正しい用法ではありませんので注意してください。このような効果はCSSで指定します。

廃止属性 align属性

▶ ブラウザ対応表	IE10	IE9	Fx	Chrome	Safari	Opera	iOS6	iOS5	Android
	○	○	○	○	○	○	○	○	○

参照　セクションを表したい・・・・・・・・・・・・・・・・P.046　　メイン・コンテンツとは関連の薄い
内容が独立したコンテンツを表したい・・・・・・P.050　　コンテンツを表したい・・・・・・・・・・・・・・・・P.052
見出しをグループ化したい・・・・・・・・・・・・・P.056

HTML5

見出しをグループ化したい

新しい要素 hgroup要素

<hgroup>～</hgroup>

▶ 要素解説

カテゴリー	フロー・コンテンツ／見出しコンテンツ／パルパブル・コンテンツ
利用できる場所	フロー・コンテンツが期待される場所
コンテンツモデル	h1～h6要素を1個以上

　hgroup要素は、見出し(p.54)をグループ化する要素です。この要素の中には、h1～h6要素のみを入れることができます。

　HTML5では、h1～h6要素が現れると暗黙的にセクションが生成されることになっています。hgroup要素は、1つのセクション中に大見出し、小見出し、サブタイトル、キャッチフレーズといったレベルの異なる見出しが含まれるとき、各見出しごとにセクションが生成されないよう、まとめる役目を持っています。

　このようにグループ化すると、hgroup要素に含まれる見出しのうち一番ランクの高いもののみがアウトライン(p.21)上で見出しとなり、それ以外はアウトラインに現れなくなります。見出し同士の関係や文書構造がより明確になるというメリットがあります。

Sample Source

```
<body>
<section>
    <hgroup>
        <h1>世紀末ウィーンに関する一考察</h1>
        <h2>人々は何を見、何を考えたのか</h2>
    </hgroup>
    <p>世紀末ウィーンとは、19世紀末、...</p>
</section>
</body>
```

Internet Explorer

http://www.shoeisha....   見出しをグループ化したい ×

ファイル(F)　編集(E)　表示(V)　お気に入り(A)　ツール(T)　ヘルプ(H)

世紀末ウィーンに関する一考察 `hgroup`

人々は何を見、何を考えたのか

世紀末ウィーンとは、19世紀末、...

Firefox

見出しをグループ化したい

www.shoeisha.com/samples/sample/html5/2_se   検索

世紀末ウィーンに関する一考察 `hgroup`

人々は何を見、何を考えたのか

世紀末ウィーンとは、19世紀末、...

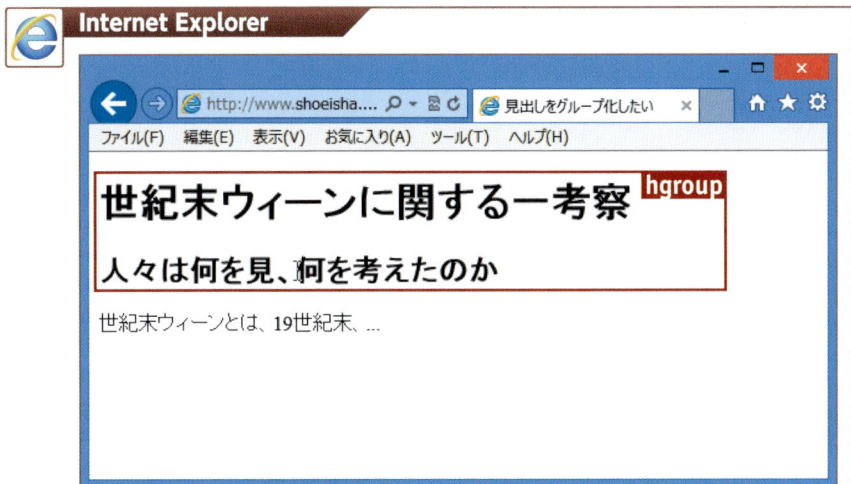

▶ ブラウザ対応表	IE10	IE9	Fx	Chrome	Safari	Opera	iOS6	iOS5	Android
	○	○	○	○	○	○	○	○	○

参照 見出しを表したい・・・・・・・・・・・・・・・・・・・・・ P.054

HTML5

ヘッダーを表したい

`新しい要素` header要素

`<header>`〜`</header>`

▶ 要素解説

カテゴリー	フロー・コンテンツ／パルパブル・コンテンツ
利用できる場所	フロー・コンテンツが期待される場所
コンテンツモデル	フロー・コンテンツ（ただし、header要素やfooter要素を子要素とすることは不可）

　ページやセクションのヘッダー部分は、header要素で表します。header要素には、h1〜h6要素（p.54）やhgroup要素（p.56）で表される見出しを入れて使うのが一般的ですが、これらは必須ではありません。セクションの目次、検索フォーム、関連するロゴなど、そのセクションの概要やナビゲーションに役立つ内容を入れることもできます。

　なお、header要素はセクショニング・コンテンツに属する要素ではないため、header要素の出現によって新しいセクションが開始されることはありません。

Sample Source

```
<body>
<header>
    <h1>ウィーン旅行ガイド</h1>
    <p>見どころやお勧めの旅行計画を、ウィーン在住10年の筆者がご紹介します。</p>
</header>
</body>
```

Internet Explorer

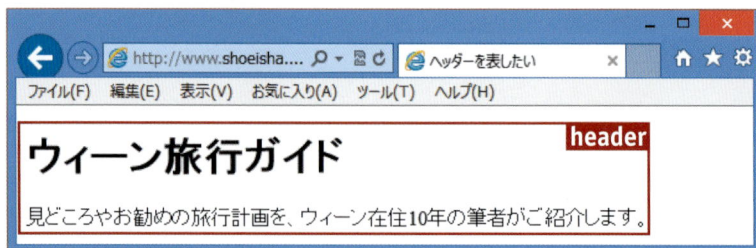

▶ ブラウザ対応表

	IE10	IE9	Fx	Chrome	Safari	Opera	iOS6	iOS5	Android
	○	○	○	○	○	○	○	○	○

参照

見出しを表したい・・・・・・・・・・・・・・・・・・・・ P.054
見出しをグループ化したい・・・・・・・・・・・・・ P.056
フッターを表したい・・・・・・・・・・・・・・・・・・ P.059

フッターを表したい

新しい要素 footer要素

<footer>～</footer>

▶ 要素解説

カテゴリー	フロー・コンテンツ／パルパブル・コンテンツ
利用できる場所	フロー・コンテンツが期待される場所
コンテンツモデル	フロー・コンテンツ（ただし、header要素やfooter要素を子要素とすることは不可）

　ページやセクションのフッター部分は、footer要素で表します。おもに、そのページやセクションの著者についての情報、関連ページへのリンク、著作権表示などに使います。

　footer要素はページやセクションの最後で使われるのが一般的です。しかし、配置位置についての決まりはなく、ページやセクションの途中や最初で使っても問題ありません。また、必要に応じ、1つのセクションの中に複数のfooter要素を入れることもできます。

　なお、footer要素はセクショニング・コンテンツに属する要素ではないため、footer要素の出現によって新しいセクションが開始されることはありません。

Sample Source

```
<body>
<footer>
    <ul>
        <li><a href="tou.html">利用規約</a> | </li>
        <li><a href="privacy.html">プライバシーポリシー</a> |
        <li><a href="sitemap.html">サイトマップ</a>
    </ul>
    <p><small>Copyright &copy; 2011 ABCD Co.,Ltd. All Rights Reserved.</small></p>
</footer>
</body>
```

文書の基本

セクション

コンテンツの
グループ化

テキストレベルの
意味付け

コンテンツの
埋め込み

テーブル

フォーム

インタラクティブ

Internet Explorer

http://www.shoeisha....

フッターを表したい

ファイル(F)　編集(E)　表示(V)　お気に入り(A)　ツール(T)　ヘルプ(H)

利用規約 | プライバシーポリシー | サイトマップ

Copyright © 2011 ABCD Co.,Ltd. All Rights Reserved.

iPhone Safari

フッターを表したい

www.shoeisha.com/samples/sample/html5/2_se

検索

利用規約 | プライバシーポリシー | サイトマップ

Copyright © 2011 ABCD Co.,Ltd. All Rights Reserved.

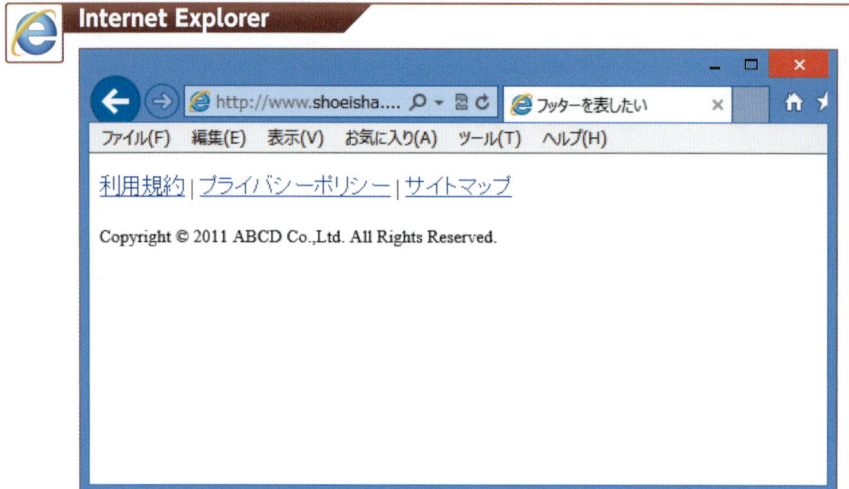

レイアウトはCSSで指定しています。

▶ ブラウザ対応表	IE10	IE9	Fx	Chrome	Safari	Opera	iOS6	iOS5	Android
	○	○	○	○	○	○	○	○	○

参照　ナビゲーションを表したい ・・・・・・・・・・・・・・ P.048
　　　ヘッダーを表したい ・・・・・・・・・・・・・・・・・ P.058

連絡先を示したい

変更された要素 address要素

<address>〜</address>

▶ 要素解説

カテゴリー	フロー・コンテンツ／パルパブル・コンテンツ
利用できる場所	フロー・コンテンツが期待される場所
コンテンツモデル	フロー・コンテンツ（ただし、見出しコンテンツ、セクショニング・コンテンツ、およびheader要素、footer要素、address要素を子要素とすることは不可）

→ 連絡先を示すもの。XHTMLでは著作者情報などもⒸなど.

個々のコンテンツやサイトに関する連絡先の情報は、address要素で表します。

address要素は使われる場所によって意味が異なります。article要素の中で使われると、そのarticle要素の内容の管理者や著者への連絡先、それ以外の場合はサイト全体の管理者や著者などへの連絡先を表すことになります。

この要素の中に、コンテンツやサイトに関する連絡先情報以外の内容を含めることはできません。例えば、単に住所などを掲載したいときは、p要素（p.62）で表します。

Sample Source

```
<body>
<footer>
    <address>当サイトに関するご意見は
    <a href="info@abc.co.jp">総合受付</a>まで。</address>
</footer>
</body>
```

Internet Explorer

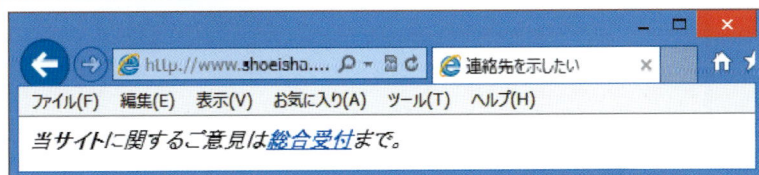

当サイトに関するご意見は*総合受付*まで。

▶ ブラウザ対応表

IE10	IE9	Fx	Chrome	Safari	Opera	iOS6	iOS5	Android
○	○	○	○	○	○	○	○	○

参照 内容が独立したコンテンツを表したい ・・・・・・ P.050

文書の基本

セクション

コンテンツの
グループ化

テキストレベルの
意味付け

コンテンツの
埋め込み

テーブル

フォーム

インタラクティブ

HTML5 > GROUPING CONTENTS.01

段落を表したい

\<p\>～\</p\>

▶ 要素解説

カテゴリー	フロー・コンテンツ／パルパブル・コンテンツ
利用できる場所	フロー・コンテンツが期待される場所
コンテンツモデル	フレージング・コンテンツ

段落はp要素で表します。ただし、p要素よりも適した要素がほかにないかを検討し、そうした要素がない場合にのみp要素を使うようにしてください。例えば、連絡先であればaddress要素(p.61)、フッターであればfooter要素(p.59)で表せます。

〔手書き〕└XHTMLでは使えない

Sample Source

```
<body>
<p>HTMLとは、HyperTextMarkupLanguageの頭文字をとったもので、Webページ用の文書を
記述するために開発されたマークアップ言語のことです。HTMLでマークアップされた文書は、ハ
イパーリンク機能を持ち、文書のある部分から他の文書へと次々と情報をたどっていくことができ
ます。</p>
<p>しかし、現在話題を集めているHTML5という言葉は、もっと大きな意味を含んでいること
が特徴です。これは仕様書のタイトルに「A vocabulary and associated APIs for HTML and
XHTML」と記されていることからもわかります。</p>
</body>
```

Internet Explorer

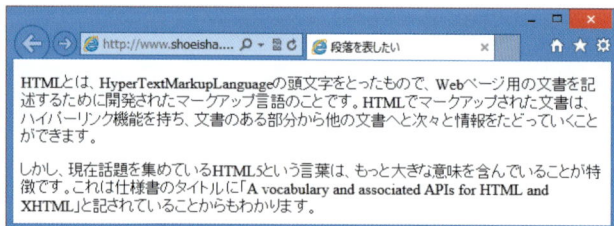

廃止属性 align属性

▶ ブラウザ対応表	IE10	IE9	Fx	Chrome	Safari	Opera	iOS6	iOS5	Android
	○	○	○	○	○	○	○	○	○

参照 テーマの変わり目を表したい・・・・・・・・・・・・P.063

テーマの変わり目を表したい

`変更された要素` hr要素

`<hr>`

▶ 要素解説

カテゴリー	フロー・コンテンツ
利用できる場所	フロー・コンテンツが期待される場所
コンテンツモデル	空

hr要素は、段落単位での意味の変わり目を表します。たとえば、物語のシーンが変わるときや、セクション内で別のテーマに変わるときの区切りとして利用されます。

これまでのHTMLでは、横罫線という視覚的な表現を指定する要素でしたが、HTML5で意味が変更されました。ただし、一般的なブラウザでは罫線が表示されるようです。

Sample Source

```
<body>
<p>HTMLとは、HyperTextMarkupLanguageの頭文字をとったもので、Webページ用の文書を
記述するために開発されたマークアップ言語のことです。しかし、現在話題を集めているHTML5と
いう言葉は、もっと大きな意味を含んでいることが特徴です。…</p>
<hr>
<p>では実際に、HTML5でWebページを作成してみましょう。…</p>
</body>
```

Internet Explorer

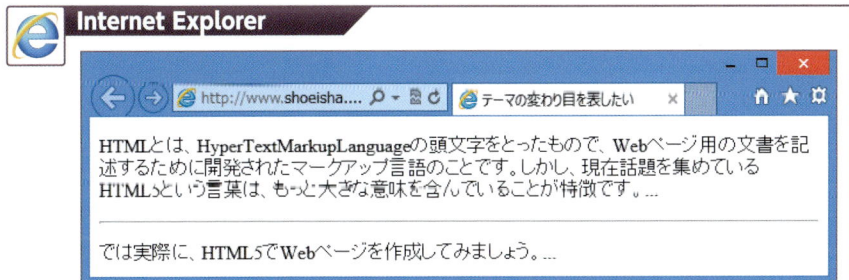

> HTMLとは、HyperTextMarkupLanguageの頭文字をとったもので、Webページ用の文書を記述するために開発されたマークアップ言語のことです。しかし、現在話題を集めているHTMLという言葉は、もっと大きな意味を含んでいることが特徴です。…
>
> では実際に、HTML5でWebページを作成してみましょう。…

`廃止属性` align属性、noshade属性、size属性、width属性

▶ ブラウザ対応表	IE10	IE9	Fx	Chrome	Safari	Opera	iOS6	iOS5	Android
	○	○	○	○	○	○	○	○	○

参照 段落を表したい ・・・・・・・・・・・・・・・・・・・ P.062

入力した通りに表示したい

<pre>～</pre>

▶ 要素解説

カテゴリー	フロー・コンテンツ／パルパブル・コンテンツ
利用できる場所	フロー・コンテンツが期待される場所
コンテンツモデル	フレージング・コンテンツ

　HTML文書内の空白文字や改行などを入力した通りにブラウザに反映させたいときは、pre要素で表します。pre要素はその範囲が整形済みのテキストであることを表す要素です。
　プログラム・コード、電子メールの内容、アスキー・アートをそのまま表示させたい場合などに利用できます。

Sample Source

```
<body>
<p>次に、左のメニュー項目として次のようなスタイルを指定します。</p>
<pre><code>
.leftmenu {
    position: absolute;
    top: 120px;
    left: 0;
    width: 170px;
    padding: 0 0 20px 10px;
}
</code></pre>
</body>
```

文書の基本　セクション　コンテンツのグループ化　テキストレベルの意味付け　コンテンツの埋め込み　テーブル　フォーム　インタラクティブ

Internet Explorer

http://www.shoeisha....

入力した通りに表示したい ✕

次に、左のメニュー項目として次のようなスタイルを指定します。

```
.leftmenu {
        position: absolute;
        top: 120px;
        left: 0;
        width: 170px;
        padding: 0 0 20px 10px;
}
```

iPhone Safari

入力した通りに表示したい

www.shoeisha.com/samples/sample/html5/3_gc

検索

次に、左のメニュー項目として次のようなスタイルを指定します。

```
.leftmenu {
    position: absolute;
    top: 120px;
    left: 0;
    width: 170px;
    padding: 0 0 20px 10px;
}
```

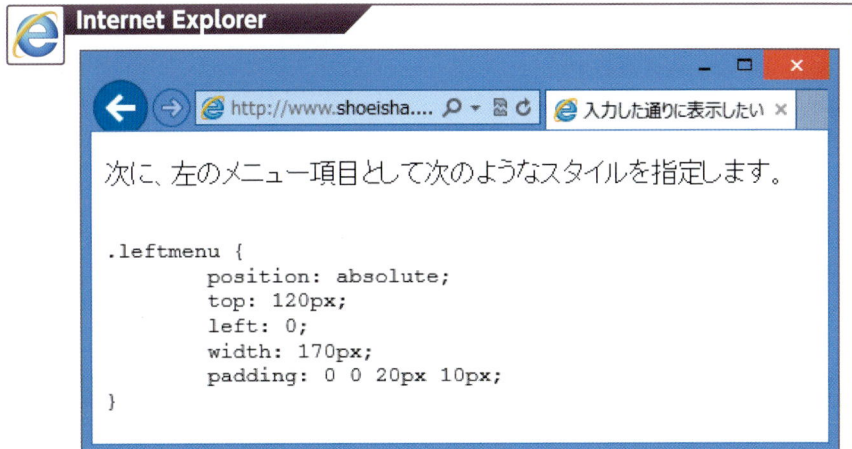

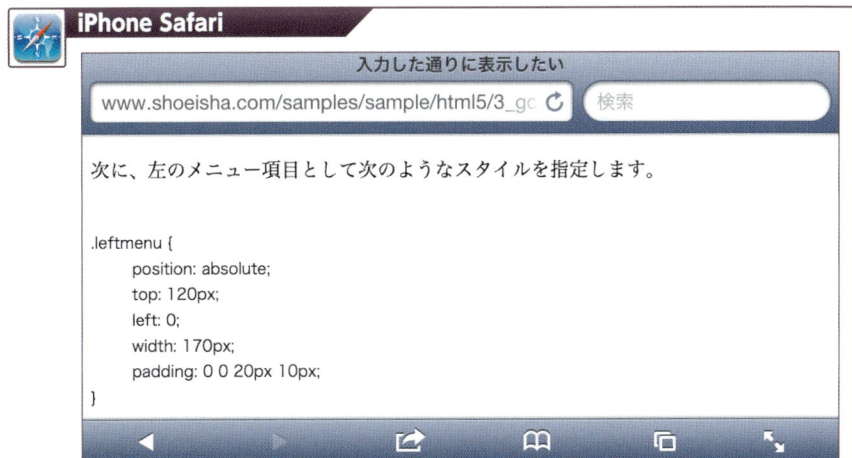

廃止属性 width属性

▶ ブラウザ対応表	IE10	IE9	Fx	Chrome	Safari	Opera	iOS6	iOS5	Android
	○	○	○	○	○	○	○	○	○

参照 コンピュータ関連のテキストを示したい ･････ P.105

HTML5

長い文章を引用したい

\<blockquote cite="★"\>〜\</blockquote\>

★………引用元のURL

▶ 要素解説

カテゴリー	フロー・コンテンツ／セクショニング・ルート／パルパブル・コンテンツ
利用できる場所	フロー・コンテンツが期待される場所
コンテンツモデル	フロー・コンテンツ

　blockquote要素は、ほかの情報源からの引用を表します。引用元のURLはcite属性で指定します。

　この要素は比較的長い文章を引用するときに使用します。短いテキスト（フレージング・コンテンツ）を引用する場合には、q要素（p.99）を使用してください。

　一般的なブラウザでは、左右をインデント（字下げ）して表示されます。

Sample Source

```
<body>
<p>『HTMLタグ辞典 第7版 ＋CSS』には、文字エンコーティングについて次のような説明があります。</p>
<blockquote cite="http://www.example.com/htmlcss/ce.html"><p>コンピュータでは、すべてのデータを数値として扱っています。文字や記号もそのままでは扱えないため。1つ1つに数値を割り当てて扱います。この数値と人間の使う文字・記号とを対応付け、変換するためのルールが文字エンコーティングです。文字符号化方式ともいいます。</p></blockquote>

<p>次の文章は、夏目漱石の代表作の一つである『坊ちゃん』の冒頭部分です</p>
<blockquote><p>親譲りの無鉄砲で小供の時から損ばかりしている。小学校に居る時分学校の二階から飛び降りて一週間ほど腰を抜かした事がある。なぜそんな無闇をしたと聞く人があるかも知れぬ。別段深い理由でもない。新築の二階から首を出していたら、同級生の一人が冗談に、いくら威張っても、そこから飛び降りる事は出来まい。弱虫やーい。と囃したからである。</p>
</blockquote>
</body>
```

Internet Explorer

『HTMLタグ辞典 第7版 +CSS』には、文字エンコーティングについて次のような説明があります。

コンピュータでは、すべてのデータを数値として扱っています。文字や記号もそのままでは扱えないため。1つ1つに数値を割り当てて扱います。この数値と人間の使う文字・記号とを対応付け、変換するためのルールが文字エンコーディングです。文字符号化方式ともいいます。

次の文章は、夏目漱石の代表作の一つである『坊ちゃん』の冒頭部分です

親譲りの無鉄砲で小供の時から損ばかりしている。小学校に居る時分学校の二階から飛び降りて一週間ほど腰を抜かした事がある。なぜそんな無闇をしたと聞く人があるかも知れぬ。別段深い理由でもない。新築の二階から首を出していたら、同級生の一人が冗談に、いくら威張っても、そこから飛び降りる事は出来まい。弱虫やーい。と囃したからである。

iPhone Safari

長い文章を引用したい

www.shoeisha.com/sam 検索

『HTMLタグ辞典 第7版 +CSS』には、文字エンコーティングについて次のような説明があります。

コンピュータでは、すべてのデータを数値として扱っています。文字や記号もそのままでは扱えないため。1つ1つに数値を割り当てて扱います。この数値と人間の使う文字・記号とを対応付け、変換するためのルールが文字エンコーディングです。文字符号化方式ともいいます。

次の文章は、夏目漱石の代表作の一つである『坊ちゃん』の冒頭部分です

親譲りの無鉄砲で小供の時から損ばかりしている。小学校に居る時分学校の二階から飛び降りて一週間ほど腰を抜かした事がある。なぜそんな無闇をしたと聞く人があるかも知れぬ。別段深い理由でもない。新築の二階から首を出していたら、同級生の一人が冗談に、いくら威張っても、そこから飛び降りる事は出来まい。弱虫やーい。と囃したからである。

▶ ブラウザ対応表	IE10	IE9	Fx	Chrome	Safari	Opera	iOS6	iOS5	Android
	○	○	○	○	○	○	○	○	○

参照　引用元のタイトルを表したい・・・・・・・・・・・・ P.098
短い文章を引用したい・・・・・・・・・・・・・・・・・ P.099

HTML5

文書の基本

セクション

コンテンツの
グループ化

テキストレベルの
意味付け

コンテンツの
埋め込み

テーブル

フォーム

インタラクティブ

HTML5 > GROUPING CONTENTS.05

リストを作りたい

<ul><li>〜</li></ul>

▶ 要素解説	ul	li
カテゴリー	フロー・コンテンツ／1つ以上のli要素を子要素に含む場合：パルパブル・コンテンツ	なし
利用できる場所	フロー・コンテンツが期待される場所	ul要素内／ol要素内／menu要素内
コンテンツモデル	li要素を0個以上	フロー・コンテンツ

項目の順序が重要でない箇条書きは、ul要素とli要素で作成します。

　ul要素は、その範囲が順不同のリストであることを表す要素です。リスト表示される各項目は、li要素で指定します。

　一般的なブラウザでは、各項目の先頭に黒丸(・)が付いて表示されます。

Sample Source

```
<body>
<p>スペイン旅行では、次の4都市を訪れました。</p>
<ul>
    <li>バルセロナ</li>
    <li>グラナダ</li>
    <li>セビリア</li>
    <li>マドリード</li>
</ul>
</body>
```

〈ul〉〜〈/ul〉のタグには〈li〉しか入れることができない。

※ただし
```
<ul>
    <li>  <ul>
            <li>
          </ul>
    </li>
</ul>
```
こんな風にさらに
ulを入れる事はできる。
また、〈li〉の中に〈p〉など
他のタグを入れる事はできる。

Internet Explorer

http://www.shoeisha....　リストを作りたい

スペイン旅行では、次の4都市を訪れました。

- バルセロナ
- グラナダ
- セビリア
- マドリード

iPhone Safari

リストを作りたい

www.shoeisha.com/samples/sample/html5/3_gc　検索

スペイン旅行では、次の4都市を訪れました。

- バルセロナ
- グラナダ
- セビリア
- マドリード

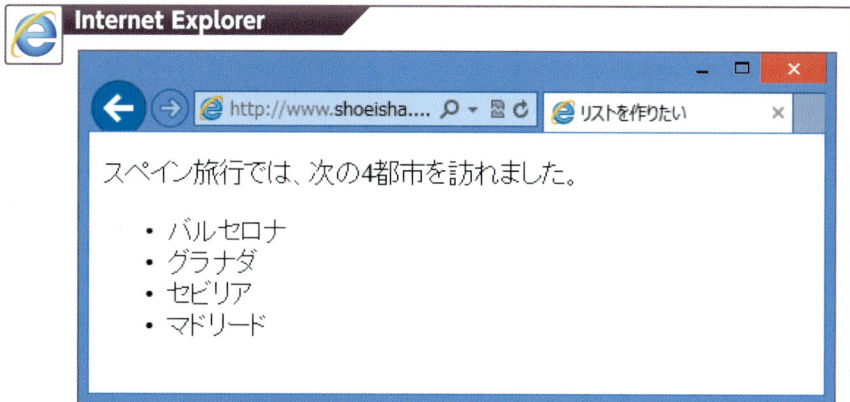

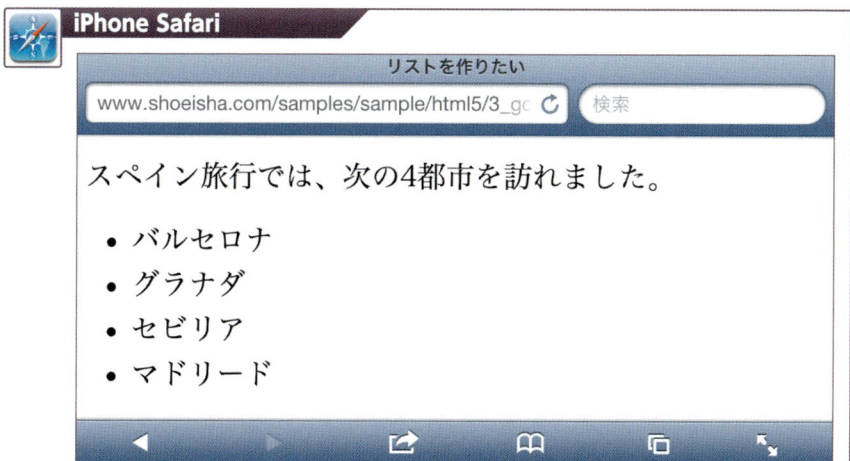

ul **廃止属性** compact属性、type属性
li **廃止属性** type属性

▶ ブラウザ対応表	IE10	IE9	Fx	Chrome	Safari	Opera	iOS6	iOS5	Android
	○	○	○	○	○	○	○	○	○

参照　番号付きのリストを作りたい・・・・・・・・・・・・ P.070

HTML5

文書の基本

セクション

コンテンツの
グループ化

テキストレベルの
意味付け

コンテンツの
埋め込み

テーブル

フォーム

インタラクティブ

HTML5 > GROUPING CONTENTS.06

番号付きのリストを作りたい

<ol><li>〜</li></ol>

▶ 要素解説	ol	li
カテゴリー	フロー・コンテンツ／1つ以上のli要素を子要素に含む場合：パルパブル・コンテンツ	なし
利用できる場所	フロー・コンテンツが期待される場所	ul要素内／ol要素内／menu要素内
コンテンツモデル	li要素を0個以上	フロー・コンテンツ

項目の順序が重要なリストは、ol要素とli要素で作成します。

ol要素は、その範囲が番号付きのリストであることを表す要素です。リスト表示される各項目は、li要素で指定します。

Sample Source

```
<body>
<p>スペイン旅行では、次の順で4つの都市を訪れました。</p>
<ol>
    <li>バルセロナ</li>
    <li>グラナダ</li>
    <li>セビリア</li>
    <li>マドリード</li>
</ol>
</body>
```

Internet Explorer

http://www.shoeisha....　　番号付きのリストを作りたい ×

スペイン旅行では、次の順で4つの都市を訪れました。

1. バルセロナ
2. グラナダ
3. セビリア
4. マドリード

Firefox

番号付きのリストを作りたい

www.shoeisha.com/samples/sar Google

スペイン旅行では、次の順で4つの都市を訪れました。

1. バルセロナ
2. グラナダ
3. セビリア
4. マドリード

iPhone Safari

番号付きのリストを作りたい

www.shoeisha.com/samples/sample/html5/3_gc　検索

スペイン旅行では、次の順で4つの都市を訪れました。

1. バルセロナ
2. グラナダ
3. セビリア
4. マドリード

Android 標準ブラウザ

www.shoeisha.com/samples/sample/html5/3_gc/gc06.h

スペイン旅行では、次の順で4つの都市を訪れました。

1. バルセロナ
2. グラナダ
3. セビリア
4. マドリード

ol 廃止属性 compact属性
li 廃止属性 type属性

▶ ブラウザ対応表	IE10	IE9	Fx	Chrome	Safari	Opera	iOS6	iOS5	Android
	○	○	○	○	○	○	○	○	○

参照
リストを作りたい・・・・・・・・・・・・・・・・・・・・・ P.068　リストの番号の種類を変更したい・・・・・・・・・・ P.076
リストの開始番号を変更したい ・・・・・・・・・・・ P.072　リストを降順にしたい・・・・・・・・・・・・・・・・・ P.078
リストの連番を変更したい ・・・・・・・・・・・・・ P.074

HTML5

リストの開始番号を変更したい

<ol start="★"><li>〜</li></ol>

★………開始番号（整数）

▶ 要素解説

ol要素についてはp.70参照
li要素についてはp.70参照

　ol要素のstart属性では、リストの開始番号を指定できます。番号は整数で指定し、0やマイナスの値も指定できます。デフォルトは「1」です

　start属性は、HTML4.01で非推奨とされていましたが、HTML5では非推奨でなくなりました。

Sample Source

```
<body>
<ol start="3">
    <li>バルセロナ</li>
    <li>グラナダ</li>
    <li>セビリア</li>
    <li>マドリード</li>
</ol>
<ol start="-3">
    <li>バルセロナ</li>
    <li>グラナダ</li>
    <li>セビリア</li>
    <li>マドリード</li>
</ol>
</body>
```

文書の基本
セクション
コンテンツの
グループ化
テキストレベルの
意味付け
コンテンツの
埋め込み
テーブル
フォーム
インタラクティブ

Internet Explorer

http://www.shoeisha....   リストの開始番号を変更したい

3. バルセロナ
4. グラナダ
5. セビリア
6. マドリード

-3. バルセロナ
-2. グラナダ
-1. セビリア
 0. マドリード

iPhone Safari

リストの開始番号を変更したい

www.shoeisha.com/samples/linksite/3_gc/sourc   検索

3. バルセロナ

4. グラナダ

5. セビリア

6. マドリード

-3. バルセロナ

-2. グラナダ

-1. セビリア

0. マドリード

ol **廃止属性** compact属性
li **廃止属性** type属性

▶ ブラウザ対応表	IE10	IE9	Fx	Chrome	Safari	Opera	iOS6	iOS5	Android
	○	○	○	○	○	○	○	○	○

参照 番号付きのリストを作りたい・・・・・・・・・・・・ P.070　リストの番号の種類を変更したい・・・・・・・・・ P.076
リストの連番を変更したい ・・・・・・・・・・・・ P.074　リストを降順にしたい・・・・・・・・・・・・・・ P.078

HTML5

HTML5 > GROUPING CONTENTS.08

リストの連番を変更したい

<ol><li value="★">～</li></ol>

★………番号(整数)

▶ 要素解説

ol要素についてはp.70参照
li要素についてはp.70参照

ol要素内にあるli要素のvalue属性では、その項目の番号を変更できます。変更する項目の番号を整数で指定します。0やマイナスの値も指定できます。次の項目からは、value属性で指定した番号からの連番になります。

value属性は、HTML4.01で非推奨とされていましたが、HTML5ではli要素がol要素の中で使われる場合にのみ指定できるようになりました。

Sample Source

```
<body>
<ol>
    <li value="0">バルセロナ</li>
    <li>グラナダ</li>
    <li value="5">セビリア</li>
    <li>コルドバ</li>
    <li>マドリード</li>
</ol>
</body>
```

Internet Explorer

http://www.shoeisha.... | リストの連番を変更したい

1. バルセロナ
2. グラナダ
5. セビリア
6. コルドバ
7. マドリード

Firefox

Firefox ▼

リストの連番を変更したい

www.shoeisha.com/samples/sample/html5/3 | Google

0. バルセロナ
1. グラナダ
5. セビリア
6. コルドバ
7. マドリード

iPhone Safari

リストの連番を変更したい

www.shoeisha.com/samples/linksite/3_gc/sourc | 検索

0. バルセロナ
1. グラナダ
5. セビリア
6. コルドバ
7. マドリード

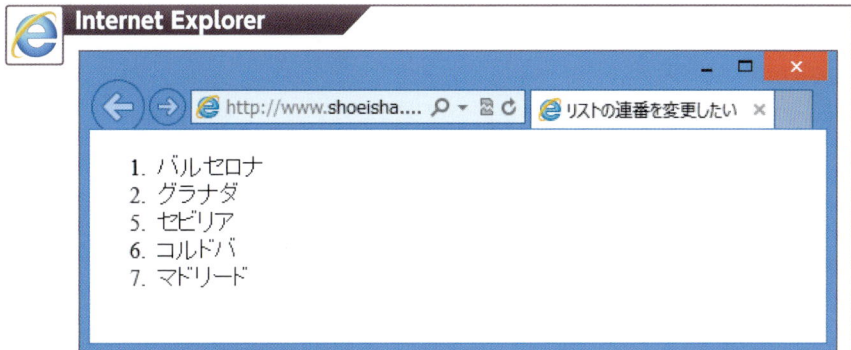

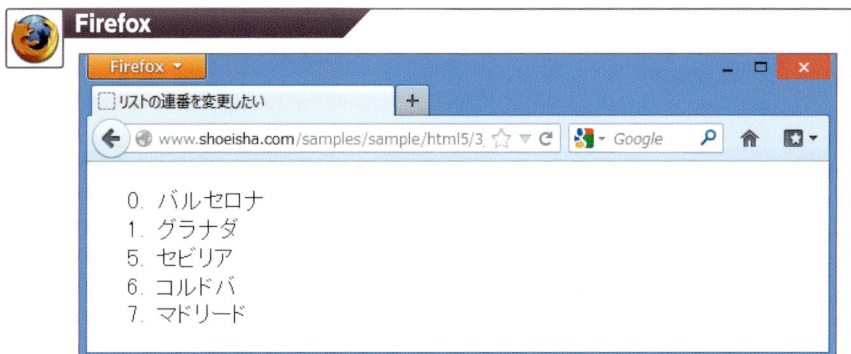

ol 廃止属性 compact属性
li 廃止属性 type属性

▶ ブラウザ対応表	IE10	IE9	Fx	Chrome	Safari	Opera	iOS6	iOS5	Android
	○	○	○	○	○	○	○	○	○

※IE10、IE9、Android、iOS5は「0」とマイナスの値に対応していません

参照　番号付きのリストを作りたい・・・・・・・・・・・・・P.070　リストを降順にしたい・・・・・・・・・・・・・・・・・・P.078
　　　　リストの開始番号を変更したい・・・・・・・・・・・P.072
　　　　リストの番号の種類を変更したい・・・・・・・・・P.076

リストの番号の種類を変更したい

`<ol type="★"><li>～</li></ol>`

★‥‥‥‥1、a、A、i、I

▶ 要素解説

ol要素についてはp.70参照
li要素についてはp.70参照

ol要素のtype属性では、リストの各項目の先頭に付く番号の種類を変更できます。指定できる値は次のとおりです。

1	10進数（1, 2, 3, …）
a	小文字アルファベット（a, b, c, …）
A	大文字アルファベット（A, B, C, …）
i	小文字ローマ数字（i, ii, iii, …）
I	大文字ローマ数字（I, II, III, … ）

type属性は、HTML4.01で非推奨とされていましたが、HTML5では非推奨でなくなりました。

Sample Source

```
<body>
<ol type="A">
    <li>バルセロナ</li>
    <li>グラナダ</li>
    <li>セビリア</li>
    <li>マドリード</li>
</ol>
</body>
```

‖Column   [type属性はol要素にのみ指定可能]

　従来のHTMLでは、type属性はul要素、ol要素、li要素に指定することができ、指定した要素によってリスト全体または各項目のマークや番号を変更できました。HTML4.01ではいずれも非推奨とされましたが、HTML5ではol要素にのみ指定ができるようになりました。

Internet Explorer

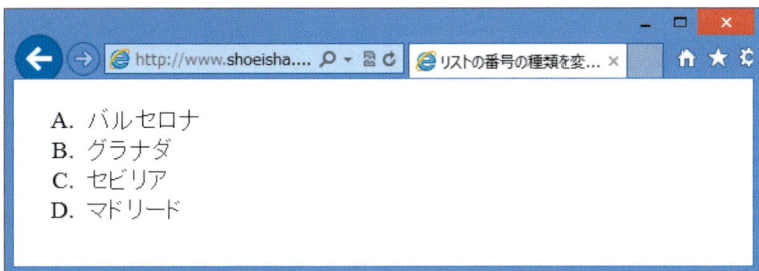

http://www.shoeisha.... | リストの番号の種類を変...

A. バルセロナ
B. グラナダ
C. セビリア
D. マドリード

Firefox

Firefox ▼

リストの番号の種類を変更したい

www.shoeisha.com/samples/sai | Google

A. バルセロナ
B. グラナダ
C. セビリア
D. マドリード

iPhone Safari

リストの番号の種類を変更したい

www.shoeisha.com/samples/linksite/3_gc/sourc | 検索

A. バルセロナ
B. グラナダ
C. セビリア
D. マドリード

ol **廃止属性** compact属性
li **廃止属性** type属性

▶ ブラウザ対応表	IE10	IE9	Fx	Chrome	Safari	Opera	iOS6	iOS5	Android
	○	○	○	○	○	○	○	○	○

参照　番号付きのリストを作りたい ・・・・・・・・・・・・ P.070　リストの連番を変更したい ・・・・・・・・・・・・・ P.074
　　　 リストの開始番号を変更したい ・・・・・・・・・・ P.072　リストを降順にしたい ・・・・・・・・・・・・・・・・・ P.078

HTML5

リストを降順にしたい

`新しい属性` reversed属性

`<ol reversed="reversed"><li>～</li></ol>`

▶ 要素解説
ol要素についてはp.70参照
li要素についてはp.70参照

　ol要素のreversed属性では、リストの順番を降順にできます。「reversed」「reversed="reversed"」「reversed=""」のいずれかの形式で指定します。

　降順になるのは、各項目に振られる番号のみです。項目の表示順は変わりませんので注意してください。

Sample Source

```
<body>
<ol reversed="reversed">
    <li>バルセロナ</li>
    <li>グラナダ</li>
    <li>セビリア</li>
    <li>マドリード</li>
</ol>
</body>
```

Google Chrome

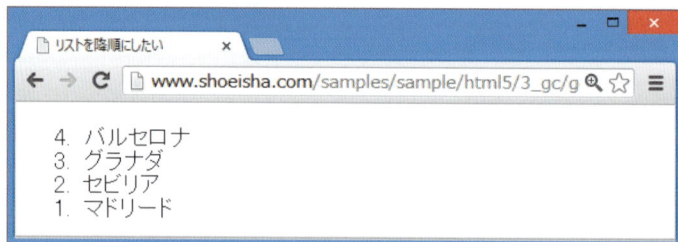

リストを降順にしたい

www.shoeisha.com/samples/sample/html5/3_gc/g

```
4. バルセロナ
3. グラナダ
2. セビリア
1. マドリード
```

ol `廃止属性` compact属性
li `廃止属性` type属性

▶ ブラウザ対応表	IE10	IE9	Fx	Chrome	Safari	Opera	iOS6	iOS5	Android
	×	×	○	○	○	○	○	×	×

参照　番号付きのリストを作りたい・・・・・・・・・・P.070　リストの連番を変更したい・・・・・・・・・・・・P.074
リストの開始番号を変更したい・・・・・・・・・P.072　リストの番号の種類を変更したい・・・・・・・・P.076

HTML5 > GROUPING CONTENTS.11

記述リストを表示したい

変更された要素 dt要素

`<dl><dt>～</dt><dd>～</dd></dl>`

▶ 要素解説	dl	dt	dd
カテゴリー	フロー・コンテンツ／1つ以上のdt要素とdd要素のセットを子要素に含む場合：パルパブル・コンテンツ	なし	なし
利用できる場所	フロー・コンテンツが期待される場所	dl要素内で、dd要素またはdt要素の前	dl要素内で、dd要素またはdt要素の後
コンテンツモデル	1個以上のdt要素に1個以上のdd要素が続くグループを0個以上	フロー・コンテンツ（ただし、header要素、footer要素、セクショニング・コンテンツ、見出しコンテンツを子要素とすることは不可）	フロー・コンテンツ

dt、dlは外は入れることができない。

dl要素は、その範囲が用語とその用語に対する説明とで形成された、記述リストであることを表します。

dt要素で説明したい用語を、dd要素で用語の説明文を表します。dt要素とdd要素はセットで使用しますが、1対1である必要はありません。また、dt要素とdd要素のセットはdl要素の中に複数入れることができます。

Sample Source

```
<body>
<dl>
    <dt>タイトル</dt>
        <dd>コピペルナー ハンドブック</dd>
    <dt>著者</dt>
        <dd>松山太郎</dd>
    <dt>執筆協力</dt>
        <dd>竹中花子</dd>
        <dd>梅田一二三</dd>
</dl>
</body>
```

dt…インライン要素のみ
dd…ブロックレベル要素も含める.

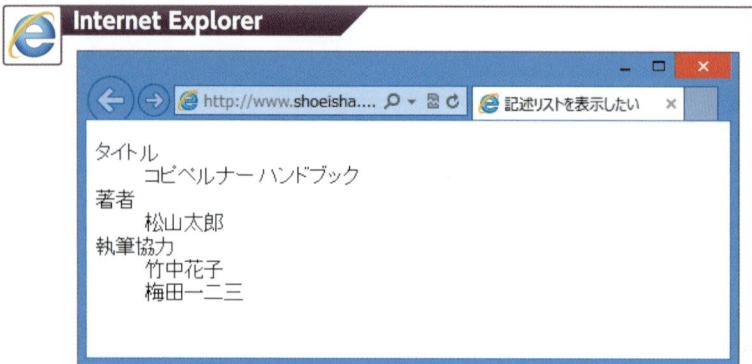

文書の基本

セクション

コンテンツの
グループ化

テキストレベルの
意味付け

コンテンツの
埋め込み

テーブル

フォーム

インタラクティブ

Internet Explorer

http://www.shoeisha.... | 記述リストを表示したい

タイトル
　　コピベルナー ハンドブック
著者
　　松山太郎
執筆協力
　　竹中花子
　　梅田一二三

iPhone Safari

記述リストを表示したい

www.shoeisha.com/samples/linksite/3_gc/sourc | 検索

タイトル
　　コピベルナー ハンドブック
著者
　　松山太郎
執筆協力
　　竹中花子
　　梅田一二三

‖Column

[用語を定義したい場合]

　HTML4.01までのdl要素はdefinition lists（定義リスト）の略で、用語の定義をリスト表示する場合などに利用できました。HTML5ではdescription list（記述リスト）の略に変更されています。そのため、dt要素だけではその用語が定義される用語であることを表しません。定義される用語であることを表すには、次のように、dt要素の中でさらにdfn要素（p.100）を使う必要があります。

```
<dl>
  <dt><dfn>児童</dfn></dt>
  <dd>学校教育法では、小学校や特別支援学校の小学部に在籍する者をいいます。</dd>
  <dt><dfn>生徒</dfn></dt>
  <dd>学校教育法では、中学校、高等学校、中等教育学校、特別支援学校の中学部・高等部
  などに在籍する者をいいます。</dd>
</dl>
```

廃止属性 compact属性

▶ ブラウザ対応表	IE10	IE9	Fx	Chrome	Safari	Opera	iOS6	iOS5	Android
	○	○	○	○	○	○	○	○	○

‖参照　　定義される用語を示したい ・・・・・・・・・・・・・ P.100

図版とキャプションを表したい

新しい要素 figure要素、figcaption要素

`<figure>`〜`</figure>` 図版
`<figcaption>`〜`</figcaption>` 図版のキャプション

▶ 要素解説	figure	figcaption
カテゴリー	フロー・コンテンツ／セクショニング・ルート／パルパブル・コンテンツ	なし
利用できる場所	フロー・コンテンツが期待される場所	figure要素の最初、または最後の子要素として
コンテンツモデル	1個のfigcaption要素の次にフロー・コンテンツ／フロー・コンテンツの後に1個のfigcaption要素／フロー・コンテンツ	フロー・コンテンツ

　figure要素は、文書の本文（メイン・コンテンツ）から参照される図版（イラスト、図表、写真、ソースコードなど）であることを表す要素です。この場合の図版とは、たとえば同じページ内の別の場所、専用ページや付録といった別のページなどに移動させても影響のないものを指します。本文から切り離すことのできない図版には利用できません。

　figure要素には、figcaption要素を使ってキャプションを付けることができます。figcaption要素は、figure要素の中の最初か最後に1つだけ使用できます。

Sample Source

```
<body>
<p>　学生がレポートや論文などを作成する際に、インターネットなどからの剽窃行為が社会問題
となっています。コピペルナーは、「考える力や表現する力を養ってほしい」という願いのもとに、金
沢工業大学知的財産科学研究センター長の杉光一成教授がしくみを考案し（特許申請中）、株式会社
アンクが開発した、コピペ判定支援ソフトです。<br>　レポート、論文、著作物および報告書など
の文書ファイルを、インターネット上の文章や他の文書ファイルと比較し、不正なコピー・アンド・
ペーストが行われていないかどうかを簡単な操作で解析することができます。</p>
<figure>
    <img src="cpv3_detail.png" style="width: 450px; height: auto;" alt="コピペ
    ルナーV3による判定の詳細結果を示す画面です">
    <figcaption>コピペルナーV3 判定結果詳細画面</figcaption>
</figure>
</body>
```

文書の基本

セクション

コンテンツの
グループ化

テキストレベルの
意味付け

コンテンツの
埋め込み

テーブル

フォーム

インタラクティブ

Internet Explorer

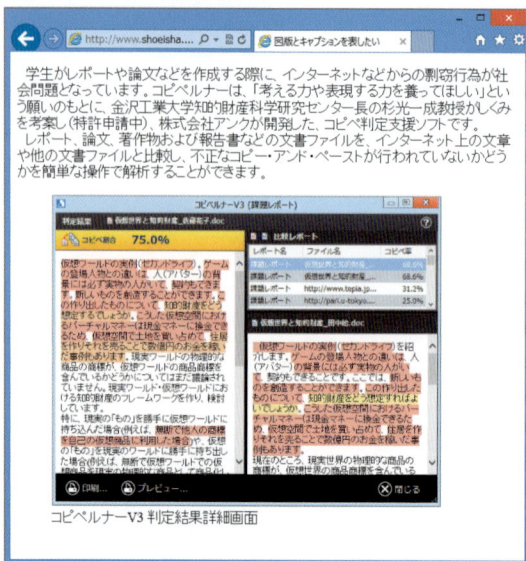

学生がレポートや論文などを作成する際に、インターネットなどからの剽窃行為が社会問題となっています。コピペルナーは、「考える力や表現する力を養ってほしい」という願いのもとに、金沢工業大学知的財産科学研究センター長の杉光一成教授がしくみを考案し（特許申請中）、株式会社アンクが開発した、コピペ判定支援ソフトです。

レポート、論文、著作物および報告書などの文書ファイルを、インターネット上の文章や他の文書ファイルと比較し、不正なコピー・アンド・ペーストが行われていないかどうかを簡単な操作で解析することができます。

コピペルナーV3 判定結果詳細画面

iPhone Safari

図版のキャプションを表したい

www.shoeisha.com   リーダー ↻   検索

学生がレポートや論文などを作成する際に、インターネットなどからの剽窃行為が社会問題となっています。コピペルナーは、「考える力や表現する力を養ってほしい」という願いのもとに、金沢工業大学知的財産科学研究センター長の杉光一成教授がしくみを考案し（特許申請中）、株式会社アンクが開発した、コピペ判定支援ソフトです。

レポート、論文、著作物および報告書などの文書ファイルを、インターネット上の文章や他の文書ファイルと比較し、不正なコピー・アンド・ペーストが行われていないかどうかを簡単な操作で解析することができます。

コピペルナーV3 判定結果詳細画面

Android 標準ブラウザ

www.shoeisha.com/samp

学生がレポートや論文などを作成する際に、インターネットなどからの剽窃行為が社会問題となっています。コピペルナーは、「考える力や表現する力を養ってほしい」という願いのもとに、金沢工業大学知的財産科学研究センター長の杉光一成教授がしくみを考案し（特許申請中）、株式会社アンクが開発した、コピペ判定支援ソフトです。

レポート、論文、著作物および報告書などの文書ファイルを、インターネット上の文章や他の文書ファイルと比較し、不正なコピー・アンド・ペーストが行われていないかどうかを簡単な操作で解析することができます。

コピペルナーV3 判定結果詳細画面

▶ ブラウザ対応表	IE10	IE9	Fx	Chrome	Safari	Opera	iOS6	iOS5	Android
	○	○	○	○	○	○	○	○	○

参照

画像を表示したい ・・・・・・・・・・・・・・・・・ P.126
キャプションを付けたい ・・・・・・・・・・・・・・ P.160

汎用的な領域を設定したい

<div>〜</div>

▶ 要素解説

カテゴリー	フロー・コンテンツ／パルパブル・コンテンツ
利用できる場所	フロー・コンテンツが待される場所
コンテンツモデル	フロー・コンテンツ

　div要素は、特定の意味を持たない汎用的な領域（フロー・コンテンツ）を設定します。この要素を指定しただけでは表示上の変化はありませんが、複数の要素をグループ化し、class属性やid属性を使ってスタイルシートを設定したい場合やlang属性を使って言語情報を付加したい場合などに利用できます。

　ただし、div要素よりも適した要素がほかにないかを検討し、そうした要素がない場合にのみdiv要素を使うようにしてください。

Sample Source

```
<body>
<div>
<p>The <code>div</code> element has no special meaning at all. It represents its
children. It can be used with the <code>class</code>, <code>lang</code>, and
<code>title</code> attributes to mark up semantics common to a group of consecutive
elements.</p>
<p>Authors are strongly encouraged to view the <code>div</code> element as an
element of last resort, for when no other element is suitable. Use of the <code>div
</code> element instead of more appropriate elements leads to poor accessibility for
readers and poor maintainability for authors.</p>
</div>
</body>
```

文書の基本

セクション

コンテンツの
グループ化

テキストレベルの
意味付け

コンテンツの
埋め込み

テーブル

フォーム

インタラクティブ

Internet Explorer

汎用的な領域を設定したい

http://www.shoeisha....

The `div` element has no special meaning at all. It represents its children. It can be used with the `class`, `lang`, and `title` attributes to mark up semantics common to a group of consecutive elements.

Authors are strongly encouraged to view the `div` element as an element of last resort, for when no other element is suitable. Use of the `div` element instead of more appropriate elements leads to poor accessibility for readers and poor maintainability for authors.

iPhone Safari

汎用的な領域を設定したい

www.shoeisha.com/samples/linksite/3_gc/sourc

検索

The `div` element has no special meaning at all. It represents its children. It can be used with the `class`, `lang`, and `title` attributes to mark up semantics common to a group of consecutive elements.

Authors are strongly encouraged to view the `div` element as an element of last resort, for when no other element is suitable. Use of the `div` element instead of more appropriate elements leads to poor accessibility for readers and poor maintainability for authors.

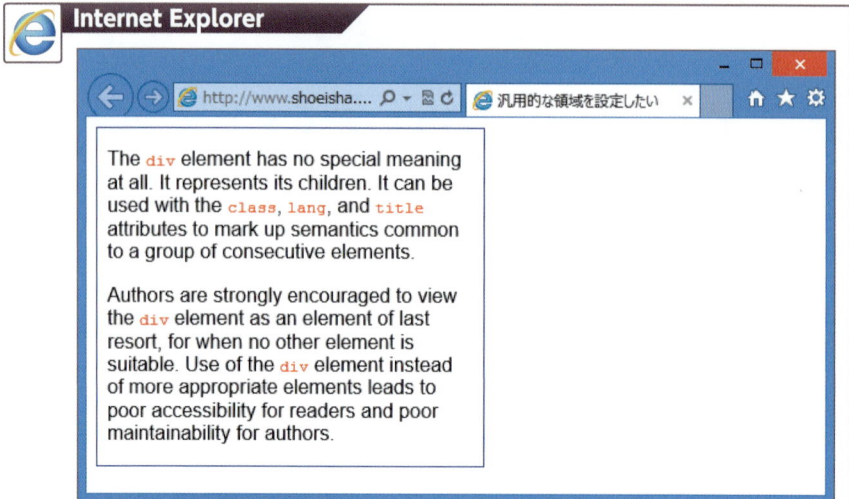

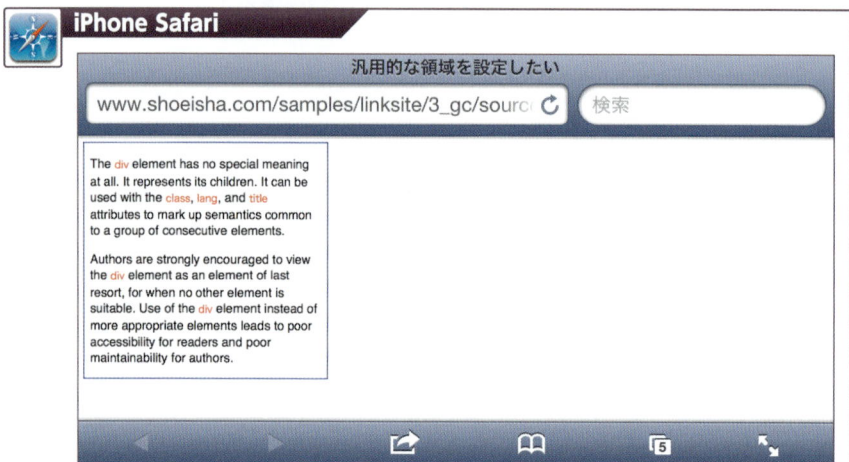

廃止属性 clear属性

▶ ブラウザ対応表	IE10	IE9	Fx	Chrome	Safari	Opera	iOS6	iOS5	Android
	○	○	○	○	○	○	○	○	○

参照　スタイルシートを使いたい ・・・・・・・・・・・・・ P.040
　　　汎用的な範囲を設定したい ・・・・・・・・・・・・・ P.119

HTML5 > TEXT-LEVEL SEMANTICS.01

リンクを設定したい

変更された要素 a要素

<a href="★">〜</a>

★………URL

▶ 要素解説

カテゴリー	フロー・コンテンツ／フレージング・コンテンツ／ インタラクティブ・コンテンツ／パルパブル・コンテンツ
利用できる場所	フレージング・コンテンツが期待される場所
コンテンツモデル	トランスペアレント（ただし、インタラクティブ・コンテンツを入れることは不可）

a要素にhref属性を指定すると、リンク（ハイパーリンク）を設定できます。リンク先のURLは、現在のファイルとの位置関係を考えて、絶対URLにするか相対URLにするかを決めてください。

これまでのHTMLでは、インライン要素であるa要素の中には、ブロックレベル要素を入れることはできませんでした。HTML5では、a要素の親要素に入れられる要素であれば、従来のブロックレベル要素に相当する要素（div要素など）でも入れることができるようになります。ただし、a、button、embed、iframe、textareaといったインタラクティブ要素を入れることはできません。

Sample Source

```
<body>
<p>
    <a href="http://www.ank.co.jp"><img src="ball.gif" alt="">
    株式会社アンクのリイト</a>
</p>
<p>
    <a href="http://www.shoeisha.co.jp"><img src="ball.qif" alt="">
    株式会社翔泳社のサイト</a>
</p>
</body>
```

文書の基本
セクション
コンテンツのグループ化
テキストレベルの意味付け
コンテンツの埋め込み
テーブル
フォーム
インタラクティブ

Internet Explorer	iPhone Safari

Internet Explorer:
http://www.shoeisha....
● 株式会社アンクのサイト
● 株式会社翔泳社のサイト

iPhone Safari:
リンクを設定したい
www.shoeisha.com/sam　検索
● 株式会社アンクのサイト
● 株式会社翔泳社のサイト

‖Column [href属性のないa要素]

　HTML5ではこれまで必須だったhref属性が、必須ではなくなりました。href属性が指定されていないa要素は「プレースホルダ」を表します。次のサンプルはプレースホルダの例です。

```
<nav>
<ul>
 <li><a href="first.html">1級</a></li>
 <li><a href="second.html">2級</a></li>
 <li><a href="third.html">3級</a></li>
 <li><a>4級</a></li>
</ul>
</nav>
```

　現在のページが「4級」であったり、あるいはまだ「4級」のページが掲載されていないのであれば、href属性を指定してリンクとする必要はありません。
　このように、通常はhref属性を指定する箇所で、何らかの理由によりハイパーリンクが不要の場合、a要素のみを指定しておくことができます。これがプレースホルダとしての機能です。

廃止属性 charset属性、coords属性、name属性、shape属性、rev属性

▶ ブラウザ対応表	IE10	IE9	Fx	Chrome	Safari	Opera	iOS6	iOS5	Android
	○	○	○	○	○	○	○	○	○

参照
基準となるURLを指定したい・・・・・・・P.029　指定した場所に移動したい・・・・・・・P.089
リンク先を読み込むウィンドウを指定したい・・P.087　イメージマップを作りたい・・・・・・・P.129

リンク先を読み込むウィンドウを指定したい

<a href="★" target="◆">～</a>

★………リンク先のURL
◆………ブラウジング・コンテキスト名、または_blank、_self、_parent、_top

▶ 要素解説

a要素についてはp.85参照

　通常、リンク先のコンテンツはリンク元と同じブラウジング・コンテキスト（p.9）に読み込まれますが、target属性で読み込むブラウジング・コンテキストを指定することもできます。指定できる値は次の通りです。

ブラウジング・コンテキスト名	指定した名前のブラウジング・コンテキストに表示
_blank	新しいブラウジング・コンテキストを開いて表示
_self	リンク元と同じブラウジング・コンテキストに表示
_parent	現在のブラウジング・コンテキストに親があれば、その親のブラウジング・コンテキストに表示
_top	最上位のブラウジング・コンテキスト（現在のブラウザ領域全体）に表示

Sample Source

```
<body>
<p>
    <a href="http://www.scshop.com/" target="_blank">
    翔泳社のオンラインショップを別のブラウジング・コンテキストで表示します。</a>
</p>
</body>
```

文書の基本

セクション

コンテンツの
グループ化

テキストレベルの
意味付け

コンテンツの
埋め込み

テーブル

フォーム

インタラクティブ

Internet Explorer

翔泳社のオンラインショップを別のブラウジング・コンテキストで表示します。

リンク先のコンテンツは新し
いタブに表示されます。

iPhone Safari

リンク先を読み込むウィンドウを指定したい

www.shoeisha.com/samples/sample/html5/4_te

検索

翔泳社のオンラインショップを別のブラウジング・コンテキストで表示します。

廃止属性 charset属性、coords属性、name属性、shape属性、rev属性

▶ ブラウザ対応表	IE10	IE9	Fx	Chrome	Safari	Opera	iOS6	iOS5	Android
	○	○	○	○	○	○	○	○	○

参照 リンクを設定したい ・・・・・・・・・・・・・・・・・・ P.085
指定した場所に移動したい ・・・・・・・・・・・・・ P.089

指定した場所に移動したい

```
<a href="#★">~</a>        同一ページの場合
<a href="◆#★">~</a>      他のページの場合
<▲ id="★">~</▲>
```

★………名前
◆………URL
▲………要素名

▶ 要素解説

a要素についてはp.85参照

a要素を使って、特定の位置へ移動するリンクを作成できます。

同一ページ内で移動したい場合は、移動先の要素にid属性で名前を付け、この名前をリンク元の<a href="#★">~</a>の値に指定します。

他のページの特定の位置に移動したい場合は、<a href="◆#★">~</a>のように、リンク元のhref属性に移動先のURLを追加して指定します。

Sample Source

```html
<body>
<h1 id="faq">よくある質問</h1>
<p>
ここでは、Webページ作成に関して寄せられる質問のうち、代表的なものを集めてみました。
</p>
<ul>
    <li><a href="#html">HTMLって何ですか？</a></li>
    <li><a href="#browser">ブラウザって何ですか？</a></li>
    <li><a href="#editor">HTMLエディタって何ですか？</a></li>
    <li><a href="#tool">Webページを作るには何が必要ですか？</a></li>
    <li><a href="#img">どんな画像が使えますか？</a></li>
    <li><a href="#blog">ブログって何ですか？</a></li>
</ul>
<hr>
<h2 id="html">HTMLって何ですか？</h2>
<p>
HTMLとはHyperText Markup Language……（中略）……仕様の策定が進められている最中です。
</p>
```

文書の基本

セクション

コンテンツの
グループ化

テキストレベルの
意味付け

コンテンツの
埋め込み

テーブル

フォーム

インタラクティブ

```html
<div class="top"><a href="#faq">【戻る】</a></div>
<hr>
<h2 id="browser">ブラウザって何ですか？</h2>
<p>
Webページを閲覧するための、ソフトウェアのことです。……（中略）……しましょう。
</p>
<div class="top"><a href="#faq">【戻る】</a></div>
<hr>
<h2 id="editor">HTMLエディタって何ですか？</h2>
<p>
HTMLの編集機能を持ったエディタのことです。……（中略）……のHTMLの知識は必要です。
</p>
<div class="top"><a href="#faq">【戻る】</a></div>
<hr>
<h2 id="tool">Webページを作るには何が必要ですか？</h2>
<p>
基本的にはHTMLファイルを作成・確認するため……（中略）……参照してください。
</p>
<div class="top"><a href="#faq">【戻る】</a></div>
<hr>
<h2 id="img">どんな画像が使えますか？</h2>
<p>
通常のWebページの場合……（中略）……心がけましょう。
</p>
<div class="top"><a href="#faq">【戻る】</a></div>
<hr>
</body>
```

▌Column   ［従来の移動の指定方法］

　これまでのHTMLでは、移動先の要素に対しても`<h1><a name="chap1">`HTML5とは`</a></h1>`のようにa要素を使い、name属性やid属性で名前を指定していました。HTML5では、a要素は使用せず、要素に直接id属性を指定します。

Internet Explorer

リンクをクリックすると指定箇所へジャンプします。

このように長いページに有効です。なお【戻る】の位置は外部CSSで指定しています。

iPhone Safari

リンクをクリックすると指定箇所へジャンプします。

このように長いページに有効です。なお【戻る】の位置は外部CSSで指定しています。

廃止属性 charset属性、coords属性、name属性、shape属性、rev属性

▶ ブラウザ対応表	IE10	IE9	Fx	Chrome	Safari	Opera	iOS6	iOS5	Android
	○	○	○	○	○	○	○	○	○

参照

リンクを設定したい・・・・・・・・・・・・・・・・・・・P.085
リンク先を読み込むウィンドウを指定したい・・P.087

HTML5

HTML5 > TEXT-LEVEL SEMANTICS.04

強調したい

変更された要素 em要素

〜

▶ 要素解説

カテゴリー	フロー・コンテンツ／フレージング・コンテンツ／パルパブル・コンテンツ
利用できる場所	フレージング・コンテンツが期待される場所
コンテンツモデル	フレージング・コンテンツ

　強調する部分は、em要素で表します。強調する部分を変更すると、文章の意味が変わるようなところに使用します。重要性は表さないので、重要であることを示したい場合には、strong要素（p.93）を使用してください。また、一般的なブラウザではイタリック体で表示されますが、イタリック体で表示することが目的であればCSSで指定します。

　em要素は入れ子にすることができ、入れ子の数によって強調の度合いが強まります。

　└XHTMLはちがうかも。

Sample Source

```
<body>
<p>今年は、母の好きな<em>花</em>の写真集を贈ろう。</p>
<p>今年は、母の好きな花の<em>写真集</em>を贈ろう。</p>
</body>
```

Internet Explorer

今年は、母の好きな*花*の写真集を贈ろう。

今年は、母の好きな花の*写真集*を贈ろう。

iPhone Safari

強調したい

今年は、母の好きな*花*の写真集を贈ろう。

今年は、母の好きな花の*写真集*を贈ろう。

▶ ブラウザ対応表

IE10	IE9	Fx	Chrome	Safari	Opera	iOS6	iOS5	Android
○	○	○	○	○	○	○	○	○

参照
重要であることを示したい ・・・・・・・・・・・・ P.093
太字で表記される部分を表したい ・・・・・・・・ P.109

HTML5 > TEXT-LEVEL SEMANTICS.05

重要であることを示したい

変更された要素 strong要素

\〜\

▶ 要素解説	
カテゴリー	フロー・コンテンツ／フレージング・コンテンツ／パルパブル・コンテンツ
利用できる場所	フレージング・コンテンツが期待される場所
コンテンツモデル	フレージング・コンテンツ

　重要な部分は、strong要素で表します。強調という意味は持たないので、強調する部分であることを示したい場合には、em要素（p.92）を使用してください。

　またem要素とは異なり、使う場所によって文章の意味が変わるかどうかは問いません。重要性を伝えたいところに使用できます。

　strong要素は入れ子にすることができ、入れ子の数によって重要性の度合いが強まります。

Sample Source

```
<body>
<p>
<strong>注意！</strong>:最近、車上狙いの被害が増えています。自動車には<strong>必ず
鍵をかけ</strong>、貴重品をはじめとする<strong>荷物を車内に放置しない</strong>よう、
充分な注意をお願いいたします。
</p>
</body>
```

‖Column 今もまだそうかも。 [em要素とstrong要素]

　これまでのHTMLでは、em要素は強調、strong要素はより強い強調を表していました。HTML5では意味が変更され、em要素は強調を、strong要素は重要性を表すものになっています。

文書の基本

セクション

コンテンツの
グループ化

テキストレベルの
意味付け

コンテンツの
埋め込み

テーブル

フォーム

インタラクティブ

Internet Explorer

http://www.shoeisha....　重要であることを示したい

注意！:最近、車上狙いの被害が増えています。自動車には**必ず鍵をか
け**、貴重品をはじめとする**荷物を車内に放置しない**よう、充分な注意をお
願いいたします。

Firefox

Firefox ▾

重要であることを示したい

www.shoeisha.com/samples/sample/html5/4　　Google

注意！:最近、車上狙いの被害が増えています。自動車には**必ず鍵をか
け**、貴重品をはじめとする**荷物を車内に放置しない**よう、充分な注意をお
願いいたします。

iPhone Safari

重要であることを示したい

www.shoeisha.com/samples/sample/html5/4_te　　検索

注意！:最近、車上狙いの被害が増えています。自動車には**必ず鍵をかけ**、貴重品
をはじめとする**荷物を車内に放置しない**よう、充分な注意をお願いいたします。

▶ ブラウザ対応表	IE10	IE9	Fx	Chrome	Safari	Opera	iOS6	iOS5	Android
	○	○	○	○	○	○	○	○	○

参照

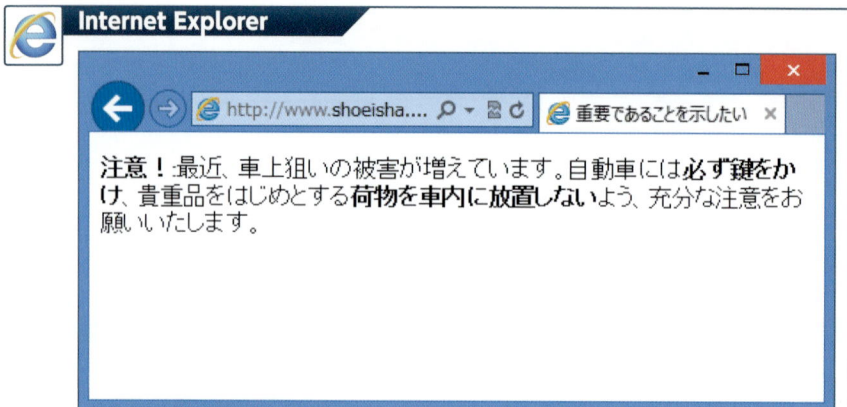

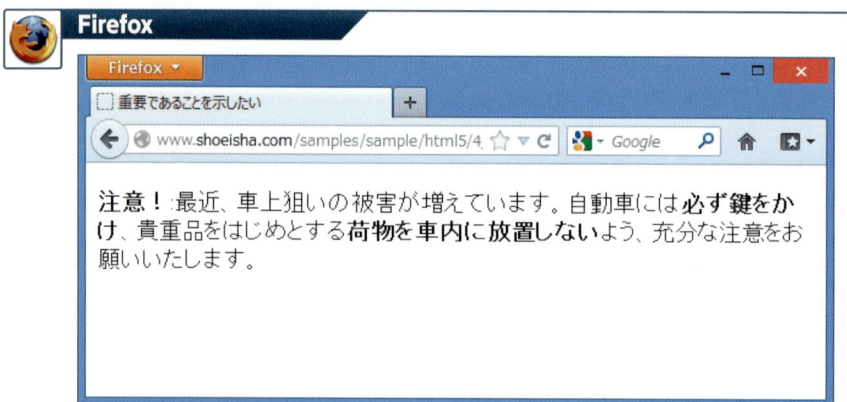

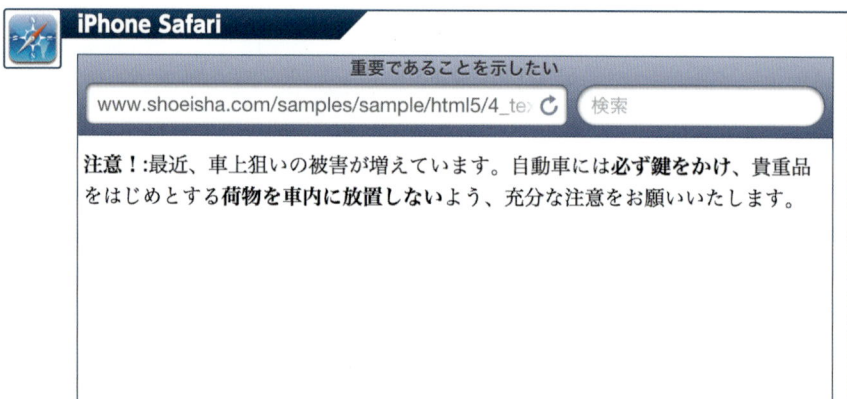

強調したい・・・・・・・・・・・・・・・・・・・・・・・・・・・ P.092
太字で表記される部分を表したい・・・・・・・・・ P.109

HTML5 > TEXT-LEVEL SEMANTICS.06

注釈を表したい

変更された要素 small要素

\<small\>～\</small\>

▶ **要素解説**

カテゴリー	フロー・コンテンツ／フレージング・コンテンツ／パルパブル・コンテンツ
利用できる場所	フレージング・コンテンツが期待される場所
コンテンツモデル	フレージング・コンテンツ

　small要素は、細目のような注釈を表します。例えば、免責事項、警告、法的制約、著作権表示など、一般的には小さな文字で表記される部分に使用します。また、帰属やライセンス要件などにも使用できます。注釈という付帯的な情報を表す要素ですので、複数の段落にまたがるテキストや広範囲のテキストに対しては、使用するべきではありません。

　一般的なブラウザでは小さな文字で表示されますが、小さな文字で表示することを目的とした要素ではありませんので、注意してください。

Sample Source

```
<body>
<footer>
    <address>より詳しい内容については、<a href="mailto:jones@abcd.co.jp">担当：
    ジョーンズ</a>までお問い合わせください。</address>
    <p><small>Copyright &copy; 2011 ABCD Co.,Ltd. All Rights Reserved.</small></p>
</footer>
</body>
```

‖Column

[small要素とbig要素]

　これまでのHTMLでは、small要素は小さめのフォントという視覚的な表現を指定する要素でした。また、小さめのフォントを指定するsmall要素に対し、大きめのフォントを現すbig要素が定義されていました。HTML5では、big要素は廃止され、small要素は細目を表す要素に意味が変更されています。

HTML5

文書の基本

セクション

コンテンツの
グループ化

テキストレベルの
意味付け

コンテンツの
埋め込み

テーブル

フォーム

インタラクティブ

Internet Explorer

より詳しい内容については、担当：ジョーンズまでお問い合わせください。

Copyright © 2011 ABCD Co.,Ltd. All Rights Reserved.

Firefox

より詳しい内容については、担当：ジョーンズまでお問い合わせください。

Copyright © 2011 ABCD Co.,Ltd. All Rights Reserved.

iPhone Safari

注釈を表したい

www.shoeisha.com/samples/sample/html5/4_te   検索

より詳しい内容については、担当：ジョーンズまでお問い合わせください。

Copyright © 2011 ABCD Co.,Ltd. All Rights Reserved.

▶ ブラウザ対応表	IE10	IE9	Fx	Chrome	Safari	Opera	iOS6	iOS5	Android
	○	○	○	○	○	○	○	○	○

正確ではなくなった内容を表したい

`変更された要素` s要素

<s>〜</s>

▶ 要素解説

カテゴリー	フロー・コンテンツ／フレージング・コンテンツ／パルパブル・コンテンツ
利用できる場所	フレージング・コンテンツが期待される場所
コンテンツモデル	フレージング・コンテンツ

　s要素は、すでに正確ではなくなったり関連がなくなったことを表します。一般的なブラウザでは、取消線付きのフォントで表示されます。

　内容の訂正し「削除された」という意味を表したい場合には、s要素ではなくdel要素（p.124）を使用してください。

Sample Source

```
<body>
<p>インスタントコーヒーがお買い得！</p>
<p><s>希望小売価格: 598円</s></p>
<p><strong>今なら398円のご奉仕価格！</strong></p>
</body>
```

Internet Explorer

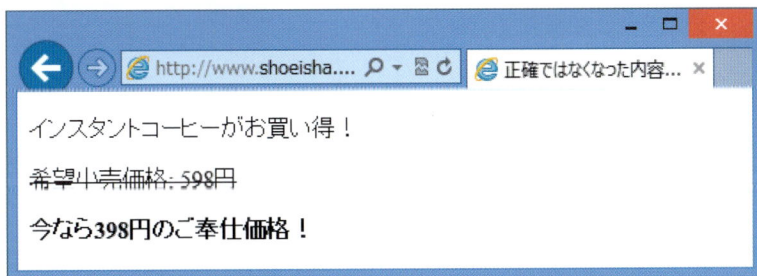

http://www.shoeisha....　　　正確ではなくなった内容...

インスタントコーヒーがお買い得！

~~希望小売価格: 598円~~

今なら398円のご奉仕価格！

▶ ブラウザ対応表

	IE10	IE9	Fx	Chrome	Safari	Opera	iOS6	iOS5	Android
	○	○	○	○	○	○	○	○	○

参照 内容の追加や削除を表したい・・・・・・・・・・・P.124

正確ではなくなった内容を表したい

HTML5

文書の基本

セクション

コンテンツの
グループ化

テキストレベルの
意味付け

コンテンツの
埋め込み

テーブル

フォーム

インタラクティブ

HTML5 > TEXT-LEVEL SEMANTICS.08

引用元のタイトルを表したい

変更された要素 cite要素

\<cite\>～\</cite\>

▶ 要素解説

カテゴリー	フロー・コンテンツ／フレージング・コンテンツ／パルパブル・コンテンツ
利用できる場所	フレージング・コンテンツが期待される場所
コンテンツモデル	フレージング・コンテンツ

　引用元の作品のタイトルは、cite要素で表します。人名や引用した文章には使えませんので注意してください。引用文にはq要素（p.99）やblockquote要素（p.66）を使用します。

Sample Source

```
<body>
<p><q>ゆく河の流れは絶えずして、しかももとの水にあらず</q>ではじまる<cite>『方丈記』
</cite>は、鎌倉時代に鴨長明によって書かれた文学作品で、日本三大随筆のひとつとされています。</p>
</body>
```

Internet Explorer

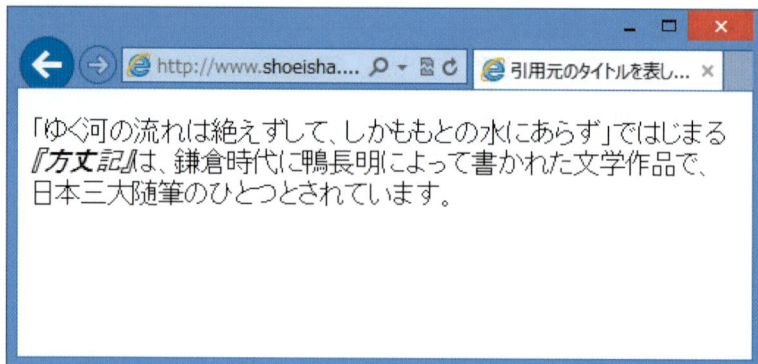

`http://www.shoeisha....` 引用元のタイトルを表し...

「ゆく河の流れは絶えずして、しかももとの水にあらず」ではじまる
『*方丈記*』は、鎌倉時代に鴨長明によって書かれた文学作品で、
日本三大随筆のひとつとされています。

▶ ブラウザ対応表

IE10	IE9	Fx	Chrome	Safari	Opera	iOS6	iOS5	Android
○	○	○	○	○	○	○	○	○

参照
長い文章を引用したい ・・・・・・・・・・・・・・・・・ P.066
短い文章を引用したい ・・・・・・・・・・・・・・・・・ P.099

短い文章を引用したい

<q ★>〜</q>

★‥‥‥‥引用元のURL

▶ 要素解説	
カテゴリー	フロー・コンテンツ／フレージング・コンテンツ／パルパブル・コンテンツ
利用できる場所	フレージング・コンテンツが期待される場所
コンテンツモデル	フレージング・コンテンツ

　q要素は、ほかの情報源からの引用を表します。引用元のURLはcite属性で指定します。

　この要素は短いテキスト（フレージング・コンテンツ）を引用するときに使用します。複数のフレーズを含むような長い文章を引用する場合には、blockquote要素（p.66）を使用してください。

　一般的なブラウザでは、引用部分の前後に引用符（「"」など）が自動的に挿入されるため、文書中で引用符を付けないよう注意してください。

Sample Source

```
<body>
<p><q>人間は考える葦である</q>とは、17世紀フランスの哲学者、数学者、物理学者であった
ブレーズ・パスカルの言葉です。</p>
</body>
```

Internet Explorer

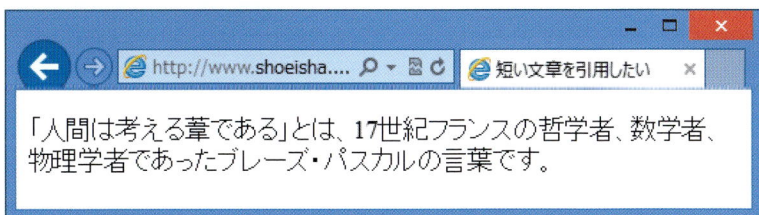

http://www.shoeisha....　短い文章を引用したい ×

「人間は考える葦である」とは、17世紀フランスの哲学者、数学者、物理学者であったブレーズ・パスカルの言葉です。

▶ ブラウザ対応表	IE10	IE9	Fx	Chrome	Safari	Opera	iOS6	iOS5	Android
	○	○	○	○	○	○	○	○	○

参照　長い文章を引用したい・・・・・・・・・・・・・・・・・ P.066
引用元のタイトルを表したい・・・・・・・・・・・・ P.098

HTML5

文書の基本

セクション

コンテンツの
グループ化

テキストレベルの
意味付け

コンテンツの
埋め込み

テーブル

フォーム

インタラクティブ

HTML5 > TEXT-LEVEL SEMANTICS.10

定義される用語を示したい

<dfn>～</dfn>

▶ 要素解説

カテゴリー	フロー・コンテンツ／フレージング・コンテンツ／パルパブル・コンテンツ
利用できる場所	フレージング・コンテンツが期待される場所
コンテンツモデル	フレージング・コンテンツ（ただし、dfn要素の入れ子は不可）

　定義される用語はdfn要素で表します。この要素は、用語の定義や説明をしている文章の中で使用してください。指定方法は次の通りです。

・dfn要素にtitle属性が指定されている場合は、title属性の値が定義される用語になります。
<dfn title="HyperText Markup Language">HTML**</dfn>**は…

・dfn要素の中に、title属性が指定されたabbr要素だけがある場合は、そのtitle属性の値が
　定義される用語になります。
<dfn><abbr title="HyperText Markup Language">HTML**</abbr></dfn>**は…

・上記以外の場合は、dfn要素の中のtextが定義される用語になります。
<dfn>HyperText Markup Language**</dfn>**は…

Sample Source

```
<body>
<p><dfn>Googl Chrome</dfn>は、Google社が開発するWebブラウザです。一般には「クローム」と呼ばれています。</p>
</body>
```

Internet Explorer

http://www.shoeisha.... 🔍 定義される用語を示したい ✕

*Googl Chrome*は、**Google**社が開発する**Web**ブラウザです。一般には「クローム」と呼ばれています。

Firefox

Firefox ▾

定義される用語を示したい ＋

www.shoeisha.com/samples/sa ☆ ▾ C | Google 🔍

*Googl Chrome*は、Google社が開発するWebブラウザです。一般には「クローム」と呼ばれています。

iPhone Safari

定義される用語を示したい

www.shoeisha.com/samples/sample/html5/4_te C | 検索

*Googl Chrome*は、Google社が開発するWebブラウザです。一般には「クローム」と呼ばれています。

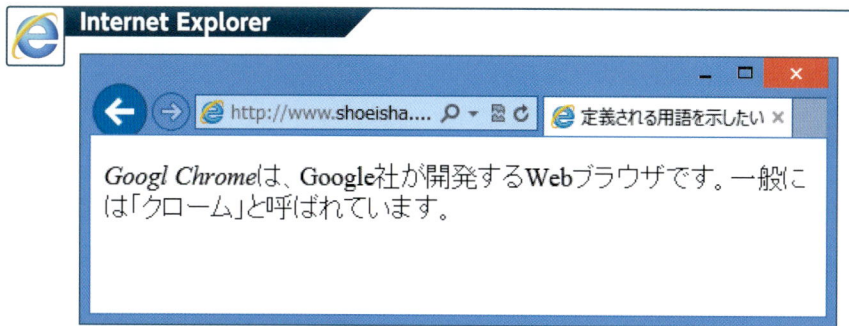

▶ ブラウザ対応表	IE10	IE9	Fx	Chrome	Safari	Opera	iOS6	iOS5	Android
	○	○	○	○	○	○	○	○	○

参照 記述リストを表示したい ・・・・・・・・・・・・・・・・ P.079

左側縦タブ（上から下）:
文書の基本 / セクション / コンテンツの グループ化 / テキストレベルの 意味付け / コンテンツの 埋め込み / テーブル / フォーム / インタラクティブ

略語や頭文字を示したい

<abbr>〜</abbr>

▶ 要素解説	
カテゴリー	フロー・コンテンツ／フレージング・コンテンツ／パルパブル・コンテンツ
利用できる場所	フレージング・コンテンツが期待される場所
コンテンツモデル	フレージング・コンテンツ

　略語や頭文字はabbr要素で表します。省略しない状態のテキストは、title属性で指定できます。

Sample Source

```
<body>
<p>本書の内容は、<abbr title="Internet Explorer 10">IE10</abbr>で動作検証を行っています。</p>
</body>
```

Internet Explorer

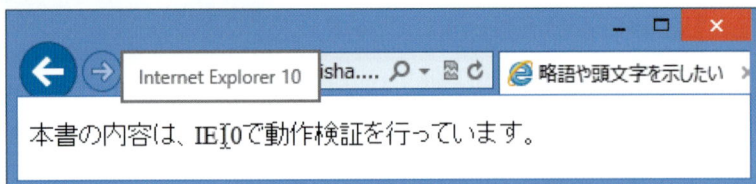

一般的なブラウザでは、カーソルをあてるとtitle属性の値がツールチップに表示されます。

‖Column
[abbr要素とacronym要素]

　これまでのHTMLでは、略語を表す要素としてabbr要素とacronym要素が定義されていました。つまり、1語ずつ読み、1つの単語として発音できないような略語（WWW、HTTP、URIなど）はabbr要素で指定し、その略語を1つの単語として発音するもの（NATO、UNESCOなど）はacronym要素で指定することになっていました。HTML5では、acronym要素は廃止され、略語はいずれの場合もabbr要素で表すことになっています。

▶ ブラウザ対応表	IE10	IE9	Fx	Chrome	Safari	Opera	iOS6	iOS5	Android
	○	○	○	○	○	○	○	○	○

※iPhone、Androidはツールチップに対応していません

日付や時間を示したい

`新しい要素` time要素

\<time ★\>～\</time\>

- -

★………datetime="日時"

▶ 要素解説

カテゴリー	フロー・コンテンツ／フレージング・コンテンツ／パルパブル・コンテンツ
利用できる場所	フレージング・コンテンツが期待される場所
コンテンツモデル	フレージング・コンテンツ（ただし、time要素の入れ子は不可）

time要素は、日付や時間を表します。日付にはタイムゾーン・オフセット（協定標準時と現地時間との差）を加えることもできます。

この要素は、コンピュータが日付や時間を読み取って、活用できるようにすることを想定したものです。そのため、コンピュータが読み取れるよう、規定の形式に準拠する書式で日時を指定します。例えば、次のような書式になります。

・月
\<time\>2013-05**\</time\>**   2013年5月
・日付
\<time\>2013-05-28**\</time\>**   2013年5月28日
・時刻
\<time\>15:45**\</time\>**   15時45分
\<time\>15:45:30**\</time\>**   15時45分30秒
・地方標準時（タイムゾーン・オフセットを指定、日本は+09:00）
\<time\>2013-05-28T15:45+09:00**\</time\>**
                   日本時間の2013年5月28日15時45分00秒
\<time\>2013-05-28T15:45:30+09:00**\</time\>**
                   日本時間の2013年5月28日15時45分30秒

datetime属性

datetime属性を指定して日付や時間を表すこともできます。time要素の内容として日時を表す場合と同様に、コンピュータが読み取れるような規定の書式で指定してください。datetime属性で日時を指定すると、time要素の中にはdatetime属性の日時と対応している任意の内容を、入れられるようになります。

\<time datetime="15:45"\>15時45分**\</time\>**
\<time datetime="2011-05-28"\>去年の5月28日**\</time\>**

文書の基本

セクション

コンテンツの
グループ化

テキストレベルの
意味付け

コンテンツの
埋め込み

テーブル

フォーム

インタラクティブ

Sample Source

```
<body>
<p>開催日：<time class="day">2013-05-28</time></p>
<p>開始時間：<time class="stime">15:45</time></p>
</body>
```

Internet Explorer

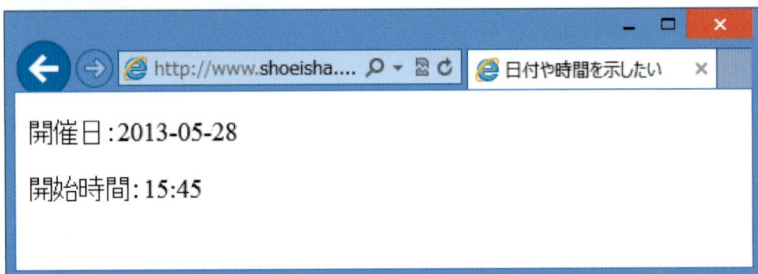

http://www.shoeisha....　日付や時間を示したい

開催日：2013-05-28

開始時間：15:45

Firefox

Firefox ▼

日付や時間を示したい

www.shoeisha.com/samples/sa　Google

開催日：2013-05-28

開始時間：15:45

iPhone Safari

日付や時間を示したい

www.shoeisha.com/samples/sample/html5/4_te　検索

開催日：2013-05-28

開始時間：15:45

▶ ブラウザ対応表	IE10	IE9	Fx	Chrome	Safari	Opera	iOS6	iOS5	Android
	○	○	○	○	○	○	○	○	○

コンピュータ関連のテキストを示したい

```
<code>～</code>
<var>～</var>
<kbd>～</kbd>
<samp>～</samp>
```

▶ 要素解説

カテゴリー	フロー・コンテンツ／フレージング・コンテンツ／パルパブル・コンテンツ
利用できる場所	フレージング・コンテンツが期待される場所
コンテンツモデル	フレージング・コンテンツ

これらの要素は、コンピュータのソースコードや出力結果などを表します。

code要素

コンピュータが認識できる文字列の一部であることを表します。例えば、ソースコードの一部、HTMLやXMLの要素名、ファイル名などを表すときに使用します。

var要素

変数を表します。例えば、数式の変数、プログラムの変数などを表すときに使用します。

samp要素

コンピュータやコンピュータのプログラムからの出力を表します。

kbd要素

ユーザーがコンピュータに入力する内容を表します。通常、入力にはキーボードを使うことが多いですが、この要素が表す内容はキーボードからの入力に限定されません。例えば、音声コマンドなどにも使用できます。

ソースコードの一部（code要素）やコンピュータから出力される内容（samp要素）をそのまま表示させたい場合には、サンプルのようにpre要素を併用すると良いでしょう。

Sample Source

```
<body>
<p>次のように、<code>text-indent</code>プロパティで<code>p</code>要素の一行目にインデントを指定します。</p>
<pre><code>
  p {
      text-indent: 2em;
  }
```

文書の基本

セクション

コンテンツの
グループ化

テキストレベルの
意味付け

コンテンツの
埋め込み

テーブル

フォーム

インタラクティブ

```
</code></pre>
<p>値を変数 <var>i</var> に代入します。</p>
<p><kbd>ipconfig /all</kbd>と入力します。</p>
<p><samp>このページへの変更を保存しますか?</samp>という確認のメッセージが表示され
ます。</p>
</body>
```

Internet Explorer

http://www.shoeisha.... コンピュータ関連のテキス... ×

次のように、text-indentプロパティでp要素の一行目にインデントを指定します。

```
        p {
                text-indent: 2em;
        }
```

値を変数 *i* に代入します。

ipconfig /allと入力します。

このページへの変更を保存しますか?という確認のメッセージが表示されます。

iPhone Safari

コンピュータ関連のテキストを示したい

www.shoeisha.com/samples/sample/html5/4_te   検索

次のように、text-indentプロパティでp要素の一行目にインデントを指定します。

```
    p {
        text-indent: 2em;
    }
```

値を変数 *i* に代入します。

ipconfig /allと入力します。

このページへの変更を保存しますか?という確認のメッセージが表示されます。

▶ ブラウザ対応表	IE10	IE9	Fx	Chrome	Safari	Opera	iOS6	iOS5	Android
	○	○	○	○	○	○	○	○	○

参照 入力した通りに表示したい ・・・・・・・・・・・・ P.064

上付き文字・下付き文字を指定したい

`<sup>`〜`</sup>`
`<sub>`〜`</sub>`

▶ 要素解説	
カテゴリー	フロー・コンテンツ／フレージング・コンテンツ／パルパブル・コンテンツ
利用できる場所	フレージング・コンテンツが期待される場所
コンテンツモデル	フレージング・コンテンツ

　上付き文字はsup要素、下付き文字はsub要素で表します。公式や化学記号などのように、これらを使って表現しなければ意味が変わってしまうような箇所にのみ使用します。

Sample Source

```
<body>
<p>ピタゴラスの定理はa<sup>2</sup>=b<sup>2</sup>+c<sup>2</sup>で表されます。</p><p>水はH<sub>2</sub>O、二酸化炭素はCO<sub>2</sub>です。</p>
</body>
```

Internet Explorer

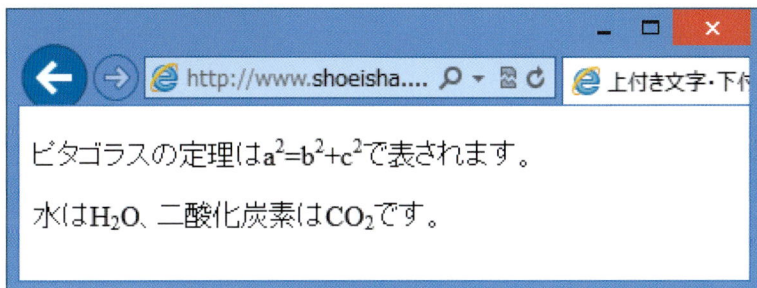

http://www.shoeisha.... 上付き文字・下付

ピタゴラスの定理は$a^2 = b^2 + c^2$で表されます。

水はH_2O、二酸化炭素はCO_2です。

▶ ブラウザ対応表	IE10	IE9	Fx	Chrome	Safari	Opera	iOS6	iOS5	Android
	○	○	○	○	○	○	○	○	○

HTML5 > TEXT-LEVEL SEMANTICS.15

イタリックで表記される部分を表したい

変更された要素 i要素

<i>〜</i>

▶ 要素解説

カテゴリー	フロー・コンテンツ／フレージング・コンテンツ／パルパブル・コンテンツ
利用できる場所	フレージング・コンテンツが期待される場所
コンテンツモデル	フレージング・コンテンツ

　i要素は、一般的にイタリック体（斜体）で表記される部分であることを表します。これまでのHTMLでは、単にイタリック体という視覚的な表現を指定する要素でしたが、HTML5で意味が変更されました。例えば、声や感情を表す部分、学名、特定の専門用語、本文とは異なる言語で表記されている部分、思考、船の名前など、その部分が他の文章とは異なることを示すために使用します。

　こうした表現方法は、英語圏などで印刷物の慣例として行われてきたものですが、日本語ではあまり馴染みのない方法かもしれません。

　なお、他の言語の部分をi要素で表す場合には、lang属性（p.●）でその言語を示すようにしてください。

Sample Source

```
<body>
<p>航行中の<i>ソフィア号</i>の写真の裏には、父の字で<i lang="fr">Ce qui sera, sera</i>と書かれてあった。</p>
</body>
```

Internet Explorer

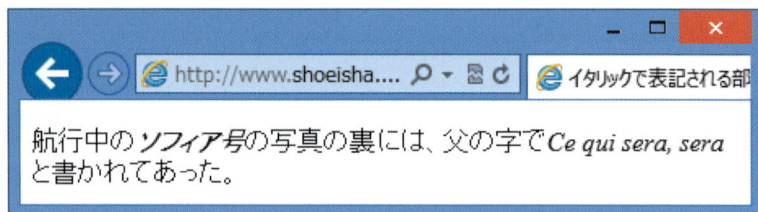

http://www.shoeisha.... イタリックで表記される部

航行中の*ソフィア号*の写真の裏には、父の字で*Ce qui sera, sera*と書かれてあった。

▶ ブラウザ対応表

	IE10	IE9	Fx	Chrome	Safari	Opera	iOS6	iOS5	Android
	○	○	○	○	○	○	○	○	○

参照　テキストをラベル付けしたい・・・・・・・・・・・・・P.111

太字で表記される部分を表したい

変更された要素 b要素

`<b>〜</b>`

▶ 要素解説	
カテゴリー	フロー・コンテンツ／フレージング・コンテンツ／パルパブル・コンテンツ
利用できる場所	フレージング・コンテンツが期待される場所
コンテンツモデル	フレージング・コンテンツ

　b要素は、他の文章とは区別したいようなテキスト部分であることを表します。これまでのHTMLでは、単に太字という視覚的な表現を指定する要素でしたが、HTML5で意味が変更されました。例えば、概要説明におけるキーワード、製品紹介における製品名、記事のリード文などに使用します。ただし、強調や重要性は表さないので注意してください。

　また、一般的に太字で表示される部分であっても、見出しであればh1〜h6要素、強調であればem要素、重要性であればstrong要素、参照のためのハイライト表示であればmark要素が適切です。b要素は、こうした適切な要素がほかにない場合の、最後の手段として使うようにしてください。

Sample Source

```
<body>
<p>当社が開発した<b>データ警備保障</b>は、他人に見せたくないデータの保存やパスワード
などの管理をどうするか、といった問題を解決するソフトです。</p>
<p><b>データ警備保障</b>は、登録されたパスワードなどの情報を安全に管理し、必要に応じ
て自動的に入力欄に反映させることができます。また、フォルダー／ファイルを隠す、お気に入り
／ブックマークを隠す等の設定を行うと、<b>データ警備保障</b>からログアウトしている間は、
設定したフォルダーやお気に入り等を参照できないようにすることが可能です。</p>
</body>
```

太字で表記される部分を表したい

HTML5

文書の基本

セクション

コンテンツのグループ化

テキストレベルの意味付け

コンテンツの埋め込み

テーブル

フォーム

インタラクティブ

Internet Explorer

http://www.shoeisha....

太字で表記される部分... ×

当社が開発した**データ警備保障**は、他人に見せたくないデータの保存やパスワードなどの管理をどうするか、といった問題を解決するソフトです。

データ警備保障は、登録されたパスワードなどの情報を安全に管理し、必要に応じて自動的に入力欄に反映させることができます。また、フォルダー／ファイルを隠す、お気に入り／ブックマークを隠す等の設定を行うと、**データ警備保障**からログアウトしている間は、設定したフォルダーやお気に入り等を参照できないようにすることが可能です。

iPhone Safari

太字で表記される部分を表したい

www.shoeisha.com/samples/sample/html5/4_tex

検索

当社が開発した**データ警備保障**は、他人に見せたくないデータの保存やパスワードなどの管理をどうするか、といった問題を解決するソフトです。

データ警備保障は、登録されたパスワードなどの情報を安全に管理し、必要に応じて自動的に入力欄に反映させることができます。また、フォルダー／ファイルを隠す、お気に入り／ブックマークを隠す等の設定を行うと、**データ警備保障**からログアウトしている間は、設定したフォルダーやお気に入り等を参照できないようにすることが可能です。

▶ ブラウザ対応表	IE10	IE9	Fx	Chrome	Safari	Opera	iOS6	iOS5	Android
	○	○	○	○	○	○	○	○	○

参照　見出しを表したい・・・・・・・・・・・・・・・・・・・P.054　強調したい・・・・・・・・・・・・・・・・・・・・・・・P.092
重要であることを示したい・・・・・・・・・・・・P.093　ハイライト表記をしたい・・・・・・・・・・・・・・・P.112

テキストをラベル付けしたい

`変更された要素` u要素

`<u>`～`</u>`

▶ 要素解説

カテゴリー	フロー・コンテンツ／フレージング・コンテンツ／パルパブル・コンテンツ
利用できる場所	フレージング・コンテンツが期待される場所
コンテンツモデル	フレージング・コンテンツ

　u要素は、明記はされているけれども分かりにくい部分や、本来の表記とは違った形で示されている部分に対してラベル付けを行います。例えば、主に中国語で固有名詞を示す場合や、単語のスペルミスを示す場合などに使用します。これまでのHTMLでは、単に下線を引くという視覚的な表現を指定する要素でしたが、HTML5で意味が変更されました。

　ただし、他と区別したい箇所であっても、強調であればem要素（p.92）、キーワードであればb要素（p.109）、ユーザーが参照しやすいようにハイライト表示するのであればmark要素（p.112）、引用元のタイトルであればcite要素（p.98）、一般的にイタリックで表記される部分であればi要素（p.108）が適切です。u要素は、こうした適切な要素がほかにない場合に使用します。

　なお、u要素は一般的に下線で表されるため、リンク部分と混同されないよう注意して利用してください。

Sample Source

```
<body>
<p>地図には<u>ヤマザキビル</u>と書かれているが、本当は<em>ヤマサキビル</em>だっ
た。</p>
</body>
```

Internet Explorer

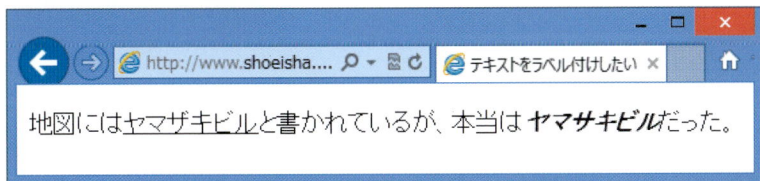

http://www.shoeisha.... テキストをラベル付けしたい ×

地図にはヤマザキビルと書かれているが、本当は *ヤマサキビル*だった。

▶ ブラウザ対応表

IE10	IE9	Fx	Chrome	Safari	Opera	iOS6	iOS5	Android
○	○	○	○	○	○	○	○	○

参照　強調したい・・・・・・・・・・・・・・・・・・・・・・・・・・・・P.092　太字で表記される部分を表したい・・・・・・・・・P.109
引用元のタイトルを表したい・・・・・・・・・・・・P.098　ハイライト表記をしたい・・・・・・・・・・・・・・・P.112

HTML5

文書の基本

セクション

コンテンツの
グループ化

テキストレベルの
意味付け

コンテンツの
埋め込み

テーブル

フォーム

インタラクティブ

HTML5 > TEXT-LEVEL SEMANTICS.18

ハイライト表記をしたい

新しい要素 mark要素

\<mark\>〜\</mark\>

▶ 要素解説

カテゴリー	フロー・コンテンツ／フレージング・コンテンツ／パルパブル・コンテンツ
利用できる場所	フレージング・コンテンツが期待される場所
コンテンツモデル	フレージング・コンテンツ

　mark要素は、ユーザーがほかから参照しやすいように、特定の範囲のテキストをマークやハイライトを使って表示させるための要素です。例えば、引用文の中で、その原作者ではなく現在の引用者が、ユーザーに特に注目してほしい部分を示す場合などに使用します。したがって、ほかの部分にその箇所についての説明などがあることになります。単に目立たせるための要素ではありませんので注意してください。

Sample Source

```
<body>
<p>友人の先日のブログに、次のような記事がありました。</p>
<blockquote cite="http://taro.blogland.jp/entry-01234.html">
<p>私は、通勤途中のほんの5分10分の道のりでも、毎日違った道を歩くようにしている。いくつかのルートを考え、今日は一つ手前の角で曲がってみる、たったそれだけでもよいのだ。子供っぽいと笑われるかもしれないが、歩いていると、<mark>1本向こうの道に何か大きな楽しみや可能性が潜んでいる気がしてくる</mark>のだ。</p>
</blockquote>
<p>ハイライトの部分は私がつけたものです。この部分を読んで、昔、同じような気持ちだったことを思い出しました。小さい頃、道を歩いていると、視界のずっと先や角を曲がった向こうに違う世界が広がっているような気がして、ワクワクしたものです。</p>
</body>
```

Internet Explorer

http://www.shoeisha.... ハイライト表示をしたい

友人の先日のブログに、次のような記事がありました。

　私は、通勤途中のほんの5分10分の道のりでも、毎日違った道を歩くようにしている。いくつかのルートを考え、今日は一つ手前の角で曲がってみる、たったそれだけでもよいのだ。子供っぽいと笑われるかもしれないが、歩いていると、==1本向こうの道に何か大きな楽しみや可能性が潜んでいる気がしてくる==のだ。

ハイライトの部分は私がつけたものです。この部分を読んで、昔、同じような気持ちだったことを思い出しました。小さい頃、道を歩いていると、視界のずっと先や角を曲がった向こうに違う世界が広がっているような気がして、ワクワクしたものです。

iPhone Safari

ハイライト表示をしたい

www.shoeisha.com/samples/sample/html5/4_te　検索

友人の先日のブログに、次のような記事がありました。

　私は、通勤途中のほんの5分10分の道のりでも、毎日違った道を歩くようにしている。いくつかのルートを考え、今日は一つ手前の角で曲がってみる、たったそれだけでもよいのだ。子供っぽいと笑われるかもしれないが、歩いていると、==1本向こうの道に何か大きな楽しみや可能性が潜んでいる気がしてくる==のだ。

ハイライトの部分は私がつけたものです。この部分を読んで、昔、同じような気持ちだったことを思い出しました。小さい頃、道を歩いていると、視界のずっと先や

▶ ブラウザ対応表	IE10	IE9	Fx	Chrome	Safari	Opera	iOS6	iOS5	Android
	○	○	○	○	○	○	○	○	○

参照　強調したい・・・・・・・・・・・・・・・・・・・・P.092　太字で表記される部分を表したい・・・・・・・・・P.109
重要であることを示したい・・・・・・・・・・・・P.093　テキストをラベル付けしたい・・・・・・・・・・・・P.111

ハイライト表記をしたい　**新しい要素** mark要素 | 113

HTML5

縦書きタブ（左端）：文書の基本／セクション／コンテンツのグループ化／テキストレベルの意味付け／コンテンツの埋め込み／テーブル／フォーム／インタラクティブ

ルビをふりたい

新しい要素 ruby要素 rt要素 rp要素

```
<ruby><rt>～</rt></ruby>
<ruby><rp>～</rp>
   <rt>～</rt><rp>～</rp></ruby>
```

▶ 要素解説	ruby	rt	rp
カテゴリー	フロー・コンテンツ／フレージング・コンテンツ／パルパブル・コンテンツ	なし	なし
利用できる場所	フレージング・コンテンツが期待される場所	ruby要素の子要素として	ruby要素の子要素として、rt要素の直前または直後
コンテンツモデル	フレージング・コンテンツにの後に、rt要素1つ、またはrp要素・rt要素・rp要素の順のグループ、いずれかを1つ以上	フレージング・コンテンツ	フレージング・コンテンツ

　ルビ付きのテキストは、ruby要素、rt要素、rp要素で作成します。

　ruby要素は、ルビをふる範囲を表します。ルビとして表示されるテキストはrt要素で示し、ルビを表示したいテキストの直後に配置してください。

　rp要素を指定すると、ルビに対応していないブラウザに対し、ルビ用のテキストを括弧でくくって表示させることができます。ルビに対応しているブラウザでは、この要素で指定した括弧は無視されます。

　いずれもHTML5で新しく追加された要素です。ただし、ルビはInternet Explorer 5からすでに利用できました。これはW3Cが検討している段階で、Internet Explorerが独自に採用したためです。

Sample Source

```
<body>
<p>彼は
<ruby>
    月見里<rp>(</rp><rt>やまなし</rt><rp>)</rp>
    上総<rp>(</rp><rt>かずさ</rt><rp>)</rp>
</ruby>
さんです。</p>
</body>
```

Internet Explorer

やまなしかずさ
彼は 月見里 上総 さんです。

iPhone Safari

ルビをふりたい

www.shoeisha.com/samples/sample/html5/4_te 検索

やまなしかずさ
彼は 月見里上総 さんです。

Firefox

Firefox

ルビをふりたい

www.shoeisha.com/samples/sample/ht Google

彼は 月見里(やまなし) 上総(かずさ) さんです。

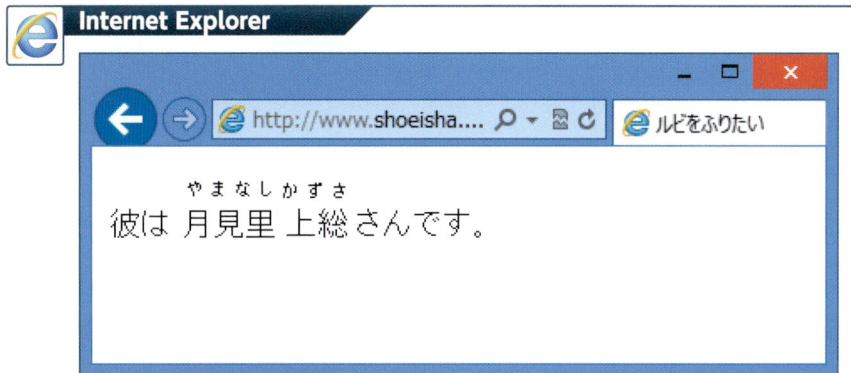

ルビに対応していないブラウザではrp要素で指定したテキストが表示されます。

▶ ブラウザ対応表	IE10	IE9	Fx	Chrome	Safari	Opera	iOS6	iOS5	Android
	○	○	×	○	○	×	○	○	○

HTML5 > TEXT-LEVEL SEMANTICS.20

テキストの表記方向を前後から独立させたい

新しい要素 bdi要素

<bdi>〜</bdi>

▶ 要素解説

カテゴリー	フロー・コンテンツ／フレージング・コンテンツ／パルパブル・コンテンツ
利用できる場所	フレージング・コンテンツが期待される場所
コンテンツモデル	フレージング・コンテンツ

bdi要素は、テキストの表記方向のルールを前後から独立させるための要素です。

Webブラウザは、言語によって表記方向を判定し、適切に表示する機能（Unicodeの双方向アルゴリズム）を持っています。通常はこの機能によって、日本語や英語なら左から右、アラビア語やヘブライ語なら右から左へと正しく表示されます。しかし、表記方向が異なる言語が混在する文書の場合などにはテキストが前後の表記方向の影響を受け、意図しない方向や順番で表示されてしまうこともあります。このような問題を避けるため、bdi要素を使って、双方向アルゴリズムを適用しない箇所を指定することができます。

なお、bdi要素のdir属性（p.118）のデフォルト値は「auto」となります。この属性は親要素から継承されません。

Sample Source

```
<body>
<p>ユーザー名と年齢</p>
<ul>
 <li><bdi>竜馬</bdi>: 22</li>
 <li><bdi>William</bdi>: 30</li>
 <li><bdi>حسن</bdi>: 19</li>
</ul>
</body>
```

Google Chrome

テキストの表記方向を前後か ×

← → C | www.shoeisha.com/samples/sample/html5/ 🔍 ☆ ≡

ユーザー名と年齢

- 竜馬: 22
- William: 30
- حسن: 19

iPhone Safari

テキストの表記方向を前後から独立させたい？（仮）

www.shoeisha.com/samples/sample/html5/4_te: ⟳ | 検索

ユーザー名と年齢

- 竜馬: 22
- William: 30
- حسن: 19

Internet Explorer

← → | 🌐 http://www.shoeisha.... 🔍 ▾ 📑 ⟳ | 🌐 テキストの表記方向を前... × | 🏠

ユーザー名と年齢

- 竜馬: 22
- William: 30
- 19 :حسن

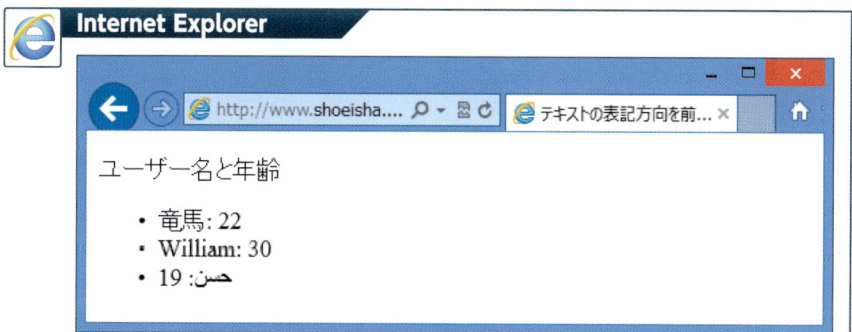

bdi要素に対応していないブラウザでは、3つ目が「19：アラビア語の名前」で表示されます。

▶ ブラウザ対応表	IE10	IE9	Fx	Chrome	Safari	Opera	iOS6	iOS5	Android
	×	×	○	○	○	×	○	×	×

参照 テキストの表記方向を指定したい・・・・・・・・・ P.043

テキストの表記方向を指定したい

<bdo dir="★">～</bdo>

★‥‥‥‥ltr（左から右）
　　　　rtl（右から左）

▶ 要素解説	
カテゴリー	フロー・コンテンツ／フレージング・コンテンツ／パルパブル・コンテンツ
利用できる場所	フレージング・コンテンツが期待される場所
コンテンツモデル	フレージング・コンテンツ（ただし、time要素の入れ子は不可）

　Webブラウザは、言語によって表記方向を判定し、適切に表示する機能（Unicodeの双方向アルゴリズム）を持っています。bdo要素は、この双方向アルゴリズムを無効にしたうえで、テキストの表記方向を指定します。左から右へ表記する言語の文章中に、右から左へ表記する言語を使いたい場合など、前後のテキストとは異なる表記方向を指定するときに使用します。

Sample Source

```
<body>
<p>英語は左から右、ヘブライ語は（<bdo dir="rtl">HEBREW</bdo>）は右から左へ書きま
す。</p>
</body>
```

Internet Explorer

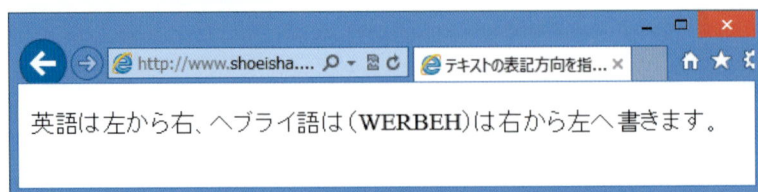

http://www.shoeisha.... テキストの表記方向を指...×

英語は左から右、ヘブライ語は（WERBEH）は右から左へ書きます。

▶ ブラウザ対応表	IE10	IE9	Fx	Chrome	Safari	Opera	iOS6	iOS5	Android
	○	○	○	○	○	○	○	○	○

参照 テキストの表記方向を前後から独立させたい‥P.116

文書の基本
セクション
コンテンツのグループ化
テキストレベルの意味付け
コンテンツの埋め込み
テーブル
フォーム
インタラクティブ

HTML5 > TEXT-LEVEL SEMANTICS.22

汎用的な範囲を設定したい

<span>〜</span>

▶ 要素解説	
カテゴリー	フロー・コンテンツ／フレージング・コンテンツ
利用できる場所	フレージング・コンテンツが期待される場所
コンテンツモデル	フレージング・コンテンツ

　span要素は、特定の意味を持たない汎用的な範囲（フレージング・コンテンツ）を設定します。この要素を指定しただけでは表示上の変化はありませんが、class属性やid属性を使ってスタイルシートを設定したい場合やlang属性を使って言語情報を付加したい場合などに利用できます。

HTML Source

```
<body>
<p>今回のパスタはファルファッレです。イタリア語では<span lang="it"
class="pasta">Farfalle</span>と表記します。これは「蝶」という意味で、その名のとおり蝶の
形をしています。</p>
<p>次回は<span lang="it" class="pasta">Orecchiette</span>です。どんなパスタかわ
かりますか？</p>
</body>
```

CSS Source

```
.pasta {
    color: #ff6666;
    font-family: sans-serif;
}
```

文書の基本

セクション

コンテンツのグループ化

テキストレベルの意味付け

コンテンツの埋め込み

テーブル

フォーム

インタラクティブ

Internet Explorer

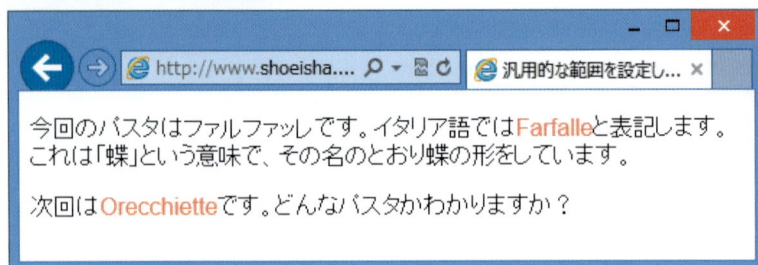

http://www.shoeisha....　汎用的な範囲を設定し...

今回のパスタはファルファッレです。イタリア語ではFarfalleと表記します。これは「蝶」という意味で、その名のとおり蝶の形をしています。

次回はOrecchietteです。どんなパスタかわかりますか？

Firefox

Firefox ▼

汎用的な範囲を設定したい

www.shoeisha.com/samples/sam　Google

今回のパスタはファルファッレです。イタリア語ではFarfalleと表記します。これは「蝶」という意味で、その名のとおり蝶の形をしています。

次回はOrecchietteです。どんなパスタかわかりますか？

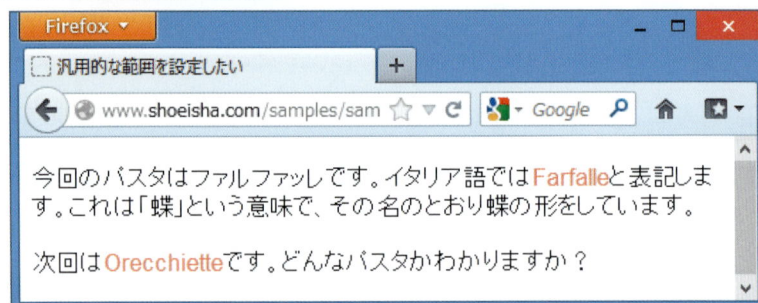

iPhone Safari

汎用的な範囲を設定したい

www.shoeisha.com/samples/sample/html5/4_te　検索

今回のパスタはファルファッレです。イタリア語ではFarfalleと表記します。これは「蝶」という意味で、その名のとおり蝶の形をしています。

次回はOrecchietteです。どんなパスタかわかりますか？

文字色はCSSで指定しています。

▶ ブラウザ対応表	IE10	IE9	Fx	Chrome	Safari	Opera	iOS6	iOS5	Android
	○	○	○	○	○	○	○	○	○

参照　スタイルシートを使いたい ・・・・・・・・・・・ P.040
　　　汎用的な領域を設定したい ・・・・・・・・・・・ P.083

HTML5 > TEXT-LEVEL SEMANTICS.23

改行させたい

▶ 要素解説	
カテゴリー	フロー・コンテンツ／フレージング・コンテンツ
利用できる場所	フレージング・コンテンツが期待される場所
コンテンツモデル	空

　改行はbr要素で表します。HTML文書で改行を入れてもブラウザ上の表示には反映されません。表示上で実際に改行させるには、改行したい位置をbr要素で指定します。

　br要素は、例えば詩や住所の表記などのように、コンテンツの一部として改行が必要なところに使用してください。

Sample Source

```
<body>
<p>
〒170-0000<br>
東京都豊島区中池袋1-2-3<br>
アンクビル 1F
</p>
</body>
```

‖Column　　　　　　　　　　　　　　　　　[レイアウト目的のbr要素はNG]

　段落の区切りや余白などを入れる目的で、br要素を使うことはできません。例えば、以下のように異なる入力欄をbr要素で2行に分けるのは、誤った使い方です。

```
<p><label>名前: <input name="name"></label><br>
<label>住所: <input name="address"></label></p>
```

　正しくは次のようになります。

```
<p><label>名前: <input name="name"></label></p>
<p><label>住所: <input name="address"></label></p>
```

文書の基本

セクション

コンテンツの
グループ化

テキストレベルの
意味付け

コンテンツの
埋め込み

テーブル

フォーム

インタラクティブ

Internet Explorer

http://www.shoeisha....　改行させたい

〒170-0000
東京都豊島区中池袋1-2-3
アンクビル 1F

Firefox

Firefox ▼

改行させたい

www.shoeisha.com/samples/sa　Google

〒170-0000
東京都豊島区中池袋1-2-3
アンクビル 1F

iPhone Safari

改行させたい

www.shoeisha.com/samples/sample/html5/4_tex　検索

〒170-0000

東京都豊島区中池袋1-2-3

アンクビル 1F

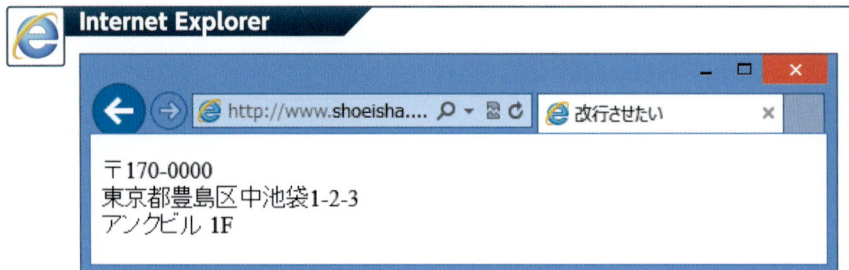

廃止属性 clear属性

▶ ブラウザ対応表	IE10	IE9	Fx	Chrome	Safari	Opera	iOS6	iOS5	Android
	○	○	○	○	○	○	○	○	○

参照 改行を許可する位置を指定したい・・・・・・・・・P.123

改行を許可する位置を指定したい

新しい要素 wbr要素

`<wbr>`

▶ 要素解説

カテゴリー	フロー・コンテンツ／フレージング・コンテンツ
利用できる場所	フレージング・コンテンツが期待される場所
コンテンツモデル	空

　wbr要素は、改行してもよい位置を指定します。

　日本語の文章は基本的に表示領域の幅に合わせてどの部分でも改行できますが、例えば英語などの文章は、通常、改行位置は半角スペースが入っているところなどに限定されます。wbr要素は、そのような改行されない範囲において、改行してもよい箇所を指示するために使用します。Netscape Navigatorが独自に拡張した要素をもとに、HTML5で新たに採用されました。

Sample Source

```
<body>
<p>世界で最も長い一語の地名は、イギリスのウェールズ北部のアングルシー島にあるLlanfair
<wbr>pwllgwyngyll<wbr>gogerychwyrndrobwll<wbr>llantysiliogogogochです。</p>
<p>これはウェールズ語で、「ランヴァイル・プルグウィンギル・ゴゲリフウィルンドロブル・ランティシリオゴゴゴホ」と読みます。</p>
</body>
```

Internet Explorer

世界で最も長い一語の地名は、イギリスのウェールズ北部のアングルシー島にあるLlanfairpwllgwyngyll gogerychwyrndrobwlllantysiliogogogochです。

これはウェールズ語で、「ランヴァイル・プルグウィンギル・ゴゲリフウィルンドロブル・ランティシリオゴゴゴホ」と読みます。

Firefox

世界で最も長い一語の地名は、イギリスのウェールズ北部のアングルシー島にあるLlanfairpwllgwyngyll gogerychwyrndrobwlllantysiliogogogochです。

これはウェールズ語で、「ランヴァイル・プルグウィンギル・ゴゲリフウィルンドロブル・ランティシリオゴゴゴホ」と読みます。

▶ ブラウザ対応表

IE10	IE9	Fx	Chrome	Safari	Opera	iOS6	iOS5	Android
○	○	○	○	○	○	○	○	○

※IEの標準モードでは動作しません

参照 改行させたい ・・・・・・・・・・・・・・・・・・・・・・・ P.121

HTML5

文書の基本

セクション

コンテンツの
グループ化

テキストレベルの
意味付け

コンテンツの
埋め込み

テーブル

フォーム

インタラクティブ

内容の追加や削除を表したい

<ins ★>～</ins>
<del ★>～</del>

★………cite="追加した理由が記述された文書のURL"
　　　　datetime="追加した日時"

▶ 要素解説

カテゴリー	フロー・コンテンツ／フレージング・コンテンツ／パルパブル・コンテンツ（ins要素のみ）
利用できる場所	フレージング・コンテンツが期待される場所
コンテンツモデル	トランスペアレント

　ins要素とdel要素は、HTML文書の変更を表す場合に使用されます。

　ins要素は、その範囲がHTML文書に追加されたことを表します。一般的には下線が引かれて表示されます。

　del要素は、その範囲がHTML文書から削除されたことを表します。一般的には取消線が引かれて表示されます。

　いずれの要素も、追加／削除した理由や日時を示したい場合は次の属性で指定します。

cite属性

　追加／削除した理由を記載した、文書のURLを指定します。

datetime属性

　追加／削除した日時を表します。「YYYY-MM-DDThh:mm:ssTZD」のように、HTML5で利用できる書式で日時を指定してください。タイムゾーンは必ず指定します。例えば、次のようになります。

2013-05-28T15:45+09:00	日本時間の2013年5月28日15時45分00秒
2013-05-28T15:45:30+09:00	日本時間の2013年5月28日15時45分30秒

Sample Source

```
<body>
<ins cite="http://www.ank.co.jp/workshop/03.html" datetimer="2013-05-08T15:20:30"><p><p>発表者に変更がありました。</p></ins>
<ul>
    <li>赤井 敦</li>
```

```
    <li>白田 翔子</li>
    <li><del>青山 明夫</del></li>
    <li><ins>黒木 九郎</ins></li>
</ul>
</body>
```

‖Column   [datetime属性の指定方法]

datetime属性に指定する日時は、以下の書式で表すよう指定されています。

YYYY-MM-DDThh:mm:ssTZD

YYYY	= 年(4桁)
MM	= 月(2桁)
DD	= 日(2桁)
T	= 時間が始まることを表す文字
hh	= 時(2桁／00〜23)
mm	= 分(2桁／00〜59)
ss	= 秒(2桁／00〜59)
TZD	= タイムゾーン(Z, +hh:mm, -hh:mm)
Z	= UTC (協定世界時)
+hh:mm	= UTCよりhh時間mm分進んでいる現地時間
-hh:mm	= UTCよりhh時間mm分遅れている現地時間

区切り「T」を含めて、すべての文字を指定通りに書く必要があります。また、am/pmでの表示は使えませんので注意してください。

日本標準時は、基準となる協定世界時より9時間進んでいるため、日本時間を表す場合はタイムゾーンに「+09:00」を指定します。

Internet Explorer

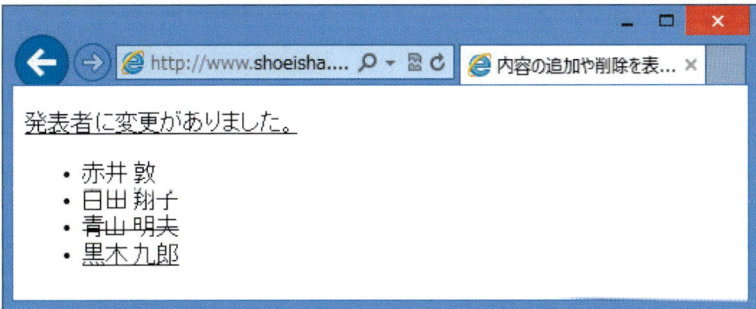

発表者に変更がありました。

- 赤井 敦
- 日出 翔子
- 青山 明夫
- 黒木 九郎

▶ ブラウザ対応表	IE10	IE9	Fx	Chrome	Safari	Opera	iOS6	iOS5	Android
	○	○	○	○	○	○	○	○	○

参照　正確ではなくなった内容を表したい ‥‥‥‥ P.097

HTML5

画像を表示したい

`<img src="★" alt="◆" ▲>`

- ★………画像ファイル名（URL）
- ◆………画像を表すテキスト
- ▲………width="画像の横幅"（ピクセル数）
  　　　 height="画像の高さ"（ピクセル数）

▶ 要素解説

カテゴリー	フロー・コンテンツ／フレージング・コンテンツ／埋め込みコンテンツ／usemap属性がある場合：インタラクティブ・コンテンツ／パルパブル・コンテンツ
利用できる場所	埋め込みコンテンツが期待される場所
コンテンツモデル	空

　文書に画像を埋め込むにはimg要素を使います。

　ページの装飾や表示位置の調節など、レイアウトのために画像を利用することがありますが、これらはCSSで表現するようにしてください。

src属性

　画像ファイル名（URL）を指定します。一般的にはGIF、JPEG、PNG形式の画像ファイルが使われますが、HTML5の仕様ではSVGファイルやPDFファイルなども指定できることになっています。

alt属性

　画像が表す内容をテキストで指定します。このテキストは、画像が表示できない場合や画像で意味を伝えられない場合に使われます。

　HTML4.01でのalt属性は、画像を補足する意味合いのものでした。しかしHTML5では、アクセシビリティの向上のため、画像が何を表しているのかを適切に文章化するよう要求されています。そのため、どのようなテキストが適切なのか、画像が使われる状況によって細かくルールが定められています。基本的には、仮にすべての画像をalt属性に指定されたテキストに置き換えても、ページの意味が変わらないようにすることです。スクリーンリーダーや、あえてブラウザの画像表示をオフにしているユーザー、また検索ロボットなど、画像を見ることのできないユーザーであっても、画像と同じ意味が伝わる内容を指定してください。

　なお、HTML4.01ではalt属性は必須とされていましたが、HTML5では必須ではなくなりました。しかし、省略できる条件も定められています。alt属性に指定できるテキストがある場合は、きちんと指定するようにしてください。

width属性/height属性

画像のサイズを指定する場合は、width属性(幅)、height属性(高さ)を使います。どちらもピクセル単位で0以上の数値を指定してください。実際の画像のサイズと異なる数値を指定した場合、一般的なブラウザでは指定した大きさに拡大／縮小して表示されますが、HTML5では画像を拡大／縮小するためにこれらの属性を利用することはできませんので注意してください。

‖Column　　　　　　　　　　　　　　　　　　　［alt属性の指定例］

●画像を伴ったフレーズや段落のケース
内容をより伝えやすくするために、本文中に写真や挿絵、グラフなどを入れというのは、よく使われる手法です。

[適切な例]
```
<p>
あなたは家の入り口へとつづく、細い道の入り口に立っています。
<img src="house.jpg" alt="家の壁は白く、板張りの玄関ドアが取り付けられています。">
ここに小さな看板が立っています。
</p>
```

[不適切な例]
```
<p>
あなたは家の入り口へとつづく、細い道の入り口に立っています。
<img src="house.jpg" alt="板張りの玄関ドアが取り付けられた、白い壁の家">
ここに小さな看板が立っています。
</p>
```

下の例では、alt属性に指定されたテキストが画像の代わりに使われたとき、前後の文章が上の例のようにはうまくつながりません。alt属性に指定されたテキストが、単なる画像の説明にすぎず、画像の置き換えにならないために不適切です。

●ロゴを使ったケース
会社名をロゴで表す場合、alt属性には会社名を指定します。「ロゴ」などのテキストではないことに注意してください。

```
<h1><img src="ank.png" alt="株式会社アンク"></h1>
```

しかし、会社名を表すテキストの隣に会社のロゴを使う場合には、画像は補足的なものとなり、alt属性のテキストは不要です(会社名を入れてしまうと、スクリーンリーダーでは会社名が2回読み上げられることになります)。

```
<h1><img src="ank.png" alt="">株式会社アンク</h1>
```

また、会社のロゴのデザインを話題としている次の例では、alt属性でロゴの詳細が説明されています。

```
<p>当社のロゴマークをご覧ください。</p>
<p><img src="ank.png" alt="当社のロゴは白地に赤い文字のデザインです。左側に少し
傾き加減で大きくANKの3文字を置き、その右側に2段に分けてANK Softwareと書かれてい
ます。"></p>
<p>シンプルですが、その分社名がわかりやすく、インパクトもあると思います。デザインの
原案は…</p>
```

Sample Source

```
<body>
    <p>先月までWebサイトのトップに表示されていた画像です。</p>
    <p><img src="usa_flute.jpg" alt="ピンク色のうさぎが、座ってフルートを奏でていま
す。"></p>
    <p>今までで一番人気でした。</p>
</body>
```

Internet Explorer

先月までWebサイトのトップに表示されていた画像です。

今までで一番人気でした。

iPhone Safari

画像を表示したい

www.shoeisha.com/sam　検索

先月までWebサイトのトップに表示されていた画像です。

今までで一番人気でした。

廃止属性 align属性、border属性、hspace属性、longdesc属性、name属性、vspace属性

▶ ブラウザ対応表	IE10	IE9	Fx	Chrome	Safari	Opera	iOS6	iOS5	Android
	○	○	○	○	○	○	○	○	○

参照　図版とキャプションを表したい ・・・・・・・・・・ P.081
イメージマップを作りたい ・・・・・・・・・・・・ P.129

イメージマップを作りたい
クライアントサイド・イメージマップ

```
<img src="★" usemap="#◆">
<map name="◆">～</map>
<area shape="▲" coords="●" href="■" alt="▼">
```

★………画像ファイル名(URL)
◆………マップ名
▲………default、rect、circle、poly
●………座標,座標,…(ピクセル数)
■………リンク先のURL
▼………画像を表すテキスト

▶ 要素解説	img

img要素についてはp.126参照

▶ 要素解説	map	area
カテゴリー	フロー・コンテンツ／フレージング・コンテンツ／パルパブル・コンテンツ	フロー・コンテンツ／フレージング・コンテンツ
利用できる場所	フレージング・コンテンツが期待される場所	map要素内で、フレージング・コンテンツが期待される場所
コンテンツモデル	トランスペアレント	空

　イメージマップの機能を利用すると、画像の特定の領域にリンクを設定することができます。ここで説明するクライアントサイド・イメージマップはすべての処理をブラウザ側で実行するもので、img、map、area要素だけで作成できます。

img要素とmap要素

　map要素で画像をイメージマップとして定義するとともに、name属性でイメージマップに名前を付けます。そして、img要素のusemap属性にmap要素で付けたイメージマップ名を指定して、画像とイメージマップの定義を関連付けます。

area要素

　area要素は、イメージマップ上のリンク領域を定義します。map要素の中だけで利用できる要素です。

shape属性

　リンクとして定義される領域の形を、次のキーワードで指定します。この属性が省略されたときは、rectが指定されたものとみなされます。

文書の基本
セクション
コンテンツのグループ化
テキストレベルの意味付け
コンテンツの埋め込み
テーブル
フォーム
インタラクティブ

default	全体（coords属性は指定不可）
rect	四角形
poly	多角形
circle	円

coords属性

　リンク領域の座標を指定します。指定方法はshape属性で定義した形によって下記のように異なりますが、いずれも画像の端からの位置をピクセル単位で指定し、各座標はカンマ（,）で区切ります（下コラム参照）。

rectの場合	左上のX座標,左上のY座標,右下のX座標,右下のY座標
circleの場合	中心のX座標,中心のY座標,半径
polyの場合	すべての角の座標を「X座標,Y座標」のセットで順番に指定する。最低でも3組の座標（6つの整数）が必要。

　shape属性の値にdefaultを指定した場合は、coords属性は指定できません。

href属性

　リンク先のURLを指定します。

　href属性が指定されていない場合は、リンクの無効領域を表すことになります。これは、他のarea要素でリンクが設定された領域の中に、リンクにならない範囲を設定する場合などに利用します。

alt属性

　リンク領域がどのような領域であるのかを表すテキストを指定します。img要素のalt属性と同様に、画像を表示できないユーザーにも、画像を想像してリンク領域を選択できるような文章を入れてください。

　area要素には、a要素やlink要素と同様に、rel属性（p.31）やtarget属性（p.87）を指定することもできます。

‖Column　　　　　　　　　　　　　　　　　　　　　　　［coords属性の指定方法］

　coords属性の指定方法をまとめると、以下のようになります。

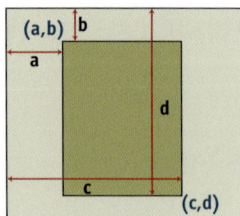

shape="rect"
coords="a,b,c,d"

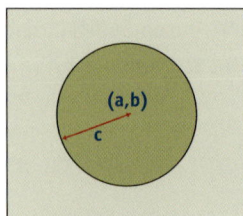

shape="circle"
coords="a,b,c"

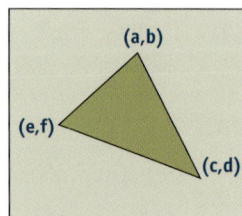

shape="poly"
coords="a,b,c,d,e,f"

Sample Source

```
<body>
<p>
<img src="imagemap.jpg" usemap="#menumap" alt="ジーンズのタグ、黄色い花、空
に浮かぶ気球の写真の3つがリンク部分として機能します。" style="border: 0;">
<map name="menumap">
  <area shape="rect" coords="80,30,320,180" href="journey_diary.html"
  alt="ジーンズのタグ">
  <area shape="circle" coords="115,255,70" href="guide.html" alt="黄色い花">
  <area shape="poly" coords="195,205,380,220,355,445,170,425"
  href="photo.html" alt="空に浮かぶ気球の写真">
</map>
</p>
</body>
```

‖Column
[サンプルソースの意味]

このサンプルソースで指定しているイメージマップは、右のような領域となります。

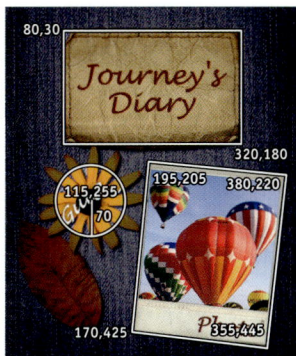

‖Column
[イメージマップの種類]

イメージマップには、処理の什方によって次の2種類があります。

・クライアントサイド・イメージマップ
ユーザーがクリックした領域に設定されたリンクを、ブラウザが判別し、実行します。

・サーバーサイド・イメージマップ
ユーザーがクリックした領域の座標を、サーバー側に置かれたCGIプログラムに送信し、そこでリンク先の判断などの処理が行なわれます。ismap属性で画像をサーバーサイド・イメージマップとして定義し、リンク先にはサーバーサイド・イメージマップを処理するプログラムのURLを指定します。例えば次のようになります。

```
<a href="/program/map.cgi">
  <img src="map.png" ismap="ismap">
</a>
```

文書の基本

セクション

コンテンツの
グループ化

テキストレベルの
意味付け

コンテンツの
埋め込み

テーブル

フォーム

インタラクティブ

Internet Explorer

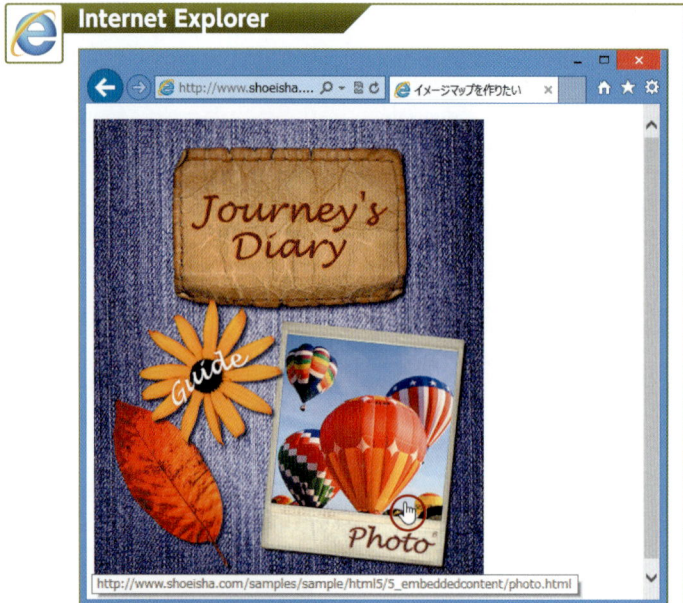

http://www.shoeisha.com/samples/sample/html5/5_embeddedcontent/photo.html

iPhone Safari

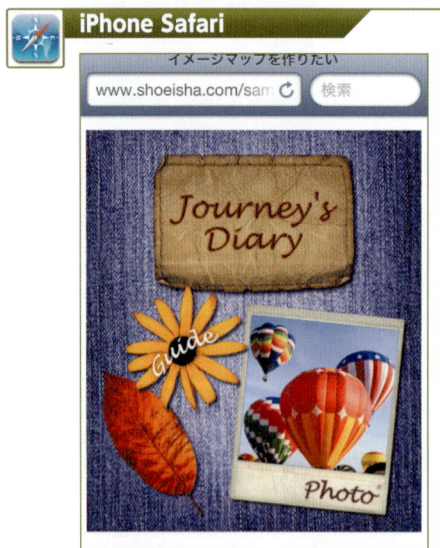

img 廃止属性 align属性、border属性、hspace属性、longdesc属性、name属性、vspace属性

area 廃止属性 nohref属性

▶ ブラウザ対応表	IE10	IE9	Fx	Chrome	Safari	Opera	iOS6	iOS5	Android
	○	○	○	○	○	○	○	○	○

参照 リンクを設定したい ・・・・・・・・・・・・・・・・・ P.085
画像を表示したい ・・・・・・・・・・・・・・・・ P.126

インライン・フレームを作りたい

<iframe src="★" ◆>～</iframe>

e.g.
google mapの
「埋め込み」

★………ページのURL
◆………必要な属性（下記参照）

自分のwebサイトに小窓をつくり、
その中に別のサイトを表示させる技術

▶ 要素解説	
カテゴリー	フローコンテンツ／フレージング・コンテンツ／埋め込みコンテンツ／インタラクティブ・コンテンツ／パルパブル・コンテンツ
利用できる場所	埋め込みコンテンツが期待される場所
コンテンツモデル	テキスト

　iframe要素でインライン・フレームを作成できます。インライン・フレームとは、ウィンドウ内の特定の領域に、別のページを埋め込む形式のフレームです。

　iframe要素の中にはテキストのみ入れることができます。しかし、HTML5では、src属性で指定したページの読み込みに失敗した場合の対処法（フォールバック機能）が定義されていません。

　これまでのHTMLではiframe要素内に代替のテキストや別ページへのリンクなどを入れ、src属性で指定したページの読み込みに失敗した場合や、インライン・フレームを表示しないユーザー向けのフォールバック・コンテンツとすることができました。

　しかしHTML5では、iframe要素内に記述したテキストも、そうした場合に表示させるフォールバック・コンテンツとしては扱われないので注意してください。

src属性

　フレーム内に埋め込むページのURLを指定します。

srcdoc属性

　インライン・フレーム内に埋め込むコンテンツを、直接HTMLで指定します。この属性とsrc属性の両方が指定された場合は、srcdoc属性が優先されます。srcdoc属性に対応していないブラウザでは、src属性で指定したページが読み込まれることになります。本書執筆時点では、Google Chromeがsrcdoc属性に対応しているようです。

name属性

　フレームの名前を指定します。この名前をa要素のtarget属性で参照すれば、リンクを使って複数のページを読み込ませることができます。

width属性/height属性

　フレームの横幅と高さをピクセル単位で指定します。

文書の基本

セクション

コンテンツのグループ化

テキストレベルの意味付け

コンテンツの埋め込み

テーブル

フォーム

インタラクティブ

Sample Source

```html
<body>
<p>イタリア語で「貝」という意味のパスタはどれでしょう？</p>
<ul>
	<li><a href="linguine.html" target="answer">リングイネ</a></li>
	<li><a href="farfalle.html" target="answer">ファルファッレ</a></li>
	<li><a href="conchiglie.html" target="answer">コンキリエ</a></li>
	<li><a href="tagliatelle.html" target="answer">タリアテッレ</a></li>
</ul>
<iframe src="a-index.html" name="answer" width="300" height="150">
</iframe>
</body>
```

Internet Explorer

ページを読み込むと、インラインフレームにはscr属性で指定したa-index.htmlが表示されます。各リンクをクリックすると、それぞれhref属性で指定したhtmlファイルがフレームに表示されます。

‖Column   ［入れ子にされたブラウジング・コンテキスト］

　HTML5では、ウィンドウやタブのような文書が表示される環境を「ブラウジング・コンテキスト（browsing context）」と定義しています（p.●）。これに伴い、これまでインライン・フレームと呼ばれていたiframe要素の機能も「入れ子にされたブラウジング・コンテキスト（nested browsing context）」と呼ばれるようになりました。本書ではわかりやすいよう、従来どおりインライン・フレームという表現を使っていますが、「入れ子にされたブラウジング・コンテキスト」がより適切な表現です。

廃止属性 align属性、frameborder属性、longdesc属性、marginheight属性、marginwidth属性、scrolling属性

▶ ブラウザ対応表	IE10	IE9	Fx	Chrome	Safari	Opera	iOS6	iOS5	Android
	○	○	○	○	○	○	○	○	○

参照 さまざまな形式のコンテンツを埋め込みたい‥P.137

プラグインを利用したい

新しい要素 embed要素

<embed src="★" type="◆" width="▲" height="●">

- ★………コンテンツのURL
- ◆………コンテンツのMIMEタイプ
- ▲………プラグイン領域の横幅(ピクセル数)
- ●………プラグイン領域の高さ(ピクセル数)

▶ 要素解説

カテゴリー	フローコンテンツ／フレージング・コンテンツ／埋め込みコンテンツ／インタラクティブ・コンテンツ／パルパブル・コンテンツ
利用できる場所	埋め込みコンテンツが期待される場所
コンテンツモデル	空

プラグインで再生するコンテンツをHTML文書に埋め込むには、embed要素を使用します。

src属性

埋め込むコンテンツのURLを指定します。

type属性

埋め込むコンテンツのMIMEタイプを指定します。

width/height属性

プラグイン領域の横幅と高さをピクセル単位で指定します。

Sample Source

```
<body>
<embed src="welcome.swf" width="400" height="320"
type="application/x-shockwave-flash">
</body>
```

HTML5

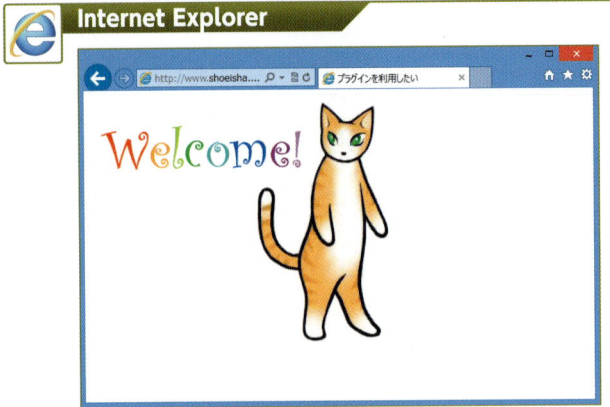

文書の基本

セクション

コンテンツの
グループ化

テキストレベルの
意味付け

コンテンツの
埋め込み

テーブル

フォーム

インタラクティブ

Internet Explorer

Firefox

‖Column

[ブラウザの独自拡張要素だったembed要素]

　HTML5で追加されたembed要素は、まったく新しい要素というわけではありません。もともと
は、Netscape Navigatorが独自に拡張した要素が、他のブラウザでもサポートされるようになっ
たものです。HTML4.01やXHTML1.0の仕様では、object要素（p.137）でプラグインを埋め込むよ
う規定されています。しかし、このobject要素には古いブラウザが対応していないという問題が
あり、実際のWeb制作ではembed要素（またはembed要素とobject要素を併記する手法）が長く
使われてきました。このような経緯から、HTML5の仕様では、embed要素が正式に取り入れられ
ることになったのです。

　また、プラグインが利用できない場合に代わりに表示するコンテンツは、noembed要素で指定
していましたが、こちらはHTML5仕様には取り入れられていませんので注意してください。

廃止属性 align属性、hspace属性、name属性、vspace属性

▶ ブラウザ対応表	IE10	IE9	Fx	Chrome	Safari	Opera	iOS6	iOS5	Android
	○	○	○	○	○	○	○	○	○

※iPhoneおよび2012年8月以降に発売されたAndroid搭載機種は、Flashに対応していません

参照
さまざまな形式のコンテンツを埋め込みたい‥P.137
動画を再生したい‥‥‥‥‥‥‥‥‥‥‥P.141
音声ファイルを再生したい‥‥‥‥‥‥‥P.145

さまざまな形式のコンテンツを埋め込みたい

<object ★>〜</object>

★………必要な属性（下記参照）

▶ 要素解説	
カテゴリー	フロー・コンテンツ／フレージング・コンテンツ／埋め込みコンテンツ／usemap属性がある場合：インタラクティブ・コンテンツ／フォーム関連要素／パルパブル・コンテンツ
利用できる場所	埋め込みコンテンツが期待される場所
コンテンツモデル	0個以上のparam要素に続き、フローコンテンツとインタラクティブコンテンツまたはいずれか

　object要素は、画像、動画や音声のようにプラグインで再生するコンテンツ、他のHTML文書など、さまざまな外部コンテンツ（オブジェクト）を文書中に埋め込むことのできる、汎用的な要素です。

　なお、object要素の中に入れたコンテンツは、object要素に対応していないブラウザや、指定されたコンテンツを扱えない場合のフォールバック・コンテンツ（代替のコンテンツ）として機能します。

data属性

　埋め込むコンテンツのURLを指定します。data属性とtype属性のどちらか1つは、必ず指定します。

type属性

　埋め込むコンテンツのMIMEタイプを指定します。data属性とtype属性のどちらか1つは、必ず指定します。

name属性

　object要素を使うと、iframe要素のように別のHTML文書を埋め込んで表示させることができます。name属性でこの領域に名前を付け、a要素のtarget属性で参照すれば、リンク先のコンテンツがobject要素のコンテンツとして表示されるようになります。

```
<object data="map1.html" type="text/html" name="location"></object>
<p><a href="map2.html" target="location">所在地を見る</a></p>
```

usemap属性 新しい属性

　埋め込むコンテンツがクライアントサイド・イメージマップに関連付けられていることを表

文書の基本

セクション

コンテンツの
グループ化

テキストレベルの
意味付け

コンテンツの
埋め込み

テーブル

フォーム

インタラクティブ

します。usemap属性には、map要素で付けたイメージマップ名を指定します。クライアントサイド・イメージマップについては、p.129を参照してください。

form属性 新しい属性

object要素はフォーム関連要素にもなることができます。form属性に、関連付けるform要素のid属性の値を指定してください。通常、フォームを構成する各コントロール（部品）は、form要素の中に入れる必要があります。しかし、この属性を指定することで、object要素の中にあるフォームの部品が、関連付けられたform要素の部品として機能するようになります。

width属性/height属性

埋め込むコンテンツの横幅と高さをピクセル単位で指定します。

typemustmatch属性 新しい属性

data属性で指定する外部コンテンツの実際のMIMEタイプと、type属性で指定するMIMEタイプが一致する場合にのみ、当該の外部コンテンツを利用できるようにします。「typemustmatch」「typemustmatch="typemustmatch"」「typemustmatch=""」のいずれかの形式で指定します。この属性は、data属性とtype属性の両方が無い場合には指定できません。

Sample Source

```
<body>
<object data="ninjin.png" type="image/png">
    <img src="ninjin.gif" alt="葉付きのニンジンです。">
</object>
</body>
```

Internet Explorer

http://www.shoeisha....

iPhone Safari

さまざまな形式のコンテンツを組み込みたい

www.shoeisha.com/san 検索

廃止属性 align属性、archive属性、border属性、classid属性、code属性、codebase属性、codetype属性、declare属性、hspace属性、standby属性、vspace属性

▶ ブラウザ対応表	IE10	IE9	Fx	Chrome	Safari	Opera	iOS6	iOS5	Android
	○	○	○	○	○	○	○	○	○

参照 プラグインを利用したい ・・・・・・・・・・・・・ P.135　動画を再生したい ・・・・・・・・・・・・・・・・・・ P.141
プラグインのパラメータを指定したい ・・・・・・ P.139　音声ファイルを再生したい ・・・・・・・・・・・・ P.145

プラグインのパラメータを指定したい

<param name="★" value="◆">

★………パラメータの名前
◆………パラメータの値

▶ 要素解説	
カテゴリー	なし
利用できる場所	object要素の子要素として（ただし、どのフロー・コンテンツよりも前）
コンテンツモデル	空

　param要素は、object要素（p.137）で埋め込むプラグインが初期値とするパラメータを定義する要素です。name属性でパラメータの名前を、value属性でその値を指定してください。どちらの属性も必須です。

　param要素はobject要素の中でのみ使用できます。また、object要素の中で最初に配置し、object要素のフォールバック・コンテンツ（代替のコンテンツ）はparam要素の後に配置する必要があります。

Sample Source

```
<body>
<object data="welcome.swf" type="application/x-shockwave-flash"
width="400" height="320">
    <param name="allowScriptAccess" value="sameDomain">
    <param name="allowFullScreen" value="false">
    <param name="movie" value="welcome.swf">
    <param name="quality" value="high">
    <param name="bgcolor" value="#ffffff">
    <p>このコンテンツをご覧になるにはFlashプレーヤーが必要です。</p>
</object>
</body>
```

文書の基本

セクション

コンテンツの
グループ化

テキストレベルの
意味付け

コンテンツの
埋め込み

テーブル

フォーム

インタラクティブ

Internet Explorer

Firefox

param要素で指定した画質（quality）の値「高(high)」が設定されています。

廃止属性 type属性、valuetype属性

▶ ブラウザ対応表	IE10	IE9	Fx	Chrome	Safari	Opera	iOS6	iOS5	Android
	○	○	○	○	○	○	○	○	○

※iPhoneおよび2012年8月以降に発売されたAndroid搭載機種は、Flashに対応していません

参照 さまざまな形式のコンテンツを埋め込みたい‥P.137

動画を再生したい

新しい要素 video要素

\<video ★\>〜\</video\>

★‥‥‥‥必要な属性（下記参照）

▶ 要素解説	
カテゴリー	フロー・コンテンツ／フレージング・コンテンツ／埋め込みコンテンツ／control属性がある場合：インタラクティブ・コンテンツ／パルパブル・コンテンツ
利用できる場所	埋め込みコンテンツが期待される場所
コンテンツモデル	src属性がある場合：0個以上のtrack要素に続き、トランスペアレント（ただし、この要素の中に別のvideo要素やaudio要素を入れることは不可）／src属性がない場合：0個以上のsource属性に続き、0個以上のtrack要素、その後トランスペアレント（ただし、この要素の中に別のvideo要素やaudio要素を入れることは不可）

　video要素を指定すると、プラグインを使わずに動画を再生できます。

　video要素の中には、古いブラウザのようにvideo要素に対応していないブラウザへの、フォールバック・コンテンツ（代替のコンテンツ）を入れることができます。

src属性

　動画ファイルのURLを指定します。複数の動画ファイルを指定したい場合は、video要素のsrc属性ではなく、source要素（p.148）のsrc属性を使用してください。

poster属性

　動画が再生可能になるまでの間に表示させたい画像（ポスター・フレーム）のURLを指定します。再生する動画がどのようなものか、イメージできる画像を使用してください。

preload属性

　動画のデータをあらかじめダウンロードしておくかどうかの目安を、ブラウザに対して示す属性です。再生前にデータをどのくらいダウンロードしておくべきか、ユーザーが動画を見る可能性に応じて指定することができますが、あくまでも目安であり、最終的な動作はブラウザに依存します。指定できる値は次の通りです。

none	動画が再生されるときまで何もダウンロードしない
metadata	メタデータ（動画のサイズ、トラックリスト、再生時間など）のみダウンロードする
auto	動画データ全体をダウンロードする

文書の基本

セクション

コンテンツの
グループ化

テキストレベルの
意味付け

コンテンツの
埋め込み

テーブル

フォーム

インタラクティブ

例えば、ユーザーが動画を見る可能性が低い場合や、Webサーバーに負担をかけたくない場合には、「preload="none"」を指定します。値が空（空文字）の場合は、「auto」として処理されます。

autoplay属性

この属性を指定すると、動画再生の準備が整い次第、自動的に再生が開始されるようになります。「autoplay」「auto="autoplay"」「autoplay=""」のいずれかの形式で指定します。

ただし、autoplay属性による自動再生機能は利用せず、ユーザーが自分で再生を始められるようにすることが推奨されています。

mediagroup属性

この属性を使って複数の動画ファイルに同じ名前を指定すると、それらの動画を1つのグループとして同時に再生できるようになります。

loop属性

この属性を指定すると、動画がループ（繰り返し）再生されるようになります。「loop」「loop="loop"」「loop=""」のいずれかの形式で指定します。

muted属性

この属性を指定すると、音声を出さずに動画が再生されるようになります。「muted」「muted="muted"」「muted=""」のいずれかの形式で指定します。

controls属性

この属性を指定すると、動画の再生や停止などのコントロールが表示されるようになります。「controls」「controls="controls"」「controls=""」のいずれかの形式で指定します。コントロールの形状は、ブラウザによって異なります。

width属性/height属性

動画が表示される領域の横幅と高さをピクセル単位で指定します。動画・ファイルの縦横の比率と同じ比率で指定してください。比率が異なると、何もない領域ができることになります。これらの属性が指定されていない場合は、動画・ファイル本来のサイズで表示されます。

Sample Source（mp4形式の場合）

※IE、iPhone、Android用

```
<body>
<video src="sample_video.mp4" autoplay controls>
<p>ご利用のブラウザでは再生できません。<a href="sample_video.mp4">ファイル</a>
をダウンロードしてください。</p>
</video>
</body>
```

Sample Source（webm形式の場合）

※Chrome、Firefox、Android用

```
<body>
<video src="sample_video.webm" controls>
<p>ご利用のブラウザでは再生できません。<a href="sample_video.webm">ファイル</
a>をダウンロードしてください。</p>
</video>
</body>
```

Sample Source（ogg形式の場合）

※Chrome用

```
<body>
<video src="sample_video.ogg" controls>
<p>ご利用のブラウザでは再生できません。<a href="sample_video.ogg">ファイル</a>を
ダウンロードしてください。</p>
</video>
</body>
```

‖Column　　　　　　　　　　　　　［video要素のメリットと問題点］

　これまで、Webページ上で動画を再生するにはAdobe FlashやQuick Timeなどのプラグインが必要でしたが、video要素に対応したブラウザでは、そういったプラグインを使わずに動画を再生・視聴できるようになります。これにより、ユーザーは、プラグインをインストールしたりアップデートする手間が不要になります。Web制作者にとっては、プラグインに依存しないため、CSSやJavaScriptを利用して動画を制御できるというメリットが生じます。

　しかし、動画ファイルの形式（ビデオ・コーデック）にはさまざまなものがあり、現在のところHTML5の仕様では標準のビデオ・コーデックが規定されていません。ブラウザによってサポートするビデオ・コーデックも異なるため、Web制作者がvideo要素を使う場合には、各ブラウザ向けに複数の動画・ファイルを用意するなどの注意も必要です。複数の動画・ファイルを指定するには、video要素のsrc属性ではなく、source要素（p.148）を使用します。

HTML5

文書の基本

セクション

コンテンツの
グループ化

テキストレベルの
意味付け

コンテンツの
埋め込み

テーブル

フォーム

インタラクティブ

Internet Explorer

Firefox

iPhone Safari

iPhoneでは、ページ上にコントロールバーは
表示されず、動画をタップすると別画面で
再生が開始されます。

Android 標準ブラウザ

▶ ブラウザ対応表	IE10	IE9	Fx	Chrome	Safari	Opera	iOS6	iOS5	Android
	○	○	○	○	○	○	○	○	○

参照　さまざまな形式のコンテンツを埋め込みたい‥‥ P.137　　再生するファイルを複数指定したい‥‥‥‥‥ P.148
　　　　　音声ファイルを再生したい‥‥‥‥‥‥‥‥ P.145　　メディアに字幕を入れたい‥‥‥‥‥‥‥‥ P.150

音声ファイルを再生したい

`新しい要素` audio要素

`<audio ★>`〜`</audio>`

★………必要な属性（下記参照）

▶ 要素解説

カテゴリー	フロー・コンテンツ／フレージング・コンテンツ／埋め込みコンテンツ／controls属性がある場合：インタラクティブ・コンテンツ、パルパブル・コンテンツ
利用できる場所	埋め込みコンテンツが期待される場所
コンテンツモデル	src属性がある場合：0個以上のtrack要素に続き、トランスペアレント（ただし、この要素の中に別のvideo要素やaudio要素を入れることは不可）／src属性がない場合：0個以上のsource属性に続き、0個以上のtrack要素、その後トランスペアレント（ただし、この要素の中に別のvideo要素やaudio要素を入れることは不可）

　audio要素を指定すると、プラグインを使わずに音声を再生できます。

　audio要素の中には、古いブラウザのようにaudio要素に対応していないブラウザへのフォールバック・コンテンツ（代替のコンテンツ）を入れることができます。

src属性

　音声ファイルのURLを指定します。複数の音声ファイルを指定したい場合は、audio要素のsrc属性ではなく、source要素（p.148）のsrc属性を使用してください。

preload属性

　音声データを事前にダウンロードしておくかどうかの目安を、ブラウザに対して示す属性です。再生前にデータをどのくらいダウンロードしておくべきか、ユーザーが動画を見る可能性に応じて指定することができますが、あくまでも目安であり、最終的な動作はブラウザに依存します。指定できる値は次の通りです。

none	音声が再生されるときまで何もダウンロードしない
metadata	メタデータ（音声のサイズ、トラックリスト、再生時間など）のみダウンロードする
auto	音声データ全体をダウンロードする

　例えば、ユーザーが音声を聴く可能性が低い場合や、Webサーバーに負担をかけたくない場合には、「preload="none"」を指定します。値が空（空文字）の場合は、「auto」として処理されます。

文書の基本

セクション

コンテンツの
グループ化

意味付け
テキストレベルの

コンテンツの
埋め込み

テーブル

フォーム

インタラクティブ

autoplay属性

この属性を指定すると、音声ファイルの再生の準備が整い次第、自動的に再生が開始されるようになります。「autoplay」「auto="autoplay"」「autoplay=""」のいずれかの形式で指定します。

ただし、autoplay属性による自動再生機能は利用せず、ユーザーが自分で再生を始められるようにすることが推奨されています。

mediagroup属性

この属性を使って複数の音声ファイルに同じ名前を指定すると、それらの音声を1つのグループとして同時に再生できるようになります。

loop属性

この属性を指定すると、音声がループ（繰り返し）再生されるようになります。「loop」「loop="loop"」「loop=""」のいずれかの形式で指定します。

muted属性

この属性を指定すると、音声を出さずに再生されるようになります。「muted」「muted="muted"」「muted=""」のいずれかの形式で指定します。

controls属性

この属性を指定すると、音声ファイルの再生や停止などのコントロールが表示されるようになります。「controls」「controls="controls"」「controls=""」のいずれかの形式で指定します。コントロールの形状は、ブラウザによって異なります。

Sample Source（wav形式の場合） ※Safari用

```
<body>
<audio src="sample_audio.wav" controls>
<p>ご利用のブラウザでは再生できません。 <a href="sample_audio.wav">ファイル</a>をダウンロードしてください。 </p>
</audio>
</body>
```

Sample Source（ogg形式の場合） ※Chrome、Firefox用

```
<body>
<audio src="sample_audio.ogg" controls>
<p>ご利用のブラウザでは再生できません。 <a href="sample_audio.ogg">ファイル</a>をダウンロードしてください。 </p>
</audio>
</body>
```

▌Column　　　　　　　　　　　　　　　［audio要素のメリットと問題点］

　これまで、Webページ上でオーディオを再生するにはAdobe Flashなどのプラグインが必要でしたが、audio要素に対応したブラウザでは、そういったプラグインを使わずにオーディオを再生・視聴できるようになります。これにより生じるメリットや問題点などは、video要素（p.141）とほぼ同様ですので、そちらを参照してください。

Internet Explorer

Google Chrome

iPhone Safari

Android 標準ブラウザ

サウンド素材：魔王魂

▶ ブラウザ対応表	IE10	IE9	Fx	Chrome	Safari	Opera	iOS6	iOS5	Android
	○	○	○	○	○	○	○	○	○

参照　さまざまな形式のコンテンツを埋め込みたい‥‥P.137　メディアに字幕を入れたい‥‥‥‥‥‥P.150
動画を再生したい‥‥‥‥‥‥‥‥‥‥‥P.141
再生するファイルを複数指定したい‥‥‥‥P.148

再生するファイルを複数指定したい

新しい要素 source要素

<source src="★" ◆>

★‥‥‥‥ファイルのURL
◆‥‥‥‥type="ファイルのMIMEタイプ"
　　　　media="対象メディア"

▶ 要素解説

カテゴリー	なし
利用できる場所	video要素またはaudio要素の子要素として（ただし、どのフロー・コンテンツおよびtrack要素よりも前）
コンテンツモデル	空

　source要素は、video要（p.141）やaudio要素（p.145）で再生するメディア・ファイルを複数指定するための要素です。video要素やaudio要素の中でのみ、使用できます。

　video要素やaudio要素のsrc属性では、ファイルを1つしか指定できませんが、source要素を使用すれば、複数のメディア・ファイルを指定することができるようになります。ブラウザは、指定されたファイルを上から順番にチェックしていき、再生可能なファイルが見つかった時点でファイルを再生します。その場合、それ以降のsource要素は無視されます。

　メディア・ファイルにはさまざまな形式のものがありますが、現在のところ、ブラウザによって対応するファイルの形式が異なります。そのため、1つのメディア・ファイルを指定しただけでは、再生できるブラウザが限定されてしまうかもしれません。しかし、ブラウザごとに対応する形式のファイルを用意し、それぞれをsource要素で指定しておけば、どのブラウザでも再生できるようになります。

　なお、video要素やaudio要素に対応していないブラウザへのフォールバック・コンテンツ（代替のコンテンツ）は、source要素の後に記述する必要があります。

src属性

　メディア・ファイルのURLを指定します。この属性は必須です。

type属性

　メディア・ファイルのMIMEタイプを指定します。この属性は、ブラウザが再生可能なファイルかどうかを事前に判別するヒントにもなりますので、指定しておくとよいでしょう。

media属性

　source要素に指定されたメディア・ファイルを、どのメディアに適用するのかを指定します。例えば、PC画面であれば「screen」、テレビであれば「tv」のように指定します。デフォル

文書の基本
セクション
コンテンツのグループ化
テキストレベルの意味付け
コンテンツの埋め込み
テーブル
フォーム
インタラクティブ

トの値は「all」です。そのため、media属性が省略されたときは、すべてのメディアに同じメディア・ファイルが適用されます。

Sample Source

```html
<body>
<video controls>
    <source src="sample_video.webm" type="video/webm">
    <source src="sample_video.mp4" type="video/mp4">
    <source src="sample_video.ogg" type="video/ogg">
    <p>ご利用のブラウザでは再生できません。動画ファイルを<a href="sample_video.
    mp4">ダウンロード</a>してください。</p>
</video>
</body>
```

Internet Explorer

iPhone Safari

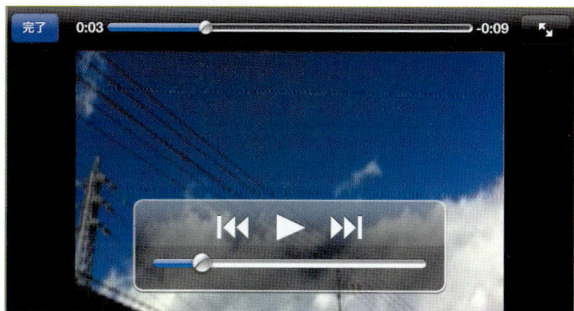

▶ ブラウザ対応表	IE10	IE9	Fx	Chrome	Safari	Opera	iOS6	iOS5	Android
	○	○	○	○	○	○	○	○	○

参照

動画を再生したい・・・・・・・・・・・・・・・・・・・ P.141
音声ファイルを再生したい ・・・・・・・・・・・・ P.145
メディアに字幕を入れたい ・・・・・・・・・・・・ P.150

再生するファイルを複数指定したい **新しい要素** source要素 | 149

再生するファイルを複数指定したい

HTML5

メディアに字幕を入れたい

新しい要素 track要素

<track src="★" ◆>

- ★‥‥‥‥字幕ファイルのURL
- ◆‥‥‥‥必要な属性（下記参照）

▶ 要素解説

カテゴリー	なし
利用できる場所	video要素またはaudio要素の子要素として （ただし、どのフロー・コンテンツよりも前）
コンテンツモデル	空

　track要素では、動画や音声にトラック（字幕など）を埋め込むことができます。video要素やaudio要素の中でのみ、使用できます。

　この要素はsource要素の後に指定します。video要素やaudio要素の中に、これらの要素に対応していないブラウザへのフォールバック・コンテンツ（代替のコンテンツ）を入れる場合は、source要素、track要素、フォールバック・コンテンツの順番に記述します。

src属性

　トラックファイルのURLを指定します。この属性を省略することはできません。トラックファイルはWebVTTというファイルフォーマットで作成します（拡張子は .vtt）。

kind属性

　トラックの種類を指定します。指定できる値は次の通りです。

subtitles	会話の書き起こしや翻訳。主に、音声は聞こえるけど、その内容や言葉が理解できない人向けの字幕として利用されることを想定しています（デフォルト）。
captions	会話の書き起こしや翻訳、効果音、その他関連する音声情報。主に、音声を出さずに視聴する状況にあるときや、聴覚障害者に向けた字幕として利用されることを想定しています。
descriptions	動画の内容の説明。主に、映像を見ることができない状況にあるときや、視覚障害者に向け、音声に変換して利用されることを想定しています。
chapters	動画のナビゲーション用のチャプター・タイトル。この情報をもとに、動画の頭出しを行うことを想定しています。
metadata	スクリプトから利用するための情報。この情報は画面上に表示されません。この属性が指定されていない場合は、「subtitle」として扱われます。

srclang属性

トラックの言語を指定します。日本語は「ja」、英語は「en」、米国英語は「en-US」、フランス語は「fr」、ドイツ語は「de」のように指定します。

kind属性の値が「subtitles」のときや、kind属性が指定されていない場合、この属性は必ず指定します。

label属性

トラックを識別するための固有のラベルを指定します。このラベルは、各トラックをインターフェース上にリスト表示するときに利用されます。

label属性の値に空文字を指定することはできません。また、kind属性とsrclang属性に同じ値を持つtrack要素が複数ある場合には、それぞれのlabel属性に異なる値を指定する必要があります。

default属性

track要素で複数のトラック指定した場合に、デフォルトで有効になるトラックを指定します。「default」「default="default"」「default=""」のいずれかの形式で指定します。

Sample Source

```
<body>
<video controls>
   <source src="sample_video.webm" type="video/webm">
   <source src="sample_video.mp4" type="video/mp4">
   <source src="sample_video.ogg" type="video/ogg">
    <track src="jatrack.vtt" label="日本語" kind="subtitles" srclang="ja"
    default>
    <track src="entrack.vtt" label="English" kind="subtitles" srclang="en">
    <track src="frtrack.vtt" label="French" kind="subtitles" srclang="fr">
   <p>ご利用のブラウザでは再生できません。動画ファイルを
   <a href="sample_video.mp4">ダウンロード</a>してください。</p>
</video>
</body>
```

Sample Source(jatrack.vtt)

```
WEBVTT

00:00.000 --> 00:03.252
みなさん、こんにちは。

00:03.252 --> 00:06.409
今日は良い天気ですね。

00:06.409 --> 00:11.779
風も穏やかで、昨日の荒れた天気がうそのようです。
```

文書の基本

セクション

コンテンツのグループ化

テキストレベルの意味付け

コンテンツの埋め込み

テーブル

フォーム

インタラクティブ

Internet Explorer

動画再生時間に合わせて字幕が変化します。CCボタンからは字幕の表示・非表示を変更できます。

▶ ブラウザ対応表	IE10	IE9	Fx	Chrome	Safari	Opera	iOS6	iOS5	Android
	○	×	×	○	○	○	×	×	×

※Chromeではローカルでは字幕が再生されません

参照
動画を再生したい・・・・・・・・・・・・・・・・・・・・ P.141
音声ファイルを再生したい ・・・・・・・・・・・・・ P.145

スクリプトを使って図を描きたい

新しい要素 canvas要素

<canvas ★>〜</canvas>

★………width="描画する内容の横幅"(ピクセル数)
　　　　height="描画する内容の高さ"(ピクセル数)

▶ 要素解説

カテゴリー	フロー・コンテンツ／フレージング・コンテンツ／埋め込みコンテンツ／パルパブル・コンテンツ
利用できる場所	利用できる場所 埋め込みコンテンツが期待される場所
コンテンツモデル	トランスペアレント

　canvas要素は、スクリプトを使って図や画像を描くための要素です。例えば、グラフ、ゲームの画像、簡単なアニメーションなどをWebページ上で動的に描くことができます。

　ただし、canvas要素はその場所にスクリプトで図を描くよう指定する意味しか持ちません。実際に描く内容は、JavaScriptを使って別途作成します。

　また、canvas要素の中には、canvas要素に対応していないブラウザやスクリプトの実行を無効にしているブラウザへのフォールバック・コンテンツ(代替のコンテンツ)を入れてください。

　これまでWebページ上で動的に図を描くには、Adobe Flashなどのプラグインが必要でしたが、canvas要素に対応したブラウザではスクリプトだけで図が表現できるようになります。

　なお、canvas要素は、動的に図を変化させる必要がある場合に使います。変化させる必要のない図であればimg要素やobject要素、ページの装飾であればCSSが適しています。他に適切な手段が無いかを検討したうえで、canvas要素を利用するようにしてください。

width属性/height属性

　描画する内容の横幅と高さをピクセル単位で指定します。これらの属性が指定されていない場合は、横幅300ピクセル、高さ150ピクセルとして処理されます。

Sample Source

```
<head>
<meta charset="UTF-8">
<title>スクリプトを使って図を描きたい</title>
<script type="text/javascript">
var ctx;
var canvasW;
var canvasH;
var x = 3;  // 円の進行方向・距離(x)
```

文書の基本

セクション

コンテンツの
グループ化

テキストレベルの
意味付け

コンテンツの
埋め込み

テーブル

フォーム

インタラクティブ

```
var y = 3;  // 円の進行方向・距離(y)
var radius = 30;  // 円の半径
var arcX = radius;  // 円の中心のx座標
var arcY = radius;  // 円の中心のy座標
var colors = new Array("rgb(255, 0, 0)", "rgb(0, 255, 0)", "rgb(0, 0, 255)",
"rgb(255, 255, 0)", "rgb(0, 255, 255)");  // 円の描画色
var currentColor = 0;
onload = function() {
    ctx = document.getElementById("canvas1").getContext("2d");
    canvasW = document.getElementById("canvas1").width;
    canvasH = document.getElementById("canvas1").height;
    exec();
}
function exec() {
    arcX += x;
    arcY += y;
    ctx.clearRect(0, 0, canvasW, canvasH);  // canvasをクリアする
    ctx.beginPath();  // 円を描画する
    ctx.fillStyle = colors[currentColor];
    ctx.arc(arcX, arcY, radius, 0, Math.PI * 2, false);
    ctx.fill();
    if (arcX <= radius || arcX > canvasW - radius) {
        x = -x;  // 円の進行方向(x)を変更する
        currentColor++;  // 円の色を変更する
        if (currentColor >= colors.length) { currentColor = 0; }
    }
    if (arcY <= radius || arcY > canvasH - radius) {
        y = -y;  // 円の進行方向(y)を変更する
        currentColor++;  // 円の色を変更する
        if (currentColor >= colors.length) { currentColor = 0; }
    }
    setTimeout(exec, 10);
}
</script>
</head>
<body>
<canvas id="canvas1" width="800" height="300"></canvas>
</body>
```

Internet Explorer

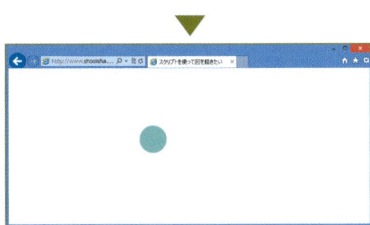

▶ ブラウザ対応表	IE10	IE9	Fx	Chrome	Safari	Opera	iOS6	iOS5	Android
	○	○	○	○	○	○	○	○	○

参照　スクリプトを使いたい・・・・・・・・・・・・・・・・・P.042

HTML5

表（テーブル）を作りたい

変更された属性 border属性

<table>〜</table> 表
<tr>〜</tr> 行
<td>〜</td> セル

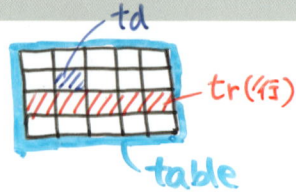

▶ 要素解説	table	tr	td
カテゴリー	フローコンテンツ／パルパブル・コンテンツ	なし	セクショニングルート
利用できる場所	フロー・コンテンツが期待される場所	thead要素、tbody要素、tfoot要素、table要素の子要素として（ただし、table要素の子要素として配置する場合は、caption要素、colgroup要素、thead要素の後。また、この場合、tbody要素の使用は不可）	tr要素の子要素として
コンテンツモデル	次の順で各要素を入れる①caption要素を1個（任意）、②colgroup要素を0個以上、③thead要素を1個（任意）、④tfoot要素を1個（任意）、⑤tbody要素を1個以上、またはtr要素を1個以上、⑥tfoot要素を1個（任意）（ただし、tfoot要素はtable要素内で1つのみ）	th要素またはtd要素を0個以上	フロー・コンテンツ

　基本的な表（テーブル）は、table要素、tr要素、td要素で作成します。

　table要素は、その範囲が表であることを表します。表を構成する各要素の最初と最後に配置します。

　tr要素は、行を表します。横一列分のデータの最初と最後に配置します。

　td要素は、表に含まれる個々のセルを表します。セルに入るデータをこの要素の中に記述します。

　なお、以前は表（テーブル）を利用したコンテンツの配置が、Web制作のテクニックとしてしばしば使われていました。HTML5では、このようにレイアウトのためにテーブルを使用することは認められていません。レイアウトには、CSSを使うようにしてください。

border属性 変更された属性

　table要素にこの属性を指定すると、表がレイアウトに利用されているのではないことを、明示的に表すことができます。値には「1」または空文字を指定します。これまでのHTMLでは、border属性は枠線の表示・非表示と外枠線の幅を指定する意味を持ち、任意の値（ピクセル

文書の基本 / セクション / コンテンツのグループ化 / テキストレベルの意味付け / コンテンツの埋め込み / テーブル / フォーム / インタラクティブ

数）を取ることができました。HTML5ではこのような意味は持っていませんので注意してください。

　一般的なブラウザでは、この属性を指定すると表とセルの周りに枠線が表示されますが、レイアウトを目的として枠線を表示したり、幅を変更したりする場合はCSSを使います。

　本書のサンプルでは、本項のみborder属性で枠線を指定し、次項以降はCSSで指定しています。

Sample Source

```
<body>
<table>
    <tr><td>上田支店</td><td>上田市上野1-2-3</td><td>10:00-20:00</td></tr>
    <tr><td>中川支店</td><td>中川市中園町45</td><td>10:00-20:00</td></tr>
    <tr><td>下村支店</td><td>下村市下山67-8</td><td>10:00-19:00</td></tr>
</table>
<table border="1">
    <tr><td>上田支店</td><td>上田市上野1-2-3</td><td>10:00-20:00</td></tr>
    <tr><td>中川支店</td><td>中川市中園町45</td><td>10:00-20:00</td></tr>
    <tr><td>下村支店</td><td>下村市下山67-8</td><td>10:00-19:00</td></tr>
</table>
</body>
```

Internet Explorer

```
http://www.shoeisha....

上田支店 上田市上野1-2-3 10:00-20:00
中川支店 中川市中園町45 10:00-20:00
下村支店 下村市下山67-8 10:00-19:00

上田支店 上田市上野1-2-3 10:00-20:00
中川支店 中川市中園町45 10:00-20:00
下村支店 下村市下山67-8 10:00-19:00
```

iPhone Safari

```
表（テーブル）を作りたい
www.shoeisha.com/sam    検索

上田支店 上田市上野1-2-3 10:00-20:00
中川支店 中川市中園町45 10:00-20:00
下村支店 下村市下山67-8 10:00-19:00

上田支店 上田市上野1-2-3 10:00-20:00
中川支店 中川市中園町45 10:00-20:00
下村支店 下村市下山67-8 10:00-19:00
```

table 廃止属性 align属性、bgcolor属性、cellpadding属性、cellspacing属性、
frame属性、summary属性、rules属性、width属性

tr 廃止属性 align属性、bgcolor属性、char属性、charoff属性、valign属性

td 廃止属性 abbr属性、align属性、axis属性、char属性、charoff属性、bgcolor属性、
height属性、nowrap属性、scope属性、valign属性、width属性

▶ ブラウザ対応表	IE10	IE9	Fx	Chrome	Safari	Opera	iOS6	iOS5	Android
	○	○	○	○	○	○	○	○	○

参照
行や列に見出しを付けたい ・・・・・・・・・・・・・・ P.158
キャプションを付けたい ・・・・・・・・・・・・・・・ P.160
行をグループ化したい ・・・・・・・・・・・・・・・・ P.166

行や列に見出しを付けたい

<th>～</th>

▶ 要素解説

カテゴリー	なし
利用できる場所	tr要素の子要素として
コンテンツモデル	フロー・コンテンツ（ただし、header要素、footer要素、セクショニング・コンテンツ、見出しコンテンツを子要素とすることは不可）

　行や列の見出し（ヘッダー・セル）はth要素で表します。

　見出しに指定されたテキストは、一般的には太字でセンタリングされて表示されます。

Sample Source

```
<body>
<table>
    <thead>
        <tr><th>店舗</th><th>住所</th><th>営業時間</th></tr>
    </thead>
    <tbody>
        <tr><td>上田支店</td><td>上田市上野1-2-3</td><td>10:00-20:00</td></tr>
        <tr><td>中川支店</td><td>中川市中園町45</td><td>10:00-20:00</td></tr>
        <tr><td>下村支店</td><td>下村市下山67-8</td><td>10:00-19:00</td></tr>
    </tbody>
</table>
</body>
```

Internet Explorer

http://www.shoeisha....　行や列に見出しを付けたい

店舗	住所	営業時間
上田支店	上田市上野1-2-3	10:00-20:00
中川支店	中川市中園町45	10:00-20:00
下村支店	下村市下山67-8	10:00-19:00

セルの枠線はCSSで指定しています。

文書の基本　セクション　コンテンツのグループ化　テキストレベルの意味付け　コンテンツの埋め込み　テーブル　フォーム　インタラクティブ

Firefox

店舗	住所	営業時間
上田支店	上田市上野1-2-3	10:00-20:00
中川支店	中川市中園町45	10:00-20:00
下村支店	下村市下山67-8	10:00-19:00

セルの枠線はCSSで指定しています。

iPhone Safari

行や列に見出しを付けたい

www.shoeisha.com/samples/sample/html5/6_tal

店舗	住所	営業時間
上田支店	上田市上野1-2-3	10:00-20:00
中川支店	中川市中園町45	10:00-20:00
下村支店	下村市下山67-8	10:00-19:00

セルの枠線はCSSで指定しています。

廃止属性 abbr属性、align属性、axis属性、char属性、charoff属性、bgcolor属性、
height属性、nowrap属性、valign属性、width属性

▶ ブラウザ対応表	IE10	IE9	Fx	Chrome	Safari	Opera	iOS6	iOS5	Android
	○	○	○	○	○	○	○	○	○

参照 表（テーブル）を作りたい ・・・・・・・・・・・・・・・ P.156
行をグループ化したい ・・・・・・・・・・・・・・・ P.166

HTML5 > TABLE.03

キャプションを付けたい

\<caption\>〜\</caption\>

▶ 要素解説	
カテゴリー	なし
利用できる場所	table要素の最初の子要素として
コンテンツモデル	フロー・コンテンツ（ただし、table要素を入れることは不可）

　表のキャプション（タイトル）や説明文は、caption要素で表します。table要素の直後に1つだけ入れることができます。

　ただし、figure要素の中にtable要素のみを入れた場合は、caption要素ではなくfigcaption要素（p.81）でキャプションを付けてください。

Sample Source

```
<body>
<table>
  <caption>店舗のご案内</caption>
    <thead>
      <tr><th>店舗</th><th>住所</th><th>営業時間</th></tr>
    </thead>
    <tbody>
      <tr><td>上田支店</td><td>上田市上野1-2-3</td><td>10:00-20:00</td></tr>
      <tr><td>中川支店</td><td>中川市中園町45</td><td>10:00-20:00</td></tr>
      <tr><td>下村支店</td><td>下村市下山67-8</td><td>10:00-19:00</td></tr>
    </tbody>
</table>
</body>
```

Internet Explorer

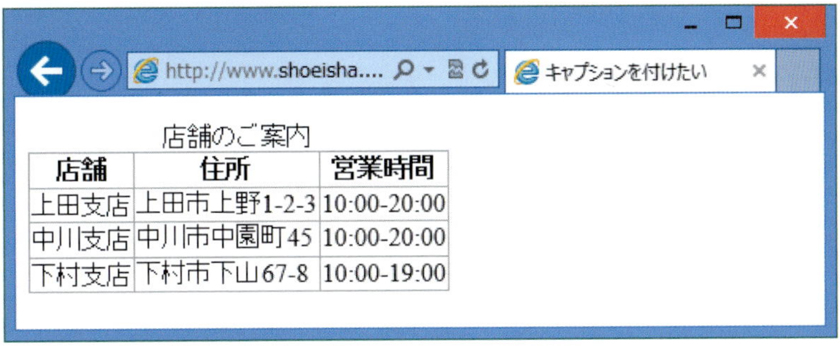

セルの枠線はCSSで指定しています

Firefox

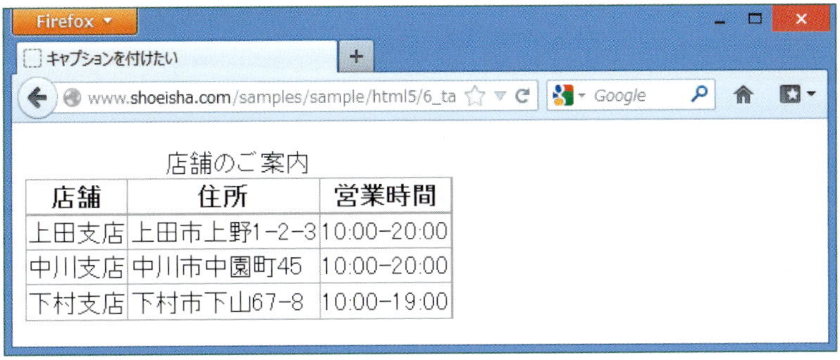

セルの枠線はCSSで指定しています

iPhone Safari

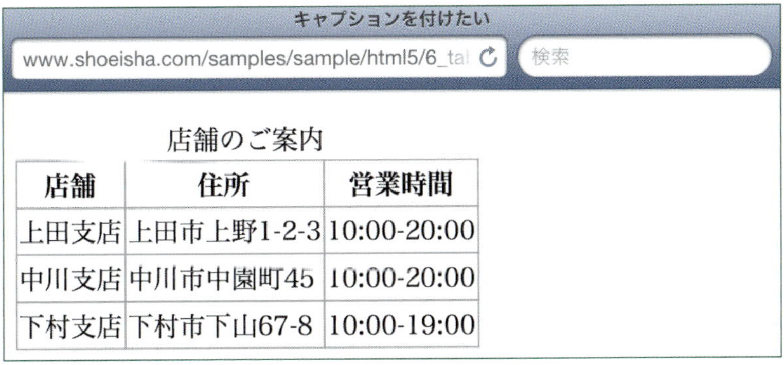

セルの枠線はCSSで指定しています

廃止属性 align属性

▶ ブラウザ対応表	IE10	IE9	Fx	Chrome	Safari	Opera	iOS6	iOS5	Android
	○	○	○	○	○	○	○	○	○

参照　図版とキャプションを表したい ・・・・・・・・・・・ P.081
　　　表(テーブル)を作りたい ・・・・・・・・・・・・・・・ P.156

HTML5

文書の基本

セクション

コンテンツの
グループ化

テキストレベルの
意味付け

コンテンツの
埋め込み

テーブル

フォーム

インタラクティブ

HTML5 > TABLE.04

列をグループ化したい

<colgroup span="★">〜</colgroup>

★………グループ化する列数

▶ 要素解説

カテゴリー	なし
利用できる場所	table要素の子要素として（ただし、caption要素より後で、thead、tbody要素、tfoot要素、tr要素よりも前）
コンテンツモデル	span属性がある場合：空／span属性がない場合：col要素を0個以上

　colgroup要素は、表の縦列をグループ化し、意味的なまとまりを作成する要素です。グループ化する列の数はspan属性で指定します。

　また、colgroup要素の中にはcol要素（p.164）のみを入れることができます。ただし、colgroup要素にspan属性が指定されている場合は、その中にcol要素を入れることはできません。

span属性

　グループ化する列数を1以上の整数で指定します。この要素は、colgroup要素の中にcol要素が無い場合にのみ、指定できます。

Sample Source

```
<body>
<table>
    <colgroup span="1" class="shop"></colgroup>
    <colgroup span="2" class="detail"></colgroup>
        <tr><td>上田支店</td><td>上田市上野1-2-3</td><td>10:00-20:00</td></tr>
        <tr><td>中川支店</td><td>中川市中園町45</td><td>10:00-20:00</td></tr>
        <tr><td>下村支店</td><td>下村市下山67-8</td><td>10:00-19:00</td></tr>
</table>
</body>
```

Internet Explorer

http://www.shoeisha.com/ 列をグループ化したい

ファイル(F)　編集(E)　表示(V)　お気に入り(A)　ツール(T)　ヘルプ(H)

上田支店	上田市上野1-2-3	10:00-20:00
中川支店	中川市中園町45	10:00-20:00
下村支店	下村市下山67-8	10:00-19:00

class="shop"　　**class="detail"**

colgroup要素で列を1列と2列にグループ化し、セルの背景色をCSSで指定しています。

iPhone Safari

列をグループ化したい

www.shoeisha.com/samples/sample/html5/6_tai　検索

上田支店	上田市上野1-2-3	10:00-20:00
中川支店	中川市中園町45	10:00-20:00
下村支店	下村市下山67-8	10:00-19:00

class="shop"　　**class="detail"**

colgroup要素で列を1列と2列にグループ化し、セルの背景色をCSSで指定しています。

廃止属性 align属性、char属性、charoff属性、valign属性、width属性

▶ ブラウザ対応表	IE10	IE9	Fx	Chrome	Safari	Opera	iOS6	IOS5	Android
	○	○	○	○	○	○	○	○	○

参照　列を表したい ・・・・・・・・・・・・・・・・・・・・・・・ P.164

HTML5

列をグループ化したい　│ 163

文書の基本

セクション

コンテンツの
グループ化

テキストレベルの
意味付け

コンテンツの
埋め込み

テーブル

フォーム

インタラクティブ

HTML5 > TABLE.05

列を表したい

<col span="★">

★………列数

▶ 要素解説	
カテゴリー	なし
利用できる場所	span属性が指定されていないcolgroup要素の子要素として
コンテンツモデル	空

col要素は、colgroup要素に含まれる縦列を表します。span属性で列数を指定します。

これにより、表内の複数の縦列に対してまとめてCSSを適用したり、汎用属性を指定したりできるようになります。

col要素はcolgroup要素の中でのみ使用できます。ただし、colgroup要素にspan属性が指定されている場合は、その中にcol要素を入れることはできません。

span属性

まとめる列数を1以上の整数で指定します。

Sample Source

```
<body>
<table>
   <colgroup span="1" class="shop"></colgroup>
   <colgroup>
      <col span="1" class="address">
      <col span="2" class="time">
   </colgroup>
      <tr><th>店舗</th><th>住所</th><th>営業時間</th><th>定休日</th></tr>
      <tr><td>上田支店</td><td>上田市上野1-2-3</td><td>10:00-20:00</td><td>火
曜</td></tr>
      <tr><td>中川支店</td><td>中川市中園町45</td><td>10:00-20:00</td><td>不
定休</td></tr>
      <tr><td>下村支店</td><td>下村市下山67-8</td><td>10:00-19:00</td><td>火
曜</td></tr>
</table>
</body>
```

Internet Explorer

店舗	住所	営業時間	定休日
上田支店	上田市上野1-2-3	10:00-20:00	火曜
中川支店	中川市中園町45	10:00-20:00	不定休
下村支店	下村市下山67-8	10:00-19:00	火曜

class="shop"
class="address"
class="time"

colgroup要素で列を1列と3列に、col要素でさらに1列と2列にグループ化し、セルの背景色をCSSで指定しています。

iPhone Safari

店舗	住所	営業時間	定休日
上田支店	上田市上野1-2-3	10:00-20:00	火曜
中川支店	中川市中園町45	10:00-20:00	不定休
下村支店	下村市下山67-8	10:00-19:00	火曜

class="shop"
class="address"
class="time"

colgroup要素で列を1列と3列に、col要素でさらに1列と2列にグループ化し、セルの背景色をCSSで指定しています。

廃止属性 align属性、char属性、charoff属性、valign属性、width属性

▶ ブラウザ対応表	IE10	IE9	Fx	Chrome	Safari	Opera	iOS6	iOS5	Android
	○	○	○	○	○	○	○	○	○

参照　列をグループ化したい・・・・・・・・・・・・・・・・・ P.162

行をグループ化したい

<thead>〜</thead> ヘッダー部分
<tbody>〜</tbody> 本体部分
<tfoot>〜</tfoot> フッター部分

▶ 要素解説	thead	tbody	tfoot
カテゴリー	なし	なし	なし
利用できる場所	table要素の子要素として1個だけ（ただし、caption要素、colgroup要素の後で、tbody要素、tfoot要素、tr要素の前）	table要素の子要素として（ただし、caption要素、colgroup要素、thead要素の後。また、この要素を使用する場合、tr要素をtable要素の直接の子要素として入れることは不可）	table要素の子要素として1個だけ（ただし、caption要素、colgroup要素、thead要素の後で、tbody要素、tr要素の前／または、caption要素、colgroup要素、thead要素、tbody要素、tr要素の後）
コンテンツモデル	tr要素を0個以上	tr要素を0個以上	tr要素を0個以上

　thead要素、tbody要素、tfoot要素は、表の横方向の並び（行）を、意味的にヘッダー、本体、フッターという構造にグループ化する要素です。

　tbody要素を指定する場合は、tr要素をtable要素の直接の子要素にすることができません。すべてのtr要素を、tbody要素、tbody要素、tfoot要素のいずれかに入れる必要があります。

　これまでのHTMLでは、tfoot要素はtbody要素よりも前に配置することになっていましたが、HTML5ではtbody要素の後に配置することも認められています。

Sample Source

```
<body>
<table>
   <thead>
       <tr><th>店舗</th><th>住所</th><th>営業時間</th></tr>
   </thead>
   <tbody>
       <tr><td>上田支店</td><td>上田市上野1-2-3</td><td>10:00-20:00</td></tr>
       <tr><td>中川支店</td><td>中川市中園町45</td><td>10:00-20:00</td></tr>
       <tr><td>下村支店</td><td>下村市下山67-8</td><td>10:00-19:00</td></tr>
   </tbody>
   <tfoot>
       <tr><td colspan="3">2013年3月31現在</td></tr>
   </tfoot>
```

文書の基本
セクション
コンテンツのグループ化
テキストレベルの意味付け
コンテンツの埋め込み
テーブル
フォーム
インタラクティブ

```
</table>
</body>
```

店舗	住所	営業時間
上田支店	上田市上野1-2-3	10:00-20:00
中川支店	中川市中園町45	10:00-20:00
下村支店	下村市下山67-8	10:00-19:00
		2013年3月31現在

行をヘッダー、本体、フッターにグループ化し、CSSでスタイルを指定しています。

行をグループ化したい

www.shoeisha.com/samples/sample/html5/6_tal

店舗	住所	営業時間
上田支店	上田市上野1-2-3	10:00-20:00
中川支店	中川市中園町45	10:00-20:00
下村支店	下村市下山67-8	10:00-19:00
		2013年3月31現在

行をヘッダー、本体、フッターにグループ化し、CSSでスタイルを指定しています。

thead 廃止属性 align属性、char属性、charoff属性、valign属性
tbody 廃止属性 align属性、char属性、charoff属性、valign属性
tfoot 廃止属性 align属性、char属性、charoff属性、valign属性

▶ ブラウザ対応表	IE10	IE9	Fx	Chrome	Safari	Opera	iOS6	iOS5	Android
	○	○	○	○	○	○	○	○	○

参照
表（テーブル）を作りたい ・・・・・・・・・・・・・・・・ P.156
行や列に見出しを付けたい ・・・・・・・・・・・・・・ P.158

HTML5

縦方向のセルを連結したい

```
<th rowspan="★">～</th>
<td rowspan="★">～</td>
```

★………連結するセル数

▶ 要素解説

th要素についてはp.158参照
td要素についてはp.156参照

　th要素、td要素にrowspan属性を指定すると、そのセルから指定された数だけ下方向のセルを連結し、1つのセルとして表示できるようになります。

Sample Source

```
<body>
<table>
    <thead>
        <tr><th>店舗</th><th>住所</th><th>営業時間</th></tr>
    </thead>
    <tbody>
        <tr><td>上田支店</td><td>上田市上野1-2-3</td>
<td rowspan="2">10:00-20:00</td></tr>
        <tr><td>中川支店</td><td>中川市中園町45</td></tr>
        <tr><td>下村支店</td><td>下村市下山67-8</td><td>10:00-19:00</td></tr>
    </tbody>
</table>
</body>
```

2つのセルを
連結したいので「2」
3つのセルなら「3」になる

文書の基本
セクション
コンテンツの
グループ化
テキストレベルの
意味付け
コンテンツの
埋め込み
テーブル
フォーム
インタラクティブ

Internet Explorer

店舗	住所	営業時間
上田支店	上田市上野1-2-3	10:00-20:00
中川支店	中川市中園町45	
下村支店	下村市下山67-8	10:00-19:00

ヘッダーの背景色はCSSで指定しています。

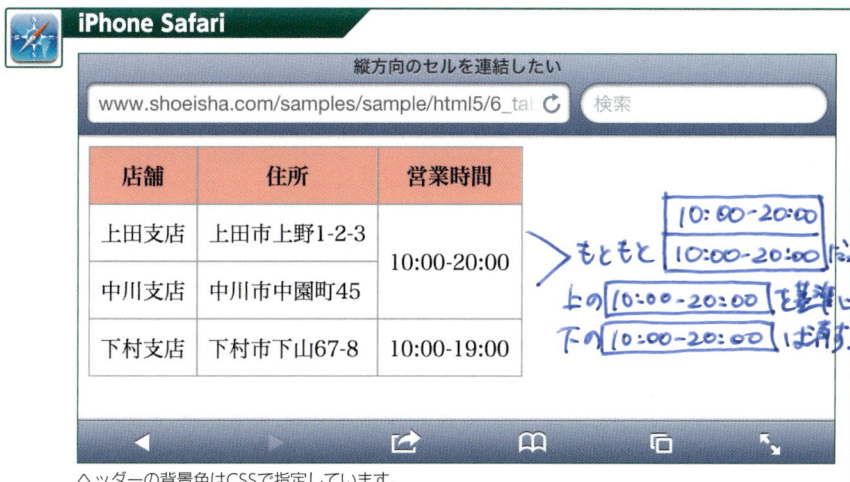

iPhone Safari

縦方向のセルを連結したい

www.shoeisha.com/samples/sample/html5/6_ta | 検索

店舗	住所	営業時間
上田支店	上田市上野1-2-3	10:00-20:00
中川支店	中川市中園町45	
下村支店	下村市下山67-8	10:00-19:00

もともと 10:00-20:00 だったら、
上の 10:00-20:00 を基準に残し
下の 10:00-20:00 は消す。

ヘッダーの背景色はCSSで指定しています。

th 廃止属性 abbr属性、align属性、axis属性、char属性、charoff属性、bgcolor属性、height属性、nowrap属性、valign属性、width属性

td 廃止属性 abbr属性、align属性、axis属性、char属性、charoff属性、bgcolor属性、height属性、nowrap属性、scope属性、valign属性、width属性

▶ ブラウザ対応表	IE10	IE9	Fx	Chrome	Safari	Opera	iOS6	iOS5	Android
	○	○	○	○	○	○	○	○	○

参照

横方向のセルを連結したい ・・・・・・・・・・・・・ P.170

HTML5

文書の基本

セクション

コンテンツの
グループ化

テキストレベルの
意味付け

コンテンツの
埋め込み

テーブル

フォーム

インタラクティブ

HTML5 > TABLE.08

横方向のセルを連結したい

```
<th colspan="★">〜</th>
<td colspan="★">〜</td>
```

★‥‥‥‥連結するセル数

▶ 要素解説
th要素についてはp.158参照
td要素についてはp.156参照

　th要素、td要素にcolspan属性を指定すると、そのセルから指定された数だけ横方向のセルを連結し、1つのセルとして表示できるようになります。

Sample Source
```
<body>
<table>
    <thead>
        <tr><th>店舗</th><th>住所</th><th>営業時間</th></tr>
    </thead>
    <tbody>
        <tr><td>上田支店</td><td>上田市上野1-2-3</td><td>10:00-20:00</td></tr>
        <tr><td>中川支店</td><td>中川市中園町45</td><td>10:00-20:00</td></tr>
        <tr><td>下村支店</td><td>下村市下山67-8</td><td>10:00-19:00</td></tr>
    </tbody>
    <tfoot>
        <tr><td colspan="3">2013年3月31現在</td></tr>
    </tfoot>
</table>
</body>
```

Internet Explorer

店舗	住所	営業時間
上田支店	上田市上野1-2-3	10:00-20:00
中川支店	中川市中園町45	10:00-20:00
下村支店	下村市下山67-8	10:00-19:00
2013年3月31現在		

ヘッダーの背景色やフッターのテキストはCSSで指定しています。

iPhone Safari

横方向のセルを連結したい

www.shoeisha.com/samples/sample/html5/6_tal

店舗	住所	営業時間
上田支店	上田市上野1-2-3	10:00-20:00
中川支店	中川市中園町45	10:00-20:00
下村支店	下村市下山67-8	10:00-19:00
2013年3月31現在		

（手書きメモ）横に「2013年3月31現在」と同じ内容が続いていた時は左を基準に右の2つを削除して連結させる。「td colspan="3"で」

ヘッダーの背景色やフッターのテキストはCSSで指定しています。

th **廃止属性** abbr属性、align属性、axis属性、char属性、charoff属性、bgcolor属性、height属性、nowrap属性、valign属性、width属性

td **廃止属性** abbr属性、align属性、axis属性、char属性、charoff属性、bgcolor属性、height属性、nowrap属性、scope属性、valign属性、width属性

▶ ブラウザ対応表	IE10	IE9	Fx	Chrome	Safari	Opera	iOS6	iOS5	Android
	○	○	○	○	○	○	○	○	○

参照 縦方向のセルを連結したい ・・・・・・・・・・・・・ P.168

HTML5

縦書き左側インデックス:
文書の基本
セクション
コンテンツのグループ化
テキストレベルの意味付け
コンテンツの埋め込み
テーブル
フォーム
インタラクティブ

フォームを作りたい

<form action="★" method="◆" ▲>～ </form>

★………データの送信先(URL)
◆………get、post(データの送信方法)
▲………必要な属性

▶ 要素解説

カテゴリー	フローコンテンツ／パルパブル・コンテンツ
利用できる場所	tr要素の子要素として
コンテンツモデル	フロー・コンテンツ(ただし、form要素を子要素とすることは不可)

　フォームを利用すると、問い合わせやアンケート、注文など、ユーザーがデータを入力して送信する仕組みをWebページに設置できます。

　フォームを作成するには、form要素を使います。form要素はその範囲が入力フォームであることを表す要素です。作成するフォームの性質により、下記の属性の中から必要な属性を指定してください。テキストの入力フィールドや送信ボタンなど、フォームを構成するさまざまなコントロール(部品)は、基本的にはこのform要素の間に配置します。

　なお、フォームに入力されたデータを実際に送信するには、送信されたデータを処理するためのプログラム(CGIやPHP)が必要になります。このプログラムについての詳細は、Webページや専門書を参照してください。

accept-charset属性

　データを送信するときの文字エンコーディングを指定します。通常フォームで送信されるデータはページの文字エンコーディングと同じになりますが、accept-charset属性を指定することで、異なる文字エンコーディングに変換して送信できるようになります。

　複数の文字エンコーディングを指定したいときは、それぞれを空白スペースで区切ってください。この場合、指定した順に優先順位が付けられます。

action属性

　フォームに入力されたデータを処理する、CGIなどのプログラムのURLを指定します。フォームを送信するにはこの属性が必要ですが、送信ボタンを作成するinput要素(「type="submit"」や「type="image」のとき)やbutton要素にformaction属性が指定されている場合は、そのformaction属性が優先されます。

autocomplete属性 〔新しい属性〕

　入力フィールドなどで、オートコンプリート機能を有効にするかどうかを指定する属性です。オートコンプリートとは、以前に入力した内容をブラウザが覚えておき、次回同じフォームにアクセスしたときに、入力候補を予想して自動的に表示する機能のことです。ユーザーはこの候補を選択するだけで、入力欄を埋めることができます。指定できる値は次の通りです。

on　　オートコンプリートを有効にする（デフォルト）

off　　オートコンプリートを無効にする

　この属性がない場合は、「autocomplete="on"」として扱われますが、送信ボタンを作成するinput要素（「type="text"」のときなど）にautocomplete属性が指定されている場合は、そのautocomplete属性が優先されます。

enctype属性　　←テキスト以外のもの（pdf.など）を送るときに使う。

　データを送信するときに、どのような形式にエンコードするのかを、既定の値（MIMEタイプ）で指定します。指定できる値は次の通りです。

application/x-www-form-urlencoded　　（デフォルト）

multipart/form-data　　　　　　　　ファイルを添付するようなフォーム

text/plain　　　　　　　　　　　　　プレーン・テキストのみのフォーム

　この属性がない場合は、「application/x-www-form-urlencoded」として扱われます。

　なお、送信ボタンを作成するinput要素（「type="submit"」や「type="image"」のとき）やbutton要素にformenctype属性が指定されている場合は、そのformenctype属性が優先されます。

method属性

　データをどのような形で送信するかを指定します。指定できる値は次の通りです。

get　　　action属性で指定したURLの後に「?」とフォームのデータを追加して送信（デフォルト）

post　　　フォームのデータのみを本文として送信

　この属性がない場合は、「get」として扱われます。

　なお、送信ボタンを作成するinput要素（「type="submit"」や「type="image"」のとき）やbutton要素にformmethod属性が指定されている場合は、そのformmethod属性が優先されます。

name属性

　フォームの名前を指定します。同じ文書中の他のフォームと重複した名前は指定できません。

novalidate属性 〔新しい属性〕

　フォームを送信するときに、入力されたデータのバリデーション（適切かどうかの検証）を行わないよう指定します。「novalidate」「novalidate="novalidate"」「novalidate=""」のいずれかの形式で指定します。

　HTML5では、<input type="url">や<input type="email">のように特定のデータ形式のみを受け付けるコントロールや、入力を必須にする「required属性」が規定されています。これらの機能に対応したブラウザでは、入力データが適切でないまま送信しようとすると、エラ

ーメッセージが表示されてデータを送信できません。novalidate属性を指定すると、このバリデーション機能を無効にできます。

target属性

データ送信後の結果を表示させるブラウジング・コンテキスト（p.9）を指定します。指定できる値はa要素と同じですので、p.87を参照してください。

なお、送信ボタンを作成するinput要素（「type="submit"」や「type="image"」のとき）やbutton要素にformtarget属性が指定されている場合は、そのformtarget属性が優先されます。

Sample Source

```html
<form action="cgi-bin/formsample.cgi" method="post">
  <p>
    <label>名前：<input type="text" name="username" required></label>
    <label>年齢：<input type="number" name="age" min="0"></label>
  </p>
  <p><label for="job">職業：</label>
    <select name="job" id="job">
      <option value="office">会社員</option>
      <option value="public">公務員</option>
      <option value="self">自営業・自由業</option>
      <option value="student">学生</option>
      <option value="house">主婦</option>
      <option value="other">その他</option>
    </select>
  </p>
  <p><label>電話番号：<input type="tel" name="tel"></label></p>
  <p><label>E-mail：<input type="email" name="email"></label></p>
  <p><label><input type="checkbox" name="dm" checked>DMの送信を希望する
  </label></p>
  <p><input type="reset"><input type="submit"></p>
</form>
```

Internet Explorer

iPhone Safari

入力フォームを作りたい

www.shoeisha.com/samples/sample/html5/7_for ⟳   検索

名前：［　　　　　　］ 年齢：［　　　　　　］

職業：［会社員 ▼］

電話番号：［　　　　　　　］

E-mail：［　　　　　　］

☑DMの送信を希望する

［リセット］［送信］

◀　　　▶　　　↱　　　▢　　　▢　　　⤢

‖Column   ［フォーム独自のカテゴリー］

　フォームを構成する多くの要素は、p.172にあげたカテゴリーのほか「フォーム関連要素」という独自のカテゴリーに属しています。このフォーム関連要素はさらにいくつかのカテゴリーに分類され、次のようになっています。

フォーム関連要素
form要素と関連付けられる要素です。
button、fieldset、input、keygen、label、object、output、select、textarea

リストされた要素
form.elementsとfieldset.elements APIに記載されている要素です。
button、fieldset、input、keygen、object、output、select、textarea

送信可能要素
フォームが送信されるときに、入力・設定されたデータの集まりの作成に使用できる要素です。
button、input、keygen、object、select、textarea

リセット可能要素
フォーム要素がリセットされるときに影響を受ける要素です。
input、keygen、output、select、textarea

ラベル付け可能要素
label要素と関連付けることで、ラベル付けできる要素です。ラベル付け可能要素には、フォーム関連要素に分類されない要素も属しています。
button、input（「type="hidden"」ではない場合）、keygen、meter、output、progress、select、textarea

---

▶ ブラウザ対応表	IE10	IE9	Fx	Chrome	Safari	Opera	iOS6	iOS5	Android
	○	○	○	○	○	○	○	○	○

input要素で入力フォームの部品を作りたい

<input="★" ◆>

★………既定の値（submit、text、radioなど）
◆………必要な属性（各項目の解説を参照）

▶ 要素解説	
カテゴリー	フロー・コンテンツ／フレージング・コンテンツ／「type="hidden"」以外の場合：インタラクティブ・コンテンツ、フォーム関連要素（リストされた要素、ラベル付け可能要素、送信可能要素、リセット可能要素）、バルパブル・コンテンツ／「type="hidden"」の場合：フォーム関連要素（リストされた要素、送信可能要素、リセット可能要素）
利用できる場所	フレージング・コンテンツが期待される場所
コンテンツモデル	空

　フォームのコントロール（部品）を表すにはいくつかの要素がありますが、その中でもinput要素はtype属性に指定した値によってさまざまな形状の部品になる要素です。仕様で既定されているtype属性の値と、意味は次の通りです。使い方については、次項以降を参照してください。

　type属性やその値が指定されていないinput要素は、「type="text"」として扱われます。

値	意味	参照
submit	送信ボタン	p.182
reset	リセットボタン	p.184
button	ボタン	p.222
image	画像ボタン	p.188
hidden	非表示のテキスト	p.190
text（デフォルト）	1行の入力フィールド	p.192
search	検索用の入力フィールド	p.194
tel	電話番号用の入力フィールド	p.196
url	URL用の入力フィールド	p.196
email	メールアドレス用の入力フィールド	p.196
password	パスワード用の入力フィールド	p.198
datetime	UTCにおける日時を入力するコントロール	p.200

値	意味	参照
datetime-local	ローカルの日時を入力するコントロール	p.200
date	日付を入力するコントロール	p.202
month	月を入力するコントロール	p.204
week	週を入力するコントロール	p.206
time	時間を入力するコントロール	p.208
number	数値を入力するコントロール	p.210
range	特定の範囲の数値を入力するコントロール	p.212
color	色を入力するコントロール	p.214
checkbox	チェックボックス	p.216
radio	ラジオボタン	p.218
file	ファイルのアップロード	p.220

文書の基本
セクション
コンテンツのグループ化
テキストレベルの意味付け
コンテンツの埋め込み
テーブル
フォーム
インタラクティブ

input要素をはじめとするフォームの各部品には、共通して指定できる属性があります。ただし、input要素のtype属性の値や要素の種類によって指定できるかどうかが変わってきますので、注意してください。

accept属性

　サーバーが受け取ることができるファイルの種類のヒントとして、選択可能なファイルのMIMEタイプを指定します。「,（カンマ）」で区切って複数のMIMEタイプを指定できます。

alt属性

　画像が表す内容をテキストで指定します。alt属性についてはp.126も参照してください。

autocomplete属性 新しい属性

　入力フィールドなどで、オートコンプリート機能を有効にするかどうかを指定します。オートコンプリートとは、以前に入力した内容をブラウザが覚えておき、次回同じフォームにアクセスしたときに、入力候補を予想して自動的に表示する機能のことです。ユーザーはこの候補を選択するだけで、入力欄を埋めることができます。指定できる値は次の通りです。

on	オートコンプリートを有効にする（デフォルト）
off	オートコンプリートを無効にする

　この属性がない場合、デフォルトの「on」（有効）として処理されますが、form要素のほうに「autocomplete="off"」が指定されているときは、input要素のオートコンプリート機能も「off」（無効）になります。

checked属性

　この属性を指定しておけば、そのボタンがあらかじめ選択された状態で表示されるようになります。「checked」「checked="checked"」「checked=""」のいずれかの形式で指定します。

dirname属性 新しい属性

　入力値の表記方向を示す情報を、サーバーに送信するための名前を指定します。例えばユーザーが右から左へテキストを入力した場合、右から左の方向を示す情報が、dirname属性に指定された名前とともにサーバーへ送信されます。

formaction属性 新しい属性

　action属性（p.172）と同様、フォームに入力されたデータを処理するCGIなどのプログラムのURLを指定します。

　送信ボタンを作成するinput要素（「type="submit"」や「type="image」のとき）やbutton要素にこの属性が指定されている場合は、form要素に指定されたaction属性よりも優先されます。

formenctype属性 新しい属性

　enctype属性（p.173）と同様、データを送信するときに、どのような形式にエンコードするのかを、既定の値（MIMEタイプ）で指定します。指定できる値は次の通りです。

文書の基本

セクション

コンテンツの
グループ化

テキストレベルの
意味付け

コンテンツの
埋め込み

テーブル

フォーム

インタラクティブ

application/x-www-form-urlencoded （デフォルト）
multipart/form-data　　　　　　　　ファイルを添付するようなフォーム
text/plain　　　　　　　　　　　　　プレーン・テキストのみのフォーム

この属性がない場合は、「application/x-www-form-urlencoded」として扱われます。

送信ボタンを作成するinput要素（「type="submit"」や「type="image"」のとき）やbutton要素にこの属性が指定されている場合は、form要素に指定されたenctype属性よりも優先されます。

formmethod属性 `新しい属性`

method属性（p.173）と同様、データをどのような形で送信するかを指定します。指定できる値は次の通りです。

get action属性で指定したURLの後に「?」とフォームのデータを追加して送信
（デフォルト）

post フォームのデータのみを本文として送信

この属性がない場合は、「get」として扱われます。

送信ボタンを作成するinput要素（「type="submit"」や「type="image"」のとき）やbutton要素にこの属性が指定されている場合は、form要素に指定されたmethod属性よりも優先されます。

formnovalidate属性 `新しい属性`

novalidate属性（p.173）と同様、フォームを送信するときに、入力されたデータのバリデーション（適切かどうかの検証）を行わないよう指定します。「formnovalidate」「formnovalidate="formnovalidate"」「formnovalidate=""」のいずれかの形式で指定します。

送信ボタンを作成するinput要素（「type="submit"」や「type="image"」のとき）やbutton要素にこの属性が指定されている場合は、form要素に指定されたnovalidate属性よりも優先されます。

formtarget属性 `新しい属性`

データ送信後の結果を表示させるブラウジング・コンテキスト（p.9）を指定します。指定できる値はa要素と同じですので、p.87を参照してください。

送信ボタンを作成するinput要素（「type="submit"」や「type="image"」のとき）やbutton要素にこの属性が指定されている場合は、form要素に指定されたtarget属性よりも優先されます。

height属性

画像の高さを指定します。

list属性 `新しい属性`

テキスト・フィールドなどで、あらかじめ定義しておいた入力候補の項目を表示させるための属性です。ユーザーは表示された候補から選択するだけでなく、任意の値を入力することもできます。autocomplete属性と似ていますが、list属性は候補の項目をWeb制作者側が用意しておくという点が異なります。

入力候補の値はdatalist要素（p.234）で定義します。

maxlength属性
コントロールに入力できる最大の文字数を指定します。

min属性/max属性 【新しい属性】
min属性はコントロールに入力できるデータの最小値を、max属性は最大値を指定します。指定できる値は、type属性の値によって異なり、それぞれ規定の書式で指定します。

type属性の値	書式	指定例
datetime	YYYY-MM-DDThh:mm:ssZ	2013-07-15T07:30Z 2013-07-15T07:30:00Z
date	YYYY-MM-DD	2013-07-15
week	YYYY-Www	2013-W23
month	YYYY-MM	2013-07
time	hh:mm:ss	07:30 07:30:00
datetime-local	YYYY-MM-DDThh:mm:ss	2013-07-15T07:30 2013-07-15T07:30:00
number	数値	5
range	数値	5

例えば次のようになります。

・「type="date"」で値を1980年より前に制限したい場合

```
<input type="date" max="1979-12-31" name="bday">
```

・「type="number"」で値を2以上に制限したい場合

```
<input type="number" value="1" min="2" name="quantity" required>
```

multiple属性
そのコントロールで2つ以上の値を指定、または入力できるようにします。「multiple」「multiple="multiple"」「multiple=""」のいずれかの形式で指定します。

pattern属性 【新しい属性】
コントロールに入力されたデータのチェックに使うパターン（書式）を、JavaScriptと同じ正規表現で指定します。この属性がある場合、入力されたデータが指定されたパターンと完全に一致しない限り、送信できないようになります。

なお、pattern属性を指定したinput要素では、title属性に正規表現のパターンの説明を記述します。このtitle属性の内容は、データが指定されたパターンに一致しなかった場合に表示されるエラーメッセージや、コントロールにマウスカーソルを合わせたときに表示されるツールチップなどとして利用されます。

placeholder属性 【新しい属性】
ユーザーに対して、テキスト・フィールドに何を入力したらよいのか、簡単なヒントとして表示させるテキストを指定します。この属性に対応したブラウザでは、placeholder属性に指定した値が、ヒントとしてあらかじめテキスト・フィールドに表示されるようになります。

```
<input type="text" name="fullname" placeholder="山田太郎">
```

文書の基本

セクション

コンテンツの
グループ化

テキストレベルの
意味付け

コンテンツの
埋め込み

テーブル

フォーム

インタラクティブ

readonly属性

読み取り専用にして、ユーザーが入力値を編集できないようにします。「readonly」「readonly="readonly"」「readonly=""」のいずれかの形式で指定します。

required属性 `新しい属性`

そのコントロールへの入力が必須であることを指定します。「required」「required="required"」「required=""」のいずれかの形式で指定します。

この属性がある場合、コントロールにデータが入力されない限り、送信できないようになります。

size属性

入力フィールドの幅を、表示される文字数（整数）で指定します。

src属性

画像ファイル名（URL）を指定します。

step属性 `新しい属性`

コントロールに入力できるデータが、いくつずつ変化するのかを指定します。例えば、min属性の値が5でstep属性に2が指定されている場合は、入力可能なデータは「5、7、9...」と変化します（min属性が指定されていない場合は、最小値は「0」として処理されます）。

step属性に指定できる値は、type属性の値によって異なり、次のようになります。

ステップの単位

type属性の値	ステップの単位	デフォルトのステップ	type属性の値	ステップの単位	デフォルトのステップ
datetime	秒	60秒	time	秒	60秒
date	日	1日	datetime-local	秒	60秒
week	週	1週間	number	1	1
month	月	1ヶ月	range	1	1

width属性

画像の横幅を指定します。

以下は、フォームのコントロールに共通して指定できる属性です。

autofocus属性 `新しい属性`

ページが表示されたら、そのコントロールへ自動的にフォーカスが当たるよう指定します。「autofocus」「autofocus="autofocus"」「autofocus=""」のいずれかの形式で指定します。

disabled属性

そのコントロールを無効にします。この属性を指定すると、ユーザーが入力や選択、クリックなどができなくなります。「disabled」「disabled="disabled"」「disabled=""」のいずれかの形式で指定します。

form属性 〈新しい属性〉

コントロールを、指定のform要素と結び付けるための属性です。結び付けたいform要素のid属性の値を、この属性の値に指定することで、コントロールがform要素の中になくてもそのフォームの部品として機能するようになります。

name属性

コントロールの名前を指定します。フォームのデータが送信されるときには、この名前とデータがセットになって送られ、サーバー側でコントロールを特定するために使われます。

value属性

コントロールのデフォルトの値、またはボタンに表示するテキストを指定します。

〈廃止属性〉 align属性、usemap属性

参照　フォームを作りたい ・・・・・・・・・・・・・・・・・ P.172

HTML5 > FORM.03

送信ボタンを作りたい

<input type="submit" ★>

★‥‥‥‥value="表示名"

▶ 要素解説
input要素についてはp.176参照

送信ボタンを作成するには、input要素のtype属性に「submit」を指定します。

value属性 （言葉の）本当の意味

ボタンに表示するテキストを指定します。「送信」「送る」などのテキストはこの属性で指定します。デフォルトの値はブラウザによって異なります。

他に指定できる属性（p.177〜181）

formaction、formenctype、formmethod、formnovalidate、formtarget、autofocus、disabled、form、name

Sample Source

```
<body>
<form action="cgi-bin/formsample.cgi" method="post">
    <p>初期状態</p>
    <p><input type="submit"></p>
    <p>ボタンに表示するテキストを指定します</p>
    <p>
        <input type="submit" value="送る">
        <input type="submit" value="確認のうえ送信する">
    </p>
</form>
</body>
```

Internet Explorer

初期状態

クエリ送信

ボタンに表示するテキストを指定します

送る　確認のうえ送信する

http://www.shoeisha.com/samples/sample/html5/7_form/cgi-bin/formsample.cgi

Firefox

Firefox ▼

送信ボタンを作りたい

www.shoeisha.com/samples/sar

初期状態

送信

ボタンに表示するテキストを指定します

送る　確認のうえ送信する

iPhone Safari

送信ボタンを作りたい

www.shoeisha.com/samples/sample/html5/7_for

検索

初期状態

送信

ボタンに表示するテキストを指定します

送る　確認のうえ送信する

ブラウザ対応表	IE10	IE9	Fx	Chrome	Safari	Opera	iOS6	iOS5	Android
	○	○	○	○	○	○	○	○	○

参照　リセットボタンを作りたい ・・・・・・・・・・・・・ P.184　画像を送信ボタンにしたい ・・・・・・・・・・・・・ P.188
汎用ボタンを作りたい・・・・・・・・・・・・・・・・・ P.186　ボタンを作りたい・・・・・・・・・・・・・・・・・・・ P.222

文書の基本

セクション

コンテンツの
グループ化

テキストレベルの
意味付け

コンテンツの
埋め込み

テーブル

フォーム

インタラクティブ

HTML5 > FORM.04

リセットボタンを作りたい

<input type="reset" ★>

★･･･････value="表示名"

▶ 要素解説
input要素についてはp.176参照

　リセットボタンを作成するには、input要素のtype属性に「reset」を指定します。このボタンを押すと、そのフォームに入力したデータやチェックした項目が取り消され、初期状態に戻ります。

value属性
　ボタンに表示するテキストを指定します。「やり直し」「取消」などのテキストはこの属性で指定します。デフォルトの値はブラウザによって異なります。

他に指定できる属性（p.177〜181）
　autofocus、disabled、form、name

Sample Source

```
<body>
<form action="cgi-bin/formsample.cgi" method="post">
    <p>初期状態</p>
    <p><input type="reset"></p>
    <p>ボタンに表示するテキストを指定します</p>
    <p>
        <input type="reset" value="取消">
        <input type="submit" value="入力内容をリセット">
    </p>
</form>
</body>
```

Internet Explorer

初期状態

リセット

ボタンに表示するテキストを指定します

取消　　入力内容をリセット

Firefox

初期状態

リセット

ボタンに表示するテキストを指定します

取消　　入力内容をリセット

iPhone Safari

リセットボタンを作りたい

www.shoeisha.com/samples/sample/html5/7_for

初期状態

リセット

ボタンに表示するテキストを指定します

取消　　入力内容をリセット

▶ ブラウザ対応表	IE10	IE9	Fx	Chrome	Safari	Opera	iOS6	iOS5	Android
	○	○	○	○	○	○	○	○	○

参照　送信ボタンを作りたい・・・・・・・・・・・・・・・・・・ P.182　ボタンを作りたい・・・・・・・・・・・・・・・・・・・・・ P.222
汎用ボタンを作りたい・・・・・・・・・・・・・・・・・・ P.186

HTML5

汎用ボタンを作りたい

<input type="button" ★>

★………value="表示名"

▶ 要素解説

input要素についてはp.176参照

　input要素のtype属性に「button」を指定すると、汎用的に利用できる押しボタンを作成できます。type="submit"やtype="reset"で作成されたボタンとは異なり、このボタン自体には既定の動作はありません。おもにJavaScriptなどとともに利用されます。

value属性

　ボタンに表示するテキストを指定します。

他に指定できる属性（p.177〜181）

　autofocus、disabled、form、name

Sample Source

```
<body>
<form action="cgi-bin/formsample.cgi" method="post">
  <p>
    <input type="button" value="戻る" onClick="history.back()">
    <input type="button" value="進む" onClick="history.forward()">
  </p>
</form>
</body>
```

文書の基本

セクション

コンテンツの
グループ化

テキストレベルの
意味付け

コンテンツの
埋め込み

テーブル

フォーム

インタラクティブ

Internet Explorer

戻る　進む

Firefox

Firefox ▼

汎用ボタンを作りたい

www.shoeisha.com/samples/sam

戻る　進む

iPhone Safari

汎用ボタンを作りたい

www.shoeisha.com/samples/sample/html5/7_fo

検索

戻る　進む

Android 標準ブラウザ

www.shoeisha.com/samples/sample/html5/7_form/fo0

戻る　進む

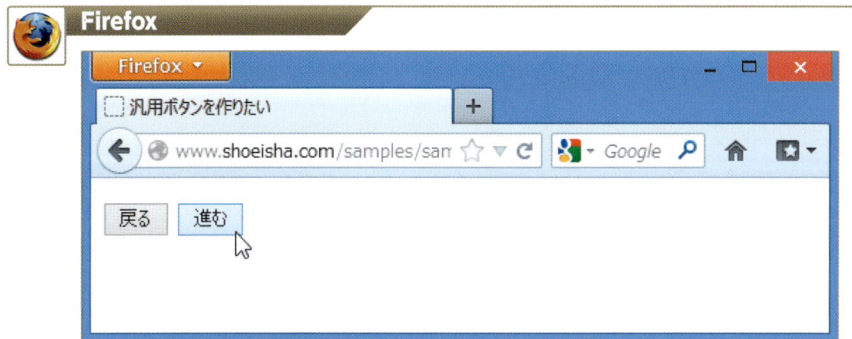

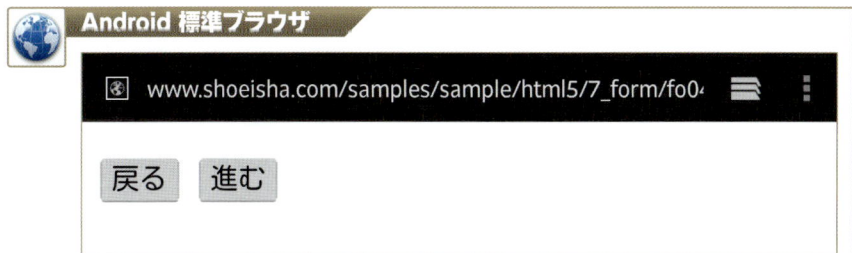

▶ ブラウザ対応表	IE10	IE9	Fx	Chrome	Safari	Opera	iOS6	iOS5	Android
	○	○	○	○	○	○	○	○	○

参照　送信ボタンを作りたい・・・・・・・・・・・・・・・・・ P.182
　　　リセットボタンを作りたい ・・・・・・・・・・・・・ P.184
　　　ボタンを作りたい・・・・・・・・・・・・・・・・・・・・ P.222

HTML5

HTML5 > FORM.06

画像を送信ボタンにしたい

<input type="image" ★>

★………src="画像ファイル名"(URL)
alt="画像を表すテキスト"

▶ 要素解説

input要素についてはp.176参照

任意の画像を使った送信ボタンを作成するには、input要素のtype属性に「image」を指定します。画像を使った送信ボタンでは、クリックされたx座標とy座標もデータとともに送られます。

src属性

画像ファイル名(URL)を指定します。この属性を省略することはできません。

alt属性

画像が表す内容をテキストで指定します。alt属性についてはp.126も参照してください。この属性を省略することはできません。

他に指定できる属性(p.177～181)

formaction、formenctype、formmethod、formnovalidate、formtarget、height、width、autofocus、disabled、form、name、value

Sample Source

```
<body>
<form action="cgi-bin/formsample.cgi" method="post">
    <p><input type="image" src="bt_submit.png" alt="送信する"></p>
</form>
</body>
```

Internet Explorer

http://www.shoeisha.... 画像を送信ボタンにしたい

送　信

Firefox

Firefox ▾

画像を送信ボタンにしたい

www.shoeisha.com/samples/san Google

送　信

iPhone Safari

画像を送信ボタンにしたい

www.shoeisha.com/samples/sample/html5/7_for 検索

送　信

Android 標準ブラウザ

www.shoeisha.com/samples/sample/html5/7_form/fo0!

送　信

廃止属性 align属性、usemap属性

▶ ブラウザ対応表	IE10	IE9	Fx	Chrome	Safari	Opera	iOS6	iOS5	Android
	○	○	○	○	○	○	○	○	○

参照　送信ボタンを作りたい・・・・・・・・・・・・・・・・・ P.182

表示させずに送信させるテキストを指定したい

<input type="hidden" ★>

★………value="任意のテキスト"

▶ 要素解説
input要素についてはp.176参照

　表示させずに送信させるテキストを指定するには、input要素のtype属性に「hidden」を指定します。value属性で指定したテキストが、フォーム送信時にユーザーに表示されることなくサーバーに送信されます。

value属性
　送信させる任意のテキストを指定します。サンプルでは、ネットショップを特定するためのID番号が画面に表示されることなく送信されます。

他に指定できる属性（p.177〜181）
autofocus、disabled、form、name

Sample Source
```
<body>
<form action="cgi-bin/formsample.cgi" method="post">
    <p><input type="hidden" name="gb" value="shopid:00135"></p>
    <p>当店については？</p>
    <p>
        <input type="radio" name="shop" value="a">満足
        <input type="radio" name="shop" value="b">ふつう
        <input type="radio" name="shop" value="c">不満
    </p>
    <p><input type="reset"><input type="submit"></p>
</form>
</body>
```

縦書きタブ：文書の基本／セクション／コンテンツのグループ化／テキストレベルの意味付け／コンテンツの埋め込み／テーブル／フォーム／インタラクティブ

Internet Explorer

当店については？

◉満足 ○ふつう ○不満

リセット　クエリ送信

http://www.shoeisha.com/samples/sample/html5/7_for...

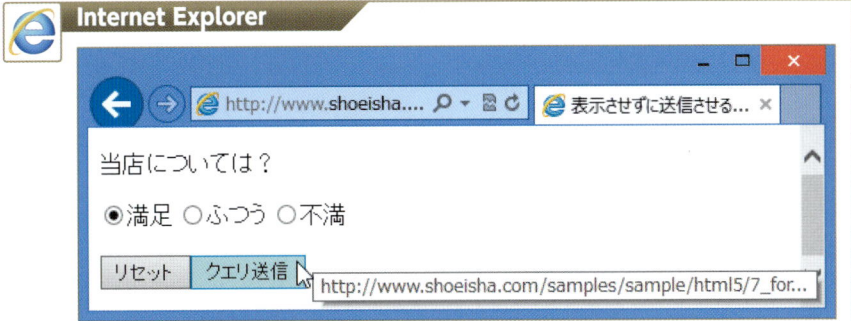

画面には、value属性で指定したテキストは表示されません。

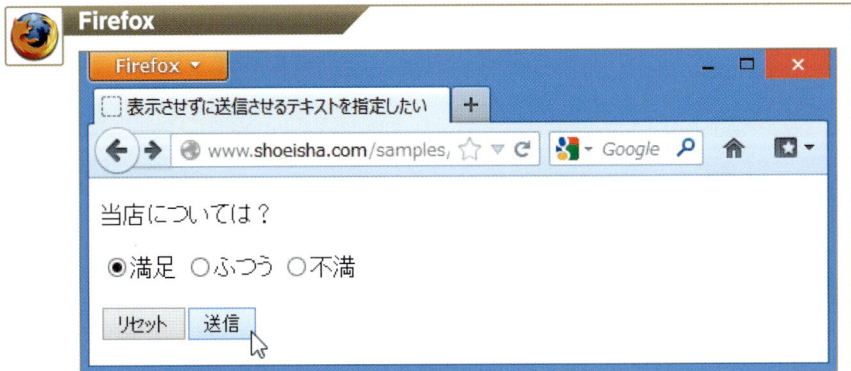

Firefox

当店については？

◉満足 ○ふつう ○不満

リセット　送信

画面には、value属性で指定したテキストは表示されません。

iPhone Safari

表示させずに送信させるテキストを指定したい

www.shoeisha.com/samples/sample/html5/7_for 　検索

当店については？

○満足 ○ふつう ○不満

リセット　送信

画面には、value属性で指定したテキストは表示されません。

▶ ブラウザ対応表	IE10	IE9	Fx	Chrome	Safari	Opera	iOS6	iOS5	Android
	○	○	○	○	○	○	○	○	○

HTML5

文書の基本

セクション

コンテンツの
グループ化

テキストレベルの
意味付け

コンテンツの
埋め込み

テーブル

フォーム

インタラクティブ

一行の入力フィールドを作りたい

<input type="text" ★>

- -

★………value="あらかじめ表示されるテキスト"

▶ 要素解説
input要素についてはp.176参照

1行のテキスト入力フィールドを作成するには、input要素のtype属性に「text」を指定します。

value属性 →ただし空でも「value=" "」とした方がいい。

入力フィールドにあらかじめ表示されるテキストを指定します。

他に指定できる属性（p.177～181）

autocomplete、dirname、list、maxlength、pattern、placeholder、readonly、
required、size、autofocus、disabled、form、name imp!!
送信先のプログラムの名前と
連携できる。※指定してないとデータ送れない

Sample Source

```
<body>
<form action="cgi-bin/formsample.cgi" method="post">
  <p>名前：<input type="text" name="username"></p>
  <p>会員番号：<input type="text" name="userid" value="A-"></p>
  <p><input type="reset"><input type="submit"></p>
</form>
</body>
```

Internet Explorer

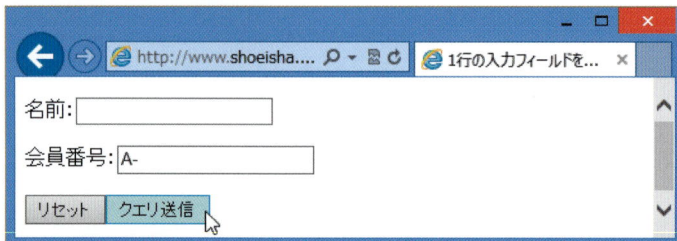

名前：
会員番号：A-
[リセット] [クエリ送信]

ページの初期状態では、value属性の値（A-）があらかじめ入力されています。

Firefox

名前：

会員番号：A-

リセット　送信

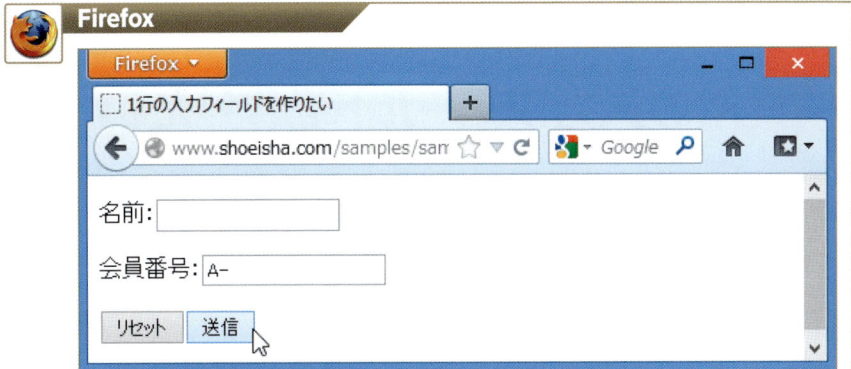

ページの初期状態では、value属性の値（A-）があらかじめ入力されています。

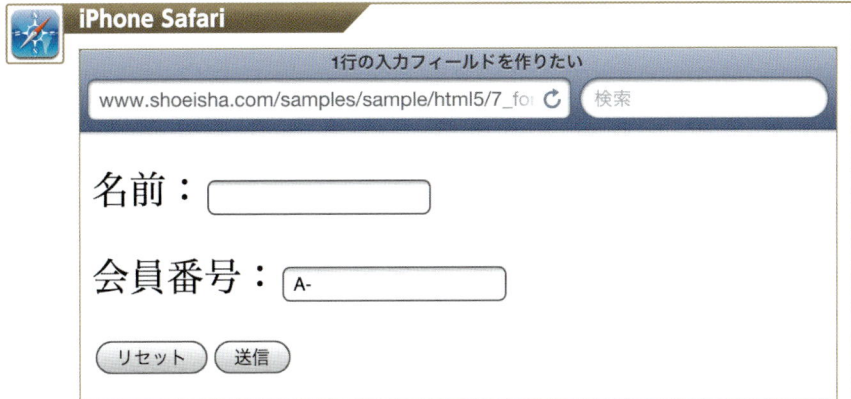

iPhone Safari

1行の入力フィールドを作りたい

www.shoeisha.com/samples/sample/html5/7_for　　検索

名前：

会員番号：A-

リセット　送信

ページの初期状態では、value属性の値（A-）があらかじめ入力されています。

Android 標準ブラウザ

www.shoeisha.com/samples/sample/html5/7_form/fo0

名前：

会員番号：A-

リセット　送信

ページの初期状態では、value属性の値（A-）があらかじめ入力されています。

▶ ブラウザ対応表	IE10	IE9	Fx	Chrome	Safari	Opera	iOS6	iOS5	Android
	○	○	○	○	○	○	○	○	○

参照　検索用の入力フィールドを作りたい ・・・・・・・・ P.194　パスワード用の入力フィールドを作りたい ・・・ P.198
電話番号、URL、メールアドレス用の　　　　　　　　　　複数行の入力フィールドを作りたい ・・・・・・・・ P.224
入力フィールドを作りたい ・・・・・・・・・・・・・ P.196

HTML5

検索用の入力フィールドを作りたい

新しい値 search

<input type="search">

▶ 要素解説

input要素についてはp.176参照

検索用の入力フィールドを作成するには、input要素のtype属性に「search」を指定します。

他に指定できる属性（p.177〜181）

autocomplete、dirname、list、maxlength、pattern、placeholder、readonly、required、size、autofocus、disabled、form、name、value

Sample Source

```
<body>
<form action="cgi-bin/formsample.cgi" method="post">
   <p><input type="search" name="search" placeholder="サイト内検索">
   <input type="submit" value="検索"></p>
</form>
</body>
```

Internet Explorer

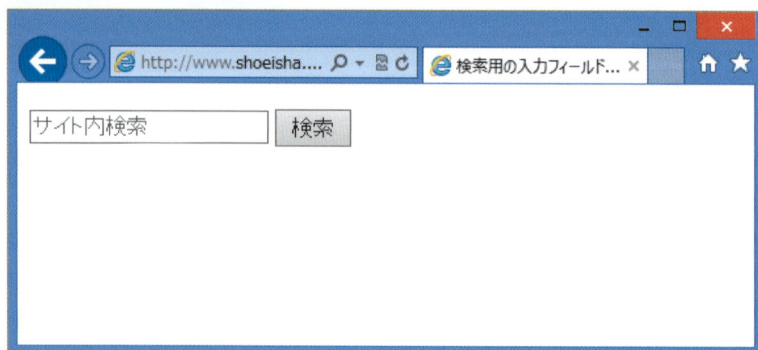

Firefox

iPhone Safari

iPhoneでは、入力時の実行ボタンが日本語入力時には「検索」、英文入力時には「Search」に変化し、利用者の利便性が向上します。

▶ ブラウザ対応表	IE10	IE9	Fx	Chrome	Safari	Opera	iOS6	iOS5	Android
	○	○	○	○	○	○	○	○	○

参照　一行の入力フィールドを作りたい・・・・・・・・・P.192

文書の基本

セクション

コンテンツのグループ化

テキストレベルの意味付け

コンテンツの埋め込み

テーブル

フォーム

インタラクティブ

HTML5 > FORM.10

電話番号、URL、メールアドレス用の入力フィールドを作りたい

新しい値 tel, url, email

<input type="tel" ★>　電話番号用
<input type="url" ★>　URL用
<input type="email" ★>　メールアドレス用

- -

★………value="あらかじめ表示されるテキスト"

▶ 要素解説

input要素についてはp.176参照

　input要素のtype属性に「tel」を指定すると電話番号用、「url」を指定するとURL用、「email」を指定するとメールアドレス用の入力フィールドを、それぞれ作成できます。

　「type="url"」で作成されるURL用の入力フィールドには、絶対URLのみ入力できます。

　「type="email"」で作成されるメールアドレス用の入力フィールドに、複数のメールアドレスを入力できるようにするには、multiple属性を指定します。複数のメールアドレスを入力する場合は「,（カンマ）」で区切ります。

value属性

　入力フィールドにあらかじめ表示されるテキストを指定します。

他に指定できる属性（p.177〜181）

autocomplete、list、maxlength、multiple（「email」の場合）、pattern、placeholder、readonly、required、size、autofocus、disabled、form、name

Sample Source

```
<body>
<form action="cgi-bin/formsample.cgi" method="post">
    <p>電話番号：<input type="tel" name="tel"></p>
    <p>メールアドレス：<input type="email" name="email"></p>
    <p>URL：<input type="url" name="url" value="http://"></p>
</form>
</body>
```

Internet Explorer

電話番号:

メールアドレス:

URL: http://

iPhone Safari

電話番号、URL、メールアドレス用の入力フィー...
www.shoeisha.com/san C 検索

電話番号:

メールアドレス:

URL: http://

電話番号、URL、メールアドレス用の入力フィー...
www.shoeisha.com/san C 検索

電話番号:

メールアドレス:

URL: http://

前へ 次へ

1	2 ABC	3 DE
4 GHI	5 JKL	6 MN
7 PQRS	8 TUV	9 WX
+*#	0	

Q W E R T Y U I
A S D F G H J K
Z X C V B N M
123 space @ .

電話番号、URL、メールアドレス用の入力フィー...
www.shoeisha.com/san C 検索

電話番号:

メールアドレス:

URL: http://

前へ 次へ 完了

Q W E R T Y U I O P
A S D F G H J K L
Z X C V B N M
123 . / .com Go

iPhoneやAndroidでは、type属性の値によって入力
画面が変化するので、利用者の利便性が向上します。

▶ ブラウザ対応表	IE10	IE9	Fx	Chrome	Safari	Opera	iOS6	iOS5	Android
	○	○	○	○	○	○	○	○	○

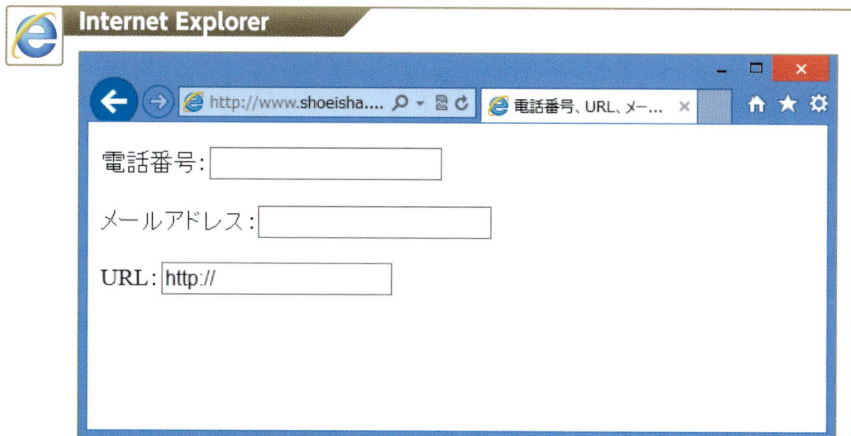

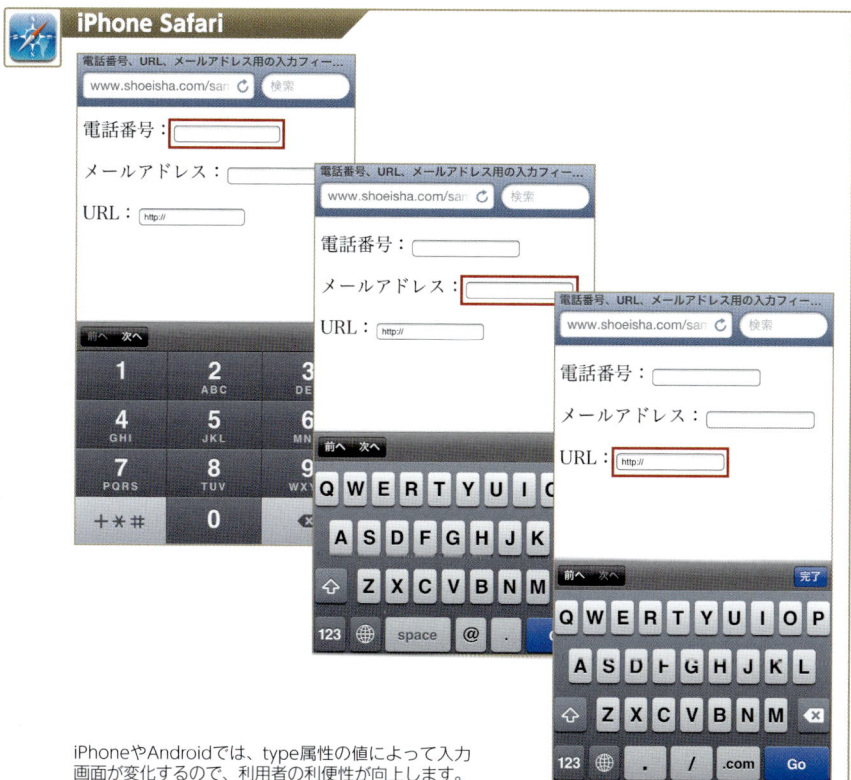

参照 一行の入力フィールドを作りたい・・・・・・・・・ P.192

パスワード用の入力フィールドを作りたい

<input type="password">

▶ 要素解説

input要素についてはp.176参照

　パスワード用の入力フィールドを作成するには、input要素のtype属性に「password」を指定します。入力した文字が直接には表示されなくなり、一般的には「*」や「●」で置き換えて表示されます。

他に指定できる属性（p.177～181）

autocomplete、maxlength、pattern、placeholder、readonly、required、size、autofocus、disabled、form、name、value

Sample Source

```
<body>
<form action="cgi-bin/formsample.cgi" method="post">
    <p><label>名前：<input type="text" name="username"></label></p>
    <p><label>パスワード：<input type="password" name="pass"></label></p>
    <p><input type="reset"><input type="submit"></p>
</form>
</body>
```

Internet Explorer

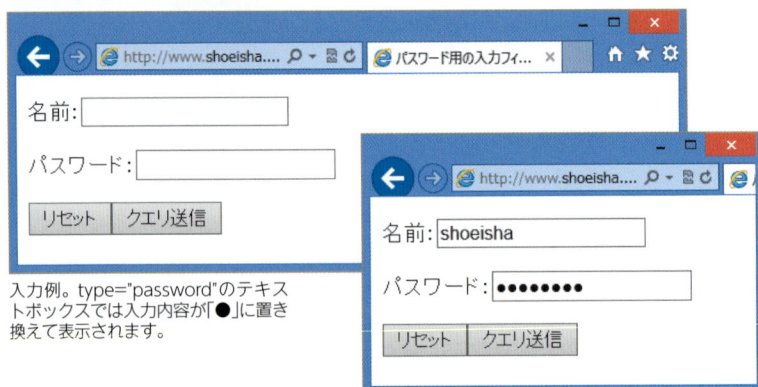

入力例。type="password"のテキストボックスでは入力内容が「●」に置き換えて表示されます。

サイドタブ（縦書き）:
文書の基本 / セクション / コンテンツのグループ化 / テキストレベルの意味付け / 埋め込みコンテンツの / テーブル / フォーム / インタラクティブ

iPhone Safari

パスワード用の入力フィールドを作りたい

www.shoeisha.com/samples/sample/html5/7_for　検索

名前：

パスワード：

リセット　送信

入力例。type="password"のテキストボックスでは入力内容が「●」に置き換えて表示されます。

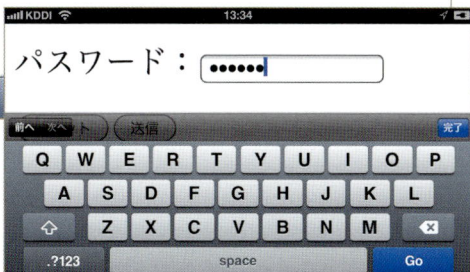

パスワード：●●●●●

Android 標準ブラウザ

www.shoeisha.com/samples/sample/html5/7_form/fo1(

名前：

パスワード：

リセット　送信

入力例。type="password"のテキストボックスでは入力内容が「●」に置き換えて表示されます。

www.shoeisha.com/samples/sample/html5/7_form/fo1(

名前：

パスワード：●●●●●●

リセット　送信

ブラウザ対応表	IE10	IE9	Fx	Chrome	Safari	Opera	iOS6	iOS5	Android
	○	○	○	○	○	○	○	○	○

参照　一行の入力フィールドを作りたい・・・・・・・・・ P.192

HTML5

HTML5 > FORM.12

日付と時刻を入力したい

新しい値 datetime,datetime-local

`<input type="datetime">`　　UTCの日時
`<input type="datetime-local">`　　ローカルの日時

▶ **要素解説**

input要素についてはp.176参照

　input要素のtype属性に「datetime」を指定するとUTC（協定世界時）における日時を、「datetime-local」を指定するとタイムゾーンを持たない日時を指定するためのコントロールを、それぞれ作成できます。

　これらのコントロールで扱う値の書式は、「type="datetime"」の場合は「YYYY-MM-DDThh:mm:ssZ」（例：2013-09-02T07:30:00Z ／ 2013-09-02T07:30Z など）、「type="datetime-local"」の場合は「YYYY-MM-DDThh:mm:ss」（例:2013-08-10T05:30:00 ／2013-08-10T05:30など）と規定されています。デフォルトのステップはどちらの属性も「60（秒）」です（p.180）。

他に指定できる属性（p.177〜181）

autocomplete、list、max、min、readonly、required、step、autofocus、disabled、form、name、value

Sample Source

```
<body>
<form action="cgi-bin/formsample.cgi" method="post">
    <p>UTCの日時：<input type="datetime" name="dt"></p>
    <p>ローカルの日時<input type="datetime-local" name="dtl"></p>
</form>
</body>
```

Opera

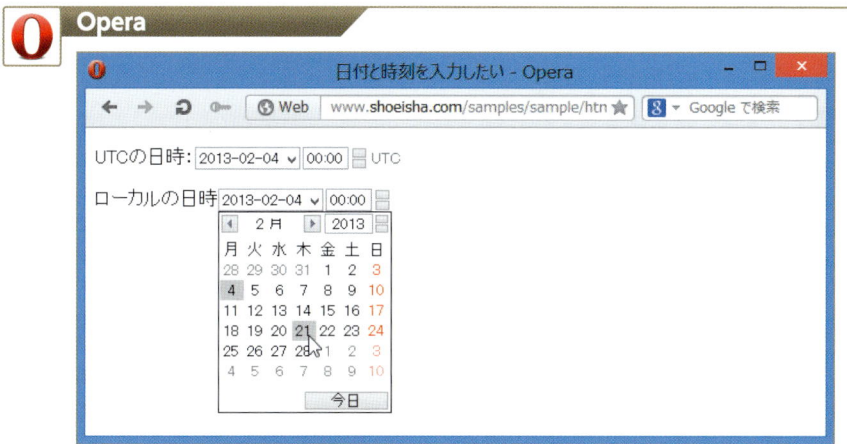

UTCの日時: 2013-02-04 ∨ 00:00 UTC

ローカルの日時 2013-02-04 ∨ 00:00

◄	2 月	►	2013
月	火	水	木	金	土	日
28	29	30	31	1	2	3
4	5	6	7	8	9	10
11	12	13	14	15	16	17
18	19	20	21	22	23	24
25	26	27	28	1	2	3
4	5	6	7	8	9	10

今日

Operaでは上側のコントロールの隣に「UTC」の文字が表示されます。指定された日時は、UTCにおける日時としてサーバーに送信されます。

iPhone Safari

iPhoneではコントロールをタップすると、日付と時刻の入力画面が表示されます。

▶ ブラウザ対応表	IE10	IE9	Fx	Chrome	Safari	Opera	iOS6	iOS5	Android
	×	×	×	○	×	○	○	○	×

※Chromeはdatetimeに対応していません。ただし、Android4.2機種搭載のChromeでは対応しています

参照　日付を入力したい・・・・・・・・・・・・・・・・・・・・・・・・・・P.202　週を入力したい・・・・・・・・・・・・・・・・・・・・・・・・・・P.206
　　　　年月を入力したい・・・・・・・・・・・・・・・・・・・・・・・・・・P.204　時間を入力したい・・・・・・・・・・・・・・・・・・・・・・・・・・P.208

文書の基本

セクション

コンテンツの
グループ化

テキストレベルの
意味付け

コンテンツの
埋め込み

テーブル

フォーム

インタラクティブ

HTML5 > FORM.13

日付を入力したい

新しい値 date

<input type="date">

▶ 要素解説

input要素についてはp.176参照

input要素のtype属性に「date」を指定すると、日付を指定するためのコントロールを作成できます。

このコントロールで扱う値の書式は「YYYY-MM-DD」（例：2013-08-10）と規定されています。デフォルトのステップは「1（日）」です（p.180）。

他に指定できる属性（p.177〜181）

autocomplete、list、max、min、readonly、required、step、autofocus、disabled、form、name、value

Sample Source

```
<body>
<form action="cgi-bin/formsample.cgi" method="post">
    <p>希望配達日:<input type="date" name="dd"></p>
</form>
</body>
```

Opera

Operaではカレンダーが表示され、1日単位で日付が選択できます。

Google Chrome

Chromeではスピンボタンとカレンダーで日付を選択できます。

iPhone Safari

iPhoneではコントロールをタップすると、年月日の入力画面が表示されます。

▶ ブラウザ対応表	IE10	IE9	Fx	Chrome	Safari	Opera	iOS6	iOS5	Android
	×	×	×	○	×	○	○	○	×

参照　日付と時刻を入力したい ・・・・・・・・・・・・・・・ P.200　　週を入力したい ・・・・・・・・・・・・・・・・・・・・・ P.206
　　　　年月を入力したい ・・・・・・・・・・・・・・・・・・・・・ P.204　　時間を入力したい ・・・・・・・・・・・・・・・・・・・・ P.208

年月を入力したい

新しい値 month

<input type="month">

▶ **要素解説**

input要素についてはp.176参照

　input要素のtype属性に「month」を指定すると、年月を指定するためのコントロールを作成できます。

　このコントロールで扱う値の書式は「YYYY-MM」（例：2013-08）と規定されています。デフォルトのステップは「1（ヵ月）」です（p.180）。

他に指定できる属性（p.177〜181）

　autocomplete、list、max、min、readonly、required、step、autofocus、disabled、form、name、value

---

Sample Source

```
<body>
<form action="cgi-bin/formsample.cgi" method="post">
    <p>希望月：<input type="month" name="mm"></p>
</form>
</body>
```

 **Opera**

Operaではカレンダーが表示され、1カ月単位で年月を選択できます。

左側縦タブ：文書の基本／セクション／グループ化のコンテンツ／テキストレベルの意味付け／コンテンツの埋め込み／テーブル／フォーム／インタラクティブ

Google Chrome

Chromeではスピンボタンとカレンダーで年月を選択できます。

iPhone Safari

iPhoneではコントロールをタップすると、年月の入力画面が表示されます。

▶ ブラウザ対応表	IE10	IE9	Fx	Chrome	Safari	Opera	iOS6	iOS5	Android
	×	×	×	○	×	○	○	○	×

参照　日付と時刻を入力したい・・・・・・・・・・・・・・・・・P.200　週を入力したい・・・・・・・・・・・・・・・・・・・・・・・・P.206
　　　日付を入力したい・・・・・・・・・・・・・・・・・・・・・・P.202　時間を入力したい・・・・・・・・・・・・・・・・・・・・・P.208

縦書きタブ（左端）:
文書の基本
セクション
コンテンツのグループ化
テキストレベルの意味付け
コンテンツの埋め込み
テーブル
フォーム
インタラクティブ

週を入力したい

新しい値 week

<input type="week">

▶ 要素解説

input要素についてはp.176参照

　input要素のtype属性に「week」を指定すると、週を指定するためのコントロールを作成できます。このコントロールで扱う値の書式は「YYYY-Www」（例：2013-W32）と規定されています。デフォルトのステップは「1（週間）」です（p.180）。

他に指定できる属性（p.177～181）

　autocomplete、list、max、min、readonly、required、step、autofocus、disabled、form、name、value

Sample Source

```
<body>
<form action="cgi-bin/formsample.cgi" method="post">
    <p>希望の週：<input type="week" name="wk"></p>
</form>
</body>
```

Opera

Operaではカレンダーが表示され週単位で週を選択できます。週は、その年の何週目かが表示されます。

Google Chrome

Chromeでは、スピンボタンとカレンダーで週を選択できます。週は、その年の何週目かが表示されます。

iPhone Safari

iPhoneは週の入力に対応していません。

▶ ブラウザ対応表	IE10	IF9	Fx	Chrome	Safari	Opera	iOS6	iOS5	Android
	×	×	×	○	×	○	×	×	×

※Android4.2機種搭載のChromeは週の入力に対応していません

参照　日付と時刻を入力したい ・・・・・・・・・・・・ P.200　年月を入力したい ・・・・・・・・・・・・・・・・ P.204
　　　日付を入力したい ・・・・・・・・・・・・・・・・ P.202　時間を入力したい ・・・・・・・・・・・・・・・・ P.208

HTML5

時間を入力したい

`新しい値` time

`<input type="time">`

▶ 要素解説
input要素についてはp.176参照

input要素のtype属性に「time」を指定すると、時間を指定するためのコントロールを作成できます。

このコントロールで扱う値の書式は「hh:mm:ss」(例：05:30:00／05:30など)と規定されています。デフォルトのステップは「60(秒)」です(p.180)。

他に指定できる属性(p.177〜181)
autocomplete、list、max、min、readonly、required、step、autofocus、disabled、form、name、value

Sample Source

```
<body>
<form action="cgi-bin/formsample.cgi" method="post">
    <p>希望時間：<input type="time" name="t" step="900"></p>
</form>
</body>
```

Google Chrome

希望時間：14:12

「step="900"」を指定しているので、入力フィールドの右にあるスピンボタンを押すと15分(900秒)ずつ値が増減します。コントロール内に直接時間を入力すると、上図のように細かな分の指定もできます。

Opera

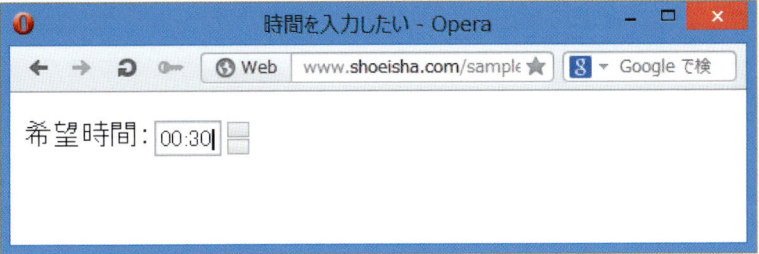

「step="900"」を指定しているので、入力フィールドの右にあるスピンボタンを押すと15分（900秒）ずつ値が増減します。コントロール内に直接時間を入力することもできます。

iPhone Safari

iPhoneでは、コントロールをタップすると時間の入力画面が表示されます。「step」の値は無視され、1分単位での選択になります。

▶ ブラウザ対応表	IE10	IE9	Fx	Chrome	Safari	Opera	iOS6	iOS5	Android
	×	×	×	○	×	○	○	×	×

HTML5

HTML5 > FORM.17

数値を入力したい

新しい値 number

<input type="number">

▶ 要素解説

input要素についてはp.176参照

input要素のtype属性に「number」を指定すると、数値を指定するためのコントロールを作成できます。

このコントロールで扱う値は整数で、マイナスの値も指定できます。デフォルトのステップは「1」ですが（p.180）、step属性を使用すれば小数を扱えるようになります。

他に指定できる属性（p.177〜181）

autocomplete、list、max、min、placeholder、readonly、required、step、autofocus、disabled、form、name、value

Sample Source

```
<body>
<form action="cgi-bin/formsample.cgi" method="post">
   <p>個数：<input type="number" name="num" min="1"></p>
</form>
</body>
```

Google Chrome

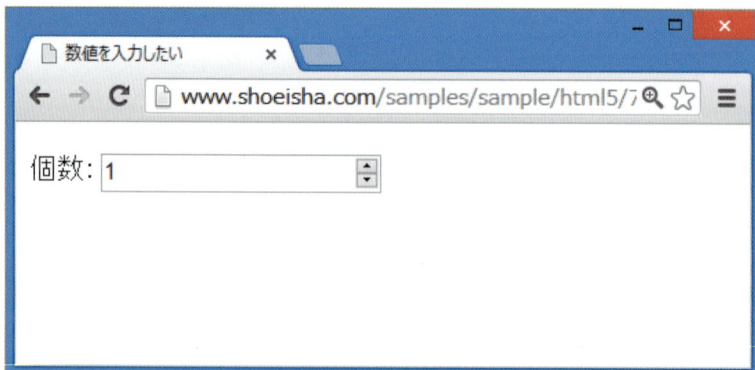

数値を入力したい

www.shoeisha.com/samples/sample/html5/7

個数：1

スピンボタンをクリックすると1ずつ値が増減します。

Opera

数値を入力したい - Opera

www.shoeisha.com/sam ★　Google で

個数：　　　1

数値を入力したい - Opera

www.shoeisha.com/sam ★　Google で

個数：　　　2|

スピンボタンをクリックすると1ずつ値が増減します。

iPhone Safari

数値を入力したい

www.shoeisha.com/samples/sample/html5/7_fo

検索

個数：

前へ・次へ									完了
1	2	3	4	5	6	7	8	9	0
-	/	:	;	(	)	¥	&	@	"
#+=	.	,	?	!	'			⌫	
ABC	🌐	🎤	space					Go	

iPhoneでは、入力フィールドをタップすると、数字の入力画面が表示されます。

▶ ブラウザ対応表	IE10	IE9	Fx	Chrome	Safari	Opera	iOS6	iOS5	Android
	○	×	×	○	○	○	○	○	○

参照 特定の範囲の数値を入力したい ・・・・・・・・・・ P.212

HTML5

文書の基本
セクション
コンテンツのグループ化
テキストレベルの意味付け
コンテンツの埋め込み
テーブル
フォーム
インタラクティブ

特定の範囲の数値を入力したい

新しい値 range

<input type="range">

▶ 要素解説

input要素についてはp.176参照

　input要素のtype属性に「range」を指定すると、数値を指定するためのコントロールを作成できます。一般的にはスライダーで表示され、<input type="number">（p.210）ほど正確な値が重要でない場合に使用します。

　最小値と最大値が指定されていない場合は0〜100（min="0"、max="100"）の値を表し、デフォルトの値は50です。最小値と最大値が指定されている場合は、その中間の数値がデフォルトの値になります。この値はvalue属性で変更できます。

　また、デフォルトのステップは「1」ですが（p.180）、step属性を使用すれば小数を扱えるようになります。

他に指定できる属性（p.177〜181）

autocomplete、list、max、min、step、autofocus、disabled、form、name、value

Sample Source

```
<body>
<form action="cgi-bin/formsample.cgi" method="post">
    <p>満足度（0〜10）：<input type="range" name="grade" max="10"></p>
</form>
</body>
```

Internet Explorer

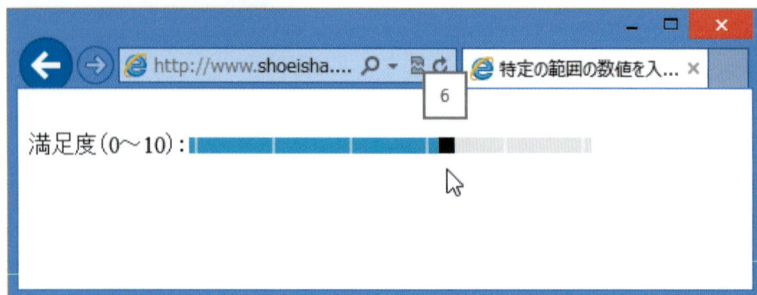

スライダーを左右にドラッグして数値を入力します。スライダー上部に数値がチップで表示されます。

Opera

特定の範囲の数値を入力したい - Opera

Web　www.shoeisha.com/sam　★　Google で検

満足度（0〜10）：

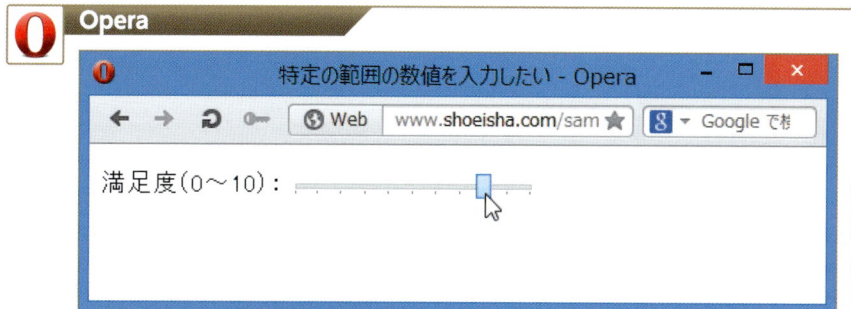

スライダーを左右にドラッグして数値を入力します。

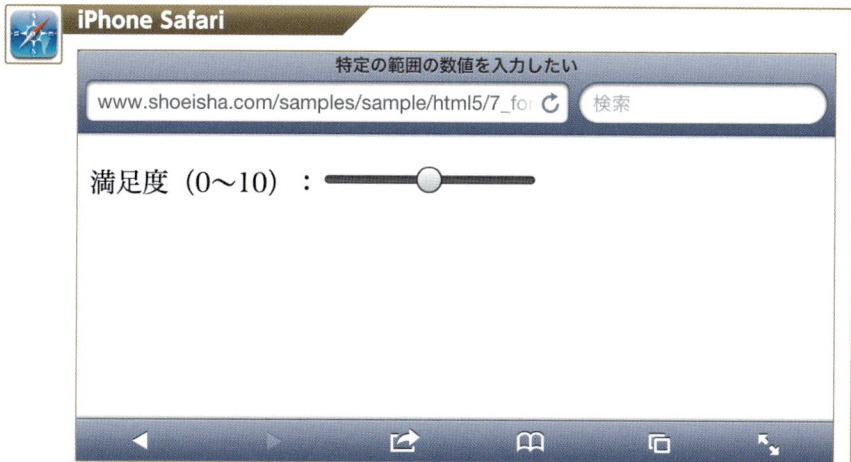

iPhone Safari

特定の範囲の数値を入力したい

www.shoeisha.com/samples/sample/html5/7_fo　検索

満足度（0〜10）：

iPhoneでは、スライダーを指でスワイプして数値を入力します。

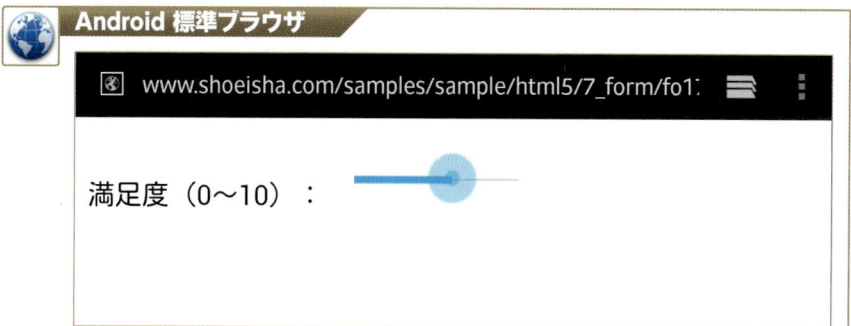

Android 標準ブラウザ

www.shoeisha.com/samples/sample/html5/7_form/fo1:

満足度（0〜10）：

Androidでは、スライダーを指でスワイプして数値を入力します。

▶ ブラウザ対応表	IE10	IE9	Fx	Chrome	Safari	Opera	iOS6	iOS5	Android
	○	×	×	○	○	○	○	○	○

参照　数値を入力したい ・・・・・・・・・・・・・・・・・・・・ P.210

HTML5

色を指定したい

新しい値 color

\<input type="color"\>

▶ 要素解説

input要素についてはp.176参照

input属性のtype属性に「color」を指定すると、色を指定するためのコントロールを作成できます。

他に指定できる属性(p.177～181)

autocomplete、list、autofocus、disabled、form、name、value

Sample Source

```
<body>
<form action="cgi-bin/formsample.cgi" method="post">
    <p>色を指定：<input type="color" name="cl"></p>
</form>
</body>
```

Google Chrome

Google Chromeでは、カラーボックスをクリックすると色の設定ウィンドウが開きます。

文書の基本　セクション　コンテンツのグループ化　テキストレベルの意味付け　コンテンツの埋め込み　テーブル　フォーム　インタラクティブ

Opera

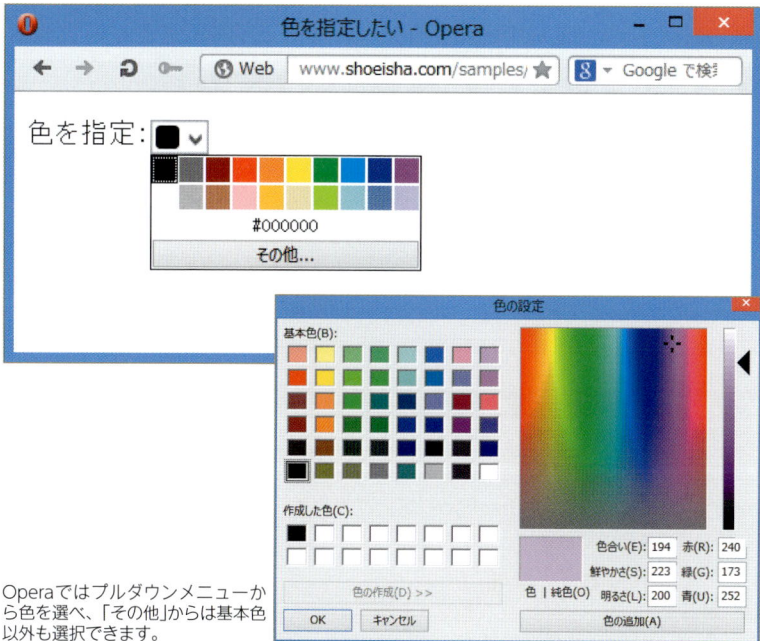

Operaではプルダウンメニューから色を選べ、「その他」からは基本色以外も選択できます。

iPhone Safari

iPhoneは色の指定に対応していません。

▶ ブラウザ対応表	IE10	IE9	Fx	Chrome	Safari	Opera	iOS6	iOS5	Android
	×	×	×	○	×	○	×	×	×

※Android4.2機種搭載のChromeは色の指定に対応していません

チェックボックスを作りたい

<input type="checkbox" ★>

- -

★………name="名前"
　　　value="送信されるテキスト"
　　　checked

▶ 要素解説
input要素についてはp.176参照

　input要素のtype属性に「checkbox」を指定すると、選択肢から1つを選択するためのチェックボックスを作成できます。

name属性

— name=" [ ]"
これをつけると「配列」という複数データが送れる形式に

コントロールの名前を指定します。この値が同じチェックボックスは同一のグループとして認識されるため、共通の項目に対する選択肢の場合は、name属性に同じ値を指定してください。

大字でみえるため、指定していなくてもわかる

value属性

— テキストボックスと違い、「_」内を埋めるは要。

name属性の値とともに、サーバーへ送られる値を指定します。

checked属性

　この属性を指定しておけば、そのチェックボックスがあらかじめ選択された状態で表示されるようになります。「checked」「checked="checked"」「checked=""」のいずれかの形式で指定します。

他に指定できる属性（p.177〜181）
　required、autofocus、disabled、form

Sample Source

```
<body>
<form action="cgi-bin/formsample.cgi" method="post">
    <p>どのようなジャンルのショップをよく利用しますか？</p>
    <p>
        <input type="checkbox" name="category" value="fashion">ファッション
        <input type="checkbox" name="category" value="health">美容・健康
```

```
      <input type="checkbox" name="category" value="food">食品・ドリンク
      <input type="checkbox" name="category" value="computer">
    コンピュータ・家電
      <input type="checkbox" name="category" value="media">CD・DVD・書籍
      <input type="checkbox" name="category" value="other">その他
   </p>
 </form>
</body>
```

Internet Explorer

http://www.shoeisha....　チェックボックスを作りたい

どのようなジャンルのショップをよく利用しますか？

☑ファッション □美容・健康 □食品・ドリンク ☑コンピュータ・家電
□CD・DVD・書籍 ☑その他

iPhone Safari

チェックボックスを作りたい

www.shoeisha.com/samples/sample/html5/7_for　検索

どのようなジャンルのショップをよく利用しますか？

□ファッション □美容・健康 ☑食品・ドリンク ☑コンピュータ・家電 □CD・DVD・書籍 ☑その他

Android 標準ブラウザ

www.shoeisha.com/samples/sample/html5/7_form/fo1!

どのようなジャンルのショップをよく利用しますか？

☐ ファッション ☐ 美容・健康 ☐ 食品・ドリンク ☑ コンピュータ・家電
☑ CD・DVD・書籍 ☐ その他

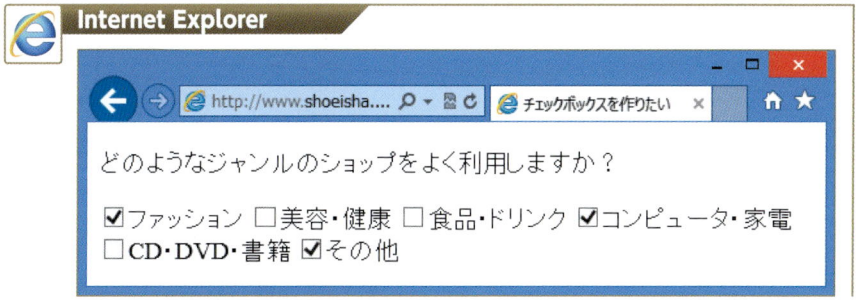

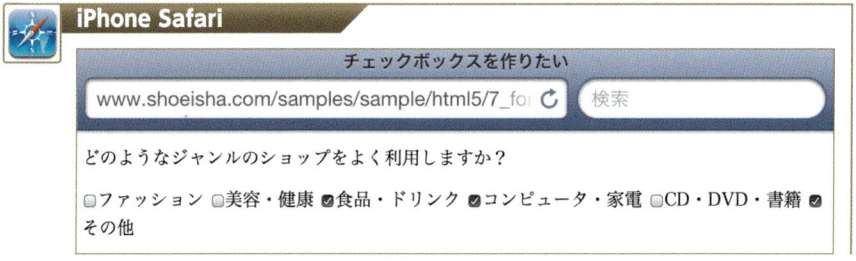

ブラウザ対応表	IE10	IE9	Fx	Chrome	Safari	Opera	iOS6	iOS5	Android
	○	○	○	○	○	○	○	○	○

参照　ラジオボタンを作りたい・・・・・・・・・・・・・・・・P.218

HTML5

文書の基本

セクション

コンテンツの
グループ化

テキストレベルの
意味付け

コンテンツの
埋め込み

テーブル

フォーム

インタラクティブ

HTML5 > FORM.21

ラジオボタンを作りたい

<input type="radio" ★>

★‥‥‥‥name="名前"
value="送信されるテキスト"
checked

▶ 要素解説
input要素についてはp.176参照

　input要素のtype属性に「radio」を指定すると、選択肢から1つを選択するためのラジオボタンを作成できます。

name属性
　コントロールの名前を指定します。この値が同じボタンは同一のグループとして認識されるため、共通の項目に対する選択肢の場合には、name属性に同じ値を指定してください。

value属性
　name属性の値とともに、サーバーへ送られる値を指定します。

checked属性
　この属性を指定しておけば、そのボタンがあらかじめ選択された状態で表示されるようになります。「checked」「checked="checked"」「checked=""」のいずれかの形式で指定します。

他に指定できる属性（p.177〜181）
required、autofocus、disabled、form

Sample Source

```
<body>
<form action="cgi-bin/formsample.cgi" method="post">
    <p>定期的にチェックするショップはありますか？</p>
    <p>
        <input type="radio" name="shop" value="no" checked>なし
        <input type="radio" name="shop" value="some">1〜3店
        <input type="radio" name="shop" value="many">それ以上
    </p>
```

```
    </form>
</body>
```

Internet Explorer

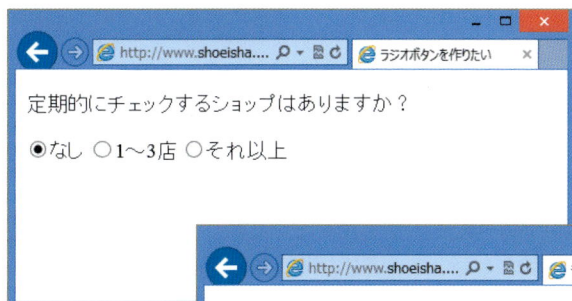

定期的にチェックするショップはありますか？

⦿なし ○1〜3店 ○それ以上

同一グループで選択できるボタンは1つです。

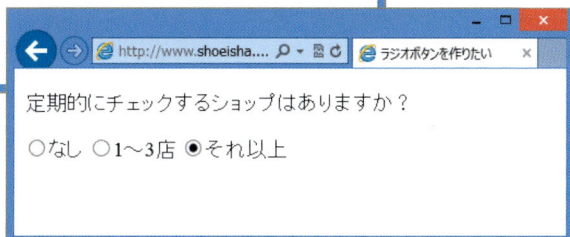

定期的にチェックするショップはありますか？

○なし ○1〜3店 ⦿それ以上

iPhone Safari

ラジオボタンを作りたい

www.shoeisha.com/samples/sample/html5/7_for ⟳ 検索

定期的にチェックするショップはありますか？

⦿なし ○1〜3店 ○それ以上

同一グループで選択できるボタンは1つです。

ラジオボタンを作りたい

www.shoeisha.com/samples/sample/html5/7_for ⟳ 検索

定期的にチェックするショップはありますか？

○なし ○1〜3店 ⦿それ以上

▶ ブラウザ対応表	IE10	IE9	Fx	Chrome	Safari	Opera	iOS6	iOS5	Android
	○	○	○	○	○	○	○	○	○

参照　チェックボックスを作りたい・・・・・・・・・・・・・ P.216

ラジオボタンを作りたい | 219

ファイルを選択してアップロードしたい

<input type="file" ★>

- -

★………accept="選択可能なファイルの種類"（MIMEタイプ）

▶ 要素解説
input要素についてはp.176参照

　input要素のtype属性に「file」を指定すると、ユーザーにファイルを選択してアップロードさせるための入力フィールドとボタンを作成できます。

　なお、ファイルをアップロードするフォームでは、form要素のenctype属性に「multipart/form-data」を指定します。

accept属性
　サーバーが受け取ることができるファイルの種類のヒントとして、選択可能なファイルのMIMEタイプを指定できます。この属性を指定しておけば、ファイルを選択するダイアログボックスが開いたときに、特定の種類のファイルだけを表示させることができます。

他に指定できる属性（p.177〜181）
multiple、required、autofocus、disabled、form、name、value

Sample Source
```
<body>
<form action="cgi-bin/formsample.cgi" method="post"
enctype="multipart/form-data">
    <p>レポート：<input type="file" name="report"></p>
    <p><input type="reset"><input type="submit"></p>
</form>
</body>
```

左側縦タブ：
文書の基本　セクション　コンテンツのグループ化　テキストレベルの意味付け　コンテンツの埋め込み　テーブル　フォーム　インタラクティブ

Internet Explorer

「参照」ボタンをクリックすると、
ファイルの選択画面が開きます。

iPhone Safari

iPhoneでは「ファイルを選択」ボタ
ンをタップすると、アップロード
画面が表示されます。あつかうこ
とができるのは、写真またはビデ
オファイルのみです。

Android 標準ブラウザ

Androidでは「アップロードするファイルを選択」画面が表示され、連携アプリを選択できます。

▶ ブラウザ対応表	IE10	IE9	Fx	Chrome	Safari	Opera	iOS6	iOS5	Android
	○	○	○	○	○	○	○	×	○

HTML5

ボタンを作りたい

<button type="★">〜</button>

★………submit、reset、button

▶ 要素解説

カテゴリー	フロー・コンテンツ／フレージング・コンテンツ／フォーム関連要素（インタラクティブ・コンテンツ／リストされた要素、ラベル付け可能要素、送信可能要素）／パルパブル・コンテンツ
利用できる場所	フレージング・コンテンツが期待される場所
コンテンツモデル	フレージング・コンテンツ（ただし、インタラクティブコンテンツを子要素とすることは不可）

　button要素は、type属性に指定した値によって役割の変わるボタンになります。また、button要素の中に入れたテキストや画像をボタンの上に表示することができます。

type属性

　ボタンの役割を指定します。指定できる値は次の通りです。

submit	送信ボタン（デフォルト）
reset	リセット・ボタン
button	汎用的な押しボタン

他に指定できる属性（p.177〜181）

autofocus、disabled、form、formaction、formenctype、formmethod、formnovalidate、formtarget、name、value

Sample Source

```
<body>
<form action="cgi-bin/formsample.cgi" method="post">
    <p>
        <button type="reset"><span class="green">り</span>せっと</button>
        <button type="submit"><span class="blue">そ</span>うしん</button>
    </p>
    <p>
        <button type="button" onClick="alert('日本では年末恒例の演奏曲となっています。')">ヒントを表示</button>
    </p>
</form>
```

```
</body>
```

Internet Explorer

ボタンに表示されるテキストのスタイルはCSSで指定しています。

「ヒントを表示」ボタンをクリックすると別ウィンドウにヒントが表示されます。

iPhone Safari

ボタンに表示されるテキストのスタイルはCSSで指定しています。

「ヒントを表示」ボタンをタップすると、アラートダイアログにヒントが表示されます。

▶ ブラウザ対応表	IE10	IE9	Fx	Chrome	Safari	Opera	iOS6	iOS5	Android
	○	○	○	○	○	○	○	○	○

参照　送信ボタンを作りたい・・・・・・・・・・・・・・・・・ P.182
リセットボタンを作りたい ・・・・・・・・・・・・・ P.184
汎用ボタンを作りたい・・・・・・・・・・・・・・・・・ P.186

HTML5

複数行の入力フィールドを作りたい

新しい属性 wrap属性

<textarea ★>～</textarea>

★………cols="幅"（文字数）
　　　　rows="行数"
　　　　wrap="改行方法"

▶ 要素解説

カテゴリー	フロー・コンテンツ／フレージング・コンテンツ／インタラクティブ・コンテンツ／フォーム関連要素（リストされた要素、ラベル付け可能要素、送信可能要素、リセット可能要素）／パルパブル・コンテンツ
利用できる場所	フレージング・コンテンツが期待される場所
コンテンツモデル	テキスト

　複数行のテキスト入力フィールド（テキストボックス）を作成するには、textarea要素を指定します。また、textarea要素の中にテキストを入れておけば、入力フィールドの中にそのテキストをあらかじめ表示させることができます。

cols属性

　幅（1行に表示する文字数）を指定します。デフォルトの値は「20」と規定されていますが、実際に表示される幅はブラウザによって異なります。

rows属性

　表示する行数を指定します。デフォルトの値は「2」と規定されています。

wrap属性 新しい属性

　入力したテキストを送信するときに、改行を入れるかどうかを指定します。指定できる値は次の通りです。

　　soft　　意図的に改行を入力した箇所以外は、改行されずに送信される（デフォルト）。
　　hard　　入力フィールド内で折り返された箇所に、改行を入れて送信される。

　このため、値に「hard」を指定したときは、cols属性で入力フィールドの幅を指定しておく必要があります。

他に指定できる属性（p.177～181）

autofocus、**dirname**、**disabled**、**form**、**maxlength**、**name**、**placeholder**、**readonly**、**required**

Sample Source

```
<body>
<form action="cgi-bin/formsample.cgi" method="post">
    <p>当店についてご意見をお聞かせください。</p>
    <p><textarea name="comment1" cols="40" rows="8"></textarea></p>
    <p><textarea name="comment2" cols="40" rows="8">
    このテキストボックスでは、幅40、行数8を指定しています。</textarea></p>
</form>
</body>
```

*この中にタイプした文字は
そのままエリア内に表示される。*

*入力する人はその都度
消さないとダメ。*

*・ちなみにリセットすると上書き
既存の入力文字は復活する*

Internet Explorer

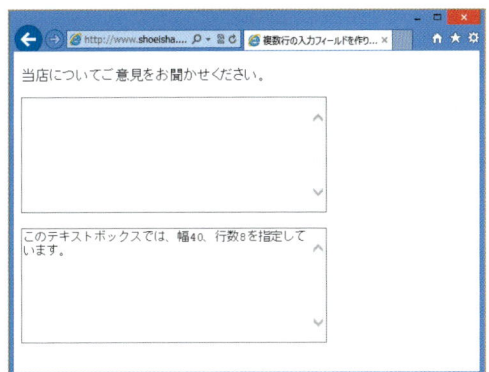

当店についてご意見をお聞かせください。

このテキストボックスでは、幅40、行数8を指定して
います。

iPhone Safari

複数行の入力フィールドを作りたい

www.shoeisha.com/samples/sample/html5/7_fo 検索

当店についてご意見をお聞かせください。

このテキストボックスでは、幅40、行数8を指定
しています。

▶ ブラウザ対応表	IE10	IE9	Fx	Chrome	Safari	Opera	iOS6	iOS5	Android
	○	○	○	○	○	○	○	○	○

参照　一行の入力フィールドを作りたい・・・・・・・・・・P.192

プルダウンメニューを作りたい

`<select><option ★>～</option></select>`

★………value="送信されるテキスト"
　　　　selected

▶ 要素解説	select	option
カテゴリー	フロー・コンテンツ／フレージング・コンテンツ／インタラクティブ・コンテンツ／フォーム関連要素（リストされた要素、ラベル付け可能要素、送信可能要素、リセット可能要素）／パルパブル・コンテンツ	なし
利用できる場所	フレージング・コンテンツが期待される場所	select要素の子要素として／datalist要素の子要素として／optgroup要素の子要素として
コンテンツモデル	option要素、またはoptgroupを0個以上要素	テキスト

　一般的に、プルダウンメニューはselect要素とoption要素で作成できます。select要素は選択肢の中から項目を選択するためのコントロールを表す要素です。個々の選択項目はoption要素で表します。

value属性 いい卯!!

　サーバーへ送られる値を指定します。この属性がない場合は、option要素の内容（選択肢として表示されるテキスト）が送信されます。

selected属性

　この属性を指定しておけば、その項目があらかじめ選択された状態で表示されるようになります。「selected」「selected="selected"」「selected=""」のいずれかの形式で指定します。

他に指定できる属性（p.177～181）

　　select要素：**autofocus**、**disabled**、**form**、**name**、**required**
　　option要素：**disabled**、**label**

Sample Source

```
<body>
<form action="cgi-bin/formsample.cgi" method="post">
  <p>当店を選んだ理由は？</p>
  <p>
  <select name="good1">
    <option value="1">知名度</option>
    <option value="2">オリジナリティ</option>
    <option value="3">品質</option>
    <option value="4">品揃え</option>
    <option value="5">価格</option>
    <option value="6">その他</option>
  </select>
  </p>
  <p>当店を選んだ理由は？<br>（最初に選択されている項目を指定）</p>
  <p>
  <select name="good2">
    <option value="1">知名度</option>
    <option value="2">オリジナリティ</option>
    <option value="3">品質</option>
    <option value="4">品揃え</option>
    <option value="5">価格</option>
    <option value="6" selected>その他</option>
  </select>
  </p>
</form>
</body>
```

（手書き注釈）セレクトタグには name属性が必要

（手書き注釈）"6"に続けて「selected="selected"」を入力すると プルダウンのトップが「その他」に。

Internet Explorer

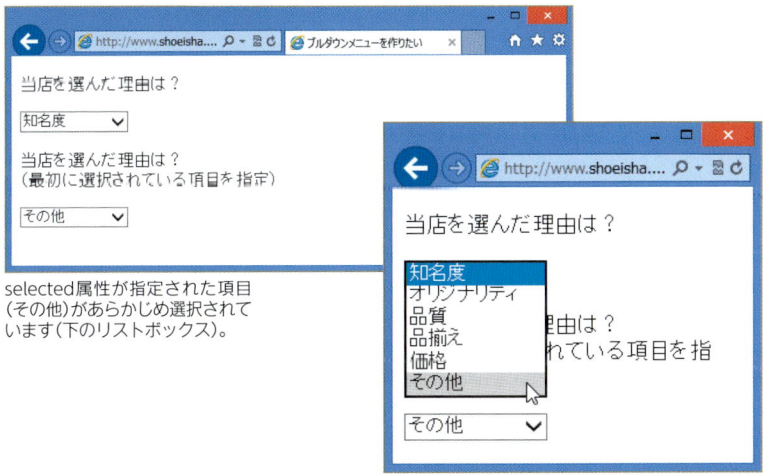

selected属性が指定された項目
（その他）があらかじめ選択されて
います（下のリストボックス）。

当店を選んだ理由は？

知名度　　　∨

当店を選んだ理由は？
（最初に選択されている項目を指定）

その他　　　∨

当店を選んだ理由は？

| 知名度 |
| オリジナリティ |
| 品質 |
| 品揃え |
| 価格 |
| その他 |

その他　　　∨

文書の基本

セクション

コンテンツのグループ化

テキストレベルの意味付け

コンテンツの埋め込み

テーブル

フォーム

インタラクティブ

iPhone Safari

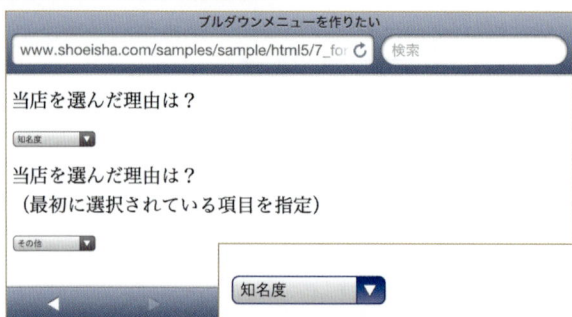

プルダウンメニューを作りたい

www.shoeisha.com/samples/sample/html5/7_for ○   検索

当店を選んだ理由は？

知名度 ▼

当店を選んだ理由は？
（最初に選択されている項目を指定）

その他 ▼

◀   ▶

selected属性が指定された項目（その他）があらかじめ選択されています（下のリストボックス）。

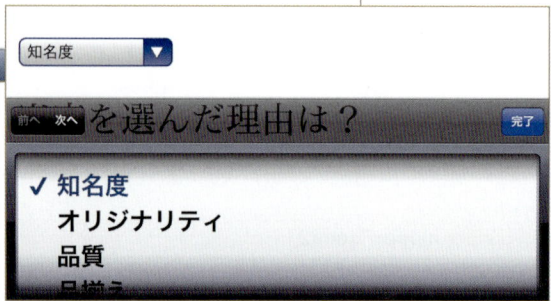

知名度 ▼

前へ 次へ   理由は？   完了

✓ 知名度
オリジナリティ
品質
品揃え

Android 標準ブラウザ

www.shoeisha.com/samples/sample/html5/7_form/fo2

当店を選んだ理由は？

知名度 ◢

当店を選んだ理由は？
（最初に選択されている項目を指定）

その他 ◢

selected属性が指定された項目（その他）があらかじめ選択されています（下のリストボックス）。

www.sho

当店を選んだ理由
品質
当店を選んだ理由
（最初に選択され
その他

知名度
オリジナリティ
品質
品揃え
価格
その他

▶ ブラウザ対応表	IE10	IE9	Fx	Chrome	Safari	Opera	iOS6	iOS5	Android
	○	○	○	○	○	○	○	○	○

参照
リストボックスを作りたい ・・・・・・・・・・・・・ P.229
メニューの選択項目をグループ化したい ・・・・・ P.232
入力候補のリストを作りたい ・・・・・・・・・・・ P.234

HTML5 > FORM.26

リストボックスを作りたい

<select size="★" ◆><option ▲>〜 </option></select>

★………表示行数
◆………multiple
▲………value="送信されるテキスト"
　　　　selected

▶ 要素解説

select要素、option要素についてはp.226参照

　select要素（p.226）に表示行数を表すsize属性を指定すると、リストボックス形式のメニューを作成できます。

size属性

　表示される行数を「1」以上の整数で指定します。

multiple属性

　複数の項目を選択できるようにします。「multiple」「multiple="multiple"」「multiple=""」のいずれかの形式で指定します。

　size属性が指定されていない場合にこの属性を指定すると、size属性の値が「4」として扱われます。

value属性

　サーバーへ送られる値を指定します。この属性がない場合は、option要素の内容（選択肢として表示されるテキスト）が送信されます。

selected属性

　この属性を指定しておけば、その項目があらかじめ選択された状態で表示されるようになります。「selected」「selected="selected"」「selected=""」のいずれかの形式で指定します。

他に指定できる属性（p.177〜181）
　select要素：**autofocus**、**disabled**、**form**、**name**、**required**
　option要素：**disabled**、**label**

Sample Source

```html
<body>
<form action="cgi-bin/formsample.cgi" method="post">
    <p>当店を選んだ理由は？<br>（3行だけ表示）</p>
    <p>
    <select name="good1" size="3">
      <option value="1">知名度</option>
      <option value="2">オリジナリティ</option>
      <option value="3">品質</option>
      <option value="4">品揃え</option>
      <option value="5">価格</option>
      <option value="6">その他</option>
    </select>
    </p>
    <p>当店を選んだ理由は？<br>（最初に選択されている項目を指定。複数選択も可能）</p>
    <p>
    <select name="good2" multiple>
      <option value="1">知名度</option>
      <option value="2">オリジナリティ</option>
      <option value="3">品質</option>
      <option value="4">品揃え</option>
      <option value="5">価格</option>
      <option value="6" selected>その他</option>
    </select>
    </p>
</form>
</body>
```

Internet Explorer

multiple属性が指定されたリストボックスでは、複数の項目を選択できます（下のリストボックス）。

すべての項目が表示できないボックスにはスクロールバーが付きます。また、ページの初期状態では、selected属性が指定された項目（その他）があらかじめ選択されます（下のリストボックス）。

iPhone Safari

リストボックスを作りたい

www.shoeisha.com/samples/sample/html5/7_for ⟳　　検索

当店を選んだ理由は？
（3行だけ表示）

当店を選んだ理由は？
（最初に選択されている項目を指定。複数選択も可能）

その他

◀

multiple属性が指定
されたリストボックス
では、複数の項目を選
択できます（下のリス
トボックス）。

‖lll KDDI 🔋　　　　　　13:45

4項目　　…

前へ　次へ　　　　　　　　　　　　完了

✓ 知名度
✓ オリジナリティ
✓ 品質
　品揃え

ページの初期状態では、
selected属性が指定さ
れた項目（その他）があら
かじめ選択されます（下
のリストボックス）。

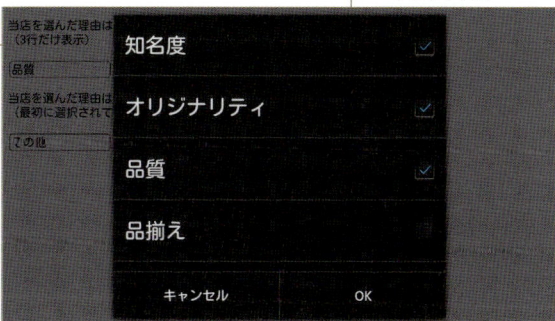

Android 標準ブラウザ

⟐　www.shoeisha.com/samples/sample/html5/7_form/fo2!　≡　⋮

当店を選んだ理由は？
（3行だけ表示）

当店を選んだ理由は？
（最初に選択されている項目を指定。複数選択も可能）

その他

multiple属性が指定
されたリストボックス
では、複数の項目を選
択できます（下のリス
トボックス）。

当店を選んだ理由は
（3行だけ表示）
品質

当店を選んだ理由は
（最初に選択されて

その他

知名度　　　　✓

オリジナリティ　✓

品質　　　　　✓

品揃え

キャンセル　　　　　OK

ページの初期状態では、
selected属性が指定さ
れた項目（その他）があら
かじめ選択されます（下
のリストボックス）。

▶ ブラウザ対応表	IE10	IE9	Fx	Chrome	Safari	Opera	iOS6	iOS5	Android
	○	○	○	○	○	○	○	○	○

参照　プルダウンメニューを作りたい ・・・・・・・・・・・ P.226
メニューの選択項目をグループ化したい ・・・・・ P.232

リストボックスを作りたい｜231

メニューの選択項目をグループ化したい

`<optgroup label="★"><option label="◆" ▲>~</option></optgroup>`

★………グループ名
◆………項目名
▲………value="送信されるテキスト"

▶ 要素解説	optgroup
カテゴリー	なし
利用できる場所	select要素の子要素として
コンテンツモデル	option要素を0個以上
▶ 要素解説	option
option要素についてはp.226参照	

　optgroup要素で、select要素とoption要素で表されたメニュー（p.226～228）の選択項目をグループ化できます。対応したブラウザでは、メニューが階層化されて表示されます。リストの選択項目の数が多いときなどに便利な機能です。

optgroup要素のlabel要素

　選択項目のをグループ化したときの、グループ名を指定します。この属性で指定したグループ名が、個々の選択項目とともにメニューに表示されます。この属性を省略することはできません。

option要素のlabel要素

　選択項目として表示するテキストを指定します。対応したブラウザでは、この属性で指定されたテキストが、option要素の内容（本来、選択肢として表示されるテキスト）よりも優先して表示されます。

value属性

　サーバーへ送られる値を指定します。この属性がない場合は、option要素の内容（選択肢として表示されるテキスト）が送信されます。

他に指定できる属性（p.180）

　optgroup要素：**disabled**

文書の基本
セクション
コンテンツのグループ化
テキストレベルの意味付け
コンテンツの埋め込み
テーブル
フォーム
インタラクティブ

Sample Source

```
<body>
<form action="cgi-bin/formsample.cgi" method="post">
    <p>よくお使いのシャンプーは？</p>
    <select name="shampoo">
        <optgroup label="モイストシリーズ">
            <option label="リッチ" value="rm">リッチモイスト</option>
            <option label="スーパーリッチ" value="srm">スーパーリッチモイスト
            </option>
            <option label="シルキー" value="sm">シルキーモイスト</option>
        </optgroup>
        <optgroup label="ダメージケアシリーズ">
            <option label="リペア" value="dr">ダメージケア リペア</option>
            <option label="ウルトラリペア" value="udr">ダメージケア ウルトラリペア
            </option>
        </optgroup>
    </select>
</form>
</body>
```

Internet Explorer

<optgroup label>の値でメニューが階層化され、<option label>の値が項目として表示されます。

iPhone Safari

<optgroup label>の値でメニューが階層化され、<option label>の値が項目として表示されます。

ブラウザ対応表	IE10	IE9	Fx	Chrome	Safari	Opera	iOS6	iOS5	Android
	○	○	○	○	○	○	○	○	○

参照　プルダウンメニューを作りたい ・・・・・・・・・・・ P.226
リストボックスを作りたい ・・・・・・・・・・・・・ P.229

HTML5

文書の基本
セクション
コンテンツの
グループ化
テキストレベルの
意味付け
コンテンツの
埋め込み
テーブル
フォーム
インタラクティブ

入力候補のリストを作りたい

新しい要素 datalist要素

<datalist id="★"><option ◆>〜 </option></datalist> <input type="▲" list="★">

★………値
◆………value="送信されるテキスト"
▲………既定の値

▶ 要素解説	datalist
カテゴリー	フロー・コンテンツ／フレージング・コンテンツ
利用できる場所	フレージング・コンテンツが期待される場所
コンテンツモデル	フレージング・コンテンツ、または0個以上のoption要素

▶ 要素解説	option
option要素についてはp.226参照	

　datalist要素とoption要素で、テキストを入力するフィールドにおいて入力候補として表示させるリストを作成できます。datalist要素は入力候補となる項目の集まりを表す要素です。個々の入力項目はdatalist要素の中に入れたoption要素で表します。

　datalist要素にid属性を指定し、この値をinput要素のlist属性（p.178）で参照すれば、該当のフィールドに入力候補が表示されるようになります。ユーザーは表示された候補から選択するだけでなく、任意の値を入力することもできます。

Sample Source

```
<form action="cgi-bin/formsample.cgi" method="post">
  <p>
    <input type="search" name="search" list="item"
    placeholder="サイト内検索">
    <input type="submit" value="検索">
  </p>
  <datalist id="item">
    <option value="コピペルナーV3"></option>
    <option value="コピペルナーV2"></option>
    <option value="コピペルナー"></option>
    <option value="コピペルナーサーバー"></option>
  </datalist>
</form>
```

Internet Explorer

検索

コピベルナーV3
コピベルナーV2
コピベルナー
コピベルナーサーバー

Firefox

Firefox ▼

入力補候のリストを作りたい　　＋

www.shoeisha.com/samples/sam　　　▼ C　　Google

サイト内検索　　検索

コピベルナーV3
コピベルナーV2
コピベルナー
コピベルナーサーバー

Google Chrome

入力候補のリストを作りたい　×

www.shoeisha.com/samples/sample/html5/7_form/fo

サイト内検索　　検索

コピベルナーV3
コピ゛ベルナ　V2
コピベルナー
コピベルナーサーバー

▶ ブラウザ対応表	IE10	IE9	Fx	Chrome	Safari	Opera	iOS6	iOS5	Android
	○	×	○	○	○	○	×	×	×

※Android4.2機種搭載のChromeは対応していません

参照　input要素で入力フォームの部品を作りたい ‥ P.176

参照　input要素で入力フォームの部品を作りたい ‥ P.176

入力候補のリストを作りたい ｜ 235

HTML5

フォームの部品をグループ化したい

\<fieldset\>\<legend\>～\</legend\>\</fieldset\>

▶ 要素解説	fieldset	legend
カテゴリー	フロー・コンテンツ／セクショニング・ルート／フォーム関連要素（リストされた要素、ラベル付け可能要素、送信可能要素、リセット可能要素）／パルパブル・コンテンツ	なし
利用できる場所	フロー・コンテンツが期待される場所	fieldset要素の最初の子要素として
コンテンツモデル	1個のlegend要素（任意）に続き、フロー・コンテンツ	フレージング・コンテンツ

　fieldset要素で、フォームを構成するさまざまなコントロール（部品）をグループ化できます。legend要素は、グループ化されたコントロールのキャプション（タイトルや説明）を表す要素で、fieldset要素内の一番最初に配置します。

他に指定できる属性（p.177～181）
　　fieldset要素：disabled、form、name

Sample Source

```
<body>
<form action="cgi-bin/formsample.cgi" method="post">
  <fieldset>
    <legend>お客様の情報</legend>
    <p>
      <label>名前：<input type="text" name="username" required></label>
      <label>年齢：<input type="number" name="age" min="0"></label>
    </p>
    <p><label for="job">職業：</label>
    <select name="job" id="job">
      <option value="office">会社員</option>
      <option value="public">公務員</option>
      <option value="self">自営業・自由業</option>
      <option value="student">学生</option>
      <option value="house">主婦</option>
      <option value="other">その他</option>
    </select>
    </p>
    <p><label>電話番号：<input type="tel" name="tel"></label></p>
```

```
        <p><label>E-mail：<input type="email" name="email"></label></p>
        <p><label><input type="checkbox" name="dm" checked>DMの送信を希望
        する</label></p>
        <p><input type="reset"><input type="submit"></p>
    </fieldset>
</form>
</body>
```

Internet Explorer

お客様の情報

名前：［　　　　　　　］　年齢：［　　　　　　　］

職業：［会社員　　　∨］

電話番号：［　　　　　　　　］

E-mail：［　　　　　　　］

☑DMの送信を希望する

［リセット］　［クエリ送信］

iPhone Safari

フォームの部品をグループ化したい

www.shoeisha.com/samples/sample/html5/7_for　⟳　［検索］

お客様の情報

名前：［　　　］　年齢：［　　　　］

職業：［会社員　▾］

電話番号：［　　　　　］

E-mail：［　　　　］

☑DMの送信を希望する

（リセット）（送信）

▶ ブラウザ対応表	IE10	IE9	Fx	Chrome	Safari	Opera	iOS6	iOS5	Android
	○	○	○	○	○	○	○	○	○

文書の基本

セクション

コンテンツの
グループ化

テキストレベルの
意味付け

コンテンツの
埋め込み

テーブル

フォーム

インタラクティブ

部品にキャプションを付けたい

\<label\>〜\</label\>
\<label for="★"\>〜\</label\>

★………参照する部品のid属性と同じ値

▶ 要素解説	
カテゴリー	フロー・コンテンツ／フレージング・コンテンツ／インタラクティブ・コンテンツ／フォーム関連要素／パルパブル・コンテンツ
利用できる場所	フレージング・コンテンツが期待される場所
コンテンツモデル	フレージング・コンテンツ（ただし、キャプションの対象となっていないラベル付け可能要素を入れることは不可／label要素の入れ子は不可）

　フォームのコントロール（部品）のキャプションは、label要素で表します。これにより、入力フィールドやチェックボックス、ラジオボタン、メニューなど、value属性によってラベルを付けられないコントロールにキャプションを付け、また一般的には、そのコントロールとキャプションを連動させることが可能になります。例えばチェックボックスの場合は、キャプションであるテキスト部分をクリックしても、チェックできるようになります。

　指定には、label要素のみを使用する方法と、for属性を使用する方法とがあります。label要素のみで指定する場合は、キャプションとなるテキストと関連付けたいコントロールをlabel要素内に配置します。

　label要素を使ってコントロールとキャプションを連動させることができる要素は、ラベル付け可能要素に分類されるbutton要素（p.222）、input要素（type="hidden"の場合をのぞく）、keygen要素、meter要素、output要素、progress要素、select要素、textarea要素です。

for属性　——idタグが必要

　この属性を使用する場合、label要素の中にはキャプションとなるテキストのみを記述します。関連づけたいコントロールにid属性を指定し、この値をfor属性の値に指定すれば、キャプションとコントロールが連動するようになります。

Sample Source

```
<body>
<form action="cgi-bin/formsample.cgi" method="post">
    <p>メールマガジンの購読：</p>
    <p>
        <input type="radio" name="magazine" value="yes" id="ok">
        <label for="ok">希望する</label>
    </p>
    <p>
        <input type="radio" name="magazine" value="no" id="no">
        <label for="no">希望しない</label>
    </p>
    <p>
    <p>
        <label>E-mail：<input type="email" name="email"></label>
    </p>
</form>
</body>
```

Internet Explorer

メールマガジンの購読：

◉ 希望する

○ 希望しない

E-mail：

「希望する」「希望しない」「E-mail:」がラジオボタンやテキストボックス（部品）に連動したキャプションとなり、テキストをクリックすることで部品を選択できます。

iPhone Safari

www.shoeisha.com/samples/sample/htm

メールマガジンの購読：

◉希望する

○希望しない

E-mail：

「希望する」「希望しない」「E-mail:」がラジオボタンやテキストボックス（部品）に連動したキャプションとなり、テキストをタップすることで部品を選択できます。

▶ ブラウザ対応表	IE10	IE9	Fx	Chrome	Safari	Opera	iOS6	iOS5	Android
	○	○	○	○	○	○	○	×	○

鍵ペアを生成したい

`新しい要素` keygen

<keygen keytype="★" ◆>

- -

★⋯⋯⋯rsa
◆⋯⋯⋯challenge="チャレンジ情報"

▶ 要素解説

カテゴリー	フロー・コンテンツ／フレージング・コンテンツ／インタラクティブ・コンテンツ／フォーム関連要素（リストされた要素、ラベル付け可能要素、送信可能要素、リセット可能要素）／パルパブル・コンテンツ
利用できる場所	フレージング・コンテンツが期待される場所
コンテンツモデル	空

　keygen要素では、フォームを送信する際に、公開鍵暗号方式における秘密鍵と公開鍵の鍵ペアを生成できます。秘密鍵はブラウザ側で保存され、公開鍵がサーバーへ送信されます。

　もともとは、Netscape Navigatorが独自に拡張した要素で、HTML5で新たに採用されました。

keytype属性

　生成する鍵のタイプを指定します。HTML5で指定できるのは「rsa」のみです。そのため、この属性が省略されたときは、rsaが指定されたものとみなされます。

challenge属性

　公開鍵と一緒に送信するチャレンジ情報（チャレンジ／レスポンス方式の認証において、サーバーが送ってくるデータ）を指定します。

他に指定できる属性（p.177〜181）

autofocus、disabled、form、name

Sample Source

```
<body>
<form action="cgi-bin/formsample.cgi" method="post">
   <p>
      <keygen keytype="rsa" name="key">
      <input type="submit" value="キーを送信">
   </p>
</form>
```

文書の基本

セクション

コンテンツの
グループ化

テキストレベルの
意味付け

コンテンツの
埋め込み

テーブル

フォーム

インタラクティブ

</body>

Opera

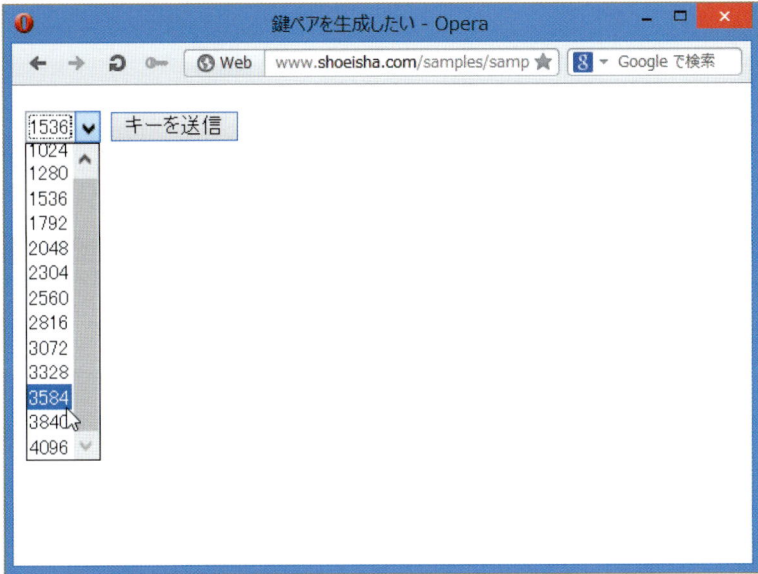

Firefox

▶ ブラウザ対応表	IE10	IE9	Fx	Chrome	Safari	Opera	iOS6	iOS5	Android
	×	×	○	○	○	○	×	×	○

文書の基本

セクション

コンテンツの
グループ化

テキストレベルの
意味付け

コンテンツの
埋め込み

テーブル

フォーム

インタラクティブ

HTML5 > FORM.32

フォームの計算結果を表したい

新しい要素 output要素

<output ★>〜</output>

★‥‥‥‥必要な属性（下記参照）

▶ 要素解説

カテゴリー	フロー・コンテンツ／フレージング・コンテンツ／フォーム関連要素（リストされた要素、ラベル付け可能要素、リセット可能要素）／パルパブル・コンテンツ
利用できる場所	フレージング・コンテンツが期待される場所
コンテンツモデル	フレージング・コンテンツ

　フォーム内のなんらかの計算の結果を表すには、output要素を使います。実際に動作させるためにはJavaScriptなどのスクリプトが必要です。

for属性

　計算に使われるコントロールのid属性の値を指定することで、コントロールとoutput要素とを結び付けます。半角スペースで区切って複数の値を指定することもできます。

他に指定できる属性（p.177〜181）

　form、name

Sample Source

```
<body>
<form onsubmit="return false" oninput="o.value = Number(a.value) +
Number(b.value);">
    <p>
    <input type="number" name="a" id="a"> +
    <input type="number" name="b" id="b"> =
    <output name="o" for="a b"></output>
    </p>
</form>
</body>
```

Google Chrome

16 ⬍ + 206 ⬍ = 222

Opera

401 2 ⬍ + 2503 ⬍ = 6515

iPhone Safari

フォームの計算結果を表したい

www.shoeisha.com/samples/sample/html5/7_fo 検索

12345 + 6789 = 19134

▶ ブラウザ対応表	IE10	IE9	Fx	Chrome	Safari	Opera	iOS6	iOS5	Android
	×	×	○	○	○	○	○	○	○

HTML5 > FORM.33

進捗状況を示したい

新しい要素 progress要素

```
<progress value="★" max="◆">～
    </progress>
```

★………進捗状況を示す値
◆………完了したときの値

▶ 要素解説

カテゴリー	フロー・コンテンツ／フレージング・コンテンツ／ラベル付け可能要素
利用できる場所	フレージング・コンテンツが期待される場所／パルパブル・コンテンツ
コンテンツモデル	フレージング・コンテンツ（ただし、progress要素の入れ子は不可）

　どのくらい作業が完了しているのかといった作業の進捗状況はprogress要素で表し、一般的にはプログレス・バーとして表示されます。progress要素の中には、この要素に対応していないブラウザ向けに、プログレスバーが示す値の説明などを入れることができます。このテキストは、progress要素に対応したブラウザでは表示されません。

value属性

　進捗状況を示す値を、0以上max属性の値以下の数値で指定します。この属性がない場合は、確定していないプログレスバーとして扱われ、進行中を示すプログレスバーが表示されます。

max属性

　作業が完了したときの値を、0よりも大きい数値で指定します。

Sample Source

```
<body>
<form action="cgi-bin/formsample.cgi" method="post">
    <p>ダウンロード中... <progress max="100"> 25%</progress></p>
</form>
</body>
```

Internet Explorer

進行中を示すプログレスバーがアニメーションで表示されます。

Opera

進行中を示すプログレスバーがアニメーションで表示されます。

iPhone Safari

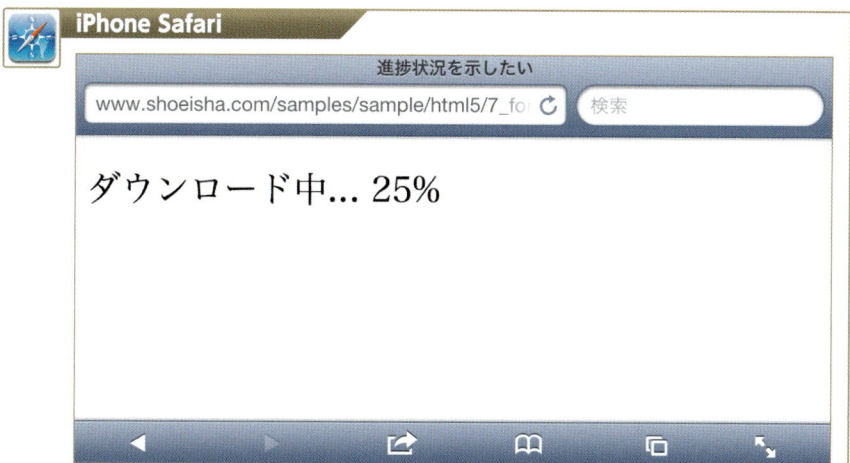

progress要素に対応していないブラウザでは、要素内のテキストが表示されます

▶ ブラウザ対応表	IE10	IE9	Fx	Chrome	Safari	Opera	iOS6	iOS5	Android
	○	×	○	○	○	○	×	×	×

参照 ゲージを示したい・・・・・・・・・・・・・・・・・・・・ P.246

HTML5

ゲージを示したい

新しい要素 meter要素

<meter value="★" min="◆" max="▲">〜</meter>

★………特定の値
◆………最小値
▲………最大値

▶ 要素解説

カテゴリー	フロー・コンテンツ／フレージング・コンテンツ／ラベル付け可能要素／パルパブル・コンテンツ
利用できる場所	フレージング・コンテンツが期待される場所
コンテンツモデル	フレージング・コンテンツ（ただし、meter要素の入れ子は不可）

　ある範囲の中の特定の値はmeter要素で表し、一般的にはゲージとして表示されます。meter要素の中には、この要素に対応していないブラウザ向けに、ゲージが示す値の説明などを入れることができます。このテキストはmeter要素に対応したブラウザでは表示されません。

value属性

　ゲージが示す値を指定します。この属性を省略することはできません。

min属性

　ゲージの範囲の最小値を指定します。指定されていなければ「0」とみなされます。

max属性

　ゲージの範囲の最大値を指定します。指定されていなければ「1」とみなされます。

　また、次の属性も指定できます。

low属性

　ゲージの低い領域部分の上限を指定します。指定されていなければ、min属性と同じ値とみなされます。

high属性

　ゲージの低い領域部分の下限を指定します。指定されていなければ、max属性と同じ値とみなされます。

optimum属性

最適な値を指定します。指定されていなければ、min属性とmax属性の中間の値とみなされます。

Sample Source

```
<body>
<form action="cgi-bin/formsample.cgi" method="post">
    <p>あなたの成績：<meter value="65" min="0" low="30" high="80" max="100">
    65点(100点満点中)</meter></p>
</form>
</body>
```

Google Chrome

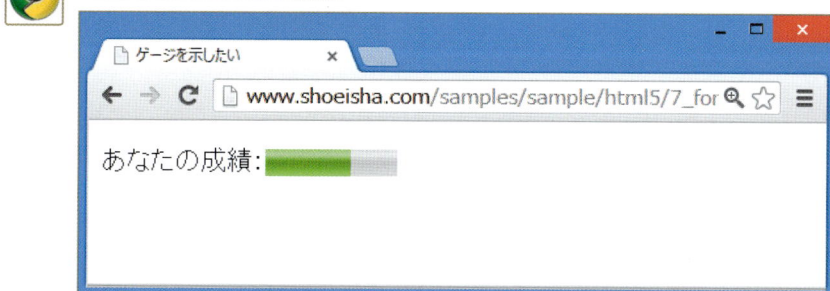

ゲージを示したい

www.shoeisha.com/samples/sample/html5/7_for

あなたの成績：

Internet Explorer

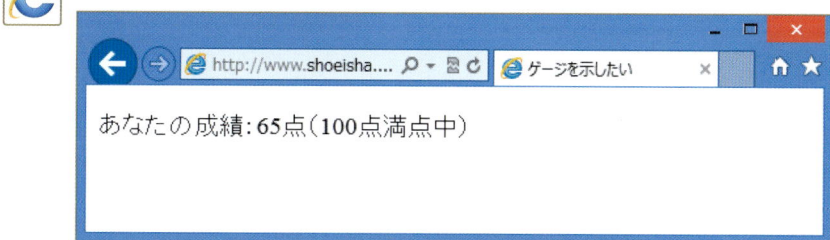

http://www.shoeisha....　　ゲージを示したい

あなたの成績：65点(100点満点中)

meter要素に対応していないブラウザでは要素内のテキストが表示されます

▶ ブラウザ対応表	IE10	IE9	Fx	Chrome	Safari	Opera	iOS6	iOS5	Android
	×	×	○	○	○	○	×	×	×

参照 　進捗状況を示したい ・・・・・・・・・・・・・・・・・・ P.244

HTML5

詳細な情報をオンデマンドで表示したい

新しい要素 details要素、summary要素

<details ★><summary>〜</summary>〜</detail>

★‥‥‥‥open

▶ 要素解説	details	summary
カテゴリー	フロー・コンテンツ／セクショニング・ルート／インタラクティブ・コンテンツ／パルパブル・コンテンツ	なし
利用できる場所	フロー・コンテンツが期待される場所	detail要素の最初の子要素として
コンテンツモデル	1個のsummary要素に続き、フロー・コンテンツ	フレージング・コンテンツ

　詳細な情報や各種のコントロールをオンデマンドで表示するための要素として、details要素が定義されています。例えば、ユーザーがボタンをクリックしたら、折りたたまれていた詳細情報を表示するようにしたい場合などに利用できます。

　summary要素は、details要素で表される詳細情報の要約やキャプション、説明として表示される内容を表す要素です。details要素の直後に1つだけ入れることができます。そのあとに詳細情報を入れてください。

open属性

　詳細情報をあらかじめ表示するよう指定します。「open」「open="open"」「open=""」のいずれかの形式で指定します。

Sample Source

```
<body>
<section class="prgress window">
    <h1>音楽ファイルのダウンロード</h1>
    <details>
        <summary>『Apple and Windows』のダウンロード中... <progress value="25"
max="100"> 25%</progress></summary>
        <dl>
        <dt>タイトル</dt><dd>Apple and Windows</dd>
        <dt>ファイル名：</dt><dd>sam.mp3</dd>
        <dt>ファイル形式：</dt><dd>MPEG Audio Layer-3</dd>
        <dt>ファイル容量：</dt><dd>6.42MB</dd>
```

```
        <dt>再生時間：</dt><dd>4分38秒</dd>
      </dl>
    </details>
  </section>
</body>
```

Google Chrome

音楽ファイルのダウンロード

▶ 『Apple and Windows』のダウンロード中…

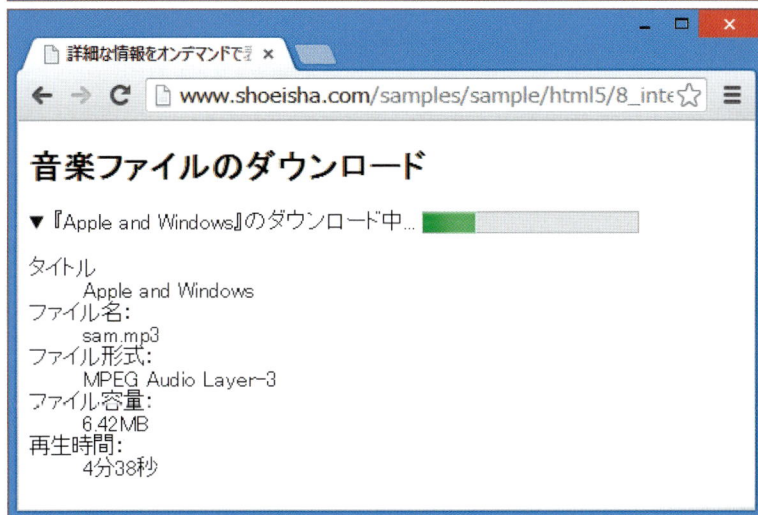

音楽ファイルのダウンロード

▼ 『Apple and Windows』のダウンロード中…

タイトル
　　　Apple and Windows
ファイル名：
　　　sam.mp3
ファイル形式：
　　　MPEG Audio Layer-3
ファイル容量：
　　　6.42MB
再生時間：
　　　4分38秒

横向きの三角マーク、またはその一列をクリックすると、三角が▼に変わり、隠れていた詳細情報が展開されます。

▶ ブラウザ対応表	IE10	IE9	Fx	Chrome	Safari	Opera	iOS6	iOS5	Android
	×	×	×	○	○	×	○	×	○

HTML5

命令を表したい

新しい要素 command要素

<command type="★" label="◆" ▲>

★………command、checkbox、radio
◆………コマンドの名前
▲………必要な属性（下記参照）

▶ 要素解説

カテゴリー	メタデータ・コンテンツ／フロー・コンテンツ／フレージング・コンテンツ
利用できる場所	メタデータ・コンテンツが期待される場所／フレージング・コンテンツが期待される場所
コンテンツモデル	空

　ユーザーが利用可能なコマンド（命令）は、command要素で表します。この要素を使用することで、例えばメニュー・バーやコンテキスト・メニュー、ツールバーのボタンのように、特定の機能を実行するためのコマンドをWebページに用意することができます。

　command要素はmenu要素（p.252）の子要素として使います。また、実際にコマンドを実行させるには、JavaScriptなどのスクリプトが必要です。

type属性

　コマンドの種類を指定します。指定できる値は次の通りです。この属性がない場合は、「command」として扱われます。

command	通常のコマンド
checkbox	トグル型（オン／オフ切り替えタイプ）
radio	選択肢から1つを選択するタイプ

label属性

　ユーザーに対して表示される、コマンドの名前を指定します。この属性を省略することはできません。

icon属性

　コマンドのアイコンとなる画像のURLを指定します。

disabled属性

　そのコントロールを無効にします。この属性を指定すると、ユーザーが入力や選択、クリックなどをできなくなります。「disabled」「disabled="disabled"」「disabled=""」のいずれかの形式で指定します。

文書の基本
セクション
コンテンツのグループ化
テキストレベルの意味付け
コンテンツの埋め込み
テーブル
フォーム
インタラクティブ

checked属性

　この属性を指定しておけば、そのボタンがあらかじめ選択された状態で表示されるようになります。「checked」「checked="checked"」「checked=""」のいずれかの形式で指定します。type属性の値が「checkbox」と「radio」の場合に利用できる属性です。

radiogroup属性

　コマンドのグループの名前を指定します。この属性はtype属性の値が「radio」のときのみ利用できます。radiogroup属性に同じ名前が指定されたコマンドは同一のグループとして認識されるため、グループ内で1つだけを選択した状態にすることができます。

Sample Source

```
<body>
<menu type="toolbar">
    <command type="radio" radiogroup="alignment" checked="checked"
label="Left" icon="icons/alL.png" onclick="setAlign('left')">
    <command type="radio" radiogroup="alignment" label="Center"
icon="icons/alC.png" onclick="setAlign('center')">
    <command type="radio" radiogroup="alignment" label="Right"
icon="icons/alR.png" onclick="setAlign('right')">
    <hr>
    <command type="command" disabled label="Publish" icon="icons/pub.
png" onclick="publish()">
</menu>
</body>
```

▶ ブラウザ対応表	IE10	IE9	Fx	Chrome	Safari	Opera	iOS6	iOS5	Android
	×	×	×	×	×	×	×	×	×

命令のメニューを表したい

変更された要素 menu要素

<menu★>〜</menu>

- -

★………type="メニューの種類"
　　　　label="メニューの名前"

▶ 要素解説	
カテゴリー	フロー・コンテンツ／type属性の値が「toolbar」の場合：インタラクティブ・コンテンツ／type属性の値が「toolbar」または「list」の場合：パルパブル・コンテンツ
利用できる場所	フロー・コンテンツが期待される場所
コンテンツモデル	li要素を0個以上、またはフロー・コンテンツ

　menu要素は、その範囲がユーザーが実行可能なコマンド（命令）のメニュー（一覧）であることを表します。

　この要素の中で定義されたコマンドの一覧から、コンテキスト・メニューやツールバーなどを作成します。コマンドは前項のcommand要素（p.250）のほか、button要素、input要素、select要素などで定義できます。

type属性

　リストの種類を指定します。指定できる値は次の通りです。

　　context　　　　　コンテキスト・メニュー
　　toolbar　　　　　ツールバー

　この属性がない場合は、コンテキスト・メニューやツールバーでもない、単なるコマンドの一覧となります。

label属性

　ユーザーに対して表示される、メニューの名前を指定します。おもに、menu要素を入れ子にして作成される、サブメニューの名前などに利用されます。

Sample Source

```html
<body>
<menu type="toolbar">
  <li>
    <menu label="ファイル">
        <button type="button" onclick="fnew()">新規作成...</button>
        <button type="button" onclick="fopen()">開く...</button>
        <button type="button" onclick="fsave()">保存</button>
        <button type="button" onclick="fsaveas()">名前を付けて保存...</button>
    </menu>
  </li>
  <li>
    <menu label="編集">
        <button type="button" onclick="ecopy()">コピー</button>
        <button type="button" onclick="ecut()">切り取り</button>
        <button type="button" onclick="epaste()">貼り付け</button>
    </menu>
  </li>
  <li>
    <menu label="ヘルプ">
        <li><a href="help.html">ヘルプ</a></li>
        <li><a href="about.html">アンクエディタについて</a></li>
    </menu>
  </li>
</menu>
</body>
```

Column   ［従来のmenu要素］

　これまでのHTMLでは、menu要素は各項目を1行で表示するメニューリストを表していました。ただし、この要素は非推奨とされ、代わりにul要素を用いることが推奨されていました。HTML5では意味が変更され、コマンドのメニューを表す要素として取り入れられています。

　また、menu要素にはリストをより狭い範囲で表示させるcompact属性がありましたが、視覚的な表現を指定する属性のため、HTML5で廃止されました。

廃止属性 compact属性

▶ ブラウザ対応表	IE10	IE9	Fx	Chrome	Safari	Opera	iOS6	iOS5	Android
	×	×	×	×	×	×	×	×	×

ユーザーが操作できるUIを表したい

\<dialog ★\>〜\</dialog\>

★………open

▶ 要素解説	
カテゴリー	フロー・コンテンツ／セクショニング・ルート
利用できる場所	フロー・コンテンツが期待される場所／dt要素の子要素として／th要素の子要素として
コンテンツモデル	フロー・コンテンツ

　dialog要素は、ダイアログ・ボックスやインスペクタ、ウィンドウなど、タスクを実行するために、ユーザーが操作できるアプリケーションの一部を表します。

　実際にこの要素を動作させるには、JavaScriptなどのスクリプトが必要です。

open属性

　この属性を指定すると、dialog要素はアクティブになり、ユーザーが操作できるようになります。「open」「open="open"」「open=""」のいずれかの形式で指定します。

▶ ブラウザ対応表	IE10	IE9	Fx	Chrome	Safari	Opera	iOS6	iOS5	Android
	×	×	×	×	×	×	×	×	×

第2部 第1章

CSS3の基礎知識

CSS BASIC

背景とボーダー

ボックス

色とグラデーション

テキスト

フォント

段組み

フレキシブルボックス

グリッドレイアウト

トランジション

アニメーション

変形

CSSとは

CSSの概念

　文書の見栄え（レイアウトやデザイン）に関する情報を、文書の内容や構造とは別に定義するという概念をスタイルシートといいます。スタイルシートを実現するには複数の方法がありますが、HTML文書に適用させる場合にはCSS（Cascading Style Sheets）と呼ばれる方法を用いるのが一般的です。

CSSのバージョン

　CSSには次のような仕様があります（2013年3月現在）。

CSS1（Cascading Style Sheets, Level 1）

　1996年12月勧告。フォントやテキスト、色や背景、ボックス（マージンやパディング、ボーダ）といった基本的スタイルが定義され、HTMLで表現されていたデザインのほとんどを扱えるようになっています。

CSS2（Cascading Style Sheets, Level 2）

　1998年5月勧告。CSS1の上位互換に相当し、機能の追加や改訂が行われたことでCSS1よりもより詳細で柔軟な設定が可能になっています。

CSS2.1（Cascading Style Sheets, Level 2 revision 1）

　CSS2の仕様内容や説明の変更・追加、エラーの修正、値の追加と一部プロパティの削除などCSS2を整理した仕様です。非常に長い標準化期間を経て、2011年6月に正式に勧告されましたが、勧告以前から実質的な標準とみなされて広く利用されています。

CSS3（Cascading Style Sheets, level 3）

　現在策定中の仕様です。CSS2.1の仕様を核とし、さらに機能の追加、改訂などが行われています。CSS3の大きな特徴は、これまでのCSSのように1つの仕様書ですべてを定義するのではなく、「モジュール化」という考え方を取り入れて、機能ごとに仕様書を細かく分割している点です。各仕様が管理しやすい大きさになり、それぞれ独立して策定が進められるため、より早く改訂作業を行えるようになりました。一方、ベンダー側では、どのモジュールに対応し、どのモジュールに対応しないのかを、必要に応じて自由に選択できるようになります。

　多くのモジュールのうち正式に勧告されている仕様はごく一部ですが、最近のブラウザであればすでにさまざまな機能を実装し始めています。

また、iPhoneやAndroidといったスマートフォンに搭載のブラウザは比較的実装が進んでいること、画像を使わないデザインが可能になり軽量化につながることなどから、スマートフォン用のコンテンツではCSS3が積極的に取り入れられています。

CSS4(Cascading Style Sheets, level 4)

現在、CSS3が策定中ですが、CSS4の策定も一部で開始されています。新しい機能やCSS3で検討されながらも最終的に取り入れられなかった機能などを含みます。CSS3と同じように、モジュールごとに策定が進められています。

■ 本書で扱う内容について

本書では、CSS3の中から最近のブラウザでその効果を確認でき、比較的メジャーとなりつつある新しい機能をピックアップして紹介します。ただし、多くが確定される前の仕様のため、今後内容が変更される可能性もあります。CSS3の利用にあたっては、まだ充分な注意が必要です。本書の情報は、基本的に2012年12月の状況に基づいています。

なお、新しい機能を紹介するというコンセプトやページ数の関係から、本書ではCSS2.1までに定義されているプロパティ等については割愛しています。CSS2/CSS2.1の機能については『ホームページ辞典』(翔泳社)などを参照してください。

CSS3 > BASIC 02

CSSの基本書式

CSSの一番基本的な書式は次のようになります。

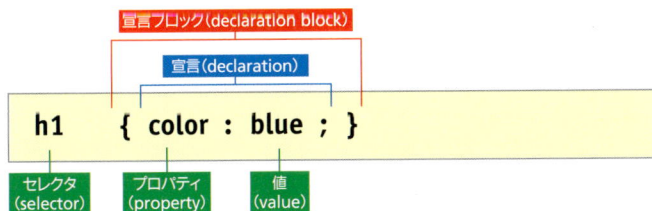

```
宣言ブロック(declaration block)
    宣言(declaration)

h1    { color : blue ; }

セレクタ     プロパティ      値
(selector)   (property)   (value)
```

セレクタ	スタイルを適用する対象
プロパティ	指定するスタイルの性質(色、大きさなど)
値	プロパティごとに決められている値

このように、スタイルシートは『「セレクタ」の「プロパティ」を「値」にする』という形で指定し、HTML文書に適用させるものです。

見やすくするために、プロパティと値の前後には空白スペースを入れることができます。また、次のように改行を入れて記述することもできます。プロパティ名や値の途中で改行や半角スペースなどを入れると正しく解釈されませんので注意してください。

```
h1 {
    color: blue;
}
```

プロパティを複数指定する場合は、{ }の中に「;（セミコロン）」で区切って並べます。プロパティと値のセットは複数行になってもかまいません。

```
h1 {
    color: blue;
    font-style: italic;
}
```

セレクタのグループ化

複数のセレクタに同じプロパティを指定する場合には、セレクタを「,（カンマ）」で区切って並べます。

```
h1, h2, h3 {
    color: blue;
    font-style: italic;
}
```

初期値

CSSの各プロパティにはあらかじめ「初期値」が設定されており、値を明示的に指定しない場合や継承される値が無い場合には、この初期値が適用されることになっています。

本書では「初期値」という項目を設け記載しています。

コメントの書き方

CSSでは「/*」と「*/」で囲った範囲がコメントになります。コメントを入れ子にすることはできません。

```
h1 {
    color: blue;    /* h1要素をブルーのイタリック体にする */
    font-style: italic;
}
```

ベンダープレフィックスについて

　CSSでは、策定の草案段階にあるプロパティ／値をブラウザが試験的に実装する場合や、ブラウザが独自に拡張したプロパティ／値については、そのプロパティや値の前に「ベンダープレフィックス（接頭辞）」を付けることが推奨されています。本書で扱うCSS3のプロパティや値でも、次のようなベンダープレフィックスを必要とするものがあります。

ブラウザ	ベンダープレフィックス
Internet Explorer	-ms-
Firefox	-moz-
Google Chrome, Safari	-webkit-
Opera	-o-

　例えばtransformプロパティの場合は次のように指定します。

```
#sample {
  -ms-transform: scale(1.5);
  -webkit-transform: scale(1.5);
  transform: scale(1.5);
}
```

　-ms-transform は Internet Explorer 9 向け、-webkit-transform は Chrome と Safari、iPhone、Android向けの指定です。Internet Explorer 10、最近のFirefoxとOperaは仕様書に沿った指定方法に対応しているため、ベンダープリフィックス付きのプロパティは必要ありません。また、どのブラウザでもベンダープリフィックスが必要とされるプロパティの場合でも、仕様書通りの指定は併記しておきます。

　このベンダープレフィックスは、仕様が草案から勧告候補になったときには外すことが推奨されています。

　本書ではこれらのことをふまえ、ブラウザごとのプロパティの指定方法を一覧で掲載しています。

Column　　　　　　　　　　　　　　　　　　［W3Cの仕様が決まるまで］

HTMLやCSSなど、W3Cで策定されている仕様は、次のような段階を経て正式勧告に至ります。

編集者草案 Editor's Draft ▶ 草案 Working Draft [WD] ▶ 最終草案 Last Call Working Draft [LC] ▶ 勧告候補 Candidate Recommendation Draft [CR] ▶ 勧告案 Proposed Recommendation Draft [PR] ▶ 勧告 Recommendation [REC]

セレクタの種類

スタイルを適用する対象を示す部分を「セレクタ」といいます。CSSではさまざまなセレクタが定義されており、状況に応じて使い分けることでスタイルを柔軟に指定できるようになっています。CSS3で定義されているおもなセレクタは以下のとおりです。

※セレクタ名の最後のアイコンは、導入されたCSSのレベルを表します。

タイプセレクタとユニバーサルセレクタ

要素名 **1**

要素名のみをセレクタとするものをタイプセレクタといい、指定した要素に対してスタイルを適用します。

```
h1 {
  color: blue;
}
```

*（アスタリスク） **2**

「*」をセレクタとするものをユニバーサルセレクタといい、すべての要素に対してスタイルを適用します。

```
* {
  color: blue;
}
```

属性セレクタ

要素名[属性名] **2**

指定した属性を持つ要素に対してスタイルを適用します。

```
h1[title] {
  color: blue;
}
```

要素名[属性名="値"]　●2

指定した属性と値を持つ要素に対してスタイルを適用します。

```
span[class="example"] {
  color: blue;
}
```

要素名[属性名~="値"]　●2

属性の値が空白区切りで複数含まれていて、そのうちの1つが「属性名」で指定した値と一致する要素に対してスタイルを適用します。下の例では、class属性の値に「example」が含まれているspan要素にスタイルが適用されます。

```
span[class~="example"] {
  color: blue;
}
```

要素名[属性名|="値"]　●2

属性の値が「-（ハイフン）」区切りで複数含まれていて、そのうちの1つが「属性名」で指定した値の文字列で始まっている要素に対してスタイルを適用します。一般的にはlang属性で指定した言語をセレクタとする場合に使用されます。下の例では、「en」「en-US」「en-cockney」などを値とするlang属性を持つ要素にスタイルが適用されます。

```
*[lang|="en"] {
  color: blue;
}
```

要素名[属性名^="値"]　●3

属性の値が「属性名」で指定した値の文字列で始まっている要素に対してスタイルを適用します。下の例では、href属性の値が「http」で始まっているa要素にスタイルが適用されます。

```
a[href^="http"] {
  background-color: gold;
}
```

要素名[属性名$="値"]　●3

属性の値が「属性名」で指定した値の文字列で終わる要素に対してスタイルを適用します。下の例では、href属性の値が「.php」で終わるa要素にスタイルが適用されます。

```
a[href$=".php"] {
  background-color: gold;
}
```

要素名[属性名*="値"]　❸

属性の値の中に「属性名」で指定した値の文字列を含む要素に対してスタイルを適用します。下の例では、title属性の値の中に「hello」という文字列を含むp要素にスタイルが適用されます。

```
p[title*="hello"] {
  color: blue;
}
```

クラスセレクタとIDセレクタ

要素名.クラス名　❶

「.(ピリオド)」に続く任意の名前をセレクタとするものをクラスセレクタといい、class属性の値に当該のクラス名が指定されている要素に対してスタイルを適用します。1つのHTML文書内の複数の要素に、同じclass属性を指定できます。下の例では「class="pastoral"」が指定されたすべての要素にスタイルが適用されます。

```
*.pastoral {
  color: blue;
}
```

要素名#id名　❶

「#(シャープ)」に続く任意のID名をセレクタとするものをIDセレクタといい、id属性の値に当該のid名が指定されている要素に対してスタイルを適用します。IDは唯一のものとして特定するための識別子であり、1つのHTML文書内で複数の要素に同じIDを指定することはできません。下の例では「id="chapter1"」が指定されたh1要素にのみスタイルが適用されます。

```
h1#chapter1 {
  color: blue;
}
```

擬似クラス

擬似クラスは、スタイルを適用する対象をHTMLの要素名や属性名ではなく、要素の状態や特徴で分類するものです。HTMLのツリー構造や、ほかのセレクタでは表せない状態に対してスタイルを適用できるようになります。

要素名:link、要素名:visited　❶

| :link | まだ見ていない(キャッシュされていない)ページへのリンクにスタイルを適用します。 |
| :visited | すでに見た(キャッシュされている)ページへのリンクにスタイルを適用します。 |

要素名:hover、要素名:active、要素名:focus　**1**

:hover 　　要素にマウスカーソルなどのポインティングデバイスが重なっているとき（まだ
　　　　　アクティブではないとき）にスタイルを適用します。

:active 　　要素を選択したとき（クリックなど）にスタイルを適用します。

:focus 　　要素にフォーカスが移ったときにスタイルを適用します。

```
a:link { color: blue; }
a:visited { color: green; }
a:hover { color: yellow; }
a:active { color: fuchsia; }
```

要素名:target　**3**

「#名前」を利用して特定の位置へ移動するリンクを設定し（p.89）、そのリンクをアクティブ
にした場合に、移動先となる要素に対してスタイルを適用します。下の例では移動先のp要素
にスタイルが適用されます。

```
p:target {
    border: 1px dotted blue;
}
```

要素名:lang()　**2**

lang属性の値が指定された言語コードで始まっている要素に対してスタイルを適用します。
下の例では、「en」「en-US」「en-cockney」などを値とするlang属性を持つ要素にスタイルが適
用されます。

```
*:lang(en) {
    font-family: Verdana, Arial, sans-serif;
}
```

要素名:enabled、要素名:dlsabled　**3**

:enabled 　　有効な要素（disabled属性が指定されていない要素）に対してスタイルを適
　　　　　　用します。

:disabled 　　無効な要素（disabled属性が指定されている要素）に対してスタイルを適用
　　　　　　します。

要素名:checked　**3**

ラジオボタンやチェックボックスが選択された状態のときにスタイルを適用します。

要素名:root ③

文書内のルート要素に対してスタイルを適用します。HTML文書の場合はhtml要素がルート要素になります。

要素名:nth-child() ③

同じ親要素内のn番目の子要素ごとにスタイルを適用します。「an+b」の書式、または「odd（奇数）」「even（偶数）」を引数に指定できます。「an+b」の書式では、nは0以上の整数を表し、aとbに任意の整数（0、負の数、正の数）を指定します。例えば、「odd」は「2n+1」、「even」は「2n」と同じ意味になります。下の例では、表の奇数行と偶数行にそれぞれスタイルが適用されます。

```
tr:nth-child(2n+1) { /* 表の奇数行の背景色 */
  background-color: #9999ff;
}
tr:nth-child(2n) {/* 表の偶数行の背景色 */
  background-color: #ffff99;
}
```

```
tr:nth-child(odd) {    /* 表の奇数行の背景色 */
  background-color: #9999ff;
}
tr:nth-child(even) {  /* 表の偶数行の背景色 */
  background-color: #ffff99;
}
```

要素名:nth-last-child() ③

同じ親要素内の後ろからn番目の子要素ごとにスタイルを適用します。前述のnth-child()擬似クラス同様、「an+b」の書式、または「odd（奇数）」「even（偶数）」を引数に指定できます。

要素名:nth-of-type() ③

同じ親要素内のn番目の子要素ごとにスタイルを適用します。nth-child()擬似クラスとは異なり、ほかの種類の兄弟要素がある場合でも、「要素名」に指定した要素のみを数えていきます。下の例では、同じ親要素内のimg要素のみを数えて、奇数番目のimg要素を右に、偶数番目のimg要素を左に配置します。

また、前述のnth-child()擬似クラス同様、「an+b」の書式、または「odd（奇数）」「even（偶数）」を引数に指定できます。

```
img:nth-of-type(2n+1) { float: right; }
img:nth-of-type(2n) { float: left; }
```

要素名:nth-last-of-type()　**3**

　同じ親要素内の後ろからn番目の子要素ごとにスタイルを適用します。nth-last-child()擬似クラスとは異なり、ほかの種類の兄弟要素がある場合でも、「要素名」に指定した要素のみを数えていききます。また、nth-child()擬似クラス同様、「an+b」の書式、または「odd（奇数）」「even（偶数）」を引数に指定できます。

要素名:first-child　**2**、要素名:last-child　**3**

| :first-child | 指定した要素が、親要素の中の最初の子要素である場合にスタイルを適用します。:nth-child(1)と同じです。 |
| :last-child | 指定した要素が、親要素の中の最後の子要素である場合にスタイルを適用します。:nth-last-child(1)と同じです。 |

要素名:first-of-type　**3**

　同じ親要素内の最初の子要素に対してスタイルを適用します。ほかの種類の兄弟要素が前にある場合でも、「要素名」に指定した要素を対象とします。nth-of-type(1)と同じです。下の例では同じ親要素内で最初に出現するp要素にのみスタイルを適用します。

```
p:first-of-type {
  color: blue;
  text-style: italic;
}
```

要素名:last-of-type　**3**

　同じ親要素内の最後の子要素に対してスタイルを適用します。ほかの種類の兄弟要素が後ろにある場合でも、「要素名」に指定した要素を対象とします。:nth-last-of-type(1)と同じです。

要素名:only-child　**3**

　指定した要素が、親要素の中の唯一の子要素である場合にスタイルを適用します。:first-child、:last-child、:nth-child(1)、:nth-last-child(1)と同じです。

要素名:only-of-type　**3**

　同じ親要素を持つ兄弟要素のなかで、指定した要素が1つしかない場合にスタイルを適用します。:first-of-type、:last-of-type、:nth-of-type(1)、:nth-last-of-type(1)と同じです。

要素名:empty　**3**

　子要素や要素内容を持たない要素に対してスタイルを適用します。下の例では、セルの内容が空（<td></td>）の場合にスタイルが適用されます。

```
td:empty {
  background: gray;
}
```

要素名:not()　**3**

()内に指定されたセレクタとは一致しない要素に対してスタイルを適用します。下の例では、「class="sample1"」が指定されていないp要素にスタイルが適用されます。

```
p:not(.sample) {
  color: navy;
}
```

擬似要素

擬似要素は、HTMLの要素では指定できない性質に対してスタイルを適用するためのものです。

CSS2.1では「:（コロン）」のあとに擬似要素名を記述しましたが、CSS3では擬似クラスと区別するためにコロンを2つ（「::」）付けて記述します。

要素名::first-line　**2**

指定した要素の最初の1行にスタイルを適用します。

要素名::first-letter　**2**

指定した要素の最初の1文字にスタイルを適用します。

要素名::before、要素名::after　**2**

要素の直前（::before）、直後（::after）に生成追加される内容にスタイルを適用します。contentプロパティとともに使用します。

セレクタの組み合わせ

セレクタは組み合わせて使用することができます。セレクタ同士を結合子（combinator）で区切って指定し、セレクタと結合子の間には空白文字を含むことができます。結合子には「（半角スペース）」「>」「+」「~」があります。ただし、擬似要素については最後のセレクタにのみ適用されます。

セレクタ セレクタ

親要素に含まれる子孫要素に対してスタイルを適用します。下の例では、h1要素に含まれるem要素にスタイルが適用されます。

```
h1 em {
  color: red;
}
```

セレクタ > セレクタ

親要素の直接の子要素に対してスタイルを適用します。下の例では、body要素の子要素であるp要素にスタイルが適用されます。

```
body > p {
  font-size: medium;
}
```

セレクタ + セレクタ

同じ親要素を持つ兄弟関係にある要素のうち、ある要素のすぐ後に現れる要素（直接の弟要素）に対してスタイルを適用します。下の例では、h1要素のすぐ後に現れるh2要素にスタイルが適用されます。h1要素とh2要素の間にほかの要素がある場合には適用されません。

```
h1 + h2 {
  font-style: italic;
}
```

セレクタ~セレクタ

同じ親要素を持つ兄弟関係にある要素のうち、ある要素の後に現れる要素に対してスタイルを適用します。すぐ後に現れる要素（直接の弟要素）であるかどうかは問いません。下の例では、h1要素の後に現れるpre要素にスタイルが適用されます。

```
h1 ~ pre {
  color: blue;
}
```

HTML文書への適用方法

デフォルトのスタイルシート言語の設定

　HTML4.01/XHTML1.0文書でスタイルシートを利用する場合は、その文書のデフォルトのスタイルシート言語を指定しておく必要があります。CSSをデフォルトとするときは、次の一文をhead要素内に記述してください。HTML5では、CSS（「text/css」）がデフォルトのスタイルシート言語となっているため、同様の指定は必要ありません。

HTML文書の場合

　　`<meta http-equiv="Content-Style-Type" content="text/css">`

XHTML文書の場合

　　`<meta http-equiv="Content-Style-Type" content="text/css" />`

HTML文書への適用方法

　HTML文書にCSSを適用するには主に次の方法があり、スタイルシートを利用する状況に応じて使い分けができるようになっています。CSSの仕様では、柔軟性の高い外部スタイルシートの利用が推奨されています。

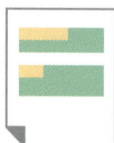

style属性で要素に直接
スタイルを指定する

style要素でHTML文書内に
まとめてスタイルを設定する

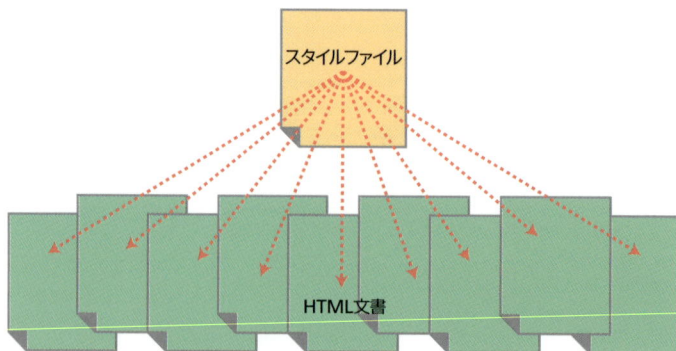

スタイルファイル

HTML文書

link要素または@importで外部スタイルシートを読み込む

style属性で要素に直接スタイルを指定する

　style属性を利用し、スタイルを適用したい要素に直接スタイルを指定する方法です。「;」で区切って複数のスタイルを指定することもできます。

```
<h1 style="color: #003366; background-color: #99ccff;">CSSとは</h1>
```

style要素でHTML文書中にまとめてスタイルを指定する

　style要素(p.●)中に指定したいスタイルをまとめ、head要素内に記述して文書に組み込む方法です。HTML5文書の場合は、style要素の「type="text/css"」を省略できます。

```
<head>
  :
<style type="text/css">
h1 {
  color: #003366;
  background-color: #99ccff;
}
.photo {
  float: left;
  padding-bottom: 10px;
}
</style>
  :
</head>
```

link要素で外部スタイルシートを読み込む

　指定したいスタイルのみを記述したテキストファイル(拡張子は「*.css」)をHTML文書とは別に用意し、これをlink要素で読み込む方法です。href属性で外部ファイルのURLを指定し、head要素内に記述します。HTML5文書の場合は、link要素の「type="text/css"」を省略できます。

　外部スタイルファイルの文字コードは@charsetで指定します。@charsetは外部ファイル先頭に、1つだけ記述します。

　外部スタイルシートの組み込みには、「@import」を利用する方法もあります(次項参照)。

a.css

```
@charset "UTF-8";
h1 {
  color: #003366;
  background-color: #99ccff;
}
.photo {
  float: left;
  padding-bottom: 10px;
  }
```

HTML文書

```
<head>
   :
<link rel="stylesheet" href="a.css" type="text/css">
   :
</head>
```

@importで外部スタイルシートを読み込む

　指定したいスタイルのみを記述したテキストファイル（拡張子は「*.css」）をHTML文書とは別に用意し、これを@importで読み込む方法です。「@import "★";」または「@import url(★);」の書式で外部ファイルのURLを指定します。他の外部ファイルや、HTML文書のstyle要素内に記述して利用します。

　@importのあとには、style要素で通常スタイルを指定するように、別のスタイルを記述することもできます。

```
@import url(a.css);
.date {
  color: red;
}
```

> **‖Column**　　　　　　　　　　　　　　　　　[出力先によってスタイルを変える]
>
> 　CSSでは、「コンピュータのディスプレイ用のスタイル」「印刷用のスタイル」のように、出力先ごとのスタイルを用意して、それぞれに適用させることができます。次の「メディアクエリー」の項を参照してください。

メディアクエリー

メディアタイプ

　CSS2から、デバイスごとのスタイルを用意し、Webページの出力先に応じて適用できるようになりました。この機能を使うと、1つのHTML文書の内容を変えることなく、複数のデバイスに対応させることができます。

　スタイルの読み込みにはlink要素のmedia属性、CSSの@importや@mediaを使い、出力デバイスの種類を「メディアタイプ」で指定します。

　指定できるメディアタイプは次の通りです。

メディアタイプ

all	すべてのデバイス
brille	点字ディスプレイ
embossed	点字プリンタ
handheld	携帯端末
print	プリンタ（印刷プレビューを含む）
projection	プロジェクタなど
speech	音声合成装置（スクリーンリーダー、音声ブラウザなど）
screen	スクリーン（コンピュータのディスプレイなど）
tty	文字幅が固定のメディア
tv	テレビ

　例えば「コンピュータのディスプレイ用（screen）」と「印刷用（print）」にそれぞれ異なるフォントを適用したい場合、次のような指定方法があります。

link要素で指定

　link要素で外部スタイルシートを読み込む際に、media属性でメディアタイプを指定します。

```
<link rel="stylesheet" type="text/css" media="screen"
  href="sans-serif.css">
<link rel="stylesheet" type="text/css" media="print"
  href="serif.css">
```

@importで指定

@importで外部スタイルシートを読み込む際に、スタイルシートファイルのURLの後にメディアタイプを指定します。

```
@import url(sans-serif.css) screen;
@import url(serif.css) print;
```

@mediaで指定

スタイルシートのある部分を特定のデバイスにのみ適用したい場合は、@mediaの後にメディアタイプを指定します。次の例では、{}内のスタイルがそれぞれディスプレイに表示される時と印刷時にのみ適用されます。

```
@media screen {
  body { font-family: sans-serif; }
}
@media print {
  body { font-family: serif; }
}
```

▍メディアクエリー

CSS3ではこうした機能がさらに拡張され、メディアクエリーとして定義されています。メディアクエリーでは、メディアタイプとメディア特性、さらに論理演算子を利用することで、対象とするメディアの条件を設定します。これによって、特定のメディアに適したスタイルを、より細かく指定できるようになります。

メディアクエリーの基本の書式は次の通りです。

メディアタイプ and (メディア特性: 値) and (メディア特性: 値) ...

例えば「screen and (color)」はカラー環境のスクリーン、「max-width: 700px」は700ピクセル以下のスクリーンを意味します。「and (メディア特性: 値) 」を追加すれば、複数の特性を指定することができ、

screen and (min-width: 400px) and (max-width: 700px)

と指定した場合は、400ピクセル以上700ピクセル以下のスクリーンを意味します。

これらのメディアクエリーは、前述したメディアタイプと同様に指定して利用します。以下は、それぞれlink要素、@import、@mediaで利用する例です。

```
<link rel="stylesheet" type="text/css" media="screen and (color)"
href="example.css">
@import url(example.css) screen and (color);
@media screen and (color) { ... }
```

複数のメディアクエリーを指定する場合

複数のメディアクエリーを指定する場合は、「,（カンマ）」で区切って記述します。

```
@media screen and (color), projection and (color) { ... }
```

スタイルの適用を限定する場合

　指定した条件以外のデバイスにスタイルを適用したい場合には、メディアタイプの前にに「not」（「～ではない」を表す論理演算子）を付けます。次の例はカラー環境以外のスクリーンを意味します。

```
@media not screen and (color) { ... }
```

　また、メディアクエリーに対応していないブラウザに当該のスタイルを適用させないよう、メディアタイプの前に「only」を付けることもできます。メディアタイプに対応しているブラウザは「only」を無視して処理します。

```
@media only screen and (color) { ... }
```

　「CSS3 Media Queries」で定義されているメディア特性は、次の通りです。これらのメディア特性では、「min-」「max-」の接頭辞を付けて「～以上」「～以下」という制限を指定することもできます（「orientation」「scan」「grid」をのぞく）。

メディア特性

width	ウィンドウの幅
height	ウィンドウの高さ
device-width	ディスプレイの幅
device-height	ディスプレイの高さ
orientation	デバイスの方向（横置きか縦置きか）
aspect-ratio	ウィンドウの縦横比
device-aspect-ratio	ディスプレイの縦横比
color	カラーの場合、その色のビット数（モノクロなら「0」）
color-index	出力デバイスの持つカラーテーブルのエントリ数
monochrome	モノクロの場合、その階調のビット数（カラーなら「0」）
resolution	解像度

```
<head>
<link rel="stylesheet" type="text/css" media="all" href="mediaquery1.css" >
<link rel="stylesheet" type="text/css" media="only screen and (min-width:
500px)" href="sample1.css">
<link rel="stylesheet" type="text/css" media="only screen and (max-width:
499px)" href="sample2.css">
</head>
```

sample1.css

```
body {
  background-color: darkseagreen;
}
```

sample2.css

```
body {
  background-color: khaki;
}
```

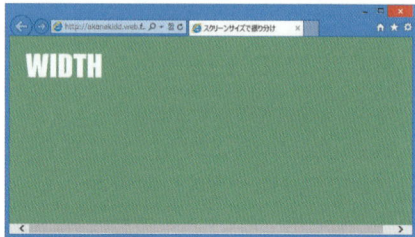

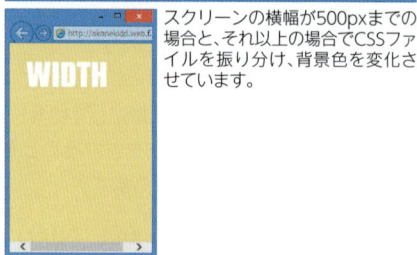

スクリーンの横幅が500pxまでの
場合と、それ以上の場合でCSSファ
イルを振り分け、背景色を変化さ
せています。

```
<head>
<link rel="stylesheet"
href="mediaquery2.css" media="all">
</head>
```

mediaquery2.css

```
@media all and (orientation: portrait) {
  #sample {
    text-shadow: darkgray 20px 10px;
  }
}
@media all and (orientation: landscape) {
  #sample {
    color: white;
    text-shadow: black 1px 1px 2px, navy
0 0 15px;
  }
}
```

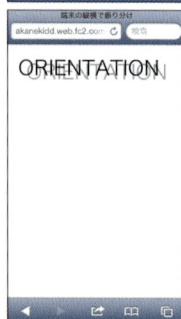

デバイスの向きによってテキストシャドウ
が変化します。

ボックスモデル

　CSSでは各要素が「ボックス」と呼ばれる四角い領域を生成し、この領域や領域を囲む枠線に対して大きさや色、位置の指定をすることでスタイルを変更します。ボックスは内容領域・マージン・パディング・ボーダーから構成されています。この4つの部分と、背景色・背景画像との関係を表すと次の図のようになります。

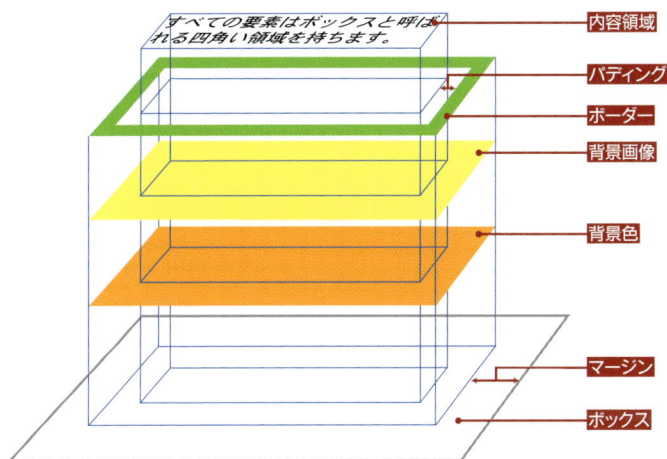

内容領域（コンテンツボックス）

　テキストや画像など、要素の内容が表示される領域です。widthプロパティとheightプロパティで指定したサイズは、この領域の幅と高さとして適用されます（注1）。

パディング

　要素の内容が表示される部分とボーダーとの間の余白領域です。要素に指定した背景色や背景画像はこの部分にも適用されます。

ボーダー

　要素の周りに表示される枠線で、パディングの外側に設定されます。要素に指定した背景色や背景画像はこの部分にも適用されるます。

マージン

　ボーダーの外側に設定される余白領域です。要素に指定した背景色や背景画像はこの部分には適用されず、背景は常に透明になります。そのため、親要素に背景が設定されている場合に

は、その背景が透けて見えることになります。

背景色・背景画像

　要素に指定した背景色や背景画像は、要素が生成するボックスの内容領域、パディング領域、ボーダー領域に表示されます（注2）。

　背景色と背景画像は、背景色の上に背景画像が表示されるという関係になっています。そのため指定した背景画像が利用できる場合には背景画像が前面に表示され、画像に透明な部分があればそこについては背景色が透けて見えることになります。

　以上はCSS2.1で規定されているボックスモデルです。CSS3では、さらに次のような機能が検討されています。

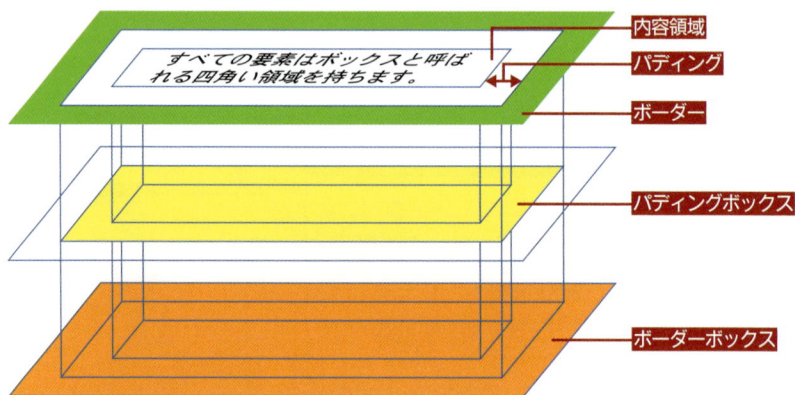

（図中ラベル）内容領域 / パディング / ボーダー / パディングボックス / ボーダーボックス

（図中テキスト）すべての要素はボックスと呼ばれる四角い領域を持ちます。

パディングボックス

　パディング辺から内側の、パディング領域と内容領域を含む領域です。

ボーダーボックス

　ボーダー辺から内側の、ボーダー領域、パディング領域、内容領域を含む領域です。

注1…box-sizingプロパティ（p.318）に「border-box」を指定すると、widthプロパティとheightプロパティで指定したサイズが、ボーダーボックスの幅と高さとして適用されるようになります。

注2…background-clipプロパティ（p.286）を利用すると、ボーダー領域から内側に配置された背景の、どの部分までを実際に表示させるかを指定できるようになります。また、background-originプロパティ（p.288）を利用すると、背景画像をどの位置から表示させるかを指定できるようになります。

‖Column　　　　　　　　　　　　［ボックス同士のマージンの関係］

　上下に隣接するボックス同士のマージンは、相殺されて多いほうのマージンが設定されますが、その際次のようなルールがあります。
- ・どちらもプラスの値の場合は、大きいほうの値を適用する
- ・プラスの値とマイナスの値の場合は、両方を足し合わせた値を適用する
- ・どちらもマイナスの値の場合は、小さいほうの値を適用する

ボックス間の左右のマージンは相殺されません。

スタイルの適用要素、継承、優先順位

スタイルの適用要素

　各プロパティは、どれもすべての要素に適用されるわけではありません。プロパティによって適用される要素が決められています。どの要素に適用されるのか、本書では「適用要素」という項目を設けて記載しています。

スタイルの継承

　プロパティには、親要素に指定した値が子要素に継承されるものと、継承されないものとがあります。継承の有無について、本書では「継承」という項目を設けて記載しています。

　また、各プロパティには、親要素の値を強制的に継承させるためのキーワード「inherit」を値として指定することができます。

スタイルの優先順位

　CSSで指定するスタイルは、さまざまなルールから最終的な優先順位が決定され、文書に適用されます。

- 適用方法による優先順位（例：外部スタイルシートかどうか）
- 制作者による優先順位（例：文書制作者のスタイルかどうか）
- 最優先のスタイル（!importantが指定されているかどうか）

以上の点について、詳細は『ホームページ辞典』（翔泳社）を参照してください。

長さの指定方法

　CSSで長さや大きさを指定するには、実数値を用いる方法と、パーセント値を用いる方法とがあります。実数値に利用される単位は、さらに「相対単位」と「絶対単位」に分けることができます。

　CSSでは正の値だけでなく、負の値を指定できるプロパティもあります。

▌実数値＋単位

相対単位

em　その要素のfont-sizeの値を1とする単位です。ただし、font-size自身の指定にemが使用された場合には、親要素のfont-sizeを1とする大きさになります。親要素が無い場合には、ブラウザの規定値を基準とします。

ex　その要素のフォントのx-height（小文字xの高さ）の値を1とする単位です。ただし、font-size自身の指定にexが使用された場合には、親要素の小文字xの高さを1とする大きさになります。親要素が無い場合には、ブラウザの規定値の小文字xの高さを基準とします。

単位:emとexの関係

Syntax ┠ex ┠em

px　コンピュータのディスプレイ上の1ピクセルを1とする単位です。実際に表示される大きさはディスプレイの解像度に対して相対的なものになります。

```
h1 { margin: 1em; }
```

　CSS3では新たに、ch、rem、vw、vh、vmin、vmaxという単位が追加されています。vw、vh、vmin、vmaxは、ビューポート（ブラウザのコンテンツが表示される領域）のサイズを基準とするため、ブラウザのウィンドウサイズを変更すると、値も変更されます。

　ただし、現時点ではこれらの単位指定に対応していないブラウザもあるので、使用には注意が必要です。

ch　　　その要素で使われるフォントの「0（ゼロ）」の幅を1とする単位です。

rem　　ルート要素のfont-sizeの値を1とする単位です。ただし、ルート要素のfont-size自身の指定にremが使用された場合には、ルート要素の初期値を基準とします。

vw　　　ビューポートの幅を100とする単位で、1vwはビューポートの幅の1%に相当

します。たとえばビューポートの幅が200mmの場合、値に8vwを指定すると、16mm ((8×200)/100)で表示されることになります。

vh	ビューポートの高さを100とする単位で、1vhはビューポートの高さの1%に相当します。
vmin	vwとvhのどちらか小さいほうと同じです。
vmmax	vwとvhのどちらか大きいほうと同じです。

絶対単位

cm	センチメートル
mm	ミリメートル
in	インチ（1in=2.54cm）
pt	ポイント（1pt=1/72in）
pc	パイカ（1pc=12pt）

‖Column　　　　　　　　　　　　　　　　　　　[値が「0」の場合]

実数値+単位の指定で値が「0」の場合は、単位を省略することができます。

▌パーセント値

| % | 他の値に対する割合で、長さや大きさを指定 |

```
p { font-size: 120%; }
```

CSS3 > BASIC 09

色の指定方法

CSSで色を指定するには、次のような方法があります。RGBA、HSL、HSLA、currentColorは、CSS3で新たに追加された指定方法です。また、システムカラーによる指定は、CSS3では非推奨となっています。

▌RGB

#rrggbb

「#」につづけて赤（r）、緑（g）、青（b）のそれぞれの値を00～ffの16進数で2桁ずつ、計6桁で指定します。

#rgb

「#」につづけて赤（r）、緑（g）、青（b）のそれぞれの値を0〜fの16進数で1桁ずつ、計3桁で指定します。この方法ではrgb各桁を2つ繰り返して並べた6桁の形式（#rrggbb）に変換されてから色が表現されます。例えば「#fb0」という値は「#ffbb00」という値に変換されることになります。

rgb(n, n, n)

rgbにつづく「()」の中に赤（r）、緑（g）、青（b）のそれぞれの値を「,」で区切って10進数の整数で指定します。

rgb(n%, n%, n%)

rgbにつづく「()」の中に赤（r）、緑（g）、青（b）のそれぞれの値を「,」で区切ってパーセントで指定します。

以下の例では、いずれもp要素に赤を指定しています。

```css
p { color: #ff0000 }
p { color: #f00 }
p { color: rgb(255, 0, 0) }
p { color: rgb(100%, 0%, 0%) }
```

RGBA

RGBに、不透明度を表すアルファ値を加えた指定方法です。アルファ値は、RGB値の後に「,」で区切って0.0〜1.0の間で指定します。0.0が透明、1.0が不透明となります。RGBのように16進数での指定はできません。

```css
p { color: rgba(0, 0, 255, 0.5) }          /* 半透明な青 */
p { color: rgba(100%, 50%, 0%, 0.1) }    /* 非常に透明なオレンジ */
```

HSL

hsl(色相, 彩度, 輝度)

HSL色空間に基づく指定方法です。Hue（色相）、Saturation（彩度）、Lightness/Luminance（輝度）、の3つの成分の値を「,」で区切って指定します。

Hue（色相）

色合いをカラーサークル（色相環）上の角度で指定します。例えば、赤は0（360）、緑は120、青なら240となります（下図参照）。

Saturation（彩度）

色の鮮やかさ（色みの強さ）の度合いを、0%（無彩色）〜100%（純色）の範囲で指定します。

Lightness/Luminance（輝度）

色の明るさの度合いを、0%（黒）〜100%（白）の範囲で指定します。中間の50%が純色になります。

```
p { color: hsl(0, 100%, 50%) }        /* 赤 */
p { color: hsl(120, 100%, 50%) }      /* グリーン */
p { color: hsl(120, 100%, 25%) }      /* ダークグリーン */
p { color: hsl(120, 100%, 75%) }      /* ライトグリーン */
```

HSLA

HSLに、不透明度を表すアルファ値を加えた指定方法です。アルファ値は、HSL値の後に「,」で区切って0.0～1.0の間で指定します。0.0が透明、1.0が不透明となります。

```
p { color: hsla(240, 100%, 50%, 0.5) }   /* 半透明な青 */
p { color: hsla(30, 100%, 50%, 0.1) }    /* 非常に透明なオレンジ */
```

色名

色名で指定します。大文字と小文字は区別されません。

currentColor

当該の要素のcolorプロパティに指定されている色を指定します。

transparent

透明を指定します。

システムカラー

ユーザーのOSに設定されているシステムカラーをキーワードとして指定します。ただし、システムカラーによる指定は、CSS3では非推奨とされています。

システムカラーについては『ホームページ辞典』（翔泳社）または、色についてのCSS3の仕様「CSS Color Module Level 3」を参照してください。

CSS3 > BASIC 10

角度の指定方法

角度は、実数値の後に次の単位を付けて指定します。turnはCSS3で追加された単位です。

deg 度（度数法に基づく角度。360deg=1回転）
grad グラード（グラード法に基づく角度。400grad=1回転）
rad ラジアン（ラジアン法（弧度法）に基づく角度。2π rad=1回転）
turn 回転（1turn=1回転）

div { transform: rotate(45deg); }

CSS3 > BASIC 11

URLの指定方法

CSSでURL（URI）やファイルの位置を指定する場合には「url()」を使用し、絶対URLまたは相対URLで記述します。URLは引用符（「""」や「''」）でくくることもできます。

url(http://www.ank.co.jp/logo.gif)
url("../books/sample.png")

第2部 第2章

CSS3
リファレンス
HTML REFERENCE

- 背景とボーダー
- ボックス
- 色とグラデーション
- テキスト
- フォント
- 段組み
- フレキシブルボックスレイアウト
- グリッドレイアウト
- トランジション
- アニメーション
- 変形

HTML5&CSS3 REFERENCE

HTML 5

CSS 3

背景と
ボーダー

ボックス

色と
グラデーション

テキスト

フォント

段組み

フレキシブル
ボックス

グリッド
レイアウト

トランジション

アニメーション

変形

HTML5&CSS3

背景と
ボーダー

ボックス

色と
グラデーション

テキスト

フォント

段組み

フレキシブル
ボックス

グリッド
レイアウト

トランジション

アニメーション

変形

CSS3 > BACKGROUND & BORDER.01

背景画像を複数指定したい

background-image: ★,◆,…,▲
background-repeat: ★,◆,…,▲
background-attachment: ★,◆,…,▲
background-position: ★,◆,…,▲
background-clip: ★,◆,…,▲
background-origin: ★,◆,…,▲
background-size: ★,◆,…,▲
background-color: ☆
background: ●,■,…,☆

★、●…1番上の画像への指定
◆、■…2番目の画像への指定
▲、▼…1番下の画像への指定
☆………色

| 初期値 | 個別のプロパティ参照 | 値の継承 | しない | 適用要素 | すべての要素 |

→ブラウザによる。

CSS3では、1つの要素に対して複数の背景画像を指定し、重ね合わせて表示させることができます。個別のプロパティで指定する方法と、backgroundプロパティで一括して指定する方法とがあります。いずれも、基本はCSS2.1の背景画像の指定方法と同じです。

背景色(background-color)は最後に1回だけ指定できます(色の指定方法はp.280を参照)。

個別のプロパティで指定する場合

それぞれのプロパティで設定したい値を、画像ごとに「,(カンマ)」で区切って指定します。最初に指定した画像が1番上に、以降指定した順に表示され、最後に指定した画像が1番下に表示されます。

一括して指定する場合

基本的には、必要な値を任意の順番で並べ、半角スペースで区切って指定しますが、次のような決まりがあります。

- background-sizeプロパティの値は、background-positionプロパティの後に、「/」で区切って指定します。

- background-originプロパティとbackground-clipプロパティには、どちらも「padding-box」「border-box」「content-box」を指定できます。これらの中からbackground-originプロパティの値、background-clipプロパティの値の順番で、セットで指定します。値を1つだけ指定した場合は、両方のプロパティに同じ値が設定されます。
  省略した値については初期値が適用されます。

CSS Source

```css
body {
    background-image: url(usa_flute.png), url(balloon1.png), url(sky_photo.jpg);
    background-repeat: no-repeat;
    background-position: 600px 500px, 120px 100px, 30px 20px;
    background-color: #f0ffff;
}
```

usa_flute.png

balloon1.png

sky_photo.jpg

Internet Explorer

▶ ブラウザごとの指定方法と対応

ブラウザ	プロパティ	ブラウザ	プロパティ
IE10	個別のプロパティ参照	Opera	個別のプロパティ参照
IE9	個別のプロパティ参照	iOS6	個別のプロパティ参照
Fx	個別のプロパティ参照	iOS5	個別のプロパティ参照
Chrome	個別のプロパティ参照	Android	個別のプロパティ参照
Safari	個別のプロパティ参照		

参照　背景を表示する範囲を指定したい・・・・・・・・・P.286
　　　背景画像の基準の位置を指定したい・・・・・・・P.288
　　　背景画像のサイズを指定したい・・・・・・・・・・P.290

背景画像を複数指定したい｜285

背景画像を複数指定したい

CSS3

背景を表示する範囲を指定したい

background-clip: ★

- -

★‥‥‥‥border-box、padding-box、content-box

| 初期値 border-box | 値の継承 しない | 適用要素 すべての要素 |

　CSS3では、背景（背景色や背景画像）はボーダー領域から内側に配置されます。background-clipプロパティは、このうちのどの部分までを表示させるかを指定するプロパティです。値に「padding-box」や「content-box」を指定すると、指定した領域の周囲を切り落としたように表示されます。

値の指定方法

border-box	ボーダーボックス（ボーダー領域から内側）の背景が表示されます。
padding-box	パディングボックス（パディング領域から内側）の背景が表示されます。
content-box	コンテンツボックス（内容領域）の背景のみ表示されます。

CSS Source

```
div {
    margin: 20px;
    padding: 20px;
    border: 15px solid rgba(000,128,128,0.5)
    width: 350px;
    height: 50px;
    background-image: url(dia2.gif);
}
code {
    font-family: Helvetica, sans-serif;
    font-weight: bold;
    font-size: 18px;
}
#sample1 {
    background-clip: border-box;
}
#sample2 {
    background-clip: padding-box;
```

dia2.gif

左側縦タブ：背景とボーダー／ボックス／色とグラデーション／テキスト／フォント／段組み／フレキシブルボックス／グリッドレイアウト／トランジション／アニメーション／変形

```
}
#sample3 {
    background-clip: content-box;
}
```

HTML Source

```
<body>
<div id="sample1"><code>border-box</code></div>
<div id="sample2"><code>padding-box</code></div>
<div id="sample3"><code>content-box</code></div>
</body>
```

Internet Explorer

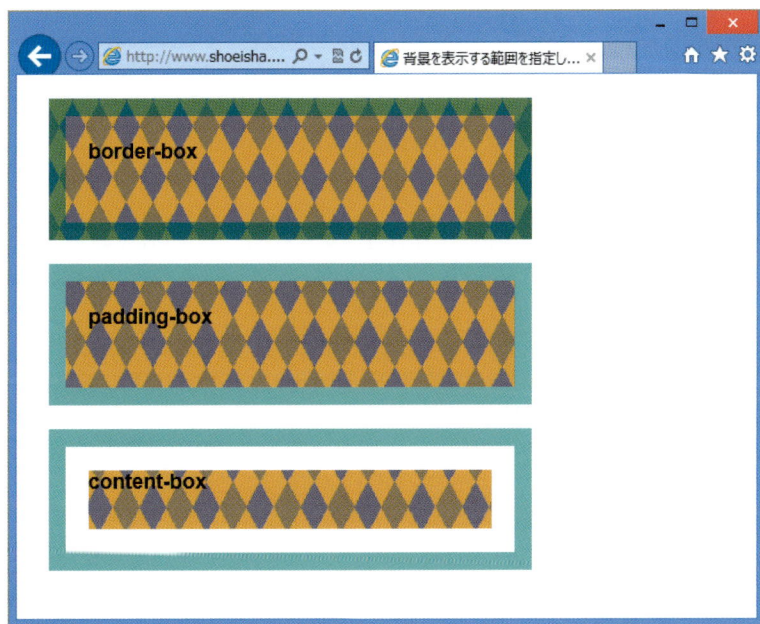

▶ ブラウザごとの指定方法と対応

ブラウザ	プロパティ
IE10	background-clip
IE9	background-clip
Fx	background-clip
Chrome	background-clip
Safari	background-clip

ブラウザ	プロパティ
Opera	background-clip
iOS6	background-clip
iOS5	background-clip
Android	background-clip

参照
ボックスモデル ・・・・・・・・・・・・・・・・・・・・ P.277
背景画像を複数指定したい ・・・・・・・・・・・・ P.284
背景画像の基準の位置を指定したい ・・・・・・・・ P.288

背景と
ボーダー

ボックス

色と
グラデーション

テキスト

フォント

段組み

フレキシブル
ボックス

グリッド
レイアウト

トランジション

アニメーション

変形

CSS3 > BACKGROUND & BORDER.03

背景画像の基準の位置を指定したい

background-origin: ★

★⋯⋯⋯padding-box、border-box、content-box

`初期値` padding-box　`値の継承` しない　`適用要素` すべての要素

　背景画像を表示するときの、その基準となる位置を指定します。background-positionプロパティで背景画像の表示位置を指定する場合の基点などに利用できます。

　ただし、background-attachmentプロパティの値に「fixed」が指定されている場合は、background-originプロパティでの指定は無効になります。

値の指定方法

padding-box　　パディングボックスの左上を基準として、背景画像が表示されます。この場合、パディングボックスの左上が「0 0」、右下が「100% 100%」となります。

border-box　　ボーダーボックスの左上を基準として、背景画像が表示されます。この場合、ボーダーボックスの左上が「0 0」、右下が「100% 100%」となります。

content-box　　コンテンツボックスの左上を基準として、背景画像が表示されます。この場合、内容領域の左上が「0 0」、右下が「100% 100%」となります。

CSS Source

```
div {
    margin: 20px;
    padding: 20px;
    border: 15px solid rgba(255,069,000,0.5);
    width: 350px;
    height: 50px;
    background: url(dia1.gif) no-repeat;
}
code {
    color: #ffffff;
    font-family: Helvetica, sans-serif;
    font-weight: bold;
    font-size: 18px;
}
```

dia1.gif

```
#sample1 {
    background-origin: padding-box;
}
#sample2 {
    background-origin: border-box;
}
#sample3 {
    background-origin: content-box;
}
```

HTML Source

```
<body>
<div id="sample1"><code>padding-box</code></div>
<div id="sample2"><code>border-box</code></div>
<div id="sample3"><code>content-box</code></div>
</body>
```

Internet Explorer

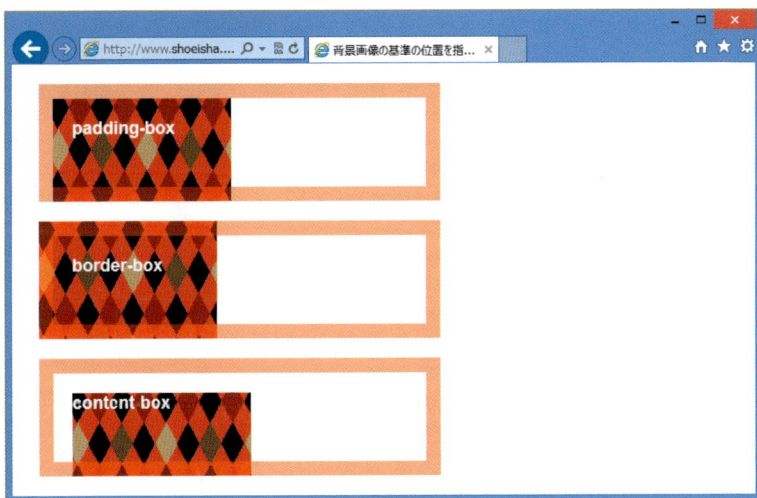

▶ ブラウザごとの指定方法と対応

ブラウザ	プロパティ
IE10	background-origin
IE9	background-origin
Fx	background-origin
Chrome	background-origin
Safari	background-origin

ブラウザ	プロパティ
Opera	background-origin
iOS6	background-origin
iOS5	background-origin
Android	background-origin

参照 ▶ ボックスモデル ・・・・・・・・・・・・・・・・・・・ P.277
背景画像を複数指定したい ・・・・・・・・・・・・ P.284
背景画像の基準の位置を指定したい ・・・・・・・・ P.288

背景画像のサイズを指定したい

background-size: ★

★‥‥‥‥contain、cover、実数値+単位、パーセント値+%、auto

`初期値` auto　`値の継承` しない　`適用要素` すべての要素

　背景画像の表示サイズを指定します。「実数値+単位、パーセント値+%、auto」の組み合わせで指定する方法と、「contain」や「cover」を指定する方法とがあります。

値の指定方法

contain　　幅と高さの比率を保持したまま、画像全体が表示領域に収まる最大のサイズで表示されます。

cover　　　幅と高さの比率を保持したまま、その画像1つだけで表示領域を覆える最小のサイズで表示されます。

実数値+単位、パーセント値+%、auto

画像の幅と高さを半角スペースで区切って指定します。1つ目の値が幅、2つ目の値が高さになります。

「実数値+単位」では、数値に単位を付けて指定します（単位についてはp.278参照）。「パーセント値+%」では、基準の表示領域に対する割合でサイズを指定します。基準の表示領域はbackground-origin（p.288）で指定できます。デフォルトはパディング領域です。

幅と高さのいずれかの値に「auto」を指定すると、幅と高さの比率を保持したまま画像のサイズが変更されます。また、値を1つだけ指定した場合は幅を指定したことになり、高さは「auto」に設定されます。「auto」のみを指定した場合は、画像本来のサイズで表示されます。

CSS Source

```
div {
    margin: 20px;
    padding: 20px;
    border: 1px solid rgb(210,105,030);
    width: 350px;
    height: 100px;
    background-image: url(ninjin.gif);
```

ninjin.gif

```
    background-repeat: no-repeat;
}
code{
    font-family: Helvetica, sans-serif;
    font-weight: bold;
    font-size: 18px;
}
#sample1 {
    background-size: contain;
}
#sample2 {
    background-size: cover;
}
#sample3 {
    background-size: auto 90px;
}
#sample4 {
    background-size: 100% 100%;
}
```

HTML Source

```
<body>
<div id="sample1"><code>contain</code></div>
<div id="sample2"><code>cover</code></div>
<div id="sample3"><code>auto 90px</code></div>
<div id="sample4"><code>100% 100%</code></div>
</body>
```

背景と
ボーダー

ボックス

色と
グラデーション

テキスト

フォント

段組み

フレキシブル
ボックス

グリッド
レイアウト

トランジション

アニメーション

変形

Internet Explorer

http://www.shoeisha.... 背景画像のサイズを指...

contain

cover

auto 90px

100% 100%

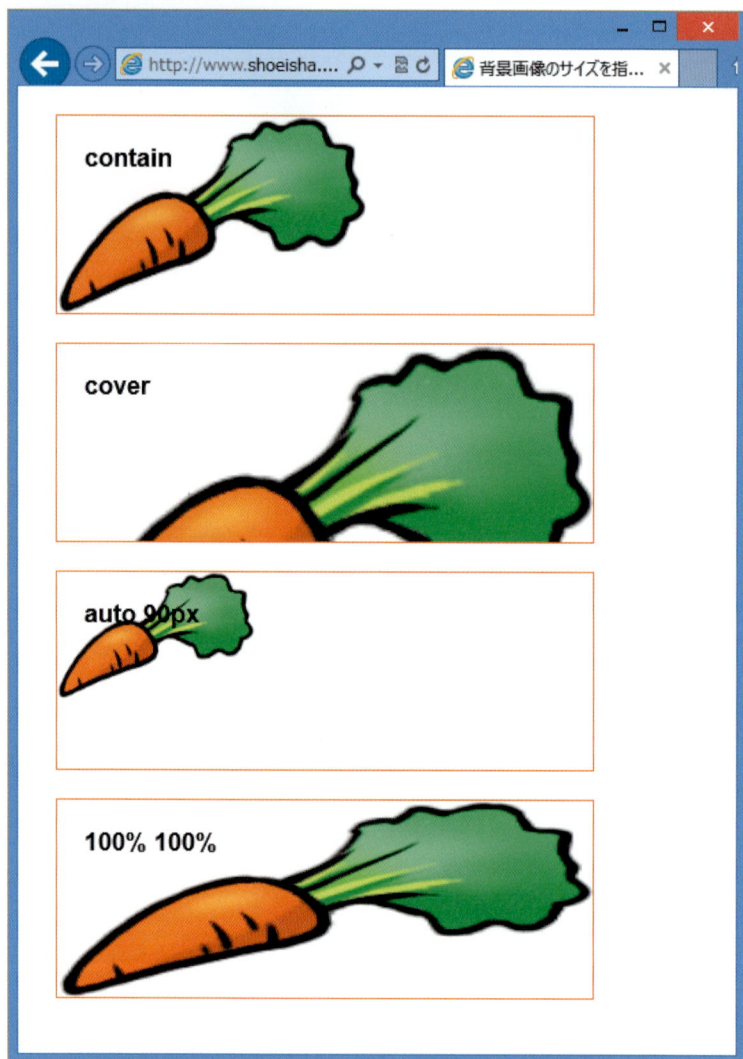

▶ ブラウザごとの指定方法と対応

ブラウザ	プロパティ
IE10	background-size
IE9	background-size
Fx	background-size
Chrome	background-size
Safari	background-size

ブラウザ	プロパティ
Opera	background-size
iOS6	background-size
iOS5	background-size
Android	background-size

参照　背景画像を複数指定したい ・・・・・・・・・・・・ P.284
　　　背景画像の基準の位置を指定したい ・・・・・・・ P.288

角丸を個別に指定したい

border-top-left-radius: ★　　左上
border-top-right-radius: ★　　右上
border-bottom-right-radius: ★　　右下
border-bottom-left-radius: ★　　左下

- -

★‥‥‥‥実数値+単位、パーセント値+%

初期値 0	値の継承 しない

適用要素 すべての要素（ただし、border-collapseプロパティの値が「collapse」のtable要素を除く）

　これまでボーダーの角を丸くするには画像を利用していましたが、CSS3ではborder-*-radiusプロパティやborder-radius（p.296）プロパティを使うことで、この角丸を表現できます。

　border-*-radiusプロパティでは、ボーダーの4つの角の丸みを個別に指定することができます。丸みは、角に内接する円の半径で指定します。2つの値を半角スペースで区切って記述すれば、楕円形に丸くすることもできます。その場合、1つ目の値が横方向の半径、2つ目の値が縦方向の半径になります。

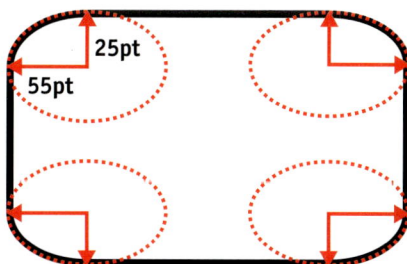

border-top-left-radius:55pt 25ptの場合

値の指定方法

実数値+単位　　数値に単位を付けて、ボーダー辺までの円の半径を指定します（単位についてはp.278を参照）。

パーセント値+%　　ボーダーボックス（ボーダーを含むボックス）のサイズに対する割合で、ボーダー辺までの円の半径を指定します。横方向の半径はボックスの幅、縦方向の半径はボックスの高さを基準とします。

背景とボーダー

ボックス

色とグラデーション

テキスト

フォント

段組み

フレキシブルボックス

グリッドレイアウト

トランジション

アニメーション

変形

CSS Source

```css
div {
    margin: 30px;
    padding: 20px;
    width: 200px;
    height: 100px;
    color: #ffffff;
    font-family: Helvetica, sans-serif;
    font-weight: bold;
    border-top-left-radius: 20px;
    border-top-right-radius: 50px 70px;
    border-bottom-right-radius: 20px;
    border-bottom-left-radius: 50px 70px;
}
#sample1 {
    border: 3px solid #3399ff;
    background-color: #66ccff;
}
#sample2 {
    background-image: url("candy.jpg");
}
```

candy.jpg

HTML Source

```html
<body>
<div id="sample1">sample1</div>
<div id="sample2">sample2</div>
</body>
```

Internet Explorer

http://www.shoeisha....

sample1

sample2

▶ ブラウザごとの指定方法と対応

ブラウザ	プロパティ
IE10	border-top-left-radius border-top-right-radius border-bottom-right-radius border-bottom-left-radius
IE9	border-top-left-radius border-top-right-radius border-bottom-right-radius border-bottom-left-radius
Fx	border-top-left-radius border-top-right-radius border-bottom-right-radius border-bottom-left-radius
Chrome	border-top-left-radius border-top-right-radius border-bottom-right-radius border-bottom-left-radius
Safari	border-top-left-radius border-top-right-radius border-bottom-right-radius border-bottom-left-radius

ブラウザ	プロパティ
Opera	border-top-left-radius border-top-right-radius border-bottom-right-radius border-bottom-left-radius
iOS6	border-top-left-radius border-top-right-radius border-bottom-right-radius border-bottom-left-radius
iOS5	border-top-left-radius border-top-right-radius border-bottom right radius border-bottom-left-radius
Android	border-top-left-radius border-top-right-radius border-bottom-right-radius border-bottom-left-radius

参照 角丸のプロパティを一括して指定したい ····· P.296

角丸のプロパティを一括して指定したい

border-radius: ★

★‥‥‥‥実数値+単位、パーセント値+%

初期値 個別のプロパティ参照　値の継承 しない
適用要素 すべての要素（ただし、border-collapseプロパティの値が「collapse」のtable要素を除く）

　border-radiusプロパティを使うと、ボーダーの4つの角の丸みを一括して指定することができます。

　値が1つだけのときは4つの角すべてに適用されますが、2〜4個の値を半角スペースで区切って記述すると、値の数によって下記のように適用されます。①

★	すべての角
★★	左上と右下、右上と左下
★★★	左上、右上と左下、右下
★★★★	左上、右上、右下、左下

基準は左上!!

　border-radiusプロパティで角を楕円形に丸くする記述方法については、次ページのColumnを参照してください。

値の指定方法

実数値+単位　　数値に単位を付けて、ボーダー辺までの円の半径を指定します（単位についてはp.278を参照）。

パーセント値+%　ボーダーボックスのサイズに対する割合で、ボーダー辺までの円の半径を指定します。横方向の半径はボックスの幅、縦方向の半径はボックスの高さを基準とします。ただし、パーセント値での指定は、ブラウザによっては仕様通りに動作しない場合もあるため注意が必要です。

箱のたきさに対し角丸が変化　使いにくいかも。

CSS Source

```
div {
    margin: 30px;
    padding: 20px;
    width: 200px;
    height: 100px;
    color: #ffffff;
    background-color: #66ccff;
    font-family: Helvetica, sans-serif;
```

背景とボーダー
ボックス
色とグラデーション
テキスト
フォント
段組み
フレキシブルボックス
グリッドレイアウト
トランジション
アニメーション
変形

```
    font-weight: bold;
    border-radius: 20px 50px;
}
#sample1 {
    border: 3px solid #3399ff;
    background-color: #66ccff;
}
#sample2 {
    background-image: url("candy.jpg");
}
```

HTML Source

```html
<body>
<div id="sample1">sample1</div>
<div id="sample2">sample2</div>
</body>
```

Internet Explorer

iPhone Safari

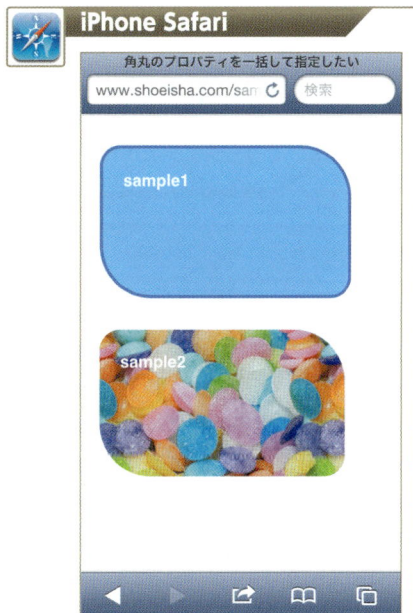

CSS3

背景と
ボーダー

ボックス

色と
グラデーション

テキスト

フォント

段組み

フレキシブル
ボックス

グリッド
レイアウト

トランジション

アニメーション

変形

‖Column

[一括指定で角を楕円形に丸くする]

　border-radiusプロパティで角を楕円形に丸くするには、横方向の半径を指定する値と縦方向の半径を指定する値をそれぞれまとめ、「/」（スラッシュ）で区切って記述します。値の数と適用される角は表の規則通りです。例えば、前項のサンプルで角丸を指定する

border-top-left-radius: 20px;
border-top-right-radius: 50px 70px;
border-bottom-right-radius: 20px;
border-bottom-left-radius: 50px 70px;

は、border-radiusプロパティを使って次のように指定できます。

border-radius: 20px 50px / 20px 70px 20px;

横の半径　　縦の半径

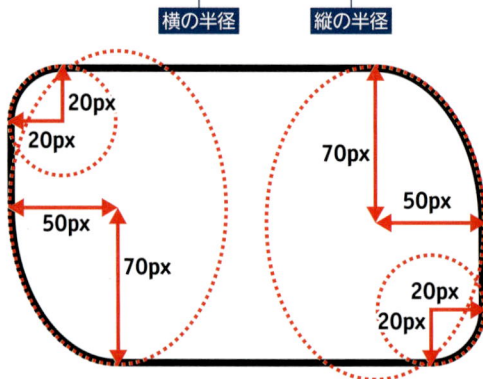

▶ ブラウザごとの指定方法と対応

ブラウザ	プロパティ		ブラウザ	プロパティ
IE10	border-radius		Opera	border-radius
IE9	border-radius		iOS6	border-radius
Fx	border-radius		iOS5	border-radius
Chrome	border-radius		Android	border-radius
Safari	border-radius			

‖参照　角丸を個別に指定したい ・・・・・・・・・・・・・・・ P.293

ボーダーに使用する画像を指定したい

border-image-source: ★

★‥‥‥‥none、画像のURL

初期値 none 値の継承 しない
適用要素 すべての要素（ただし、border-collapseプロパティの値が「collapse」のtable内要素を除く）

CSS3では、border-styleプロパティでボーダーのスタイルを指定する代わりに、1枚の画像を使ってボックスのボーダーを表現できます。ボーダーとして使用する画像はborder-image-sourceプロパティで指定します。通常、画像はボーダーボックス内の「ボーダー画像領域」と呼ばれる部分に表示されます。どのように1枚の画像でボーダーを実現するのかは、border-image-sliceプロパティ（p.302）を参照してください。

border-image-sourceプロパティの値に「none」が指定された場合や、画像が表示できない場合には、border-styleプロパティの値が適用されます。

値の指定方法

none	ボーダーに画像を使用しません。
画像のURL	ボーダーとして使用する画像のURLを指定します（URLの指定方法はp.282を参照）。

CSS Source

```
div {
    padding: 1em;
    width: 250px;
    height: 30px;
    color: #000000;
    border: 55px solid #cd853f;
    border-image-source: url(woodframe.jpg);
    border-image-slice: 55;
    border-image-width: auto;
}
```

woodframe.jpg

背景と
ボーダー

ボックス

色と
グラデーション

テキスト

フォント

段組み

フレキシブル
ボックス

グリッド
レイアウト

トランジション

アニメーション

変形

HTML Source

```
<body>
<div>画像をボーダーにしています</div>
</body>
```

Google Chrome

iPhone Safari

‖Column　[Firefoxでボーダー画像を利用するときの注意]

　本書執筆時点のFirefox（バージョン19.0.2）でボーダー画像を正しく表示するには、border関連プロパティで通常のボーダーを指定しておく必要があるようです。また、このように通常のボーダーを指定しておけばボーダー画像に未対応のブラウザにも対応できます。

ボーダー画像に未対応の場合、通常のボーダーが表示されます。

Firefox

画像をボーダーにしています

▶ ブラウザごとの指定方法と対応

ブラウザ	プロパティ
IE10	—
IE9	—
Fx	border-image-source
Chrome	border-image-source
Safari	border-image-source

ブラウザ	プロパティ
Opera	—
iOS6	border-image-source
iOS5	border-image-source
Android	—

‖参照　ボーダーに使用する画像の分割位置を
指定したい・・・・・・・・・・・・・・・・・・・・・・・・・・ P.302
ボーダー画像の幅を指定したい・・・・・・・・・・・ P.304

ボーダー画像の繰り返し方法を指定したい ・・・ P.308
ボーダー画像を一括して指定したい ・・・・・・・・ P.310

ボーダーに使用する画像の分割位置を指定したい

border-image-slice: ★

★………ピクセル数、パーセント値+%、fill

| 初期値 | 100% | 値の継承 | しない |

適用要素 すべての要素(ただし、border-collapseプロパティの値が「collapse」のtable内要素を除く)

画像を使ったボーダーでは、下図のように上辺、右辺、下辺、左辺からの距離で画像を9つに分割し、それぞれを拡大・縮小して表示します。border-image-sliceプロパティは、この分割位置までの距離を指定するプロパティです。値が1つだけのときは4つの距離すべてに適用されますが、2～4個の値を半角スペースで区切って記述すると、値の数によって下記のように適用されます。

★	すべての距離
★★	上下、左右
★★★	上、左右、下
★★★★	上、右、下、左

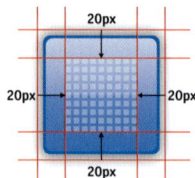

各辺から20pxの距離で分割する場合

分割された中央部分は、切り捨てられて表示されません(p.299のサンプル参照)。中央の画像を表示するにはキーワード「fill」を指定します。

ボーダーの画像は「ボーダー画像領域」と呼ばれる領域の内部に、背景に重ねて表示されます。通常、ボーダー画像領域は、ボーダーボックスと一致します。ボーダー画像が表示される位置を変更する場合は、border-image-outsetプロパティ(p.306)で指定します。

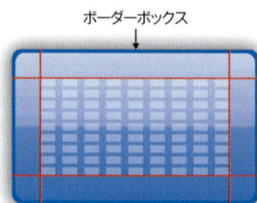

ボーダーボックス

ボーダー画像領域

値の指定方法

数値 各辺から分割位置までの距離を、単位無しのピクセル数値(ラスター画像の場合)、あるいはベクター座標(ベクター画像の場合)で指定します。

パーセント値+% 各辺から分割位置までの距離を、画像のサイズに対する割合で指定します。左右の距離は幅を、上下の距離は高さを基準とします。

fill この値を表示すると、分割した画像の中央の部分が表示されます。この指定が無い場合は、中央の画像は切り捨てられて表示されません。

背景とボーダー
ボックス
色とグラデーション
テキスト
フォント
段組み
フレキシブルボックス
グリッドレイアウト
トランジション
アニメーション
変形

CSS Source

```
div {
    padding: 1em;
    width: 250px;
    height: 30px;
    color: #808080;
    border: 55px solid #cd853f;
    border-image-source: url(woodframe.jpg);
    border-image-slice: 55 fill;
    border-image-width: auto;
}
```

HTML Source

```
<body>
<div>画像をボーダーにしています</div>
</body>
```

Google Chrome

各辺から55ピクセルの距離で画像が分割されて表示されます。また、値にfillを指定しているので中央部分も表示されます。

▶ ブラウザごとの指定方法と対応

ブラウザ	プロパティ
IE10	—
IE9	—
Fx	border-image-slice
Chrome	border-image-slice
Safari	border-image-slice

ブラウザ	プロパティ
Opera	—
iOS6	border-image-slice
iOS5	border-image-slice
Android	—

参照　ボーダーに使用する画像を指定したい ······ P.299　ボーダー画像の繰り返し方法を指定したい ··· P.308
ボーダー画像の幅を指定したい ··········· P.304　ボーダー画像を一括して指定したい ········ P.310

ボーダー画像の幅を指定したい

border-image-width: ★

★‥‥‥‥実数値+単位、パーセント値+%、数値、auto

初期値 1　値の継承 しない
適用要素 すべての要素（ただし、border-collapseプロパティの値が「collapse」のtable要素を除く）

　画像を使ったボーダーの幅は、border-image-widthプロパティで指定します。4辺の幅を、それぞれボーダー画像領域の上辺、右辺、下辺、左辺からの距離で指定します。値が1つだけのときは4つの距離すべてに適用されますが、2〜4個の値を半角スペースで区切って記述すると、値の数によって下記のように適用されます。

★	すべての距離
★★	上下、左右
★★★	上、左右、下
★★★★	上、右、下、左

値の指定方法

実数値+単位	各辺からの距離を、数値に単位を付けて指定します（単位についてはp.278を参照）。
パーセント値+%	各辺からの距離を、ボーダー画像領域に対する割合で指定します。左右の距離は幅を、上下の距離は高さを基準とします。
数値	各辺からの距離を、border-widthプロパティに指定された対応するボーダー幅の倍数で指定します。
auto	border-image-sliceプロパティに指定された値と同じになります。border-image-sliceプロパティの値が無い場合は、border-widthプロパティの値が使用されます。

CSS Source

```
div {
    padding: 1em;
    width: 250px;
    height: 30px;
    color: #808080;
    border-width: 55px 25px;
    border-style: solid;
    border-color: #cd853f;
```

```
    border-image-source: url(woodframe.jpg);
    border-image-slice: 55 fill;
    border-image-width: 55px 25px;
}
```

HTML Source

```
<body>
<div>画像をボーダーにしています</div>
</body>
```

Google Chrome

画像領域の上下幅が55px、左右幅が25pxになります。

iPhone Safari

画像領域の上下幅が55px、左右幅が25pxになります。

▶ ブラウザごとの指定方法と対応

ブラウザ	プロパティ		ブラウザ	プロパティ
IE10	—		Opera	—
IE9	—		iOS6	border-image-width
Fx	border-image-width		iOS5	border-image-width
Chrome	border-image-width		Android	—
Safari	border-image-width			

参照　ボーダーに使用する画像を指定したい ······· P.299　ボーダー画像の繰り返し方法を指定したい ···· P.308
　　　ボーダーに使用する画像の分割位置を　　　　　　　ボーダー画像を一括して指定したい ········ P.310
　　　指定したい ························ P.302

CSS3

ボーダー画像の領域を広げたい

border-image-outset: ★

- -

★‥‥‥‥実数値+単位、数値

初期値 0　値の継承 しない
適用要素 すべての要素(ただし、border-collapseプロパティの値が「collapse」のtable内要素を除く)

　ボーダーの画像は「ボーダー画像領域」と呼ばれる領域の内部に表示されます。通常、ボーダー画像領域は、ボーダーボックスと一致しますが、border-image-outsetプロパティを使うと、表示される領域をボーダーボックスの外側に広げることができます。

　どれだけ広げるのかを、それぞれボーダーボックスの上辺、右辺、下辺、左辺からの距離で指定します。値が1つだけのときは4つの距離すべてに適用されますが、2〜4個の値を半角スペースで区切って記述すると、値の数によって下記のように適用されます。

★	すべての距離
★★	上下、左右
★★★	上、左右、下
★★★★	上、右、下、左

値の指定方法

実数値+単位	広げる距離を、数値に単位を付けて指定します(単位についてはp.278を参照)。
数値	広げる距離を、border-widthプロパティに指定された対応するボーダー幅の倍数で指定します。

CSS Source

```
body {
    margin: 30px;
}
div{
    padding: 1em;
    width: 200px;
    height: 20px;
    color: #808080;
    font-family: Helvetica, sans-serif;
    border: 55px solid #cd853f;
    border-image-source: url(woodframe.jpg);
    border-image-slice: 55 fill;
```

サイドバー（縦書き）:
背景とボーダー / ボックス / 色とグラデーション / テキスト / フォント / 段組み / フレキシブルボックス / グリッドレイアウト / トランジション / アニメーション / 変形

```
    border-image-width: 55px;
}
div#sample1 {
    margin-bottom: 30px;
}
div#sample2 {
    border-image-outset: 20px;
}
```

HTML Source

```
<body>
<div id="sample1">指定無し</div>
<div id="sample2">border-image-outset: 20px;</div>
</body>
```

Google Chrome

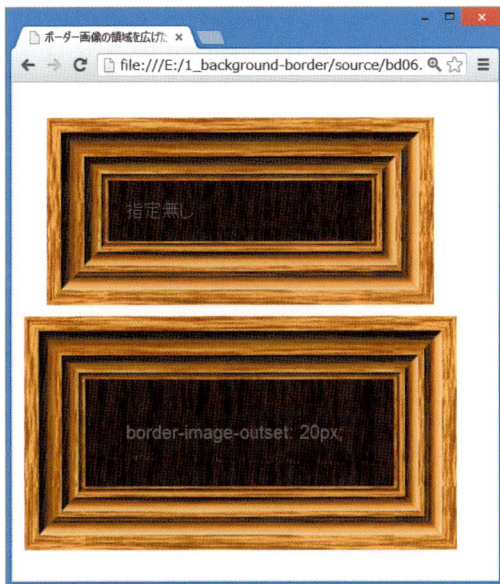

border-image-outset を指定した下側のボックスでは、ボーダー画像領域から上下左右それぞれ20pt外側まで広がった領域にボーダー画像が表示されます。

▶ ブラウザごとの指定方法と対応

ブラウザ	プロパティ	ブラウザ	プロパティ
IE10	—	Opera	—
IE9	—	iOS6	border-image-outset
Fx	border-image-outset	iOS5	border-image-outset
Chrome	border-image-outset	Android	—
Safari	border-image-outset		

参照
ボーダーに使用する画像を指定したい ・・・・・・ P.299   ボーダー画像の幅を指定したい ・・・・・・・・・・ P.304
ボーダーに使用する画像の分割位置を   ボーダー画像を一括して指定したい ・・・・・・・ P.310
指定したい ・・・・・・・・・・・・・・・・・・・・・・・・ P.302

CSS3

ボーダー画像の繰り返し方法を指定したい

border-image-repeat: ★

- -

★‥‥‥‥stretch、repeat、round、space

| 初期値 stretch | 値の継承 しない |
適用要素 すべての要素（ただし、border-collapseプロパティの値が「collapse」のtable内要素を除く）

通常、ボーダーの画像は領域に合わせて拡大・縮小して表示されます。繰り返しとその方法を指定したい場合は、border-image-repeatプロパティを使用します。

キーワードは、上下の辺の表示方法と左右の辺の表示方法を、半角スペースで区切って記述します。値を1つだけ指定した場合は、上下と左右に同じ値が指定されたものとみなされます。

値の指定方法

stretch ボーダーの領域に合わせ、画像を引き伸ばして表示します。

repeat ボーダーの領域に合わせ、画像を繰り返して表示します。領域にぴったり収まらない部分は裁ち落として表示します。

round ボーダーの領域に合わせ、画像を繰り返して表示します。領域にぴったり収まらない場合は画像のサイズを調整して表示します。

space ボーダーの領域に合わせ、画像を繰り返して表示します。領域にぴったり収まらない場合は余ったスペースを画像の周りに分配して表示します。本書執筆時点（2013年3月現在）では、対応しているブラウザは無いようです。

CSS Source

frame.gif

```
div {
    margin: 30px;
    padding: 20px;
    width: 250px;
    height: 100px;
    border: 40px solid transparent;
    border-image-source: url(frame.gif);
    border-image-slice: 50;
    border-image-width: 40px;
}
code {
    font-family: Helvetica, sans-serif;
```

```
    font-weight: bold;
}
#sample1 {
    border-image-repeat: repeat;
}
#sample2 {
    border-image-repeat: round stretch;
}
```

HTML Source

```
<body>
<div id="sample1"><code>repeat</code></div>
<div id="sample2"><code>round stretch</code></div>
</body>
```

Firefox

上のボーダーでは、ぴったり収まらない
部分を裁ち落としに、下のボーダーでは
画像を引き伸ばして調節しています。

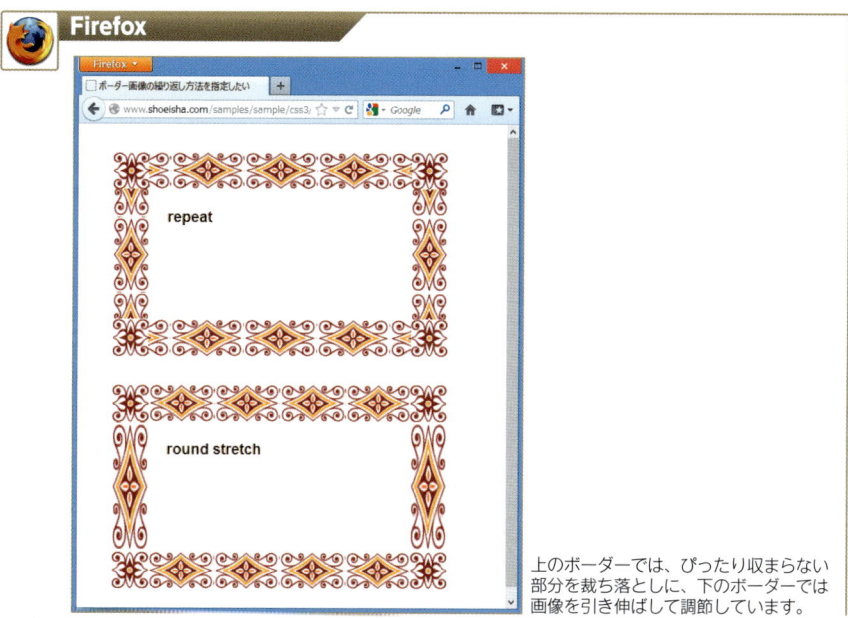

▶ ブラウザごとの指定方法と対応

ブラウザ	プロパティ	ブラウザ	プロパティ
IE10	—	Opera	—
IE9	—	iOS6	border-image-repeat
Fx	border-image-repeat	iOS5	border-image-repeat
Chrome	border-image-repeat	Android	—
Safari	border-image-repeat		

※Safari(iPhone含む)とChromeは「round」に対応していません

参照
ボーダーに使用する画像を指定したい ・・・・・・ P.299
ボーダーに使用する画像の分割位置を
指定したい・・・・・・・・・・・・・・・・・・・・・・・・ P.302
ボーダー画像の幅を指定したい ・・・・・・・・・・・ P.304
ボーダー画像を一括して指定したい ・・・・・・・ P.310

CSS3

ボックス

色とグラデーション

テキスト

フォント

段組み

フレキシブルボックス

グリッドレイアウト

トランジション

アニメーション

変形

CSS3 > BACKGROUND & BORDER.12

ボーダー画像を一括して指定したい

border-image: ★ ◆ / ▲

★………border-image-sourceの値（画像のURL）
◆………border-image-sliceの値（画像を分割する位置）
▲………border-image-widthの値（ボーダーの幅）
●………border-image-outsetの値（ボーダー画像領域を広げる距離）
■………border-image-repeatの値（ボーダーの繰り返し方法）

| 初期値 | 個別のプロパティ参照 | 値の継承 | しない | 適用要素 | 個別のプロパティ参照 |

border-imageプロパティを使うと、画像を使ったボーダーを一括して指定できます。border-image-widthプロパティとborder-image-outsetプロパティの値は「/」（スラッシュ）に続けて、他の値は半角スペースで区切って指定します。省略された値については初期値が適用されます。

border-image-slice、border-image-width、border-image-outsetプロパティでは、値が1つだけのときは4辺のボーダーすべてに適用されますが、2〜4個の値を半角スペースで区切って記述すると、値の数によって下記のように適用される辺が異なります。

★	すべての距離
★★	上下、左右
★★★	上、左右、下
★★★★	上、右、下、左

border-image-width、border-image-outsetプロパティでは、上下の辺の表示方法と左右の辺の表示方法を半角スペースで区切って記述します。値を1つだけ指定した場合は、上下と左右に同じ値が指定されたものとみなされます。

値の指定方法

border-image-sourceの値(p.299)	画像のURLを指定します。
border-image-sliceの値(p.302)	画像を分割する位置を指定します。
border-image-widthの値(p.304)	ボーダー画像の幅を指定します。
border-image-outsetの値(p.306)	ボーダー画像領域を広げる距離を指定します。
border-image-repeatの値(p.308)	ボーダー画像の繰り返し方法を指定します。

CSS Source

```
div {
    padding: 1em;
    width: 250px;
    height: 30px;
    color: #808080;
    border-width: 55px 25px;
    border-style: solid;
    border-color: red;
    -o-border-image: url(woodframe.jpg) 55 / 55px 25px stretch;
    border-image: url(woodframe.jpg) 55 fill / 55px 25px stretch;
}
```

HTML Source

```
<body>
<div>画像をボーダーにしています</div>
</body>
```

Firefox

▶ ブラウザごとの指定方法と対応

ブラウザ	プロパティ
IE10	—
IE9	—
Fx	border image
Chrome	border-image
Safari	border-image

ブラウザ	プロパティ
Opera	-o-border-image
iOS6	border-image
iOS5	-webkit-border-image
Android	—

※Operaは「fill」に対応していません。fillの指定が無くても中央の画像が表示されます

参照
ボーダーに使用する画像を指定したい ・・・・・・P.299　ボーダー画像の幅を指定したい ・・・・・・・・・・・P.304
ボーダーに使用する画像の分割位置を　　　　　　　　ボーダー画像の領域を広げたい ・・・・・・・・・・・P.306
　指定したい・・・・・・・・・・・・・・・・・・・・・・・・・・P.302　ボーダー画像の繰り返し方法を指定したい ・・・P.308

CSS3

ボックスに影を付けたい

box-shadow: ★ ◆ ▲ ●

- -

★‥‥‥‥none
◆‥‥‥‥色
▲‥‥‥‥実数値+単位
●‥‥‥‥inset

`初期値` none　`値の継承` しない　`適用要素` すべての要素

　ボックスに影を付けるプロパティです。影の長さ、色、ボックスの外側か内側かを下記の決まりに従って指定します。

　影の設定を「,(カンマ)」で区切って複数記述すれば、指定した数の影を付けることもできます。その場合、最初に指定した影が1番上に、以降指定した順に表示され、最後に指定した影が1番下に表示されます。

値の指定方法

none	影を付けない状態にします。
色	所定の書式で、長さの指定の前または後ろに指定します（色の指定方法はp.280を参照）。省略した場合の影の色は、ブラウザに依存します。
実数値+単位	数値に単位を付けて、影の長さを指定します。必要な値を半角スペースで区切って指定します。指定する順序は次のような決まりになっています（単位についてはp.278を参照）。

  1つ目の値　右方向へどれだけずらすかを指定します。負の値を指定した場合は左側にずれます。

  2つ目の値　下方向へどれだけずらすかを指定します。負の値を指定した場合は上側にずれます。

  3つ目の値　影をぼかす範囲を指定します。負の値は指定できません。値が「0」の場合は影の輪郭がはっきりとし、値が大きくなるほど輪郭のぼかしが強くなります。省略された場合は「0」が指定されたものとみなされます。

  4つ目の値　影を広げる距離を指定します。正の値を指定すると影がすべての方向に広がり、負の値を指定すると小さくなります。省略された場合は「0」が指定されたものとみなされます。

inset	この値を指定すると、ボックスの内側に影が表示されます。「色と長さ」の指定の前または後ろに指定します。

CSS Source

```css
div {
    margin: 30px;
    padding: 20px;
    width: 250px;
    height: 100px;
    font-family: Helvetica, sans-serif;
    font-weight: bold;
}
#sample1 {
    box-shadow: navy 4px 4px, gray 10px 5px 10px 10px;
}
#sample2 {
    box-shadow: teal 10px 5px 10px 10px inset;
}
```

HTML Source

```html
<body>
<div id="sample1">sample1</div>
<div id="sample2">sample2</div>
</body>
```

Internet Explorer

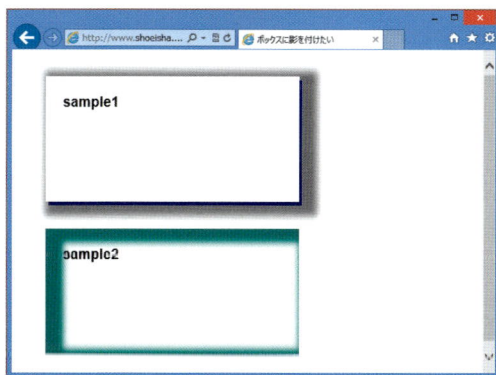

▶ ブラウザごとの指定方法と対応

ブラウザ	プロパティ	ブラウザ	プロパティ
IE10	box-shadow	Opera	box-shadow
IE9	box-shadow	iOS6	box-shadow
Fx	box-shadow	iOS5	box-shadow
Chrome	box-shadow	Android	box-shadow
Safari	box-shadow		

参照 テキストに影を付けたい ・・・・・・・・・・・・・・・ P.337

背景とボーダー

ボックス

色とグラデーション

テキスト

フォント

段組み

フレキシブルボックス

グリッドレイアウト

トランジション

アニメーション

変形

CSS3 > BOX.02

内容があふれる場合の
横方向の表示方法を指定したい

overflow-x: ★

- -

★………visible、hidden、scroll、auto

初期値 none　値の継承 しない　適用要素 ブロックレベル要素、インライン・ブロック要素

内容が内容領域に収まりきらない場合の、横方向の表示方法を指定します。

値の指定方法

※縦方向の方が一般的!

visible	収まりきらない内容をはみ出して表示します。
hidden	収まりきらない内容は表示しません。
scroll	横方向にスクロールして内容を表示できるようにします。
auto	ブラウザに依存します。一般的には、必要に応じ横方向にスクロールして内容を表示できるようにします。

CSS Source

```css
div {
    margin: 20px;
    border: #0033cc solid 1px;
    width: 250px;
    height: 120px;
    overflow-x: scroll;
    white-space: nowrap;
}
```

HTML Source

```html
<body>
<div>
<p>文書のレイアウトやデザインを定義するスタイルシートのうち、HTML文書やXHTML等で利用される仕様がCSS（Cascading Style Sheets）です</p>
<p>以前のHTML文書では、「文書の構造を表す部分」と「見栄えを指定する部分」がどちらもHTMLの要素で指定され、混在していましたが…。</p>
</div>
</body>
```

Internet Explorer

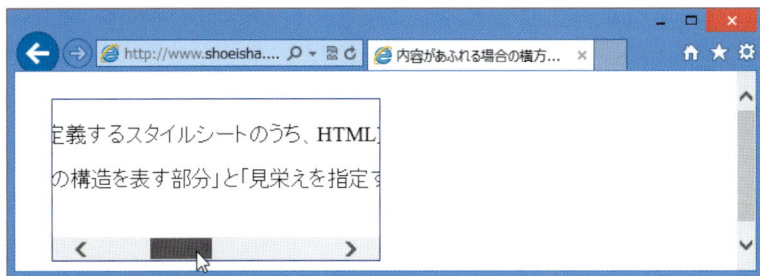

Firefox

iPhone Safari

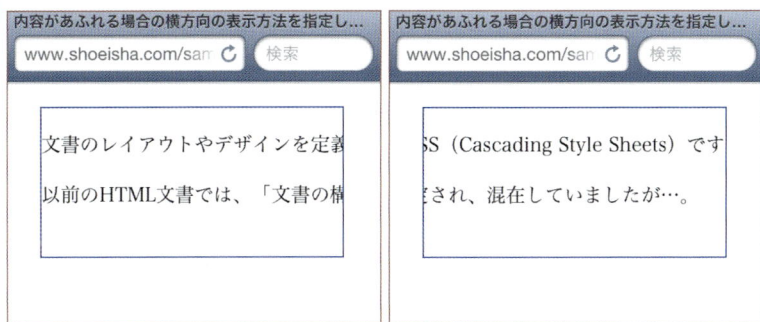

iOSとAndroidでは「scroll」「auto」でスクロールバーは表示されず、ボックス内を左右にフリックすることでスクロールできます。

▶ ブラウザごとの指定方法と対応

ブラウザ	プロパティ	ブラウザ	プロパティ
IE10	overflow-x	Opera	overflow-x
IE9	overflow-x	iOS6	overflow-x
Fx	overflow-x	iOS5	overflow-x
Chrome	overflow-x	Android	overflow-x
Safari	overflow-x		

参照　内容があふれる場合の
縦方向の表示方法を指定したい ・・・・・・・・・・ P.316

CSS3

背景と
ボーダー

ボックス

色と
グラデーション

テキスト

フォント

段組み

フレキシブル
ボックス

グリッド
レイアウト

トランジション

アニメーション

変形

CSS3 > BOX.03

内容があふれる場合の
縦方向の表示方法を指定したい

overflow-y: ★

- -

★………visible、hidden、scroll、auto

| 初期値 | visible | 値の継承 | しない | 適用要素 | ブロックレベル要素、インライン・ブロック要素 |

内容が内容領域に収まりきらない場合の、縦方向の表示方法を指定します。

値の指定方法

visible	収まりきらない内容をはみ出して表示します。
hidden	収まりきらない内容は表示しません。
scroll	縦方向にスクロールして内容を表示できるようにします。
auto	ブラウザに依存します。一般的には、必要に応じ縦方向にスクロールして内容を表示できるようにします。

CSS Source

```css
div {
    margin: 20px;
    border: #0033cc solid 1px;
    width: 250px;
    height: 100px;
    overflow-y: auto;
}
```

HTML Source

```html
<body>
<div>
<p>文書のレイアウトやデザインを定義するスタイルシートのうち、HTML文書やXHTML等で利用される仕様がCSS（Cascading Style Sheets）です</p>
<p>以前のHTML文書では、「文書の構造を表す部分」と「見栄えを指定する部分」がどちらもHTMLの要素で指定され、混在していましたが…。</p>
</div>
</body>
```

Internet Explorer

以前のHTML文書では、「文書の構造を表す部分」と「見栄えを指定する部分」がどちらもHTMLの要素で指定され、混在していましたが…。

Firefox

書やXHTML等で利用される仕様がCSS（Cascading Style Sheets）です

以前のHTML文書では、「文書の構造を表す部分」と「見栄えを指定す

iPhone Safari

文書のレイアウトやデザインを定義するスタイルシートのうち、HTML文書やXHTML等で利用さ

構造を表す部分」と「見栄えを指定する部分」がどちらもHTMLの要素で指定され、混在していましたが…。

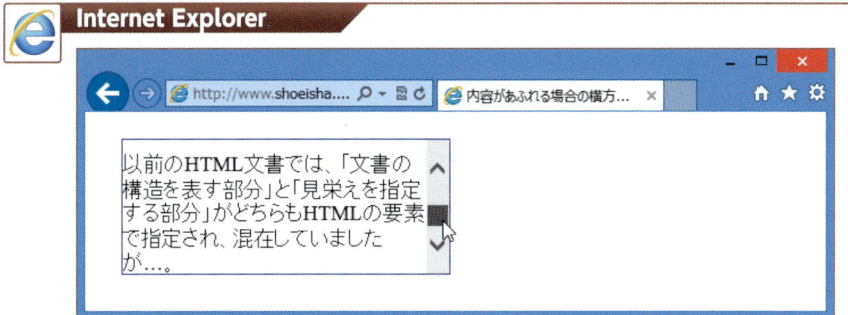

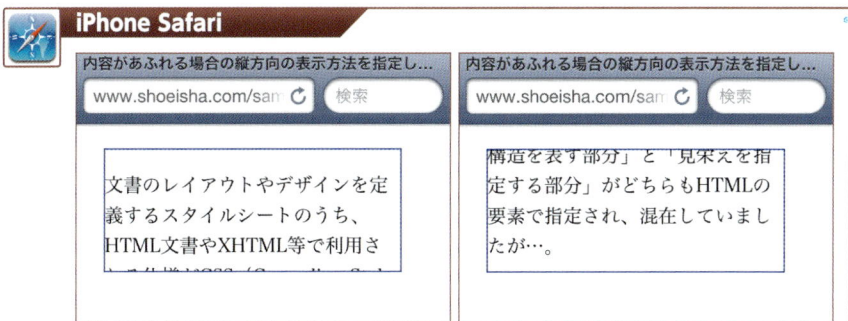

iOSとAndroidでは「scroll」「auto」でスクロールバーは表示されず、ボックス内を上下にフリックすることでスクロールできます。

▶ ブラウザごとの指定方法と対応

ブラウザ	プロパティ	ブラウザ	プロパティ
IE10	overflow-y	Opera	overflow-y
IE9	overflow-y	iOS6	overflow-y
Fx	overflow-y	iOS5	overflow-y
Chrome	overflow-y	Android	overflow-y
Safari	overflow-y		

参照 内容があふれる場合の横方向の表示方法を指定したい ・・・・・・・・・ P.314

CSS3

幅と高さの算出方法を指定したい

box-sizing: ★

- -

★‥‥‥‥content-box、padding-box、border-box

| 初期値 content-box | 値の継承 しない | 適用要素 width、heightを指定可能な要素 |

ボックスの幅（width）と高さ（height）の算出方法を指定します。

値の指定方法

content-box width プロパティと height プロパティ（min-width、min-height、max-width、max-heightプロパティを含む）の値を、ボックスの内容領域の幅と高さとして適用します。ボーダー領域とパディング領域は含まれません。CSS2.1での定義に従った算出方法です。

padding-box width プロパティと height プロパティ（min-width、min-height、max-width、max-heightプロパティを含む）の値を、ボックスのパディング領域までの幅と高さとして適用します。ボーダー領域とマージン領域は含まれません。

border-box width プロパティと height プロパティ（min-width、min-height、max-width、max-heightプロパティを含む）の値を、ボックスのボーダー領域までの幅と高さとして適用します。DOCTYPEスイッチの互換モードのような算出方法です。

CSS Source

```
div {
    margin: 30px auto;
    padding: 20px;
    border: 20px #ff6633 solid;
    width: 300px;
    height: 150px;
    background-color: #ffcc33;
}
code {
    font-family: Helvetica, sans-serif;
    font-weight: bold;
}
```

サイドタブ（上から下）: 背景とボーダー / ボックス / 色とグラデーション / テキスト / フォント / 段組み / フレキシブルボックス / グリッドレイアウト / トランジション / アニメーション / 変形

```
#sample1 {
    -moz-box-sizing: content-box;
    box-sizing: content-box;
}
#sample2 {
    -moz-box-sizing: border-box;
    box-sizing: border-box;
}
```

HTML Source

```
<body>
<div id="sample1"><code>content-box</code></div>
<div id="sample2"><code>border-box</code></div>
</body>
```

Internet Explorer

content-box

border-box

iPhone Safari

幅と高さの算出方法を指定したい

www.shoeisha.com/sam 検索

content-box

border-box

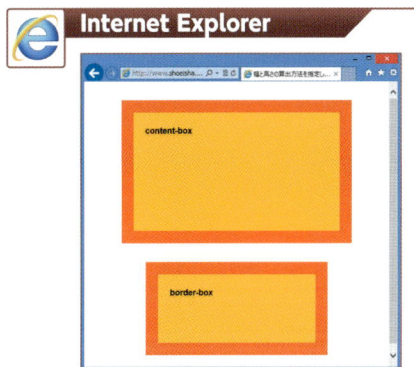

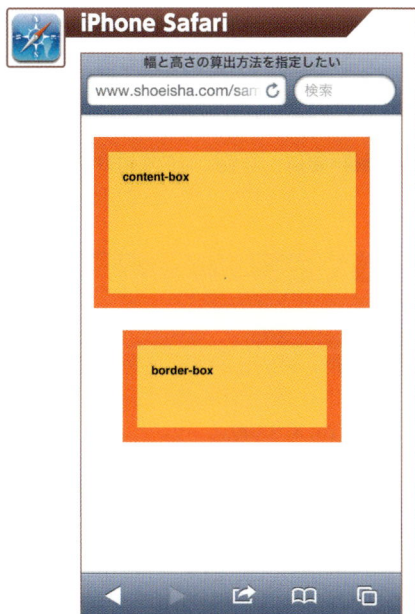

▶ ブラウザごとの指定方法と対応

ブラウザ	プロパティ
IE10	box-sizing
IE9	box-sizing
Fx	-moz-box-sizing
Chrome	box-sizing
Safari	box-sizing

ブラウザ	プロパティ
Opera	box-sizing
iOS6	box-sizing
iOS5	box-sizing
Android	box-sizing

※「padding-box」はFirefoxのみ対応しています

参照 ボックスモデル ・・・・・・・・・・・・・・・・・・・・ P.275

CSS3

CSS3 > BOX.05

アウトラインとボーダーとの間隔を指定したい

outline-offset: ★

★………実数値+単位

初期値 0　値の継承 しない　適用要素 すべての要素

アウトラインとは、要素の輪郭線（縁取り）のことです。CSS2.1では、アウトラインはボーダーのすぐ外側に表示され、間隔の調整はできませんでした。CSS3では、outline-offsetプロパティを使ってアウトラインとボーダーとの間隔を指定できます。

値の指定方法

実数値+単位　数値に単位を付けて、アウトラインとボーダーとの間隔を指定します（単位についてはp.278を参照）。

CSS Source

```
div {
    margin: 50px;
    padding: 20px;
    border: #ccccff solid 10px;
    width: 250px;
    height: 100px;
    outline: #cc0066 solid 10px;
    outline-offset: 10px;
}
```

HTML Source

```
<body>
<div><p>外側がアウトラインです。<br>ボーダーと10px離れています。</p></div>
</body>
```

Firefox

アウトラインとボーダーとの間隔を指定したい

www.shoeisha.com/samp

外側がアウトラインです。
ボーダーと10px離れています。

iPhone Safari

アウトラインとボーダーとの間隔を指定したい

www.shoeisha.com/samples/sample/css3/3_bx/　検索

外側がアウトラインです。
ボーダーと10px離れています。

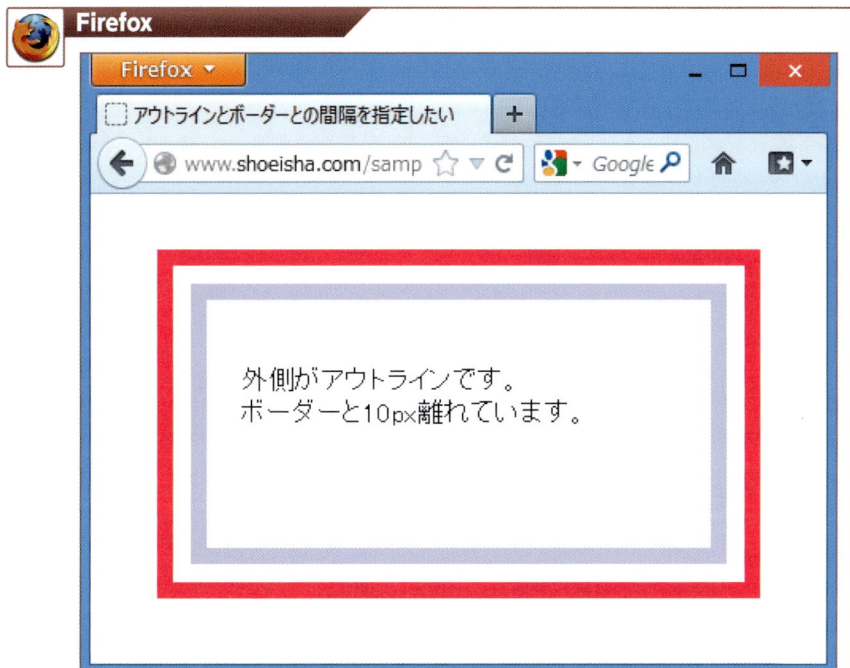

▶ ブラウザごとの指定方法と対応

ブラウザ	プロパティ		ブラウザ	プロパティ
IE10	—		Opera	outline-offset
IE9	—		iOS6	outline-offset
Fx	outline-offset		iOS5	outline-offset
Chrome	outline-offset		Android	-webkit-outline-offset
Safari	outline-offset			

CSS3

要素のサイズを変更できるようにしたい

resize: ★

★………none、both、horizontal、vertical

| 初期値 なし | 値の継承 しない | 適用要素 overflowプロパティの値が「visible」以外の要素 |

ユーザーが要素のボックスサイズを変更できるようにするプロパティです。

値の指定方法

none	サイズの変更をできないようにします。
both	幅と高さの両方を変更できるようにします。
horizontal	幅のみを変更できるようにします。
vertical	高さのみを変更できるようにします。

CSS Source

```css
div {
    margin: 20px;
    padding: 10px;
    border: #0033cc solid 1px;
    width: 250px;
    height: 50px;
    overflow: auto;
    resize: both;
}
```

HTML Source

```html
<body>
<div>幅と高さの両方をサイズ変更できます。</div>
</body>
```

背景と ボーダー / ボックス / 色と グラデーション / テキスト / フォント / 段組み / フレキシブル ボックス / グリッド レイアウト / トランジション / アニメーション / 変形

Google Chrome

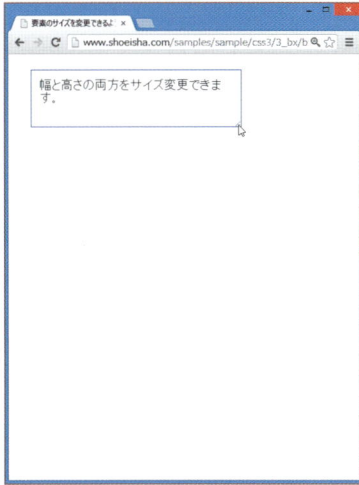

幅と高さの両方をサイズ変更できます。

幅と高さの両方をサイズ変更できます。

Firefox

幅と高さの両方をサイズ変更できます。

幅と高さの両方をサイズ変更できます。

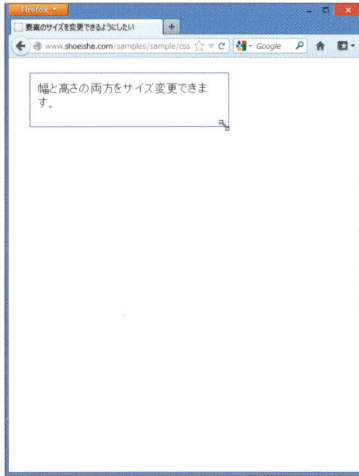

▶ ブラウザごとの指定方法と対応

ブラウザ	プロパティ		ブラウザ	プロパティ
IE10	—		Opera	—
IE9	—		iOS6	—
Fx	resize		iOS5	—
Chrome	resize		Android	—
Safari	resize			

CSS3

透明度を指定したい

opacity: ★

★⋯⋯⋯実数値（0.0〜1.0）

初期値 1　値の継承 しない　適用要素 すべての要素

opacityプロパティでは、要素のボックス全体の透明度を指定できます。
opacityプロパティで指定した透明度は、指定した要素に含まれるすべての要素に適用されます。

値の指定方法

実数値　　　　透明度を0.0（透明）〜1.0（不透明）の数値で指定します。

CSS Source

```
body{
    margin: 20px;
    background: url(sky.jpg);
}
code {
    font-family: Helvetica, sans-serif;
    font-weight: bold;
}
div {
    padding: 15px;
    border: 10px solid #ffffff;
    background-color: #00cc99;
}
#sample00 {
    opacity: 0.0;
}
#sample01 {
    opacity: 0.1;
}
#sample02 {
    opacity: 0.2;
}
```

sky.jpg

```css
#sample03 {
    opacity: 0.3;
}
#sample04 {
    opacity: 0.4;
}
#sample05 {
    opacity: 0.5;
}
#sample06 {
    opacity: 0.6;
}
#sample07 {
    opacity: 0.7;
}
#sample08 {
    opacity: 0.8;
}
#sample09 {
    opacity: 0.9;
}
#sample10 {
    opacity: 1.0;
}
```

HTML Source

```html
<body>
<div id="sample00"><code>opacity: 0.0</code></div>
<div id="sample01"><code>opacity: 0.1</code></div>
<div id="sample02"><code>opacity: 0.2</code></div>
<div id="sample03"><code>opacity: 0.3</code></div>
<div id="sample04"><code>opacity: 0.4</code></div>
<div id="sample05"><code>opacity: 0.5</code></div>
<div id="sample06"><code>opacity: 0.6</code></div>
<div id="sample07"><code>opacity: 0.7</code></div>
<div id="sample08"><code>opacity: 0.8</code></div>
<div id="sample09"><code>opacity: 0.9</code></div>
<div id="sample10"><code>opacity: 1.0</code></div>
</body>
```

CSS3

透明度を指定したい

akanekidd.web.fc2.com

検索

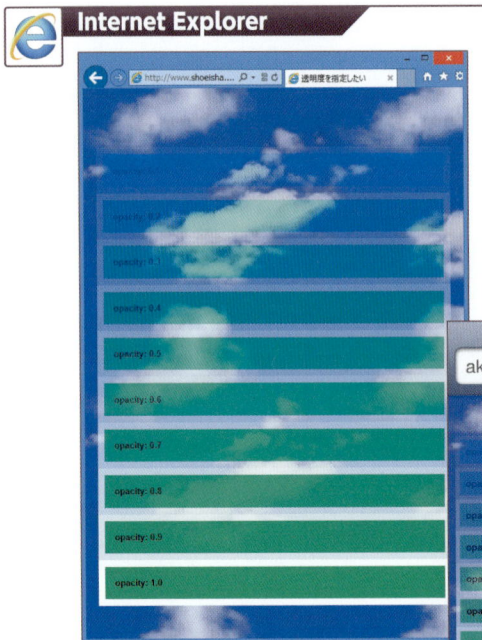

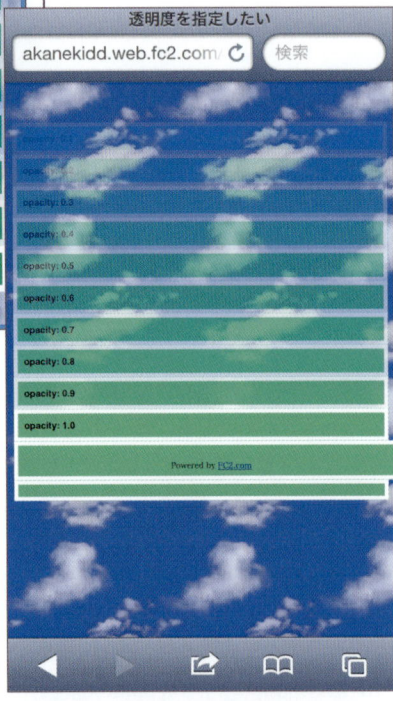

iPhone Safari

▶ ブラウザごとの指定方法と対応

ブラウザ	プロパティ		ブラウザ	プロパティ
IE10	opacity		Opera	opacity
IE9	opacity		iOS6	opacity
Fx	opacity		iOS5	opacity
Chrome	opacity		Android	opacity
Safari	opacity			

参照　色の指定方法 ・・・・・・・・・・・・・・・・・・・・・ P.282

線形のグラデーションを指定したい

★: linear-gradient(◆,▲,...,●)

★………画像を扱えるプロパティ
◆………方向(角度、to キーワード)　top, bottom　180deg など
▲………開始点のカラーストップ(色 位置)　deg
●………終了点のカラーストップ(色 位置)

　linear-gradient()関数を利用すると、指定した色から色へ滑らかに変化する線形のグラデーションを表現できます。この関数は、画像を扱えるプロパティの値として指定します。

　仕様では、画像を扱えるあらゆるプロパティに指定できることになっていますが、Firefoxや古いブラウザなどでは、background-imageプロパティとbackgroundプロパティにのみ適用されるので注意が必要です。

　また、グラデーションは何度も仕様が変更されている中で各ブラウザが実装を始めたこともあり、ブラウザの種類やバージョンによって指定方法が異なります。本書では、本書執筆時点での仕様と各最新ブラウザでの指定方法を解説します。

引数の指定方法

方向　　　　　グラデーションの方向は、ボックスの中心点を通る「グラデーションライン」の向きで決まります。このグラデーションラインの方向(終了点の方向)を角度またはキーワードで指定します。

角度を使う場合は、上方向を0度とし、右方向が90度、下方向が180度のように、時計回りで方向を指定します。単位は「deg」です。

キーワードを使う場合は、「to キーワード」の形で「top、bottom、left、right」またはそれらを組み合わせて指定します。例えば「to top」は下から上、「to left」は右から左のグラデーションになります。ただし「to bottom right」のようにキーワードの組み合わせで指定した場合は「左上から右下」を意味しますが、必ずしも45度にはなりません。次ページの図のようにグラデーションラインはボックスの対角線と直交するかたちで左上から右下に設定されて、グラデーションの方向が決定されます。そのため、ボックスのサイズによってグラデーションの角度が変わります。

方向の指定が省略されたときは、「to bottom」(上から下)が指定されたものとみなされます。

背景と
ボーダー

ボックス

色と
グラデーション

テキスト

フォント

段組み

フレキシブル
ボックス

グリッド
レイアウト

トランジション

アニメーション

変形

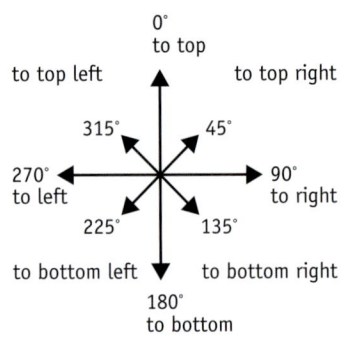

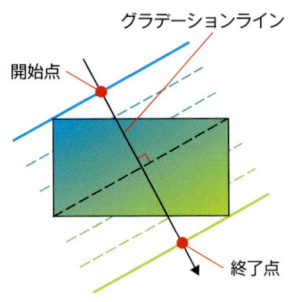

また、グラデーションの開始点と終了点は、ボックスの角を通る直線がグラデーションラインと直交する位置になります。

カラーストップ　色の値と位置を、半角スペースで区切って指定します。色の指定方法はp.279を参照してください。位置を指定する場合は「0px」や「0%」のように「実数値＋単位」または「%値」で指定しますが、終了点は「100%」になります。

次の例は、開始点の色から終了点の色に変化する基本のグラデーションの記述方法です。すべて同じ結果になります。

> **linear-gradient(yellow, green)**
> **linear-gradient(to bottom, yellow, green)**
> **linear-gradient(180deg, yellow, green)**
> **linear-gradient(to top, green, yellow)**
> **linear-gradient(to bottom, yellow 0%, green 100%)**

開始点と終了点の間にカラーストップを追加すれば、色を細かく変化させることができます。例えば、

> **linear-gradient(to right, red 0%, orange 10%, yellow 40%,**
> **green 50%, blue 100%)**

と指定した場合は、赤→オレンジ→黄色→緑→青と指定された位置で変化します。位置の指定が省略されたときは、それぞれの色へ均一に変化するグラデーションになります。

■ **Webkit系のブラウザの場合**

　★: **-webkit-linear-gradient(◆,▲,...,●)**

　　★……画像を扱えるプロパティ

　　◆……開始点（角度またはキーワード）

　　▲……開始点のカラーストップ（色と位置）

　　●……終了点のカラーストップ（色と位置）

　ChromeやSafariなどWebkit系のブラウザでは、-webkit-linear-gradint()関数でグラデーションに対応しています。

引数の指定方法

開始点　グラデーションの開始点を角度または
キーワードで指定します。
角度を使う場合は、右方向を0度
とし、上方向が90度、左方向が
180度のように、時計と反対回り
で指定します。単位は「deg」です。
例えば「135deg」は左上から右下
のグラデーションになります。
キーワードを使う場合は、top、
bottom、left、right、またはそ

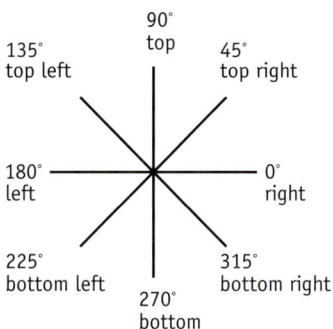

れらの組み合わせて指定します。例えば「top」は上から下、「left」は左から
右、「top left」は左上から右下のグラデーションなります。
開始点の指定が省略されたときは、「top」(上から下)が指定されたものと
みなされます。

カラーストップ　カラーストップについてはCSS3の規定と同じですので、前ページを参照
してください。

CSS Source

```css
div {
    margin: 10px;
    width: 250px;
    height: 120px;
    color: #ffffff;
    font-family: Helvetica, sans-serif;
    font-weight: bold;
}
#sample1 {
    background: -webkit-linear-gradient(teal, navy);
    background: linear-gradient(teal, navy);
}
#sample2 {
    background: -webkit-linear-gradient(top left, teal, navy);
    background: linear-gradient(to bottom right, teal, navy);
}
#sample3 {
    background: -webkit-linear-gradient(135deg, teal, navy);
    background: linear-gradient(315deg, teal, navy);
}
#sample4 {
    background: -webkit-linear-gradient(left, white, teal 20%, navy 70%, black);
    background: linear-gradient(to right, white, teal 20%, navy 70%, black);
}
```

背景と
ボーダー

ボックス

色と
グラデーション

テキスト

フォント

段組み

フレキシブル
ボックス

グリッド
レイアウト

トランジション

アニメーション

変形

HTML Source

```
<body>
<div id="sample1">sample1</div>
<div id="sample2">sample2</div>
<div id="sample3">sample3</div>
<div id="sample4">sample4</div>
</body>
```

Internet Explorer

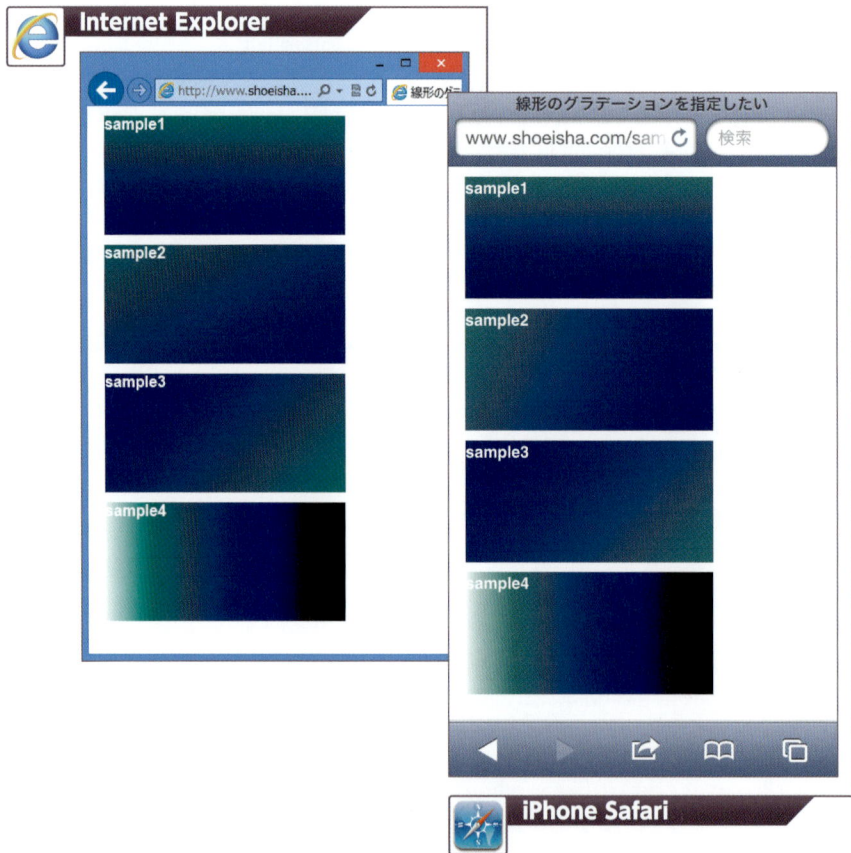

iPhone Safari

線形のグラデーションを指定したい

▶ ブラウザごとの指定方法と対応

ブラウザ	プロパティ		ブラウザ	プロパティ
IE10	linear-gradient()		Opera	linear-gradient()
IE9	—		iOS6	-webkit-linear-gradient()
Fx	linear-gradient()		iOS5	-webkit-linear-gradient()
Chrome	-webkit-linear-gradient()		Android	-webkit-linear-gradient()
Safari	-webkit-linear-gradient()			

参照　円形（放射状）のグラデーションを指定したい‥ P.331
　　　グラデーションの繰り返しを指定したい‥‥‥ P.335

円形（放射状）のグラデーションを指定したい

★: radial-gradient(◆ ▲ ●,■,...,■)

- ★‥‥‥‥画像を扱えるプロパティ
- ◆‥‥‥‥形状（circle、ellipse）
- ▲‥‥‥‥サイズ（キーワード、数値）
- ●‥‥‥‥開始点（実数値+単位、%値、キーワード）
- ■‥‥‥‥開始点のカラーストップ（色と位置）
- ▼‥‥‥‥終了点のカラーストップ（色と位置）

radial-gradient()関数を利用すると、1点から放射状に広がる円形のグラデーションを表現できます。この関数は、画像を扱えるプロパティの値として指定します。

仕様では、画像を扱えるあらゆるプロパティに指定できることになっていますが、Firefoxや古いブラウザなどでは、background-imageプロパティとbackgroundプロパティにのみ適用されるので注意が必要です。

また、グラデーションは何度も仕様が変更されている中で各ブラウザが実装を始めたこともあり、ブラウザの種類やバージョンによって指定方法が異なります。本書では、本書執筆時点での仕様と各最新ブラウザでの指定方法を解説します。

引数の指定方法

形状　　グラデーションの形状を、次のキーワードで指定します。形状が省略された場合、数値によるサイズ指定が1つあれば「circle」、それ以外は「ellipse」が指定されたものとみなされます。

　　　circle　　円
　　　ellipse　　楕円

サイズ　　グラデーションを描く円または楕円のサイズを、キーワードまたは長さで指定します。

　　　キーワードを使う場合は、次の4つから指定します。

　　　closest-side
　　　　　グラデーションの形状が「circle」の場合は円の中心から最も近いボックスの辺に、「ellipse」の場合は楕円の中心から最も近い縦と横の辺に内接します。

　　　farthest-side
　　　　　グラデーションの形状が「circle」の場合は円の中心から最も遠いボックスの辺に、「ellipse」の場合は楕円の中心から最も遠い縦と横の辺に

背景と
ボーダー

ボックス

色と
グラデーション

テキスト

フォント

段組み

フレキシブル
ボックス

グリッド
レイアウト

トランジション

アニメーション

変形

内接します。

closest-corner

円または楕円の中心から最も近いボックスの角に内接します。

farthest-corner

円または楕円の中心から最も遠いボックスの角に内接します。

長さを使う場合は、グラデーションの形状が「circle」であれば、円の半径を「実数値+単位」で1つだけ指定します。例えば

radial-gradient(circle 50px at center, yellow, blue)

と指定した場合は、半径50ピクセルの円形のグラデーションになります。グラデーションの形状が「ellipse」であれば、水平方向と垂直方向の長さをそれぞれ「実数値+単位」または「%値」で、半角スペースで区切って指定します。例えば、

radial-gradient(ellipse 150px 50px at center, yellow, blue)

と指定した場合は、水平方向が150ピクセル、垂直方向が50ピクセルの楕円のグラデーションになります。

サイズが省略された場合は、初期値の「farthest-corner」が指定されたものとみなされます。なお、形状とサイズは、どちらを先に書くこともできます。

開始点　グラデーションの開始点となる円の中心の位置を、「at 水平方向の位置 垂直方向の位置」の形で半角スペースで区切って指定します。この水平／垂直方向の位置は、background-position プロパティと同じ指定方法を使い、「実数値+単位」「%値」「top、bottom、center、left、right」のキーワードの組み合わせで指定します。

開始点が省略された場合は「center」が指定されたものとみなされます。

カラーストップ　色の値と位置を、半角スペースで区切って指定します。カラーストップの指定方法は線形グラデーションの場合と同じですので、p.328を参照してください。

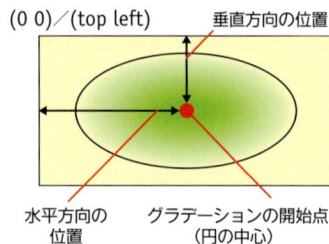

(0 0)／(top left)　　垂直方向の位置

水平方向の
位置　　グラデーションの開始点
（円の中心）

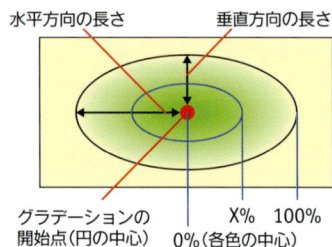

水平方向の長さ　　垂直方向の長さ

グラデーションの
開始点（円の中心）　　X%　　100%
0%（各色の中心）

■**Webkit系のブラウザの場合**

★: **-webkit-radial-gradient(◆,▲ ●,■,…,▼)**

　★……画像を扱えるプロパティ

　◆……開始点（実数値＋単位、％値、キーワード）

　▲……形状（circle、ellipse）

　●……サイズ（キーワード、数値）

　■……開始点のカラーストップ（色と位置）

　▼……終了点のカラーストップ（色と位置）

　ChromeやSafariなどWebkit系のブラウザでは、-webkit-radial-gradint()関数でグラデーションに対応しています。また、()内の引数について、次の点が仕様とは異なります。

- 指定する順番と、「,」（カンマ）の位置
- サイズで指定できるキーワードの種類。仕様では廃止された「contain」（closest-sizeと同じ）と「cover」（farthest-sideと同じ）が含まれます。初期値は「cover」です。
- 形状とサイズの指定方法。形状（circle／ellipse）とサイズのキーワード（closest-side、farthest-side…contain、cover）の組み合わせで指定するか、水平方向と垂直方向の長さをそれぞれ「実数値＋単位」または「％値」で、半角スペースで区切って指定します。

　その他は仕様と同じですので、前述の内容を参照してください。

　例えば、

　-webkit-radial-gradient(30px 40px, circle closest-corner, white, black)

　と指定した場合は、ボックスの縦30ピクセル、横40ピクセルの位置を中心に、白から黒に変化しながら、最も近い角に内接する円形のグラデーションになります。

　また、次の記述は同じ結果になります。

　-webkit-radial-gradient(white, black)

　-webkit-radial-gradient(center, ellipse cover, white, black)

CSS Source

```
    ：
#circle1 {
    background: -webkit-radial-gradient(60px 50px, 40px 40px, white, black);
    background: radial-gradient(circle 40px at 60px 50px, white, black);
}
#circle2 {
    background: -webkit-radial-gradient(center, circle closest-side, white, red
55%, black);
    background: radial-gradient(circle closest-side at center, white, red 55%,
black);
}
#ellipse1 {
    background: -webkit-radial-gradient(20% 90%, 150px 80px, white, black);
    background: radial-gradient(ellipse 150px 80px at 20% 90%, white, black);
}
#ellipse2 {
    background: -webkit-radial-gradient(center, ellipse farthest-side, white, red
```

背景と
ボーダー

ボックス

色と
グラデーション

テキスト

フォント

段組み

フレキシブル
ボックス

グリッド
レイアウト

トランジション

アニメーション

変形

```
55%, black);
    background: radial-gradient(ellipse farthest-side at center, white, red 55%,
black);
}
```

HTML Source

```
<body>
<div class="container">
<div id="circle1">circle1</div>
<div id="circle2">circle2</div>
</div>
<div class="container">
<div id="ellipse1">ellipse1</div>
<div id="ellipse2">ellipse2</div>
</div>
</body>
```

Internet Explorer

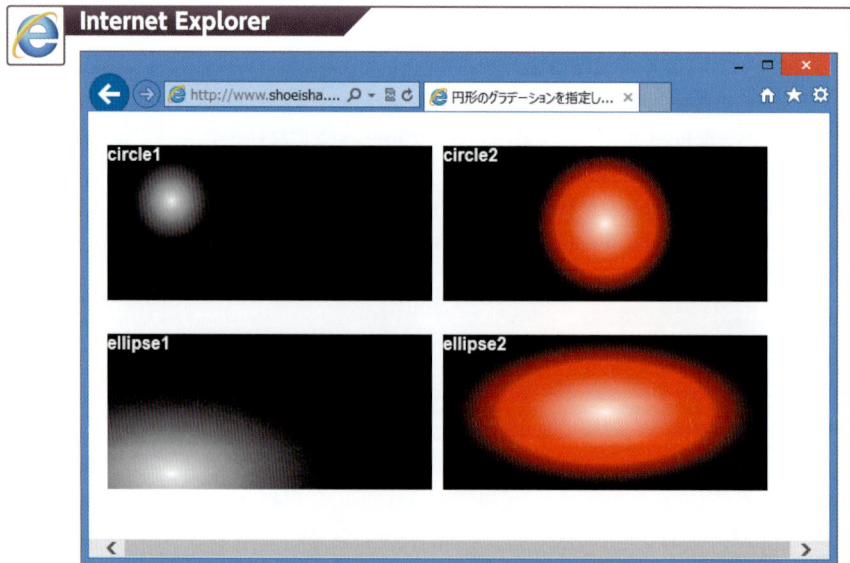

▶ ブラウザごとの指定方法と対応

ブラウザ	プロパティ		ブラウザ	プロパティ
IE10	linear-gradient()		Opera	linear-gradient()
IE9	—		iOS6	-webkit-linear-gradient()
Fx	linear-gradient()		iOS5	-webkit-linear-gradient()
Chrome	-webkit-linear-gradient()		Android	-webkit-linear-gradient()
Safari	-webkit-linear-gradient()			

参照   線形のグラデーションを指定したい ・・・・・・・ P.327
       グラデーションの繰り返しを指定したい ・・・・・ P.335

グラデーションの繰り返しを指定したい

★: repeating-linear-gradient(◆)
★: repeating-radial-gradient(▲)

★………画像を扱えるプロパティ
◆………linear-gradient()の引数
▲………radial-gradient()の引数

　グラデーションは繰り返して表示することもできます。線形グラデーションの場合はrepeating-linear-gradient()関数を、円形グラデーションの場合はrepeating-radial-gradient()関数を使います。()内の引数の指定方法は、どちらも繰返さない場合と同じです。

　仕様では、画像を扱えるあらゆるプロパティに指定できることになっていますが、Firefoxや古いブラウザなどでは、background-imageプロパティとbackgroundプロパティにのみ適用されるので注意が必要です。

CSS Source

```css
div {
    margin: 10px;
    width: 250px;
    height: 120px;
    color: #ffffff;
    font-family: Helvetica, sans-serif;
    font-weight: bold;
}
#sample1 {
    background: -webkit-repeating-linear-gradient(left, teal 0%, navy 15%, black 30%);
    background: repeating-linear-gradient(to right, teal 0%, navy 15%, black 30%);
}
#sample2 {
    background: -webkit-repeating-radial-gradient(60px 50px, 40px 40px, white, red, black);
    background: repeating-radial-gradient(circle 40px at 60px 50px, white, red, black);
}
```

背景と
ボーダー

ボックス

色と
グラデーション

テキスト

フォント

段組み

フレキシブル
ボックス

グリッド
レイアウト

トランジション

アニメーション

変形

HTML Source

```
<body>
<div id="sample1">sample1</div>
<div id="sample2">sample2</div>
</body>
```

Internet Explorer

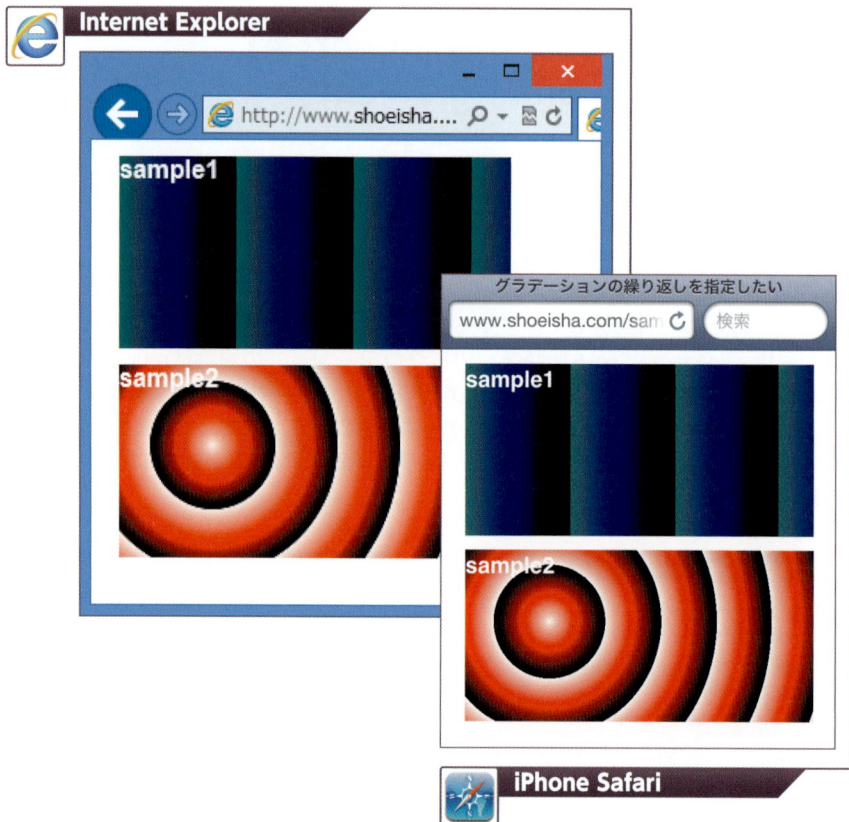

http://www.shoeisha....

sample1

sample2

グラデーションの繰り返しを指定したい

www.shoeisha.com/sam   検索

sample1

sample2

iPhone Safari

▶ ブラウザごとの指定方法と対応

ブラウザ	プロパティ	ブラウザ	プロパティ
IE10	repeating-linear-gradient repeating-radial-gradient	Opera	repeating-linear-gradient repeating-radial-gradient
IE9	—	iOS6	-webkit-repeating-linear-gradient -webkit-repeating-radial-gradient
Fx	repeating-linear-gradient repeating-radial-gradient	iOS5	-webkit-repeating-linear-gradient -webkit-repeating-radial-gradient
Chrome	-webkit-repeating-linear-gradient -webkit-repeating-radial-gradient	Android	-webkit-repeating-linear-gradient -webkit-repeating-radial-gradient
Safari	-webkit-repeating-linear-gradient -webkit-repeating-radial-gradient		

参照   線形のグラデーションを指定したい ・・・・・・・ P.327
        円形（放射状）のグラデーションを指定したい・・ P.331

テキストに影を付けたい

text-shadow: ★

- -

★………none、色、実数値+単位

初期値 none 値の継承 する 適用要素 すべての要素

テキストに影を付けるプロパティです。影の色と長さを下記の決まりに従って指定します。影の設定を「,（カンマ）」で区切って複数記述すれば、指定した数だけ影を付けることもできます。その場合、最初に指定した影が1番上に、以降指定した順に表示され、最後に指定した影が1番下に表示されます。

text-shadowプロパティはCSS2の仕様で定義されましたが、CSS2.1で削除され、CSS3で再び検討されているプロパティです。

値の指定方法

none 影を付けない状態にします。

色 所定の書式で、長さの指定の前または後ろに指定します（色の指定方法はp.280を参照）。省略した場合の影の色は、ブラウザに依存します。

実数値+単位 数値に単位を付けて、影の長さを指定します。必要な値を半角スペースで区切って指定します。指定する順序は次のような決まりになっています（単位についてはp.278を参照）。

1つ目の値 右方向へどれだけずらすかを指定します。負の値を指定した場合は左側にずれます。

2つ目の値 下方向へどれだけずらすかを指定します。負の値を指定した場合は上側にずれます。

3つ目の値 影をぼかす範囲を指定します。省略可能です。

CSS Source

```
div {
    margin: 10px;
    padding: 10px;
    font-family: Impact, sans-serif;
    font-size: 50px;
}
#sample1 {
```

```
        text-shadow: darkgray 20px 10px;
}
#sample2 {
    color: white;
    text-shadow: black 1px 1px 2px, navy 0 0 15px;
}
```

HTML Source

```
<body>
<div id="sample1">text-shadow</div>
<div id="sample2">text-shadow</div>
</body>
```

Internet Explorer

iPhone Safari

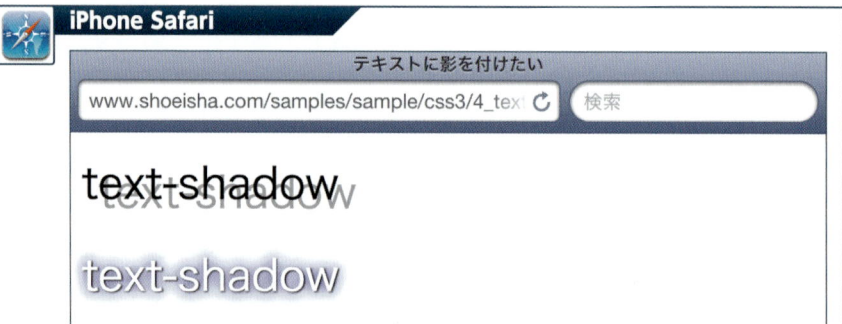

▶ ブラウザごとの指定方法と対応

ブラウザ	プロパティ		ブラウザ	プロパティ
IE10	text-shadow		Opera	text-shadow
IE9	—		iOS6	text-shadow
Fx	text-shadow		iOS5	text-shadow
Chrome	text-shadow		Android	text-shadow
Safari	text-shadow			

参照　ボックスに影を付けたい ・・・・・・・・・・・・・・・ P.312

単語の途中の改行方法を指定したい

word-wrap: ★

★………normal、break-word

初期値 normal　値の継承 する　適用要素 すべての要素

　長い単語などが表示領域に収まりきらない場合に、単語の途中で改行するかどうかを指定します。

値の指定方法

normal　　　改行可能な位置でのみ改行します。改行可能な位置がない場合、改行せずに表示します。

break-word　改行可能な位置がない場合、必要に応じて単語の途中で改行します。

CSS Source

```
p {
    width: 30%;
    background-image: url("bg_line3.gif");
    line-height: 1.5em;
    font-family: Helvetica, sans-serif;
}
code {
    font-family: Helvetica, sans-serif;
    font-weight: bold;
}
#sample1 {
    word-wrap: normal;
}
#sample2 {
    word-wrap: break-word;
}
```

背景とボーダー

ボックス

色とグラデーション

テキスト

フォント

段組み

フレキシブルボックス

グリッドレイアウト

トランジション

アニメーション

変形

HTML Source

```
<body>
<p id="sample1"><code>word-wrap: normal</code><br>
Default.Linesmaybreakonlyatallowedbreakpoints.Default.Linesmaybreakonlyatallowedbreakpoints.</p>
<p id="sample2"><code>word-wrap: break-word</code><br>
Anunbreakablewordmaybebrokenatanarbitrarypointiftherearenootherwise-acceptablebreakpointsintheline. </p>
</body>
```

Internet Explorer

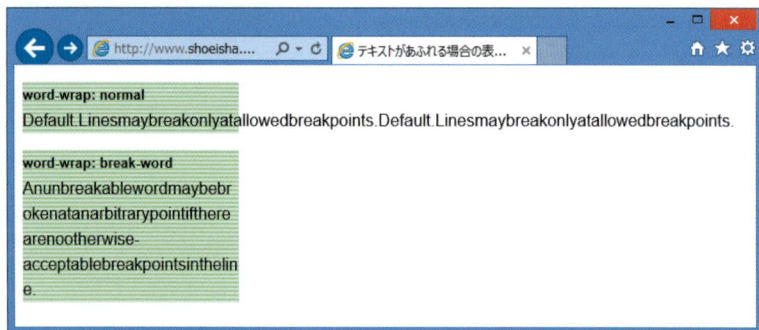

http://www.shoeisha.... テキストがあふれる場合の表... ×

word-wrap: normal
Default.Linesmaybreakonlyatallowedbreakpoints.Default.Linesmaybreakonlyatallowedbreakpoints.

word-wrap: break-word
Anunbreakablewordmaybebr
okenatanarbitrarypointifthere
arenootherwise-
acceptablebreakpointsinthelin
e.

iPhone Safari

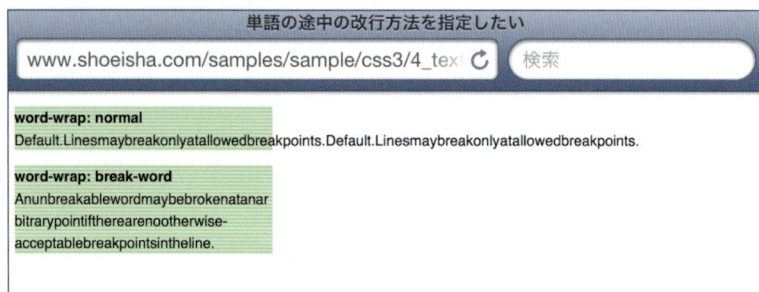

単語の途中の改行方法を指定したい

www.shoeisha.com/samples/sample/css3/4_tex 検索

word-wrap: normal
Default.Linesmaybreakonlyatallowedbreakpoints.Default.Linesmaybreakonlyatallowedbreakpoints.

word-wrap: break-word
Anunbreakablewordmaybebrokenatanar
bitrarypointiftherearenootherwise-
acceptablebreakpointsintheline.

▶ ブラウザごとの指定方法と対応

ブラウザ	プロパティ
IE10	word-wrap
IE9	word-wrap
Fx	word-wrap
Chrome	word-wrap
Safari	word-wrap

ブラウザ	プロパティ
Opera	word-wrap
iOS6	word-wrap
iOS5	word-wrap
Android	word-wrap

CSS3 > TEXT.03

テキストがあふれる場合の表示方法を指定したい

text-overflow: ★

★………clip、ellipsis

初期値 clip　値の継承 しない　適用要素 ブロックレベル要素

テキストが要素内に収まりきらない場合の表示方法を指定します。

text-overflowプロパティは、Internet Explorerで独自に拡張されたプロパティが、CSS3で採用されたものです。

値の指定方法

clip　表示できるテキストだけを表示します。文章が続くことを示す「...」などは表示されません。

ellipsis　表示できるテキストのあとに、省略されていることを示すエリプシス（省略記号）「...」または3点リーダ「…」を表示します。

CSS Source

```
p {
    width: 50%;
    border: 1px solid darkcyan;
    line-height: 1.5em;
    overflow: hidden;
    white-space: nowrap;
}
code {
    font-family: Helvetica, sans-serif;
    font-weight: bold;
}
#sample1 {
    text-overflow: clip;
}
#sample2 {
    text-overflow: ellipsis;
}
```

背景と
ボーダー

ボックス

色と
グラデーション

テキスト

フォント

段組み

フレキシブル
ボックス

グリッド
レイアウト

トランジション

アニメーション

変形

HTML Source

```
<body>
<p id="sample1"><code>text-overflow: clip</code><br>
text-overflowプロパティは、テキストが要素内に収まりきらない場合の表示方法を指定します。</p>
<p id="sample2"><code>text-overflow: ellipsis</code><br>
text-overflowプロパティは、テキストが要素内に収まりきらない場合の表示方法を指定します。</p>
</body>
```

Firefox

Firefox ▼

☐ テキストがあふれる場合の表示方法を指定し... ＋

www.shoeisha.com/samples/sample/css3/4_text/tx03. ▽ C Google

text-overflow: clip
text-overflowプロパティは、テキストが要素内に

text-overflow: ellipsis
text-overflowプロパティは、テキストが要素内…

iPhone Safari

内容があふれる場合の表示方法を指定したい

www.shoeisha.com/samples/sample/css3/html C 検索

text-overflow: clip
text-overflowプロパティは、テキストが要素内に収まりきらない場

text-overflow: ellipsis
text-overflowプロパティは、テキストが要素内に収まりきらな…

▶ ブラウザごとの指定方法と対応

ブラウザ	プロパティ	ブラウザ	プロパティ
IE10	text-overflow	Opera	text-overflow
IE9	text-overflow	iOS6	text-overflow
Fx	text-overflow	iOS5	text-overflow
Chrome	text-overflow	Android	text-overflow
Safari	text-overflow		

※IEは複数行の場合、省略記号が表示されません

ハイフネーションを指定したい

hyphens: ★

────────────────────────────────────

★………none、manual、auto

初期値 manual 値の継承 する 適用要素 すべての要素

　欧文では、文末の単語が行に収まらない場合、単語をハイフン(-)で分割して次の行に送ります(ハイフネーション)。

　hyphenプロパティは、このハイフネーションの処理方法を指定するプロパティです。

値の指定方法

none　　　　ハイフネーションを行いません。

manual　　　「­」で指定した箇所にのみ、ハイフンと改行を挿入します。

auto　　　　ブラウザが自動的にハイフネーションを行います。「­」で指定した箇所があれば、そちらを優先してハイフンと改行を挿入します。ただし、ハイフネーションの規則は言語によって異なります。「auto」で自動的なハイフネーション処理を指定する場合は、lang属性(またはxml:lang属性)で適切な言語を指定する必要があります。

CSS Source

```
p {
    line-height: 1.5em;
    font-family: Helvetica, sans-serif;
}
code {
    font-family: Helvetica, sans-serif;
    font-weight: bold;
}
#sample1 {
    -ms-hyphens: none;
    -moz-hyphens: none;
    -webkit-hyphens: none;
    hyphens: none;
}
#sample2 {
```

背景と
ボーダー

ボックス

色と
グラデーション

テキスト

フォント

段組み

フレキシブル
ボックス

グリッド
レイアウト

トランジション

アニメーション

変形

```css
    -ms-hyphens: manual;
    -moz-hyphens: manual;
    -webkit-hyphens: manual;
     hyphens: manual;
}
#sample3 {
    -ms-hyphens: auto;
    -moz-hyphens: auto;
    -webkit-hyphens: auto;
     hyphens: auto;
}
```

HTML Source

```html
<body>
<p id="sample1"><code>hyphens: none</code><br>Lorem ipsum dolor sit amet,
cons&shy;ectetur adipisicing elit, sed do eius&shy;mod tempor incididunt ut labore et
dolore magna aliqua. Ut enim ad minim veniam, quis nostrud exercitation ullamco laboris
nisi ut aliquip ex ea commodo consequat. Duis aute irure dolor in rep&shy;rehenderit
in voluptate velit esse cillum dolore eu fugiat nulla pariatur. Excepteur sint occaecat
cupidatat non proident, sunt in culpa qui officia deserunt mollit anim id est laborum.</p>
<p id="sample2"><code>hyphens: manual</code><br>Lorem ipsum dolor sit amet,
cons&shy;ectetur adipisicing elit, sed do eius&shy;mod tempor incididunt ut labore et
dolore magna aliqua. Ut enim ad minim veniam, quis nostrud exercitation ullamco laboris
nisi ut aliquip ex ea commodo consequat. Duis aute irure dolor in rep&shy;rehenderit
in voluptate velit esse cillum dolore eu fugiat nulla pariatur. Excepteur sint occaecat
cupidatat non proident, sunt in culpa qui officia deserunt mollit anim id est laborum.</p>
<p id="sample3"><code>hyphens: auto</code><br>Lorem ipsum dolor sit amet,
cons&shy;ectetur adipisicing elit, sed do eius&shy;mod tempor incididunt ut labore et
dolore magna aliqua. Ut enim ad minim veniam, quis nostrud exercitation ullamco laboris
nisi ut aliquip ex ea commodo consequat. Duis aute irure dolor in rep&shy;rehenderit
in voluptate velit esse cillum dolore eu fugiat nulla pariatur. Excepteur sint occaecat
cupidatat non proident, sunt in culpa qui officia deserunt mollit anim id est laborum.</p>
</body>
```

Internet Explorer

hyphens: none

Lorem ipsum dolor sit amet, consectetur adipisicing elit, sed do eiusmod tempor incididunt ut labore et dolore magna aliqua. Ut enim ad minim veniam, quis nostrud exercitation ullamco laboris nisi ut aliquip ex ea commodo consequat. Duis aute irure dolor in reprehenderit in voluptate velit esse cillum dolore eu fugiat nulla pariatur. Excepteur sint occaecat cupidatat non proident, sunt in culpa qui officia deserunt mollit anim id est laborum.

hyphens: manual

Lorem ipsum dolor sit amet, consectetur adipisicing elit, sed do eiusmod tempor incididunt ut labore et dolore magna aliqua. Ut enim ad minim veniam, quis nostrud exercitation ullamco laboris nisi ut aliquip ex ea commodo consequat. Duis aute irure dolor in rep-rehenderit in voluptate velit esse cillum dolore eu fugiat nulla pariatur. Excepteur sint occaecat cupidatat non proident, sunt in culpa qui officia deserunt mollit anim id est laborum.

hyphens: auto

Lorem ipsum dolor sit amet, consectetur adipisicing elit, sed do eiusmod tempor incididunt ut labore et dolore magna aliqua. Ut enim ad minim veniam, quis nostrud exercitation ul-lamco laboris nisi ut aliquip ex ea commodo consequat. Duis aute irure dolor in rep-rehenderit in voluptate velit esse cillum dolore eu fugiat nulla pariatur. Excepteur sint oc-caecat cupidatat non proident, sunt in culpa qui officia deserunt mollit anim id est laborum.

「manual」では「­」を指定した3箇所にハイフンが表示され、「auto」では自動ハイフネーション処理がされます。

▶ ブラウザごとの指定方法と対応

ブラウザ	プロパティ	ブラウザ	プロパティ
IE10	-ms-hyphens	Opera	—
IE9	—	iOS6	-webkit-hyphens
Fx	-moz-hyphens	iOS5	—
Chrome	-webkit-hyphens	Android	-webkit-hyphens
Safari	-webkit-hyphens		

※Chromeは「auto」に対応していません

タブ幅を指定したい

tab-size: ★

- -

★………整数値

`初期値` 8　`値の継承` する　`適用要素` ブロックレベル要素

タブ幅を指定するプロパティです。

値の指定方法

整数値　　タブ幅を半角文字数で指定します。負の値は指定できません。

CSS Source

```css
p {
    background-color: #dcdcdc;
    white-space: pre;
}
span {
    font-family: Helvetica, sans-serif;
    font-weight: bold;
}
#sample {
    -moz-tab-size: 4;
    -o-tab-size: 4;
    tab-size: 4;
}
```

HTML Source

```html
<body>
<p><code><span>tab-size: 8 (初期値)</span>

#leftmenu {
    position: absolute;
    top: 120px;
    left: 0;
    width: 170px;
    padding: 0 0 20px 10px;
```

```
}
</code></p>
<p id="sample"><code><span>tab-size: 4</span>

#leftmenu {
    position: absolute;
    top: 120px;
    left: 0;
    width: 170px;
    padding: 0 0 20px 10px;
}
</code></p>
</body>
```

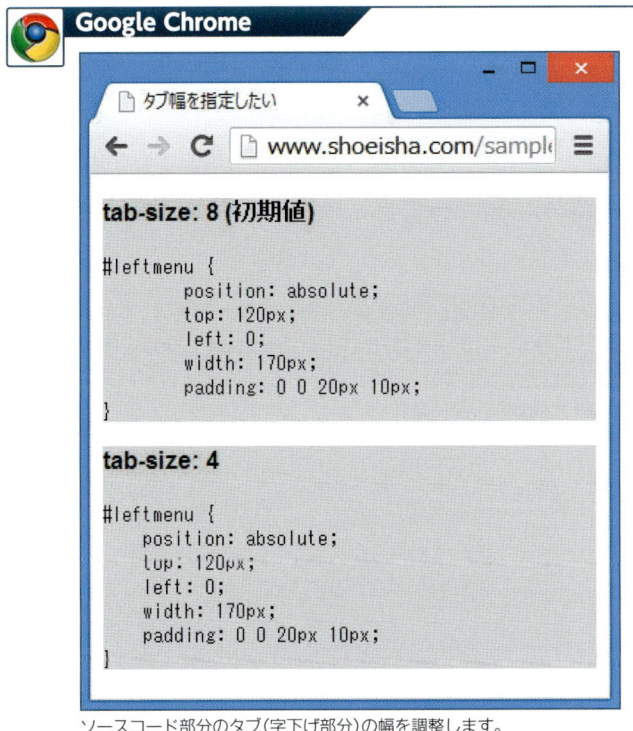

Google Chrome

タブ幅を指定したい

www.shoeisha.com/sample

tab-size: 8 (初期値)

```
#leftmenu {
        position: absolute;
        top: 120px;
        left: 0;
        width: 170px;
        padding: 0 0 20px 10px;
}
```

tab-size: 4

```
#leftmenu {
    position: absolute;
    top: 120px;
    left: 0;
    width: 170px;
    padding: 0 0 20px 10px;
}
```

ソースコード部分のタブ（字下げ部分）の幅を調整します。

▶ ブラウザごとの指定方法と対応

ブラウザ	プロパティ	ブラウザ	プロパティ
IE10	—	Opera	-o-tab-size
IE9	—	iOS6	—
Fx	-moz-tab-size	iOS5	—
Chrome	tab-size	Android	—
Safari	—		

※Android4.2機種搭載のChromeは対応していません

背景と
ボーダー

ボックス

色と
グラデーション

テキスト

フォント

段組み

フレキシブル
ボックス

グリッド
レイアウト

トランジション

アニメーション

変形

CSS3 > FONT.01

フォントサイズを調整したい

font-size-adjust: ★

★‥‥‥‥‥実数値、none

| 初期値 none | 値の継承 する | 適用要素 すべての要素 |

　font-size-adjustプロパティは、第1候補ではないfontで要素内容が表示される場合の、フォントの大きさを調整するためのプロパティです。

　第1候補のフォントの縦幅比を指定しておくことで、第2候補以降のほかのフォントが使用された場合にも小文字xの高さを一定に保つよう調整し、テキストの読みやすさを保持する働きを持ちます。font-size-adjustプロパティはCSS2の仕様で定義されましたが、CSS2.1で削除され、CSS3で再び検討されているプロパティです。

値の指定方法

実数値　　　第1候補のフォントの縦横比を実数値で指定します。例えば、Verdanaの場合は「0.58」、Comic Sans MSは「0.54」、Georgiaは「0.50」、Times New Romanは「0.46」となります。

none　　　フォントサイズを調整しません。

CSS Source

```
#sample1 {
    padding: 1em;
    background-color: #dcdcdc;
    font-family: Verdana, "Times New Roman";
    font-size: 16px;
    font-size-adjust: 0.58;
}
#sample2 {
    padding: 1em;
    background-color: #dcdcdc;
    font-family: Vrdn, "Times New Roman";
    font-size: 16px;
    font-size-adjust: 0.58;
}
```

HTML Source

```
<body>
<p>2つのうち下の例は、CSS内のVerdanaのスペルを間違えているため、Times New Romanが
使われます。<br>font-size-adjustプロパティに対応したブラウザでは、フォントサイズを調整し
て表示されます。</p>
<p id="sample1">Mary had a little lamb, little lamb, little lamb.<br>
Mary had a little lamb, its fleece was white as snow.</p>
<p id="sample2">Mary had a little lamb, little lamb, little lamb.<br>
Mary had a little lamb, its fleece was white as snow.</p>
</body>
```

‖Column   ［フォントの縦横比］

　フォントの外観はさまざまなため、サイズが同じでもフォントによっては読みにくくなること
があります。この場合、フォントの読みやすさを左右するのは、font-size（フォントサイズ）と
x-height（小文字xの高さ）との関係です。両者を使って算出した「font-sizeに対する小文字xの高さ
の割合」を縦横比といい、縦横比が高ければフォントのサイズが小さくても読みやすく、低ければ
読みにくくなります。

背景と
ボーダー

ボックス

色と
グラデーション

テキスト

フォント

段組み

フレキシブル
ボックス

グリッド
レイアウト

トランジション

アニメーション

変形

Internet Explorer

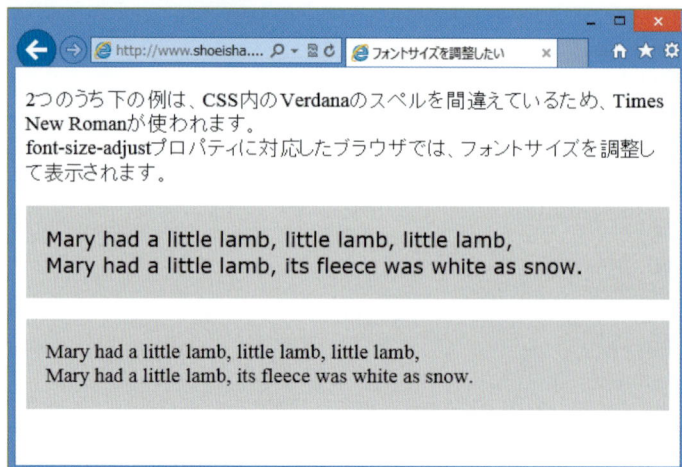

2つのうち下の例は、CSS内のVerdanaのスペルを間違えているため、Times New Romanが使われます。
font-size-adjustプロパティに対応したブラウザでは、フォントサイズを調整して表示されます。

> Mary had a little lamb, little lamb, little lamb,
> Mary had a little lamb, its fleece was white as snow.

> Mary had a little lamb, little lamb, little lamb,
> Mary had a little lamb, its fleece was white as snow.

IEは「font-size-adjust」に対応していません。

Firefox

2つのうち下の例は、CSS内のVerdanaのスペルを間違えているため、Times New Romanが使われます。
font-size-adjustプロパティに対応したブラウザでは、フォントサイズを調整して表示されます。

> Mary had a little lamb, little lamb, little lamb,
> Mary had a little lamb, its fleece was white as snow.

> Mary had a little lamb, little lamb, little lamb,
> Mary had a little lamb, its fleece was white as snow.

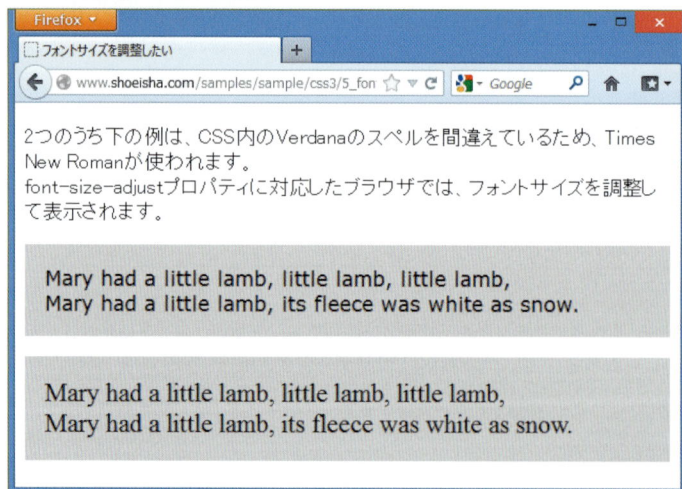

▶ ブラウザごとの指定方法と対応

ブラウザ	プロパティ		ブラウザ	プロパティ
IE10	—		Opera	—
IE9	—		iOS6	—
Fx	font-size-adjust		iOS5	—
Chrome	—		Android	font-size-adjust
Safari	—			

Webフォントを使いたい

```
@font-face {
        font-family: ★;
        src: url(◆) format(▲);
}
●       { font-family: ★; }
```

★·········フォントファミリー名
◆·········フォントファイルのURL
▲·········フォントのフォーマット
●·········セレクタ

　@font-faceでは、Webページの表示にWebサーバー上のフォントを利用するよう定義できます。

　通常、Webページ上のテキストを表示するときには、ユーザーの環境にインストールされているフォントが利用されます。そのため、指定できるフォントは限られており、必ずしもWebページの制作者が意図した表示にはならないという問題がありました。しかし、@font-faceを使うと、制作者がサーバー上に用意したフォントでページを表示できるようになります。この機能をWebフォントといいます。

　@font-faceによるフォントの定義は、CSSの冒頭部分で行います。ここで定義したフォントファミリー名を、セレクタ側のfont-familyプロパティに記述して利用します。

値の指定方法

font-family　@font-face内のfont-familyディスクリプタで、Webフォントのフォントファミリー名を指定します。ここで指定する名前には、任意の名前を付けられます。

src　フォントファイルのURLと、フォーマットを指定します。フォーマットとして指定できる値は次のとおりです。

フォントのフォーマット	一般的な拡張子	format()に指定する値
Web Open Font Format	woff	"woff"
TrueType	.ttf	"truetype"
OpenType	.ttf, .otf	"opentype"
Embedded OpenType	.eot	"embedded-opentype"
SVG font	.svg, .svgz	"svg"

背景と
ボーダー

ボックス

色と
グラデーション

テキスト

フォント

段組み

フレキシブル
ボックス

グリッド
レイアウト

トランジション

アニメーション

変形

　現在のところ、ブラウザによってサポートするフォントのフォーマットが異なるため、より多くのブラウザに対応するには複数のフォントを指定しておいたほうがよいでしょう。複数のフォントを指定するには「,（カンマ）」で区切って記述します。この場合、最初に指定したフォントほど優先順位が高くなります。

　@font-face内には、font-weightディスクリプタ、font-styleディスクリプタも指定できます。

　なお、フォントを利用する際には、ライセンスの面で問題がないかどうかを確認するようにしてください。

‖Column　　　　　　　　　　　　　　　［フォントの指定について］

　WOFF（Web Open Font Format）は、Webフォントの標準的なフォーマットとして新たに開発されたフォントフォーマットです。そのため、一般的なブラウザのうち比較的新しいバージョンであれば対応していますが、古いPC用ブラウザや一部の場合スマートフォンでは対応していないこともあります。その場合は、多くのブラウザが対応するTrueType形式をはじめ、いくつかのフォントを指定することで対処します。

　EOT（Embedded OpenType）はマイクロソフトが開発したフォントのフォーマットで、IEのみ対応しています。IE8以前でWebフォントを利用する場合に必要です。

　SVG Fontを利用する場合は、フォントファイルのURLのあとに「#」をつけ、フォントのIDを指定します。

　　例：src: url("fonts/svgfont.svg#myFont") format("svg");

CSS Source

```css
@font-face {
    font-family: mplus-1c-black-webfont;
    src: url("fonts/mplus-1c-black-webfont.woff") format("woff");
    src: url("fonts/mplus-1c-black-webfont.ttf") format("truetype");
}
blockquote {
    margin: 20px 10px;
}
#sample {
    font-family: mplus-1c-black-webfont;
}
```

HTML Source

```html
<body>
<blockquote id="sample">Ask, and it shall be given you;<br>seek, and ye shall find;
<br>knock, and it shall be opened unto you.</blockquote>
<blockquote>Ask, and it shall be given you;<br>seek, and ye shall find;<br>knock, and
it shall be opened unto you.</blockquote>
</body>
```

Internet Explorer

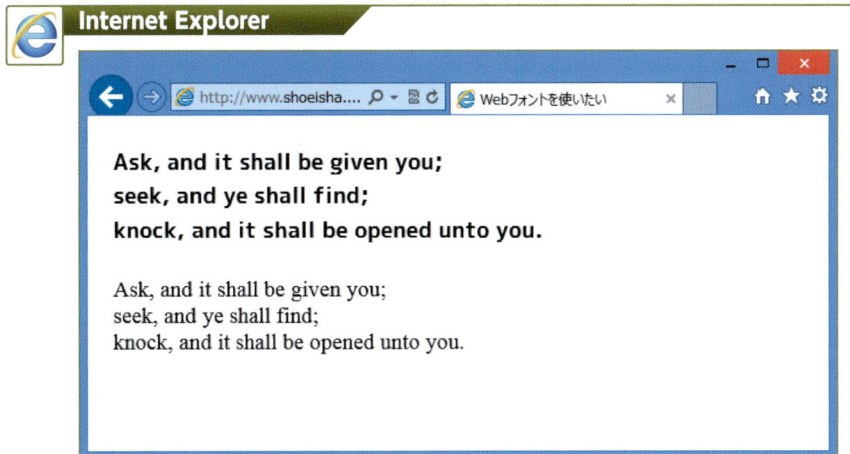

Ask, and it shall be given you;
seek, and ye shall find;
knock, and it shall be opened unto you.

Ask, and it shall be given you;
seek, and ye shall find;
knock, and it shall be opened unto you.

iPhone Safari

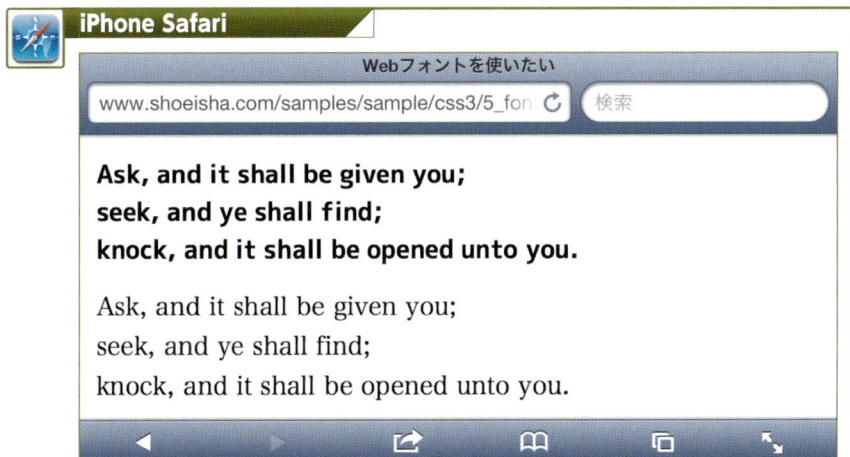

Webフォントを使いたい

www.shoeisha.com/samples/sample/css3/5_fon　検索

Ask, and it shall be given you;
seek, and ye shall find;
knock, and it shall be opened unto you.

Ask, and it shall be given you;

seek, and ye shall find;

knock, and it shall be opened unto you.

▶ ブラウザごとの指定方法と対応

ブラウザ	プロパティ		ブラウザ	プロパティ
IE10	@font-face		Opera	@font-face
IE9	@font-face		iOS6	@font-face
Fx	@font-face		iOS5	@font-face
Chrome	@font-face		Android	@font-face
Safari	@font-face			

段の数を指定したい

column-count: ★

★………整数値、auto

初期値 auto　値の継承 しない
適用要素 ブロックレベル要素（置換要素およびtable要素は除く）、th要素、td要素、inline-blockの要素

　CSS3では、段組みを作成するためのプロパティが規定されています。これまで段組みを表現するには、positionプロパティやfloatプロパティが使われていましたが、CSS3ではレイアウトの柔軟な段組みを、より簡単に設定できるようになります。

　段の数を指定して段組みを作成するには、column-countプロパティを使います。column-countプロパティで複数の段を作成した場合、すべての段の幅は均等に揃えられ、高さも同じになるよう内容が自動的に調整されて流し込まれます。

　また、デフォルトでは段組みは表示可能な領域の幅いっぱいを使って表示されます。段組み全体の幅を変更する場合は、widthプロパティで指定してください。

値の指定方法

整数値　段の数を1以上の整数で指定します。column-width（p.356）プロパティに「auto」以外の値が指定されている場合、ここで指定した値は最大の段数を表します。指定した段数を表示できる幅がないときは、指定よりも少ない段数で表示されます。

auto　段の数は、ほかのプロパティ（たとえば、「auto」以外の値を持つcolumn-widthプロパティなど）によって決定されます。

CSS Source

```css
div {
    line-height: 1.5em;
    -moz-column-count: 2;
    -webkit-column-count: 2;
    column-count: 2;
}
p{
    margin: 0;
}
```

HTML Source

```
<body>
<div>
<p>　白黒のモザイクのような正方形のマーク……(中略)……さまざまな情報を扱えます。</p>
<p>　QRコードでは……(中略)……アクセスを簡単にする場合などに活用されています。</p>
</div>
</body>
```

‖Column

[CSS3の段組みとは]

　これまでWebページで段組みを実現したいときは、内容に対してpositionプロパティで表示位置を指定したり、floatプロパティで回り込みを指定するのが一般的でした。また、table要素が多用されていたこともあります。いずれにしても、内容を変更したり、各段の内容量を均等に配分するには、手間のかかる方法でした。

　しかし、CSS3で規定されている段組みでは、より柔軟な段組みが実現できます。段数や各段の幅を指定しておけば、表示可能な領域の幅に適した段組みが作成されます。内容は、各段の高さが等しくなるよう自動的に調整して流し込まれるため、内容の変更が容易になります。

　なお、この節で扱う段組みと、次の節で扱うフレキシブル・ボックス・レイアウトは、内容を固まりにして横方向にレイアウトできるという点では類似しています。しかし、段組みは1つの要素のボックス内で複数の段を作成するのに対し、フレキシブル・ボックス・レイアウトは複数のボックスを縦横に配置するレイアウト方法です。ボックスの内容はそれぞれ独立しているため、内容の変更に従って各段(ボックス)の内容量を柔軟に調整したいようなページには向いていません。しかし、段組みと違ってボックスごとに幅や高さを設定したり、どのボックスに何を表示するのか指定できるというメリットもあります。

　ページの性質によって使い分けるようにしましょう。

Internet Explorer

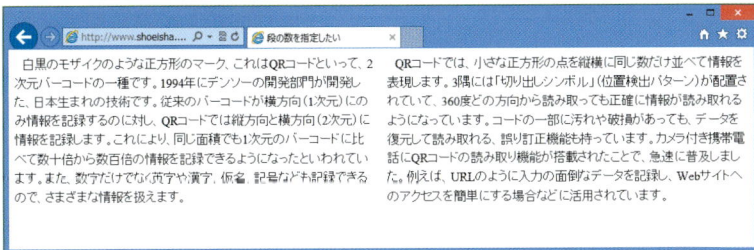

　白黒のモザイクのような正方形のマーク、これはQRコードといって、2次元バーコードの一種です。1994年にデンソーの開発部門が開発した、日本生まれの技術です。従来のバーコードが横方向(1次元)にのみ情報を記録するのに対し、QRコードでは縦方向と横方向(2次元)に情報を記録します。これにより、同じ面積でも1次元のバーコードに比べて数十倍から数百倍の情報を記録できるようになったといわれています。また、数字だけでなく(英字や漢字、仮名、記号などを記録できるので、さまざまな情報を扱えます。

　QRコードでは、小さな正方形の点を縦横に同じ数だけ並べて情報を表現します。3隅には「切り出しシンボル」(位置検出パターン)が配置されていて、360度どの方向から読み取っても正確に情報が読み取れるようになっています。コードの一部に汚れや破損があっても、データを復元して読み取れる、誤り訂正機能も持っています。カメラ付き携帯電話にQRコードの読み取り機能が搭載されたことで、急速に普及しました。例えば、URLのように入力の面倒なデータを記録し、Webサイトへのアクセスを簡単にする場合などに活用されています。

▶ ブラウザごとの指定方法と対応

ブラウザ	プロパティ
IE10	column-count
IE9	
Fx	-moz-column-count
Chrome	-webkit-column-count
Safari	-webkit-column-count

ブラウザ	プロパティ
Opera	column-count
iOS6	-webkit-column-count
iOS5	-webkit-column-count
Android	-webkit-column-count

参照　段の横幅を指定したい・・・・・・・・・・・・・・・・・・ P.356　段の間隔を指定したい・・・・・・・・・・・・・・・・・・ P.360
　　　段の数と幅を一括して指定したい・・・・・・・・・ P.358　段同士の高さのバランスを指定したい ・・・・・・ P.372

段の横幅を指定したい

column-width: ★

★⋯⋯⋯実数値+単位、auto

初期値 auto　値の継承 しない
適用要素 ブロックレベル要素（置換要素およびtable要素は除く）、th要素、td要素、inline-blockの要素

段1つの幅を指定して段組みを作成するには、column-widthプロパティを使います。

値の指定方法

実数値＋単位　段の幅を0よりも大きい実数に単位を付けて指定します（単位については
p.278を参照）。ここで指定した値は最適な幅を表します。指定した幅で
表示すると表示領域が余る場合は各段を広げて表示し、表示領域が指定し
た幅に満たない場合は指定より狭い幅で表示されます。

auto　段の幅は、ほかのプロパティ（例えば、「auto」以外の値を持つcolumn-
countプロパティなど）によって決定されます。

CSS Source

```
div {
    line-height: 1.5em;
    -moz-column-width: 20em;
    -webkit-column-width: 20em;
    column-width: 20em;
}
p{
    margin: 0;
}
```

HTML Source

```
<body>
<div>
<p>　白黒のモザイクのような正方形のマーク……（中略）……さまざまな情報を扱えます。</p>
<p>　QRコードでは……（中略）……アクセスを簡単にする場合などに活用されています。</p>
</div>
</body>
```

サイドバー（縦書き）:
背景と
ボーダー

ボックス

色と
グラデーション

テキスト

フォント

段組み

フレキシブル
ボックス

グリッド
レイアウト

トランジション

アニメーション

変形

Internet Explorer

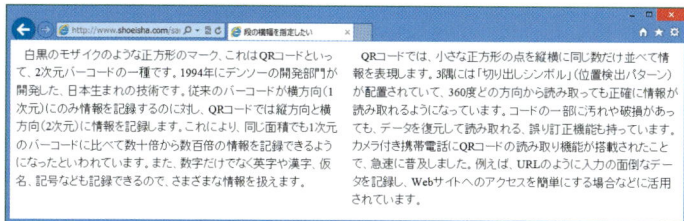

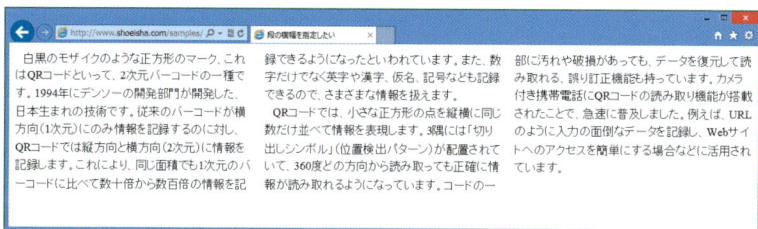

　白黒のモザイクのような正方形のマーク、これはQRコードといって、2次元バーコードの一種です。1994年にデンソーの開発部門が開発した。日本生まれの技術です。従来のバーコードが横方向(1次元)にのみ情報を記録するのに対し、QRコードでは縦方向と横方向(2次元)に情報を記録します。これにより、同じ面積でも1次元のバーコードに比べて数十倍から数百倍の情報を記録できるようになったといわれています。また、数字だけでなく英字や漢字、仮名、記号なども記録できるので、さまざまな情報を扱えます。

　QRコードでは、小さな正方形の点を縦横に同じ数だけ並べて情報を表現します。3隅には「切り出しシンボル」(位置検出パターン)が配置されていて、360度どの方向から読み取っても正確に情報が読み取れるようになっています。コードの一部に汚れや破損があっても、データを復元して読み取れる、誤り訂正機能も持っています。カメラ付き携帯電話にQRコードの読み取り機能が搭載されたことで、急速に普及しました。例えば、URLのように入力の面倒なデータを記録し、Webサイトへのアクセスを簡単にする場合などに活用されています。

　白黒のモザイクのような正方形のマーク、これはQRコードといって、2次元バーコードの一種です。1994年にデンソーの開発部門が開発した、日本生まれの技術です。従来のバーコードが横方向(1次元)にのみ情報を記録するのに対し、QRコードでは縦方向と横方向(2次元)に情報を記録します。これにより、同じ面積でも1次元のバーコードに比べて数十倍から数百倍の情報を記録できるようになったといわれています。また、数字だけでなく英字や漢字、仮名、記号なども記録できるので、さまざまな情報を扱えます。

　QRコードでは、小さな正方形の点を縦横に同じ数だけ並べて情報を表現します。3隅には「切り出しシンボル」(位置検出パターン)が配置されていて、360度どの方向から読み取っても正確に情報が読み取れるようになっています。コードの一部に汚れや破損があっても、データを復元して読み取れる、誤り訂正機能も持っています。カメラ付き携帯電話にQRコードの読み取り機能が搭載されたことで、急速に普及しました。例えば、URLのように入力の面倒なデータを記録し、Webサイトへのアクセスを簡単にする場合などに活用されています。

段の幅が一定なので、ブラウザ幅を広げると段数が増えます。

iPhone Safari

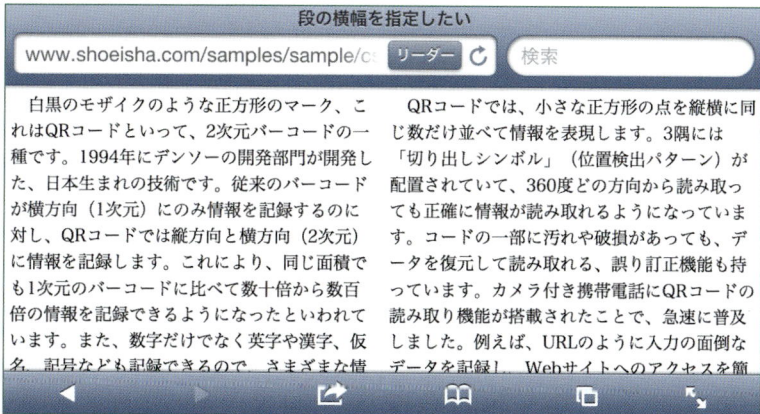

段の横幅を指定したい

www.shoeisha.com/samples/sample/c | リーダー | ↻ | 検索

　白黒のモザイクのような正方形のマーク、これはQRコードといって、2次元バーコードの一種です。1994年にデンソーの開発部門が開発した、日本生まれの技術です。従来のバーコードが横方向(1次元)にのみ情報を記録するのに対し、QRコードでは縦方向と横方向(2次元)に情報を記録します。これにより、同じ面積でも1次元のバーコードに比べて数十倍から数百倍の情報を記録できるようになったといわれています。また、数字だけでなく英字や漢字、仮名、記号なども記録できるので、さまざまな情

　QRコードでは、小さな正方形の点を縦横に同じ数だけ並べて情報を表現します。3隅には「切り出しシンボル」(位置検出パターン)が配置されていて、360度どの方向から読み取っても正確に情報が読み取れるようになっています。コードの一部に汚れや破損があっても、データを復元して読み取れる、誤り訂正機能も持っています。カメラ付き携帯電話にQRコードの読み取り機能が搭載されたことで、急速に普及しました。例えば、URLのように入力の面倒なデータを記録し、Webサイトへのアクセスを簡

▶ ブラウザごとの指定方法と対応

ブラウザ	プロパティ
IE10	column-width
IC9	
Fx	-moz-column-width
Chrome	-webkit-column-width
Safari	-webkit-column-width

ブラウザ	プロパティ
Opera	column-width
iOS6	-webkit-column-width
iOS5	-webkit-column-width
Android	-webkit-column-width

参照　段の数を指定したい ・・・・・・・・・・・・・・・ P.354　段の間隔を指定したい ・・・・・・・・・・・・・・・・ P.360
　　　　段の数と幅を一括して指定したい ・・・・・・・・・ P.358　段同士の高さのバランスを指定したい ・・・・・・ P.372

段組み

段組み

段組み

CSS3 > MULTI-COLUMN LAYOUT.03

段の数と幅を一括して指定したい

columns: ★ ◆

★………column-countの値（段の数）
◆………column-widthの値（段の幅）

初期値 個別のプロパティ参照　値の継承 しない
適用要素 ブロックレベル要素（置換要素およびtable要素は除く）、th要素、td要素、inline-blockの要素

　段の数と幅を一括して指定するには、columnsプロパティを使います。それぞれの値を任意の順番で、半角スペースで区切って指定します。どちらか一方の値を省略することもでき、省略された値については初期値が適用されます。

値の指定方法

column-countの値（p.354）　段の数を指定します。
column-widthの値（p.356）　段の幅を指定します。

CSS Source

```
div {
    line-height: 1.5em;
    -moz-columns: 20em 2;
    -webkit-columns: 20em 2;
    columns: 20em 2;
}
p{
    margin: 0;
}
```

HTML Source

```
<body>
<div>
<p> 白黒のモザイクのような正方形のマーク……（中略）……さまざまな情報を扱えます。</p>
<p> QRコードでは……（中略）……アクセスを簡単にする場合などに活用されています。</p>
</div>
</body>
```

Internet Explorer

http://www.shoeisha.... 横幅と段の数を一括して指定...×

　白黒のモザイクのような正方形のマーク、これはQRコードといって、2次元バーコードの一種です。1994年にデンソーの開発部門が開発した、日本生まれの技術です。従来のバーコードが横方向(1次元)にのみ情報を記録するのに対し、QRコードでは縦方向と横方向(2次元)に情報を記録します。これにより、同じ面積でも1次元のバーコードに比べて数十倍から数百倍の情報を記録できるようになったといわれています。また、数字だけでなく英字や漢字、仮名、記号なども記録できるので、さまざまな情報を扱えます。

　QRコードでは、小さな正方形の点を縦横に同じ数だけ並べて情報を表現します。3隅には「切り出しシンボル」(位置検出パターン)が配置されていて、360度どの方向から読み取っても正確に情報が読み取れるようになっています。コードの一部に汚れや破損があっても、データを復元して読み取れる、誤り訂正機能も持っています。カメラ付き携帯電話にQRコードの読み取り機能が搭載されたことで、急速に普及しました。例えば、URLのように入力の面倒なデータを記録し、Webサイトへのアクセスを簡単にする場合などに活用されています。

iPhone Safari

横幅と段の数を一括して指定したい

www.shoeisha.com/samples/sample/c　リーダー　検索

　白黒のモザイクのような正方形のマーク、これはQRコードといって、2次元バーコードの一種です。1994年にデンソーの開発部門が開発した、日本生まれの技術です。従来のバーコードが横方向(1次元)にのみ情報を記録するのに対し、QRコードでは縦方向と横方向(2次元)に情報を記録します。これにより、同じ面積でも1次元のバーコードに比べて数十倍から数百倍の情報を記録できるようになったといわれています。また、数字だけでなく英字や漢字、仮名、記号なども記録できるので、さまざまな情

　QRコードでは、小さな正方形の点を縦横に同じ数だけ並べて情報を表現します。3隅には「切り出しシンボル」(位置検出パターン)が配置されていて、360度どの方向から読み取っても正確に情報が読み取れるようになっています。コードの一部に汚れや破損があっても、データを復元して読み取れる、誤り訂正機能も持っています。カメラ付き携帯電話にQRコードの読み取り機能が搭載されたことで、急速に普及しました。例えば、URLのように入力の面倒なデータを記録し、Webサイトへのアクセスを簡

▶ ブラウザごとの指定方法と対応

ブラウザ	プロパティ	ブラウザ	プロパティ
IE10	columns	Opera	columns
IE9	—	iOS6	-webkit-columns
Fx	-moz-columns	iOS5	-webkit-columns
Chrome	-webkit-columns	Android	-webkit-columns
Safari	-webkit-columns		

参照　段の数を指定したい・・・P.354　段の間隔を指定したい・・・P.360　段の横幅を指定したい・・・P.356　段同士の高さのバランスを指定したい・・・P.372

段の間隔を指定したい

column-gap: ★

- -

★………実数値+単位、normal

初期値 normal 値の継承 しない 適用要素 段組みレイアウトされている要素

　段と段の間隔を指定するには、column-gapプロパティを使います。段と段の間に境界線を表示するよう指定している場合には、この間隔の中央に表示されます。

値の指定方法

実数値+単位　段の間隔を、実数値に単位を付けて指定します（単位についてはp.278を参照）。負の値は指定できません。

normal　段の間隔はブラウザに依存します。CSS3の仕様では1emが推奨されています。

CSS Source

```
div {
    line-height: 1.5em;
    -moz-column-count: 2;
    -moz-column-gap: 3em;
    -webkit-column-count: 2;
    -webkit-column-gap: 3em;
    column-count: 2;
    column-gap: 3em;
}
p{
    margin: 0;
}
```

HTML Source

```
<body>
<div>
<p>　白黒のモザイクのような正方形のマーク……(中略)……さまざまな情報を扱えます。</p>
<p>　QRコードでは……(中略)……アクセスを簡単にする場合などに活用されています。</p>
</div>
</body>
```

段組み

Internet Explorer

　白黒のモザイクのような正方形のマーク、これは QRコードといって、2次元バーコードの一種です。 1994年にデンソーの開発部門が開発した、日本 生まれの技術です。従来のバーコードが横方向 （1次元）にのみ情報を記録するのに対し、QRコー ドでは縦方向と横方向（2次元）に情報を記録しま す。これにより、同じ面積でも1次元のバーコード に比べて数十倍から数百倍の情報を記録できる ようになったといわれています。また、数字だけで なく英字や漢字、仮名、記号なども記録できるの で、さまざまな情報を扱えます。

　QRコードでは、小さな正方形の点を縦横に同じ 数だけ並べて情報を表現します。3隅には「切り出 しシンボル」（位置検出パターン）が配置されてい て、360度どの方向から読み取っても正確に情報 が読み取れるようになっています。コードの一部 に汚れや破損があっても、データを復元して読み 取れる、誤り訂正機能も持っています。カメラ付き 携帯電話にQRコードの読み取り機能が搭載され たことで、急速に普及しました。例えば、URLのよ うに入力の面倒なデータを記録し、Webサイトへ のアクセスを簡単にする場合などに活用されてい ます。

iPhone Safari

段の間隔を指定したい

www.shoeisha.com/samples/sample/c...

　白黒のモザイクのような正方形のマーク、こ れはQRコードといって、2次元バーコードの一 種です。1994年にデンソーの開発部門が開発し た、日本生まれの技術です。従来のバーコード が横方向（1次元）にのみ情報を記録するのに対 し、QRコードでは縦方向と横方向（2次元）に 情報を記録します。これにより、同じ面積でも1 次元のバーコードに比べて数十倍から数百倍の 情報を記録できるようになったといわれていま す。また、数字だけでなく英字や漢字、仮名、 記号なども記録できるので、さまざまな情報を

　QRコードでは、小さな正方形の点を縦横に同 じ数だけ並べて情報を表現します。3隅には「切 り出しシンボル」（位置検出パターン）が配置 されていて、360度どの方向から読み取っても正 確に情報が読み取れるようになっています。コー ドの一部に汚れや破損があっても、データを 復元して読み取れる、誤り訂正機能も持ってい ます。カメラ付き携帯電話にQRコードの読み取 り機能が搭載されたことで、急速に普及しまし た。例えば、URLのように入力の面倒なデータ を記録し、Webサイトへのアクセスを簡単にす

▶ ブラウザごとの指定方法と対応

ブラウザ	プロパティ	ブラウザ	プロパティ
IE10	column-gap	Opera	column-gap
IE9		iOS6	-webkit-column-gap
Fx	-moz-column-gap	iOS5	-webkit-column-gap
Chrome	-webkit-column-gap	Android	-webkit-column-gap
Safari	-webkit-column-gap		

参照　段の数を指定したい ・・・・・・・・・・・・・・・・・ P.354　段の数と幅を一括して指定したい ・・・・・・・・・ P.358
　　　　 段の横幅を指定したい・・・・・・・・・・・・・・・・・ P.356　段同士の高さのバランスを指定したい ・・・・・・ P.372

段の境界線の種類を指定したい

column-rule-style: ★

- -

★………キーワード（下記参照）

| 初期値 none | 値の継承 しない | 適用要素 段組みレイアウトされている要素 |

　段と段の間隔の中央には、column-rule-styleプロパティで境界線を表示することができます。値にはボーダーと同じものが指定できます。ただし、ブラウザによっては「inset」は「ridge」のように、「outset」は「groove」のように表示されます。

値の指定方法

none	ボーダーを表示しません。
hidden	ボーダーを表示しません。
dotted	点線で表示します。
dashed	破線で表示します。
solid	実線で表示します。
double	二重線で表示します。
groove	へこんだように見える線で表示します。
ridge	浮き上がったように見える線で表示します。
inset	内側がへこんだように見える線で表示します。
outset	内側が浮き上がったように見える線で表示します。

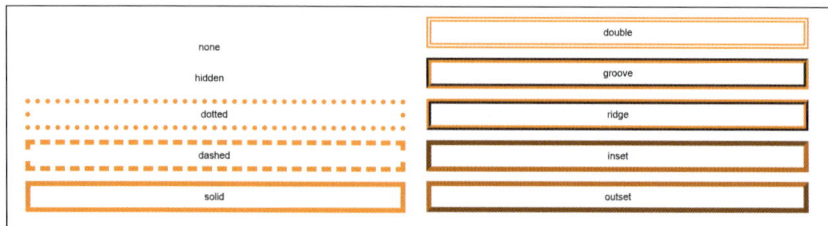

ボックスのボーダーに上記の各値を指定した場合の表示（IE10）

CSS Source

```css
div {
    line-height: 1.5em;
    -moz-column-count: 2;
    -moz-column-gap: 2em;
    -moz-column-rule-style: dotted;
    -webkit-column-count: 2;
    -webkit-column-gap: 2em;
    -webkit-column-rule-style: dotted;
    column-count: 2;
    column-gap: 2em;
    column-rule-style: dotted;
}
p{
    margin: 0;
}
```

HTML Source

```html
<body>
<div>
<p>　白黒のモザイクのような正方形のマーク……(中略)……さまざまな情報を扱えます。</p>
<p>　QRコードでは……(中略)……アクセスを簡単にする場合などに活用されています。</p>
</div>
</body>
```

Internet Explorer

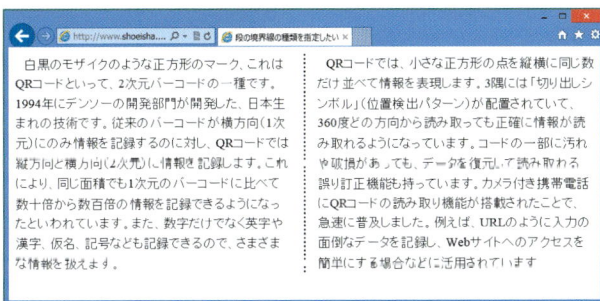

　白黒のモザイクのような正方形のマーク、これは QRコードといって、2次元バーコードの一種です。 1994年にデンソーの開発部門が開発した、日本生まれの技術です。従来のバーコードが横方向(1次元)にのみ情報を記録するのに対し、QRコードでは縦方向と横方向(2次元)に情報を記録します。これにより、同じ面積でも1次元のバーコードに比べて数十倍から数百倍の情報を記録できるようになったといわれています。また、数字だけでなく英字や漢字、仮名、記号なども記録できるので、さまざまな情報を扱えます。

　QRコードでは、小さな正方形の点を縦横に同じ数だけ並べて情報を表現します。3隅には「切り出しシンボル」(位置検出パターン)が配置されていて、360度どの方向から読み取っても正確に情報が読み取れるようになっています。コードの一部に汚れや破損があっても、データを復元して読み取れる誤り訂正機能も持っています。カメラ付き携帯電話にQRコードの読み取り機能が搭載されたことで、急速に普及しました。例えば、URLのように入力の面倒なデータを記録し、Webサイトへのアクセスを簡単にする場合などに活用されています

▶ ブラウザごとの指定方法と対応

ブラウザ	プロパティ	ブラウザ	プロパティ
IE10	column-rule-style	Opera	column-rule-style
IE9	—	iOS6	-webkit-column-rule-style
Fx	-moz-column-rule-style	iOS5	-webkit-column-rule-style
Chrome	-webkit-column-rule-style	Android	-webkit-column-rule-style
Safari	-webkit-column-rule-style		

参照　段の境界線の幅を指定したい・・・・・・・・・・・P.364　段の境界線のプロパティを
　　　段の境界線の色を指定したい・・・・・・・・・・・P.366　一括して指定したい・・・・・・・・・・・・・・・・・・P.368

CSS3

段の境界線の幅を指定したい

column-rule-width: ★

★‥‥‥‥thin、medium、thick、実数値+単位

初期値 medium　値の継承 しない　適用要素 段組みレイアウトされている要素

　段と段の境界線の太さを指定するには、column-rule-widthプロパティを指定します。値にはボーダーと同じものが指定できます。ただし、境界線の幅を指定しただけでは境界線は表示されません。これは線の種類を指定するcolumn-rule-styleプロパティ（p.362）の初期値が「none」のためです。幅の指定を有効にするには、column-rule-styleプロパティに「none」と「hidden」以外の値を指定しておく必要があります。

値の指定方法

thin	細い線で表示します。幅はブラウザに依存します。
medium	中くらいの線で表示します。幅はブラウザに依存します。
thick	太い線で表示します。幅はブラウザに依存します。
実数値+単位	線の太さを実数値に単位を付けて指定します（単位についてはp.278を参照）。負の値は指定できません。

CSS Source

```
div {
    line-height: 1.5em;
    -moz-column-count: 2;
    -moz-column-gap: 2em;
    -moz-column-rule-style: solid;
    -moz-column-rule-width: 10px;
    -webkit-column-count: 2;
    -webkit-column-gap: 2em;
    -webkit-column-rule-style: solid;
    -webkit-column-rule-width: 10px;
    column-count: 2;
    column-gap: 2em;
    column-rule-style: solid;
    column-rule-width: 10px;
}
```

```
p{
    margin: 0;
}
```

HTML Source

```
<body>
<div>
<p> 白黒のモザイクのような正方形のマーク……(中略)……さまざまな情報を扱えます。 </p>
<p> QRコードでは……(中略)……アクセスを簡単にする場合などに活用されています。 </p>
</div>
</body>
```

Internet Explorer

白黒のモザイクのような正方形のマーク、これは QRコードといって、2次元バーコードの一種です。1994年にデンソーの開発部門が開発した、日本生まれの技術です。従来のバーコードが横方向(1次元)にのみ情報を記録するのに対し、QRコードでは縦方向と横方向(2次元)に情報を記録します。これにより、同じ面積でも1次元のバーコードに比べて数十倍から数百倍の情報を記録できるようになったといわれています。また、数字だけでなく英字や漢字、仮名、記号なども記録できるので、さまざまな情報を扱えます。

QRコードでは、小さな正方形の点を縦横に同じ数だけ並べて情報を表現します。3隅には「切り出しシンボル」(位置検出パターン)が配置されていて、360度どの方向から読み取っても正確に情報が読み取れるようになっています。コードの一部に汚れや破損があっても、データを復元して読み取れる、誤り訂正機能も持っています。カメラ付き携帯電話にQRコードの読み取り機能が搭載されたことで、急速に普及しました。例えば、URLのように入力の面倒なデータを記録し、Webサイトへのアクセスを簡単にする場合などに活用されています。

iPhone Safari

段の境界線の幅を指定したい

www.shoeisha.com/samples/sample/c

白黒のモザイクのような正方形のマーク、これはQRコードといって、2次元バーコードの一種です。1994年にデンソーの開発部門が開発した、日本生まれの技術です。従来のバーコードが横方向(1次元)にのみ情報を記録するの

QRコードでは、小さな正方形の点を縦横に同じ数だけ並べて情報を表現します。3隅には「切り出しシンボル」(位置検出パターン)が配置されていて、360度どの方向から読み取っても正確に情報が読み取れるようになっていま

▶ ブラウザごとの指定方法と対応

ブラウザ	プロパティ	ブラウザ	プロパティ
IE10	column-rule-width	Opera	column-rule-width
IE9	—	iOS6	-webkit-column-rule-width
Fx	-moz-column-rule-width	iOS5	-webkit-column-rule-width
Chrome	-webkit-column-rule-width	Android	-webkit-column-rule-width
Safari	-webkit-column-rule-width		

参照 段の境界線の種類を指定したい ・・・・・・・・・ P.362 段の境界線のプロパティを
段の境界線の色を指定したい ・・・・・・・・・・・ P.366 一括して指定したい ・・・・・・・・・・・・・・・・・ P.368

段の境界線の色を指定したい

column-rule-color: ★

- -

★………色

| 初期値 colorプロパティと同じ色 | 値の継承 しない | 適用要素 段組みレイアウトされている要素 |

　段と段の境界線の色を指定するには、column-rule-colorプロパティを使います。初期値は、そのときに設定されているcolorプロパティの色です。

　ただし、境界線の色を指定しただけでは境界線は表示されません。これは線の種類を指定するcolumn-rule-styleプロパティ（p.362）の初期値が「none」のためです。色の指定を有効にするには、column-rule-styleプロパティに「none」と「hidden」以外の値を指定しておく必要があります。

値の指定方法

色　　　　　　　色を所定の書式で指定します（色の指定方法はp.280を参照）。

CSS Source

```
div {
    line-height: 1.5em;
    -moz-column-count: 2;
    -moz-column-gap: 2em;
    -moz-column-rule-style: solid;
    -moz-column-rule-color: #ff6699;
    -webkit-column-count: 2;
    -webkit-column-gap: 2em;
    -webkit-column-rule-style: solid;
    -webkit-column-rule-color: #ff6699;
    column-count: 2;
    column-gap: 2em;
    column-rule-style: solid;
    column-rule-color: #ff6699;
}
p{
    margin: 0;
}
```

HTML Source

```
<body>
<div>
<p>　白黒のモザイクのような正方形のマーク……(中略)……さまざまな情報を扱えます。</p>
<p>　QRコードでは……(中略)……アクセスを簡単にする場合などに活用されています。</p>
</div>
</body>
```

Internet Explorer

http://www.shoeisha....　段の境界線の色を指定したい

　白黒のモザイクのような正方形のマーク、これは QRコードといって、2次元バーコードの一種です。 1994年にデンソーの開発部門が開発した、日本生まれの技術です。従来のバーコードが横方向(1次元)にのみ情報を記録するのに対し、QRコードでは縦方向と横方向(2次元)に情報を記録します。これにより、同じ面積でも1次元のバーコードに比べて数十倍から数百倍の情報を記録できるようになったといわれています。また、数字だけでなく英字や漢字、仮名、記号なども記録できるので、さまざまな情報を扱えます。

　QRコードでは、小さな正方形の点を縦横に同じ数だけ並べて情報を表現します。3隅には「切り出しシンボル」(位置検出パターン)が配置されていて、360度どの方向から読み取っても正確に情報が読み取れるようになっています。コードの一部に汚れや破損があっても、データを復元して読み取れる、誤り訂正機能も持っています。カメラ付き携帯電話にQRコードの読み取り機能が搭載されたことで、急速に普及しました。例えば、URLのように入力の面倒なデータを記録し、Webサイトへのアクセスを簡単にする場合などに活用されています。

iPhone Safari

段の境界線の色を指定したい

www.shoeisha.com/samples/sample/c　リーダー　⟳　検索

　白黒のモザイクのような正方形のマーク、これはQRコードといって、2次元バーコードの一種です。1994年にデンソーの開発部門が開発した、日本生まれの技術です。従来のバーコードが横方向(1次元)にのみ情報を記録するのに対し、QRコードでは縦方向と横方向(2次元)に情報を記録します。これにより、同じ面積でも1次元のバーコードに比べて数十倍から数百倍の情報を記録できるようになったといわれています。また、数字だけでなく英字や漢字、仮名、記号などは記録できるので、さまざ

　QRコードでは、小さな正方形の点を縦横に同じ数だけ並べて情報を表現します。3隅には「切り出しシンボル」(位置検出パターン)が配置されていて、360度どの方向から読み取っても正確に情報が読み取れるようになっています。コードの一部に汚れや破損があっても、データを復元して読み取れる、誤り訂正機能も持っています。カメラ付き携帯電話にQRコードの読み取り機能が搭載されたことで、急速に普及しました。例えば、URLのように入力の面倒なデータを記録し、Webサイトへのアクセスを

▶ ブラウザごとの指定方法と対応

ブラウザ	プロパティ	ブラウザ	プロパティ
IE10	column-rule-color	Opera	column-rule-color
IE9		iOS6	-webkit-column-rule-color
Fx	-moz-column-rule-color	iOS5	-webkit-column-rule-color
Chrome	-webkit-column-rule-color	Android	-webkit-column-rule-color
Safari	-webkit-column-rule-color		

参照

段の境界線の種類を指定したい ‥‥‥‥‥ P.362　段の境界線のプロパティを
段の境界線の幅を指定したい ‥‥‥‥‥ P.364　一括して指定したい ‥‥‥‥‥‥ P.368

段の境界線のプロパティを一括して指定したい

column-rule: ★ ◆ ▲

- ★………column-rule-styleの値（線の種類）
- ◆………column-rule-widthの値（線の幅）
- ▲………column-rule-colorの値（線の色）

| 初期値 | 個別のプロパティ参照 | 値の継承 | しない | 適用要素 | 段組みレイアウトされている要素 |

境界線のプロパティを一括して指定するには、column-ruleプロパティを使います。それぞれの値を任意の順番で、半角スペースで区切って指定します。省略された値については、初期値が適用されます。

値の指定方法

column-rule-styleの値(p.362)	境界線の種類を指定します。
column-rule-widthの値(p.364)	境界線の幅を指定します。
column-rule-colorの値(p.366)	境界線の色を指定します。

CSS Source

```css
div {
    line-height: 1.5em;
    -moz-column-count: 2;
    -moz-column-gap: 2em;
    -moz-column-rule: dotted 10px #ff6699;
    -webkit-column-count: 2;
    -webkit-column-gap: 2em;
    -webkit-column-rule: dotted 10px #ff6699;
    column-count: 2;
    column-gap: 2em;
    column-rule: dotted 10px #ff6699;
}
p{
    margin: 0;
}
```

HTML Source

```
<body>
<div>
<p> 白黒のモザイクのような正方形のマーク……(中略)……さまざまな情報を扱えます。</p>
<p> QRコードでは……(中略)……アクセスを簡単にする場合などに活用されています。</p>
</div>
</body>
```

Internet Explorer

白黒のモザイクのような正方形のマーク、これは QRコードといって、2次元バーコードの一種です。1994年にデンソーの開発部門が開発した、日本生まれの技術です。従来のバーコードが横方向(1次元)にのみ情報を記録するのに対し、QRコードでは縦方向と横方向(2次元)に情報を記録します。これにより、同じ面積でも1次元のバーコードに比べて数十倍から数百倍の情報を記録できるようになったといわれています。また、数字だけでなく英字や漢字、仮名、記号なども記録できるので、さまざまな情報を扱えます。

QRコードでは、小さな正方形の点を縦横に同じ数だけ並べて情報を表現します。3隅には「切り出しシンボル」(位置検出パターン)が配置されていて、360度どの方向から読み取っても正確に情報が読み取れるようになっています。コードの一部に汚れや破損があっても、データを復元して読み取れる、誤り訂正機能も持っています。カメラ付き携帯電話にQRコードの読み取り機能が搭載されたことで、急速に普及しました。例えば、URLのように入力の面倒なデータを記録し、Webサイトへのアクセスを簡単にする場合などに活用されています。

iPhone Safari

段の境界線のプロパティを一括して指定したい

www.shoeisha.com/samples/sample/c... [リーダー] C [検索]

白黒のモザイクのような正方形のマーク、これはQRコードといって、2次元バーコードの一種です。1994年にデンソーの開発部門が開発した、日本生まれの技術です。従来のバーコードが横方向(1次元)にのみ情報を記録するのに対し、QRコードでは縦方向と横方向(2次元)に情報を記録します。これにより、同じ面積でも1次元のバーコードに比べて数十倍から数百倍の情報を記録できるようになったといわれています。また、数字だけでなく英字や漢

QRコードでは、小さな正方形の点を縦横に同じ数だけ並べて情報を表現します。3隅には「切り出しシンボル」(位置検出パターン)が配置されていて、360度どの方向から読み取っても正確に情報が読み取れるようになっています。コードの一部に汚れや破損があっても、データを復元して読み取れる、誤り訂正機能も持っています。カメラ付き携帯電話にQRコードの読み取り機能が搭載されたことで、急速に普及しました。例えば、URLのように入力の面倒なデータを記録し、Webサイトへのアクセスを

▶ ブラウザごとの指定方法と対応

ブラウザ	プロパティ		ブラウザ	プロパティ
IE10	column-rule		Opera	column-rule
IE9			iOS6	-webkit-column-rule
Fx	-moz-column-rule		iOS5	-webkit-column-rule
Chrome	-webkit-column-rule		Android	-webkit-column-rule
Safari	-webkit-column-rule			

参照　段の境界線の種類を指定したい・・・・・・・・・・ P.362
　　　段の境界線の幅を指定したい・・・・・・・・・・・ P.364
　　　段の境界線の色を指定したい・・・・・・・・・・・ P.366

段の境界線のプロパティを一括して指定したい　CSS3

段にまたがる表示を指定したい

column-span: ★

- -

★‥‥‥‥none、all

初期値 none　値の継承 しない
適用要素 ブロックレベル要素（float要素でフローティング配置されている要素と「position: absolute」または「position: fixed」で絶対配置されている要素を除く）

　column-spanプロパティを使うと、指定した要素をすべての段にまたがる形で表示することができます。

値の指定方法

none　　　要素は複数の段にまたがりません。

all　　　　要素はすべての段にまたがる形で表示されます。

CSS Source

```
div {
    width: 800px;
    line-height: 1.5em;
    -moz-column-count: 2;
    -webkit-column-count: 2;
    column-count: 2;
}
h2 {
    padding: 5px;
    background-color: #87ceeb;
    -webkit-column-span: all;
    column-span: all;
}
p{
    margin: 0;
}
```

HTML Source

```
<body>
<div>
<h2>QRコードとは？</h2>
<p>白黒のモザイクのような正方形のマーク……（中略）……さまざまな情報を扱えます。</p>
<h2>QRコードの機能</h2>
<p>QRコードでは……（中略）……アクセスを簡単にする場合などに活用されています。</p>
</div>
</body>
```

Internet Explorer

QRコードとは？

白黒のモザイクのような正方形のマーク、これはQRコードといって、2次元バーコードの一種です。1994年にデンソーの開発部門が開発した、日本生まれの技術です。従来のバーコードが横方向（1次元）にのみ情報を記録するのに対し、QRコードでは縦方向と横方向（2次元）に情報を記録します。これにより、同じ面積でも1次元のバーコードに比べて数十倍から数百倍の情報を記録できるようになったといわれています。また、数字だけでなく英字や漢字、仮名、記号なども記録できるので、さまざまな情報を扱えます。

QRコードの機能

QRコードでは、小さな正方形の点を縦横に同じ数だけ並べて情報を表現します。3隅には「切り出しシンボル」（位置検出パターン）が配置されていて、360度どの方向から読み取っても正確に情報が読み取れるようになっています。コードの一部に汚れや破損があっても、データを復元して読み取れる、誤り訂正機能も持っています。カメラ付き携帯電話にQRコードの読み取り機能が搭載されたことで、急速に普及しました。例えば、URLのように入力の面倒なデータを記録し、Webサイトへのアクセスを簡単にする場合などに活用されています。

iPhone Safari

段にまたがる表示を指定したい

Android 標準ブラウザ

▶ ブラウザごとの指定方法と対応

ブラウザ	プロパティ		ブラウザ	プロパティ
IE10	column-span		Opera	column-span
IE9	—		iOS6	-webkit-column-span
Fx	—		iOS5	-webkit-column-span
Chrome	-webkit-column-span		Android	-webkit-column-span
Safari	-webkit-column-span			

参照 段の数を指定したい・・・・・・・・・・・・・・・・・・ P.354
段の横幅を指定したい・・・・・・・・・・・・・・・・・・ P.356
段の数と幅を一括して指定したい・・・・・・・・・ P.358

CSS3

CSS3 > MULTI-COLUMN LAYOUT.10

段同士の高さのバランスを指定したい

column-fill: ★

★………balance、auto

初期値 balance　値の継承 しない　適用要素 段組みレイアウトされている要素

column-fillプロパティを利用すると、各段の高さを揃えるかどうかを指定できます。

値の指定方法

balance	コンテンツを均等に分割し、各段の高さが揃うよう調整して表示します。
auto	先にある段から順番に埋めていきます。

CSS Source

```
div {
    width: 800px;
    height: 350px;
    line-height: 1.5em;
    -moz-column-count: 2;
    -webkit-column-count: 2;
    column-count: 2;
    column-fill: auto;
}
p{
    margin: 0;
}
```

HTML Source

```
<body>
<div>
<h2>QRコードとは？</h2>
<p>白黒のモザイクのような正方形のマーク……(中略)……さまざまな情報を扱えます。</p>
<h2>QRコードの機能</h2>
<p>QRコードでは……(中略)……アクセスを簡単にする場合などに活用されています。</p>
</div>
</body>
```

Internet Explorer

白黒のモザイクのような正方形のマーク、これはQRコードといって、2次元コードの一種です。1994年にデンソーの開発部門が開発した、日本生まれの技術です。従来のバーコードが横方向（1次元）にのみ情報を記録するのに対し、QRコードでは縦方向と横方向（2次元）に情報を記録します。これにより、同じ面積でも1次元のバーコードに比べて数十倍から数百倍の情報を記録できるようになったといわれています。また、数字だけでなく英字や漢字、仮名、記号なども記録できるので、さまざまな情報を扱えます。

QRコードでは、小さな正方形の点を縦横に同じ数だけ並べて情報を表現します。3隅には「切り出しシンボル」（位置検出パターン）が配置されていて、360度どの方向から読み取っても正確に情報が読み取れるようになっています。コードの一部に汚れや破損があっても、データを復元して読み取れる、誤り訂正機能も持っています。カメラ付き携帯電話にQRコードの読み取り機能が搭載されたことで、急速に普及しました。例えば、URLのように入力の面倒なデータを記録し、Webサイトへのアクセスを簡単にする場合などに活用されています。

iPhone Safari

段同士の高さのバランスを指定したい

www.shoeisha.com/samples/sample/c［リーダー］　検索

白黒のモザイクのような正方形のマーク、これはQRコードといって、2次元バーコードの一種です。1994年にデンソーの開発部門が開発した、日本生まれの技術です。従来のバーコードが横方向（1次元）にのみ情報を記録するのに対し、QRコードでは縦方向と横方向（2次元）に情報を記録します。これにより、同じ面積でも1次元のバーコードに比べて数十倍から数百倍の情報を記録できるようになったといわれています。また、数字だけでなく英字や漢字、仮名、記号なども記録できるので、さまざまな情報を扱えます。

QRコードでは、小さな正方形の点を縦横に同じ数だけ並べて情報を表現します。3隅には「切り出しシンボル」（位置検出パターン）が配置されていて、360度どの方向から読み取っても正確に情報が読み取れるようになっています。コードの一部に汚れや破損があっても、データを復元して読み取れる、誤り訂正機能も持っています。カメラ付き携帯電話にQRコードの読み取り機能が搭載されたことで、急速に普及しました。例えば、URLのように入力の面倒なデータを記録し、Webサイトへのアクセスを簡単にする場合などに活用されています。

▶ ブラウザごとの指定方法と対応

ブラウザ	プロパティ	ブラウザ	プロパティ
IE10	column-fill	Opera	column-fill
IE9	—	iOS6	column-fill
Fx	column-fill	iOS5	column-fill
Chrome	column-fill	Android	column-fill
Safari	column-fill		

参照

段の数を指定したい ・・・・・・・・・・・・・・・・・ P.354
段の横幅を指定したい ・・・・・・・・・・・・・・・・ P.356
段の数と幅を一括して指定したい ・・・・・・・・ P.358

CSS3

段組みの改ページや改段方法を指定したい

break-before: ★
break-after: ★
break-inside: ◆

★‥‥‥‥auto、always、avoid、left、right、page、column、avoid-page、avoid-column
◆‥‥‥‥auto、avoid、avoid-page、avoid-column

初期値 auto　値の継承 しない　適用要素 ブロックレベル要素

　段組み表示したコンテンツに対して、改段や印刷時の改ページの位置を指定するには、break-before、break-after、break-insideの各プロパティを使います。
　break-beforeプロパティはボックスの前での動作、break-afterプロパティはボックスの後での動作、break-insideプロパティはボックス内での動作を指定します。

値の指定方法

auto	指定した位置での改ページや改段方法を特に指定しません。
always	指定した位置で常に改ページをします。
avoid	指定した位置で改ページや改段をしないようにします。
left	次のページが左ページになるよう、指定した位置で改ページをします。
right	次のページが右ページになるよう、指定した位置で改ページをします。
page	指定した位置で常に改ページをします。
column	指定した位置で常に改段をします。
avoid-page	指定した位置で改ページをしないようにします。
avoid-column	指定した位置で改段をしないようにします。

　IE10では、「right」と「left」を指定しても「always」を指定した場合と同じ動作になるようです。

■WebKit系のブラウザの場合

-webkit-column-break-before: ★
-webkit-column-break-after: ★
-webkit-column-break-inside: ◆

★：auto、always、avoid、left、right
◆：auto、avoid

WebKit系のブラウザ(p.259)では、-webkit-column-break-*プロパティで改段や印刷時の改ページの位置を指定します。

値の指定方法

auto	必要に応じ、指定した位置で改段をします。
always/left/right	現在のところ「always」「left」「right」はどれを指定しても同じ動作となり、指定した位置で常に改段をします。
avoid	指定した位置で改段をしないようにします。

```
CSS Source
div {
    width: 800px;
    line-height: 1.5em;
    -moz-column-count: 3;
    -webkit-column-count: 3;
    column-count: 3;
}
h2 {
    margin-top: 0;
    padding: 5px;
    background-color: #87ceeb;
}
#break {
    -webkit-column-break-before: always;
    break-before: column;
}
p{
    margin: 0;
}
```

背景と
ボーダー

ボックス

色と
グラデーション

テキスト

フォント

段組み

フレキシブル
ボックス

グリッド
レイアウト

トランジション

アニメーション

変形

HTML Source

```
<body>
<div>
<h2>QRコードとは？</h2>
<p>白黒のモザイクのような正方形のマーク、これはQRコードといって、2次元バーコードの一種
です。1994年にデンソーの開発部門が開発した、日本生まれの技術です。</p>
<h2 id="break">1次元から2次元へ</h2>
<p>従来のバーコードが横方向(1次元)にのみ情報を記録するのに対し、QRコードでは縦方向と横
方向(2次元)に情報を記録します。これにより、同じ面積でも1次元のバーコードに比べて数十倍か
ら数百倍の情報を記録できるようになったといわれています。また、数字だけでなく英字や漢字、
仮名、記号なども記録できるので、さまざまな情報を扱えます。</p>
<h2 id="break">QRコードの機能</h2>
<p>QRコードでは、小さな正方形の点を縦横に同じ数だけ並べて情報を表現します。3隅には「切
り出しシンボル」(位置検出パターン)が配置されていて、360度どの方向から読み取っても正確に情
報が読み取れるようになっています。コードの一部に汚れや破損があっても、データを復元して読
み取れる、誤り訂正機能も持っています。カメラ付き携帯電話にQRコードの読み取り機能が搭載さ
れたことで、急速に普及しました。例えば、URLのように入力の面倒なデータを記録し、Webサイ
トへのアクセスを簡単にする場合などに活用されています。</p>
</div>
</body>
```

Internet Explorer

http://www.shoeisha.com　段組の改ページや改段方法を…

QRコードとは？

白黒のモザイクのような正方形のマーク、これはQRコードといって、2次元バーコードの一種です。1994年にデンソーの開発部門が開発した、日本生まれの技術です。

1次元から2次元へ

従来のバーコードが横方向(1次元)にのみ情報を記録するのに対し、QRコードでは縦方向と横方向(2次元)に情報を記録します。これにより、同じ面積でも1次元のバーコードに比べて数十倍から数百倍の情報を記録できるようになったといわれています。また、数字だけでなく英字や漢字、仮名、記号なども記録できるので、さまざまな情報を扱えます。

QRコードの機能

QRコードでは、小さな正方形の点を縦横に同じ数だけ並べて情報を表現します。3隅には「切り出しシンボル」(位置検出パターン)が配置されていて、360度どの方向から読み取っても正確に情報が読み取れるようになっています。コードの一部に汚れや破損があっても、データを復元して読み取れる、誤り訂正機能も持っています。カメラ付き携帯電話にQRコードの読み取り機能が搭載されたことで、急速に普及しました。例えば、URLのように入力の面倒なデータを記録し、Webサイトへのアクセスを簡単にする場合などに活用されています。

「break-before:always」を指定した見出し2の前で改段されます。

Firefox

Firefoxは「break-before」「break-after」「break-inside」に対応していないため、見出し部分の改段がされません。

▶ ブラウザごとの指定方法と対応

■break-before/break-after

ブラウザ	プロパティ	値
IE10	break-before／break-after	auto、always、avoid、left、right、page、column、avoid-page、avoid-column
IE9	—	—
Fx	—	—
Chrome	-webkit-column-break-before -webkit-column-break-after	auto、always、avoid、left、right
Safari	-webkit-column-break-before -webkit-column-break-after	auto、always、avoid、left、right
Opera	break-before break-after	auto、always、avoid、left、right、page、column、avoid-page、avoid-column
iOS6	-webkit-column-break-before -webkit-column-break-after	auto、always、avoid、left、right
iOS5	-webkit-column-break-before -webkit-column-break-after	auto、always、avoid、left、right
Android	-webkit-column-break-before -webkit-column-break-after	auto、always、avoid、left、right

■break-inside

ブラウザ	プロパティ	値
IE10	break-inside	auto、avoid、avoid-page、avoid-column
IE9	—	—
Fx	—	—
Chrome	-webkit-column-break-inside	auto、avoid
Safari	-webkit-column-break-inside	auto、avoid
Opera	break-inside	auto、avoid、avoid-page、avoid-column
iOS6	-webkit-column-break-inside	auto、avoid
iOS5	-webkit-column-break-inside	auto、avoid
Android	-webkit-column-break-inside	auto、avoid

フレキシブルボックスレイアウトを使いたい

display: ★

★‥‥‥‥flex、inline-flex

初期値 inline 値の継承 しない 適用要素 すべての要素

　ボックスのサイズや配置を柔軟に調整できるレイアウト方法を、フレキシブルボックスレイアウトといいます。これまでのpositionプロパティやfloatプロパティを使ったレイアウト方法に比べ、より簡単にレイアウトを指定できるようになります。

　フレキシブルボックスレイアウトは、次のような考え方になっています。

フレックスコンテナ（flex container）

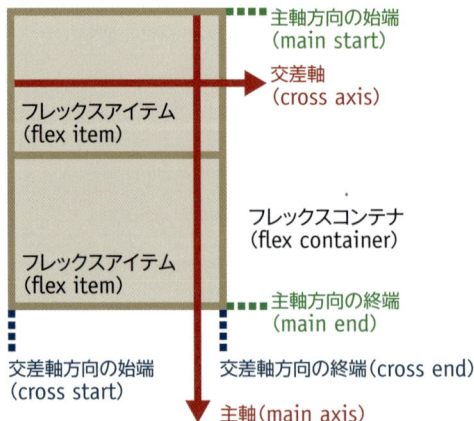

交差軸方向の始端
（cross start）

主軸
（main axis）

フレックスアイテム
（flex item）

フレックスアイテム
（flex item）

交差軸方向の終端
（cross end）

主軸方向の始端
（main start）

交差軸
（cross axis）

主軸方向の終端
（main end）

主軸方向の始端
（main start）

交差軸
（cross axis）

フレックスアイテム
（flex item）

フレックスコンテナ
（flex container）

フレックスアイテム
（flex item）

主軸方向の終端
（main end）

交差軸方向の始端
（cross start）

交差軸方向の終端（cross end）

主軸（main axis）

※いずれも左から右へ記述する文字の場合

フレックスコンテナ（flex container）

　フレックスアイテムを含む親要素です。displayプロパティの値に「flex」または「inline-flex」が指定された要素がフレックスコンテナになります。

フレックスアイテム（flex item）

　フレックスコンテナに含まれる子要素です。フレックスコンテナは0個以上のフレックスアイテムを持っています。フレックスコンテナの直接の子要素になっているテキストは、匿名のフレックスアイテムに包まれていることになります。

軸（axis）

　フレックスコンテナにはレイアウトの基本となる2つの軸があります。主軸（main axis）はフレックスアイテムの配置方向を決める軸、交差軸（cross axis）は主軸に対して垂直に交わる軸です。フレックスアイテムは主軸に沿って配置されます。

　どちらが主軸または交差軸になるのかは、flex-directionプロパティ（p.382）によって決まります。

始端（main start/cross start）と終端（main end/cross end）

　フレックスコンテナやフレックスアイテムには、レイアウトの方向に応じた始端と終端があります。レイアウトの方向は、flex-directionプロパティ（p.382）で指定されたフレックスコンテナの主軸の方向で決まります。

　要素の種類を指定するdisplayプロパティの値に「flex」または「inline-flex」を指定すると、その要素をフレックスコンテナボックスにして、フレキシブルボックスレイアウトを利用できるようになります。

　当該要素の子要素であるフレックスアイテムは、横または縦方向に並べて配置されます。また、並び順を指定したり、揃える位置を指定することもできます。詳しくは次項以降を参照してください。

　また、フレキシブルボックスレイアウトと段組の違いは、p.355のコラムを参照してください。

値の指定方法

flex	この値が指定された要素を、ブロックレベルのフレックスコンテナボックスにします。
inline-flex	この値が指定された要素を、インラインレベルのフレックスコンテナボックスにします。

　サンプルの外側の枠線は、フレックスコンテナに指定された親要素のdivの大きさを表しています。フレックスアイテムとなる子要素のdivは、左から右の方向に並びながら右寄せに配置され、余白は左側に配置されています。これは、主軸の方向を決めるflex-directionプロパティ（p.382）に「row」、主軸方向の配置方法を決めるjustify-contentプロパティ（p.402）に「flex-end」が指定されているためです。また、交差軸方向の配置方法を決めるalign-itemsプロパティ（p.405）には初期値の「stretch」が設定されているため、フレックスアイテムの高さはフレックスコンテナの高さ（height: 200px）に揃えて配置されています。

```css
div {
    font-family: Helvetica, sans-serif;
    font-weight: bold;
    font-size: x-large;
}
#container {
    width: 600px;
    height: 200px;
    border: 2px solid #808080;
    display: -moz-box;
    display: -webkit-box;
    display: -ms-flexbox;
    display: -webkit-flex;
    display: flex;
    -moz-box-orient: horizontal;
    -moz-direction: normal;
    -webkit-box-orient: horizontal;
    -webkit-direction: normal;
    -ms-flex-direction: row;
    -webkit-flex-direction: row;
    flex-direction: row;
    -moz-box-pack: end;
    -webkit-box-pack: end;
    -ms-flex-pack: end;
    -webkit-justify-content: flex-end;
    justify-content: flex-end;
}
#item1 {
    background-color: #ff9999;
    width: 100px;
}
#item2 {
    background-color: #ffff66;
    width: 200px;
}
#item3 {
    background-color: #99ffcc;
    width: 100px;
}
```

HTML Source

```
<body>
<div id="container">
<div id="item1">1</div>
<div id="item2">2</div>
<div id="item3">3</div>
</div>
</body>
```

Internet Explorer

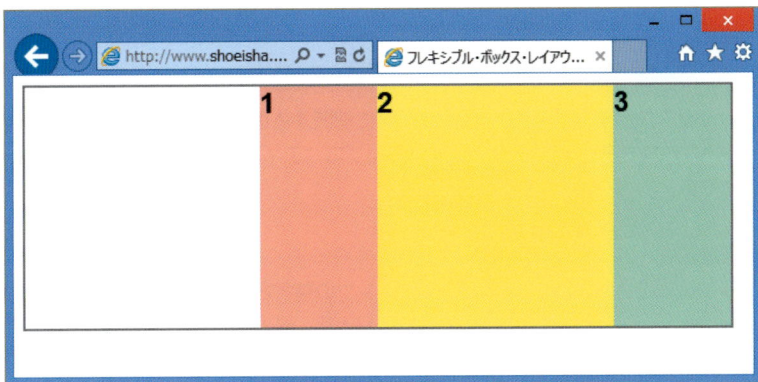

‖Column

[仕様の変更とブラウザ対応]

　フレキシブルボックスレイアウトは何度も仕様が変更される中で各ブラウザが実装を始めたこともあり、ブラウザの種類やバージョンによって指定方法が異なります。本書では、本書執筆時点での仕様を中心に解説します。本書で対象としているブラウザのうち、新しい仕様に対応していないブラウザでの指定方法は、サンプルと対応表で確認してください。ただし、対応するプロパティが無い場合もあります。

▶ ブラウザごとの指定方法と対応

ブラウザ	プロパティ	値
IE10	display	-ms-flexbox、-ms-inline-flexbox
IE9	display	—
Fx	display	-moz-box、-moz-inline-box
Chrome	display	-webkit-flex、-webkit-inline-flex
Safari	display	-webkit-box、-webkit-inline-box
Opera	display	flex、inline-flex
iOS6	display	-webkit-box、-webkit-inline-box
iOS5	display	-webkit-box、-webkit-inline-box
Android	display	-webkit-box、-webkit-inline-box

参照 レイアウトの方向を指定したい ・・・・・・・・・・ P.382　アイテムの並び順を指定したい ・・・・・・・・・・ P.391
レイアウトの方向と行数を
一括して指定したい ・・・・・・・・・・・・・・・・・・ P.388

CSS3

レイアウトの方向を指定したい

flex-direction: ★

―――――――――――――――――――――――――――――――――

★………row、row-reverse、column、column-reverse

| 初期値 auto | 値の継承 しない | 適用要素 フレックスコンテナ |

フレックスアイテムを縦横どちらの方向に配置するのかは、フレックスコンテナの主軸（p.378）の方向で決まります。flex-directionプロパティは、この主軸の方向を指定するプロパティです。

値の指定方法

| row | 主軸の方向は、コンテンツの書字方向において、インライン要素が表示される方向と同じになります。例えば、左から右へ記述する文字の場合は主軸の方向も左から右となり、フレックスアイテムを左から右へ並べて配置します（p.378の上図参照）。 |

| row-reverse | 主軸の方向は、「row」と逆向きになります。例えば、左から右へ記述する文字の場合は主軸の方向は右から左となり、フレックスアイテムを右から左へ並べて配置します。 |

| column | 主軸の方向は、コンテンツの書字方向において、ブロックレベル要素が表示される方向と同じになります。例えば、左から右へ記述する文字の場合は主軸の方向は上から下となり、フレックスアイテムを上から下へ並べて配置します（p.378の下図参照）。 |

| column-reverse | 主軸の方向は、「column」と逆向きになります。例えば、左から右へ記述する文字の場合は主軸の方向は下から上となり、フレックスアイテムを下から上へ並べて配置します。 |

CSS Source

```
div {
    font-family: Helvetica, sans-serif;
    font-weight: bold;
    font-size: x-large;
}
#container {
    width: 480px;
    height: 150px;
```

左側縦書きタブ：背景とボーダー／ボックス／色とグラデーション／テキスト／フォント／段組み／フレキシブルボックス／グリッドレイアウト／トランジション／アニメーション／変形

```
    border: 2px solid #808080;
    display: -moz-box;
    display: -webkit-box;
    display: -ms-flexbox;
    display: -webkit-flex;
    display: flex;
    -moz-box-orient: horizontal;
    -moz-direction: reverse;
    -webkit-box-orient: horizontal;
    -webkit-direction: reverse;
    -ms-flex-direction: row-reverse;
    -webkit-flex-direction: row-reverse;
    flex-direction: row-reverse;
}
#item1 {
    background-color: #ff9999;
    width: 100px;
}
#item2 {
    background-color: #ffff66;
    width: 200px;
}
#item3 {
    background-color: #99ffcc;
    width: 100px;
}
#item4 {
    background-color: #ccccff;
    width: 80px;
}
```

HTML Source

```
<body>
<div id="container">
    <div id="item1">1</div>
    <div id="item2">2</div>
    <div id="item3">3</div>
    <div id="item4">4</div>
</div>
</body>
```

背景と
ボーダー

ボックス

色と
グラデーション

テキスト

フォント

段組み

フレキシブル
ボックス

グリッド
レイアウト

トランジション

アニメーション

変形

Internet Explorer

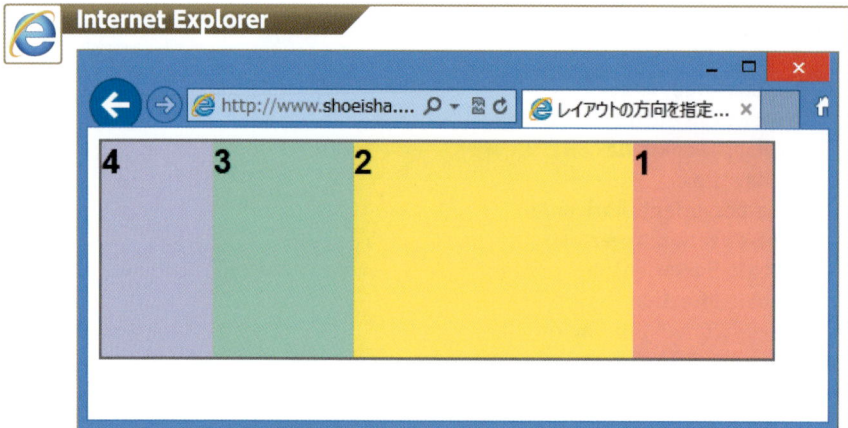

Opera

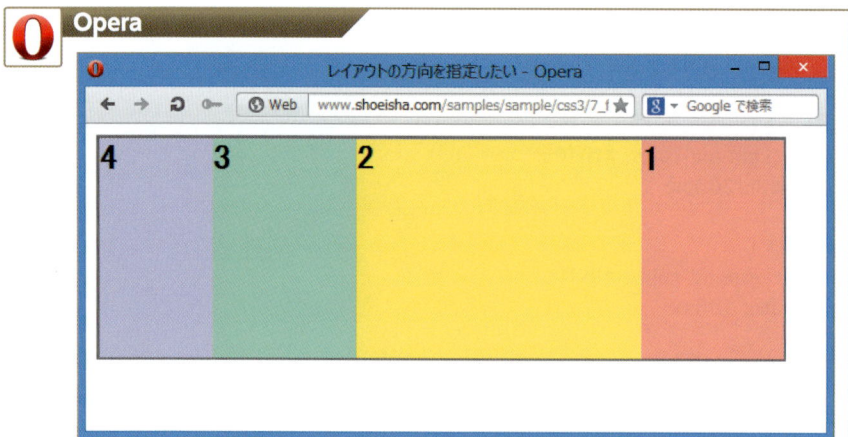

▶ ブラウザごとの指定方法と対応

ブラウザ	プロパティ	値
IE10	-ms-flex-direction	row、row-reverse、column、column-reverse
IE9	—	—
Fx	—	—
Chrome	-webkit-flex-direction	row、row-reverse、column、column-reverse
Safari	—	—
Opera	flex-direction	row、row-reverse、column、column-reverse
iOS6	—	—
iOS5	—	—
Android	—	—

※Android4.2機種搭載のChromeは対応していません

参照　フレキシブルボックスレイアウトを使いたい‥ P.378　主軸方向の配置方法を指定したい‥‥‥‥‥ P.402
アイテムを複数の行に配置したい‥‥‥‥‥ P.385　交差軸方向の配置方法を指定したい‥‥‥‥ P.405
レイアウトの方向と行数を一括して指定したい P.388

CSS3 > FLEXIBLE BOX LAYOUT.03

アイテムを複数の行に配置したい

flex-wrap: ★

★⋯⋯⋯nowrap、wrap、wrap-reverse

初期値 nowrap　値の継承 しない　適用要素 フレックスコンテナ

　通常、フレックスコンテナ内のすべてのフレックスアイテムは、1行で配置されます。flex-wrapプロパティを使うと、コンテナ内のアイテムを、複数の行に配置できるようになります。
　フレックスアイテムが複数の行に分割されると、それぞれの行は独立して配置されることになります。幅の伸縮に関する指定(p.394)やjustify-contentプロパティ(p.402)、align-selfプロパティ(p.405)は指定した行にのみ適用されます。

値の指定方法

nowrap　　　フレックスコンテナ内は1行になります。フレックスアイテムは、コンテンツの書字方向とflex-directionプロパティの値で指定されたレイアウト方向に1行で配置されます。

wrap　　　　フレックスコンテナ内に複数行配置できるようにします。フレックスアイテムは、コンテンツの書字方向とflex-directionプロパティの値で指定されたレイアウト方向で配置されながら、交差軸の終端の方向へ折り返されていきいます。

wrap-reverse　フレックスコンテナ内に複数行配置できるようにしますが、折り返しが「wrap」とは逆向きになります。フレックスアイテムは、コンテンツの書字方向およびflex-directionプロパティの値で指定されたレイアウト方向で配置されながら、交差軸の始端の方向へ折り返されていきいます。

CSS Source

```
div {
    font-family: Helvetica, sans-serif;
    font-weight: bold;
    font-size: x-large;
}
#container {
    width: 440px;
    border: 2px solid #808080;
    display: -ms-flexbox;
```

背景とボーダー

ボックス

色とグラデーション

テキスト

フォント

段組み

フレキシブルボックス

グリッドレイアウト

トランジション

アニメーション

変形

```css
    display: -webkit-flex;
    display: flex;
    -ms-flex-wrap: wrap;
    -webkit-flex-wrap: wrap;
    flex-wrap: wrap;
}
#item1 {
    background-color: #ff9999;
    width: 100px;
    height: 120px;
}
#item2 {
    background-color: #ffff66;
    width: 200px;
    height: 120px;
}
#item3 {
    background-color: #99ffcc;
    width: 100px;
    height: 120px;
}
#item4 {
    background-color: #ccccff;
    width: 80px;
    height: 120px;
}
```

HTML Source

```html
<body>
<div id="container">
    <div id="item1">1</div>
    <div id="item2">2</div>
    <div id="item3">3</div>
    <div id="item4">4</div>
</div>
</body>
```

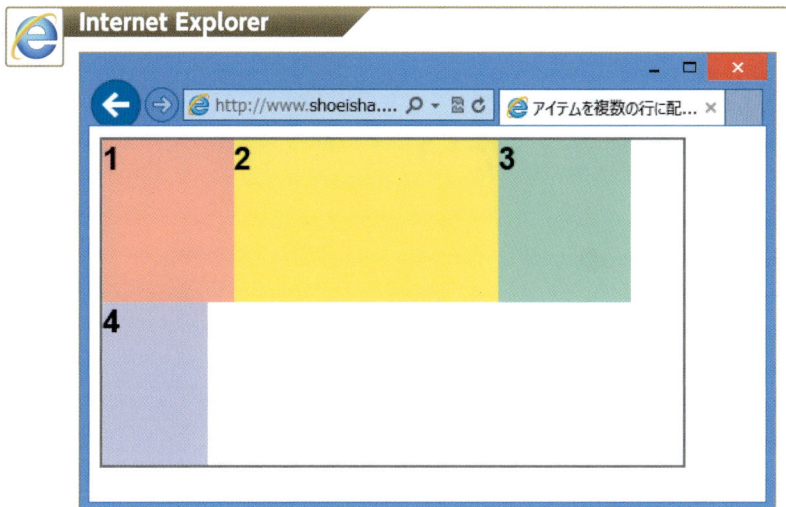

Internet Explorer

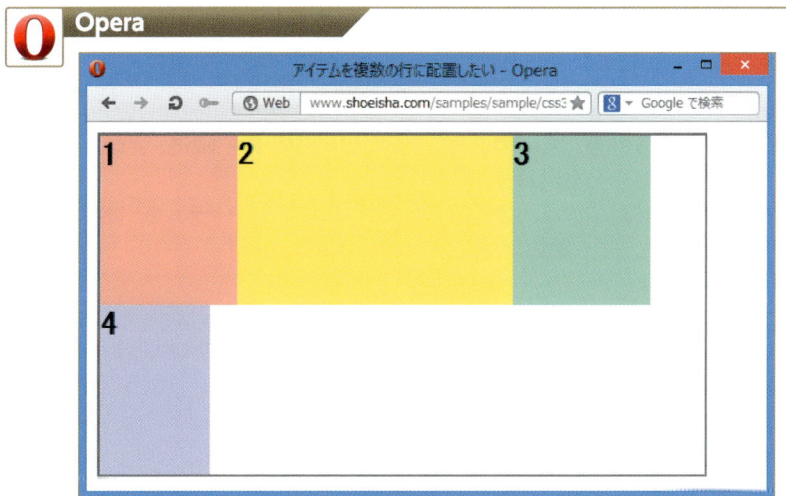

Opera

▶ **ブラウザごとの指定方法と対応**

ブラウザ	プロパティ	値
IE10	-ms-flex-wrap	none、wrap、wrap-reverse
IE9	—	—
Fx	—	—
Chrome	-webkit-flex-wrap	nowrap、wrap、wrap-reverse
Safari	—	—
Opera	flex-wrap	nowrap、wrap、wrap-reverse
iOS6	—	—
iOS5	—	—
Android	—	—

※Android4.2機種搭載のChromeは対応していません

参照　レイアウトの方向を指定したい ･･･････････ P.382
レイアウトの方向と行数を
一括して指定したい ････････････････ P.388
複数行の場合の交差軸方向の配置方法を
指定したい ･････････････････････････ P.409

CSS3

背景と
ボーダー

ボックス

色と
グラデーション

テキスト

フォント

段組み

フレキシブル
ボックス

グリッド
レイアウト

トランジション

アニメーション

変形

CSS3 > FLEXIBLE BOX LAYOUT.04

レイアウトの方向と行数を
一括して指定したい

flex-flow: ★ ◆

- ★………flex-directionの値（レイアウト方向）
- ◆………flex-wrapの値（行数）

初期値 個別のプロパティ参照　値の継承 しない　適用要素 フレックスコンテナ

　flex-flowプロパティを使うと、フレックスコンテナ内のレイアウトの方向（p.382）と行数（p.385）を一括して指定できます。それぞれの値を任意の順番で、半角スペースで区切って指定します。省略された値については、初期値が適用されます。

値の指定方法

flex-directionの値（p.382）	フレックスコンテナ内のレイアウトを決める、主軸の方向を指定します。
flex-wrapの値（p.385）	フレックスコンテナ内のフレックスアイテムを、複数の行に配置するかどうかを指定します。

CSS Source

```
div {
    font-family: Helvetica, sans-serif;
    font-weight: bold;
    font-size: x-large;
}
#container1 {
    margin-bottom: 1em;
    width: 440px;
    border: 2px solid #808080;
    display: -webkit-flex;
    display: flex;
    -webkit-flex-flow: row wrap-reverse;
    flex-flow: row wrap-reverse;
}
#container2 {
    width: 240px;
    height: 440px;
    border: 2px solid #808080;
```

```css
    direction: rtl;
    unicode-bidi: bidi-override;
    display: -webkit-flex;
    display: flex;
    -webkit-flex-flow: column wrap;
    flex-flow: column wrap;
}
#item1 {
    background-color: #ff9999;
    width: 100px;
    height: 120px;
}
#item2 {
    background-color: #ffff66;
    width: 200px;
    height: 120px;
}
#item3 {
    background-color: #99ffcc;
    width: 100px;
    height: 120px;
}
#item4 {
    background-color: #ccccff;
    width: 80px;
    height: 120px;
}
    :
```

HTML Source

```html
<body>
<div id="container1">
    <div id="item1">1</div>
    <div id="item2">2</div>
    <div id="item3">3</div>
    <div id="item4">4</div>
</div>
<div id="container2">
    <div id="item5">五</div>
    <div id="item6">六</div>
    <div id="item7">七</div>
    <div id="item8">八</div>
</div>
</body>
```

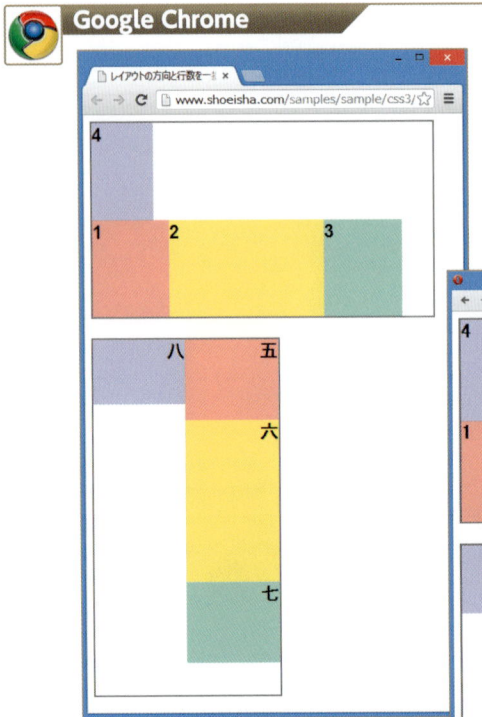

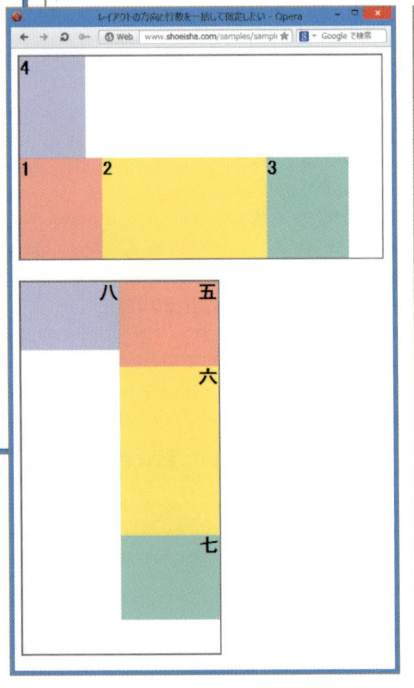

背景とボーダー

ボックス

色とグラデーション

テキスト

フォント

段組み

フレキシブルボックス

グリッドレイアウト

トランジション

アニメーション

変形

Google Chrome

Opera

▶ ブラウザごとの指定方法と対応

ブラウザ	プロパティ
IE10	—
IE9	—
Fx	—
Chrome	-webkit-flex-flow
Safari	—

ブラウザ	プロパティ
Opera	flex-flow
iOS6	—
iOS5	—
Android	—

※Android4.2機種搭載のChromeは対応していません

参照　レイアウトの方向を指定したい・・・・・・・・・P.382　　複数行の場合の交差軸方向の配置方法を
　　　　アイテムを複数の行に配置したい・・・・・・・・P.385　　指定したい・・・・・・・・・・・・・・・・・・・・・・・・P.409

アイテムの並び順を指定したい

order: ★

- -

★………整数値

初期値 0　値の継承 しない　適用要素 フレックスアイテム

　通常、フレックスアイテムはソースコードに記述された順番でフレックスコンテナ内に配置されます。アイテムの配置順序を指定したい場合は、それぞれのアイテムがどの順序グループに属するのかをorderプロパティで指定します。グループを表す値を整数で指定すると、値の小さいグループに属するアイテムから配置されます。同じグループに指定されているアイテムは、ソースコードに記述されている順番で配置されます。

値の指定方法

整数値　　フレックスアイテムがどの順序グループに属するのかを、0以上の整数で指定します。

CSS Source

```
div {
    font-family: Helvetica, sans-serif;
    font-weight: bold;
    font-size: x-large;
}
#container {
    width: 480px;
    height: 150px;
    border: 2px solid #808080;
    display: -moz-box;          /* Fx用 */
    display: -webkit-box;       /* Safari、スマホ用 */
    display: -ms-flexbox;
    display: -webkit-flex;
    display: flex;
}
#item1 {
    background-color: #ff9999;
    width: 100px;
    -moz-box-ordinal-group: 2;  /* Fx用 */
```

背景とボーダー

ボックス

色とグラデーション

テキスト

フォント

段組み

フレキシブルボックス

グリッドレイアウト

トランジション

アニメーション

変形

```css
    -webkit-box-ordinal-group: 2;      /* Safari、スマホ用 */
    -ms-flex-order: 1;
    -webkit-order: 1;
    order: 1;
}
#item2 {
    background-color: #ffff66;
    width: 200px;
    -moz-box-ordinal-group: 1;         /* Fx用 */
    -webkit-box-ordinal-group: 1;      /* Safari、スマホ用 */
    -ms-flex-order: 0;
    -webkit-order: 0;
    order: 0;
}
#item3 {
    background-color: #99ffcc;
    width: 100px;
    -moz-box-ordinal-group: 1;         /* Fx用 */
    -webkit-box-ordinal-group: 1;      /* Safari、スマホ用 */
}
#item4 {
    background-color: #ccccff;
    width: 80px;
    -moz-box-ordinal-group: 3;         /* Fx用 */
    -webkit-box-ordinal-group: 3;      /* Safari、スマホ用 */
    -ms-flex-order: 1;
    -webkit-order: 1;
    order: 1;
}
```

HTML Source

```html
<body>
<div id="container">
<div id="item1">1</div>
<div id="item2">2</div>
<div id="item3">3</div>
<div id="item4">4</div>
</div>
</body>
```

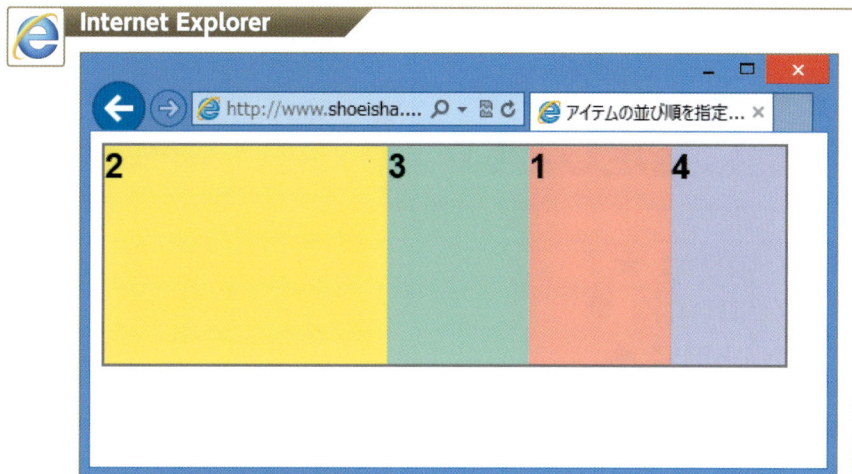

Internet Explorer

Opera

▶ ブラウザごとの指定方法と対応

ブラウザ	プロパティ		ブラウザ	プロパティ
IE10	-ms-flex-order		Opera	order
IE9			iOS6	-webkit-box-ordinal-group
Fx	-moz-box-ordinal-group		iOS5	-webkit-box-ordinal-group
Chrome	-webkit-order		Android	-webkit-box-ordinal-group
Safari	-webkit-box-ordinal-group			

参照 レイアウトの方向を指定したい ・・・・・・・・・・ P.382

CSS3

アイテムの幅の増減を個別に指定したい

flex-grow: ★
flex-shrink: ◆
flex-basis: ▲

- -

★………実数値
◆………実数値
▲………実数値+単位、パーセント値+%、auto

| 初期値 | 0（flex-growの場合）、1（flex-shrinkの場合）、auto（flex-basisの場合） | 値の継承 | しない |

適用要素 フレックス・アイテム

　フレックスアイテムを配置するとフレックスコンテナの主軸（p.378）方向に余白が生じる場合や、逆に入りきらずにはみ出す場合があります。このとき、アイテムの幅（主軸方向の長さ）を調整することで、コンテナ内にぴったりと収まるようにできます。

　flex-glowプロパティ、flex-shrinkプロパティ、flex-basisプロパティは、フレックスアイテムの大きさを可変にすると同時に、その際の増減の割合やサイズを個別に指定するプロパティです。

　ただし、flex-growプロパティ、flex-basisプロパティの初期値と、flexプロパティ（p.398）でこれらのプロパティの値が省略された場合とでは、設定される値が異なる点に注意してください。

　CSS3の仕様では、幅の調整はflexプロパティ（p.398）で一括指定することが推奨されています。

■flex-growプロパティ

　フレックスアイテムの幅の合計がフレックスコンテナのサイズより小さい場合、余白が生じます。flex-growプロパティは、この余白を各アイテムに分配して幅を広げ、調整するためのプロパティです。割り当てる余白の量を、他のフレックスアイテムに割り当てる量との比率で指定します。負の値は指定できません。

　ただし、flex-basisプロパティの値によって、余白の割り当て方が変わりますので注意してください（右ページ参照）。

■flex-shrinkプロパティ

　フレックスアイテムの幅の合計がフレックスコンテナのサイズより大きい場合、フレックスアイテムがはみ出します。flex-shrinkプロパティは、アイテムがはみ出さないように幅を縮

小して調整するためのプロパティです。縮小する量を、他のフレックスアイテムを縮小する量との比率で指定します。負の値は指定できません。

　ただし、flex-basisプロパティの値によって、縮小の仕方が変わりますので注意してください（下図参照）。

■flex-basisプロパティ

　フレックスアイテムが調整される前の、基本の幅を指定するプロパティです。値の指定方法はwidthプロパティ（主軸の方向によってはheightプロパティ）と同じです。負の値は指定できません。

　なお、「flex-basis: 0」を指定すると、調整の割合がそのまま幅に適用されます。「flex-basis: auto」を指定すると、アイテムの持つ幅が基本の幅となり、この幅に対して余白の割り当てや縮小が行われます（下図参照。実際には、基本の幅の末尾が余白の割り当てや縮小の対象となるようです）。

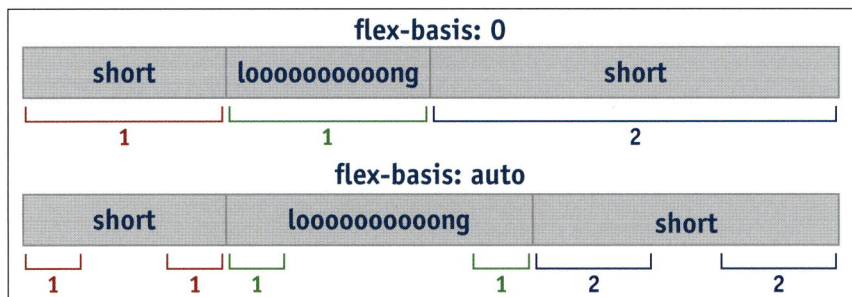

flex-basisプロパティの値の指定方法

実数値+単位	数値に単位を付けて幅を指定します（単位についてはp.278を参照）。
パーセント値+%	フレックスコンテナの幅に対する割合で幅を指定します。
auto	フレックスアイテムに含まれるコンテンツの幅と同じになります。

CSS Source

```css
div {
    font-family: Helvetica, sans-serif;
    font-weight: bold;
    font-size: x-large;
}
#container1 {
    margin-bottom: 1em;
    width: 600px;
    height: 100px;
    border: 2px solid #808080;
    display: -webkit-flex;
    display: flex;
}
```

背景と
ボーダー

ボックス

色と
グラデーション

テキスト

フォント

段組み

フレキシブル
ボックス

グリッド
レイアウト

トランジション

アニメーション

変形

```css
#container2 {
    width: 600px;
    height: 100px;
    border: 2px solid #808080;
    display: -webkit-flex;
    display: flex;
}
#item1-1 {
    background-color: #ff9999;
    width:100px;
}
#item1-2 {
    background-color: #ffff66;
    width:100px;
}
#item1-3 {
    background-color: #99ffcc;
    width:100px;
}
#item2-1 {
    background-color: #ff9999;
    -webkit-flex-grow: 0;
    -webkit-flex-shrink: 0;
    -webkit-flex-basis: 100px;
    flex-grow: 0;
    flex-shrink: 0;
    flex-basis: 100px;
}
#item2-2 {
    background-color: #ffff66;
    -webkit-flex-grow: 1;
    -webkit-flex-shrink: 1;
    -webkit-flex-basis: 100px;
    flex-grow: 1;
    flex-shrink: 1;
    flex-basis: 100px;
}
#item2-3 {
    background-color: #99ffcc;
    -webkit-flex-grow: 2;
    -webkit-flex-shrink: 2;
    -webkit-flex-basis: 100px;
    flex-grow: 2;
    flex-shrink: 2;
    flex-basis: 100px;
}
```

HTML Source

```
<body>
<div id="container1">
    <div id="item1-1">item1</div>
    <div id="item1-2">item2</div>
    <div id="item1-3">item3</div>
</div>
<div id="container2">
    <div id="item2-1">item1</div>
    <div id="item2-2">item2</div>
    <div id="item2-3">item3</div>
</div>
</body>
```

Google Chrome

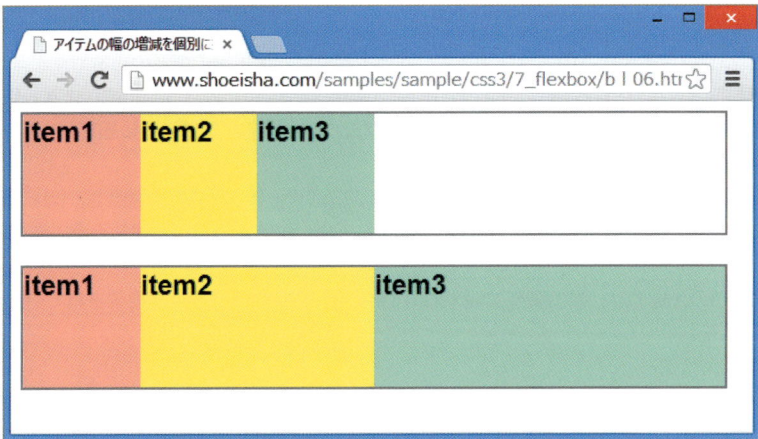

▶ ブラウザごとの指定方法と対応

ブラウザ	プロパティ
IE10	—
IE9	—
Fx	—
Chrome	-webkit-flex-grow -webkit-flex-shrink -webkit-flex-basis
Safari	—

ブラウザ	プロパティ
Opera	flex-grow flex-shrink flex-basis
iOS6	—
iOS5	—
Android	—

参照 アイテムの幅の増減を一括して指定したい ・・・ P.398

CSS3

アイテムの幅の増減を
一括して指定したい

flex: ★ ◆ ▲

★………flex-growの値（割り当てる余白の割合）
◆………flex-shrinkの値（縮小する割合）
▲………flex-basisの値（基本の幅）
none

`初期値` 0 1 auto（IE10の場合は「none」）　`値の継承` しない　`適用要素` フレックスアイテム

　フレックスアイテムの大きさを可変にすると同時に、その際の増減の割合やサイズを一括して指定するプロパティです。それぞれの値を半角スペースで区切って記述します。flex-basisの値は、flex-growプロパティとflex-shrinkプロパティの前または後ろに指定します（★ ◆ ▲は▲ ★ ◆とも記述できます）。

　ただし、flex-growプロパティ、flex-basisプロパティ（p.394）の初期値と、flexプロパティでこれらのプロパティの値が省略された場合とでは、設定される値が異なる点に注意してください。

　CSS3の仕様では、幅の調整はflexプロパティで一括指定することが推奨されています。

値の指定方法

flex-growの値(p.394)　　割り当てる余白の割合を指定します。この値が省略された場合は「1」とみなされます。負の値は指定できません。

flex-shrinkの値(p.394)　　縮小する割合を指定します。この値が省略された場合は「1」とみなされます（IE10ではこの値が省略された場合は「0」とみなされます）。負の値は指定できません。

flex-basisの値(p.394)　　基本の幅を指定します。この値が省略された場合は「0」とみなされます。負の値は指定できません。

none　　　　　　　　　「0 0 auto」を指定した場合と同じです。

flexプロパティには、次のような指定方法があります。

flex: 0 auto　　　　「flex: 0 1 auto」（初期値）と同じです。アイテムのサイズは
flex: initial"　　　　width/heightプロパティを基本とします。コンテナの主軸方向に余白が生じてもアイテムの幅は広げられませんが、不足が生じた場合には縮小して収められます。

flex: auto	「flex: 1 1 auto」と同じです。アイテムのサイズはwidth/heightプロパティを基本としますが、アイテムは可変となり、コンテナの主軸方向に余白や不足が生じた場合には幅を増減して調整されます。
flex: none	「flex: 0 0 auto」と同じです。アイテムのサイズはwidth/heightプロパティによって決まり、コンテナの主軸方向に余白や不足が生じた場合にも、アイテムの幅は調整されません。
flex: 正の実数値	「flex: 正の実数値 1 0px」と同じです。アイテムは可変となり、flex-basisプロパティの値が「0」に設定されるので、調整の割合がそのまま幅に適用されます。

CSS Source

```css
div {
    font-family: Helvetica, sans-serif;
    font-weight: bold;
    font-size: x-large;
}
#container1 {
    margin-bottom: 1em;
    width: 600px;
    height: 100px;
    border: 2px solid #808080;
    display: -moz-box;            /* Fx用 */
    display: -webkit-box;         /* Safari、スマホ用 */
    display: -ms-flexbox;
    display: -webkit-flex;
    display: flex;
}
#container2 {
    width: 600px;
    height: 100px;
    border: 2px solid #808080;
    display: -moz-box;            /* Fx用 */
    display: -webkit-box;         /* Safari、スマホ用 */
    display: -ms-flexbox;
    display: -webkit-flex;
    display: flex;
}
#item1-1 {
    background-color: #ff9999;
    width:100px;
}
#item1-2 {
    background-color: #ffff66;
    width:100px;
}
```

CSS3

アイテムの幅の増減を一括して指定したい | 399

背景と
ボーダー

ボックス

色と
グラデーション

テキスト

フォント

段組み

フレキシブル
ボックス

グリッド
レイアウト

トランジション

アニメーション

変形

```css
#item1-3 {
    background-color: #99ffcc;
    width:100px;
}
#item2-1 {
    background-color: #ff9999;
    width: 100px;                  /* Fx用、Safari、スマホ用 */
    -moz-box-flex: 0.0;            /* Fx用 */
    -webkit-box-flex: 0.0;        /* Safari、スマホ用 */
    -ms-flex: 0 0 100px;
    -webkit-flex: 0 0 100px;
    flex: 0 0 100px;
}
#item2-2 {
    background-color: #ffff66;
    width: 100px;                  /* Fx用、Safari、スマホ用 */
    -moz-box-flex: 1.0;            /* Fx用 */
    -webkit-box-flex: 1.0;        /* Safari、スマホ用 */
    -ms-flex: 1 1 100px;
    -webkit-flex: 1 1 100px;
    flex: 1 1 100px;
}
#item2-3 {
    background-color: #99ffcc;
    width: 100px;                  /* Fx用、Safari、スマホ用 */
    -moz-box-flex: 2.0;            /* Fx用 */
    -webkit-box-flex: 2.0;        /* Safari、スマホ用 */
    -ms-flex: 2 2 100px;
    -webkit-flex: 2 2 100px;
    flex: 2 2 100px;
}
```

HTML Source

```html
<body>
<div id="container1">
    <div id="item1-1">item1</div>
    <div id="item1-2">item2</div>
    <div id="item1-3">item3</div>
</div>
<div id="container2">
    <div id="item2-1">item1</div>
    <div id="item2-2">item2</div>
    <div id="item2-3">item3</div>
</div>
</body>
```

Internet Explorer

Opera

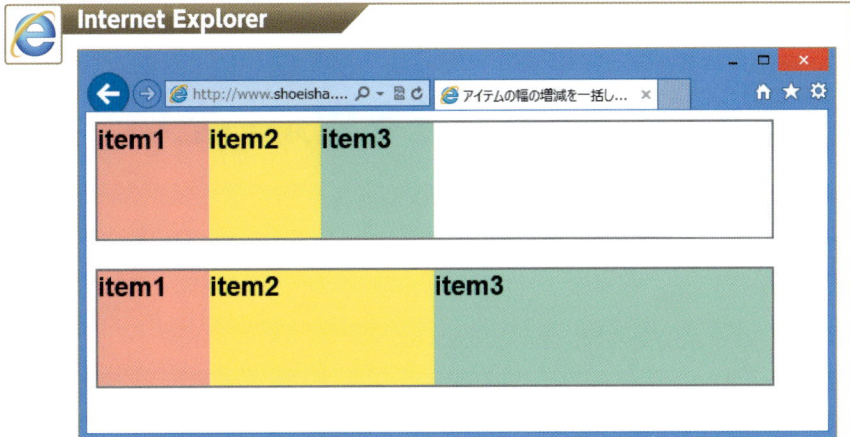

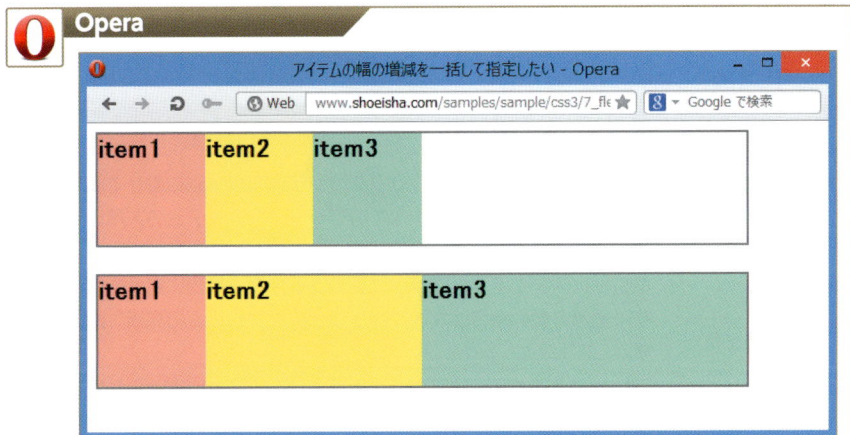

▶ ブラウザごとの指定方法と対応

ブラウザ	プロパティ
IE10	-ms-flex
IE9	—
Fx	-moz box flex
Chrome	-webkit-flex
Safari	-webkit-box-flex

ブラウザ	プロパティ
Opera	flex
iOS6	-webkit-box-flex
iOS5	-webkit-box-flex
Android	-webkit-box-flex

※Android4.2機種搭載のChromeは対応していません

参照 アイテムの幅の増減を個別に指定したい‥‥‥P.394

CSS3

主軸方向の配置方法を指定したい

justify-content: ★

★⋯⋯⋯flex-start、flex-end、center、space-between、space-around

初期値 flex-start（IE10の場合は「justify」） 値の継承 しない 適用要素 フレックスコンテナ

　フレックスコンテナ内の主軸の方向（p.378）に余白が生じる場合に、フレックスアイテムと余白をどのように配置するのかを指定するプロパティです。このプロパティはフレックスコンテナに対して適用します。

値の指定方法

flex-start	フレックスアイテムはフレックスコンテナの始端側に寄せて配置されます。主軸の方向の余白はすべてのフレックスアイテムの末尾に配置されます。
flex-end	フレックスアイテムはフレックスコンテナの終端側に寄せて配置されます。主軸方向の余白はすべてのフレックスアイテムの先頭に配置されます。
center	フレックスアイテムはフレックスボックスの中央に寄せられます。主軸方向の余白は均等に2分割され、すべてのフレックスアイテムの先頭と末尾に配置されます。
space-between	最初のフレックスアイテムの始端がフレックスボックスの始端に、最後のフレックスアイテムの終端がフレックスボックスの終端に揃えて配置されます。残りのフレックスアイテムは、主軸方向の余白が各フレックスアイテムの間で均等に分配されるようにして配置されます。IE10の「-ms-flex-pack: justify」と同じです。 フレックスアイテムが1つだけのときは「flex-start」を指定した場合と同じになります。
space-around	フレックスアイテムは、主軸方向の余白が各フレックスアイテムの間で均等に分配されるようにして配置されますが、先頭と末尾の余白は他の余白の半分になります。 フレックスアイテムが1つだけのときは「center」を指定した場合と同じになります。

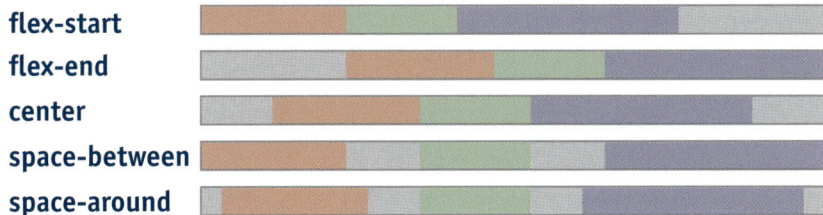

flex-start	
flex-end	
center	
space-between	
space-around	

CSS Source

```
div {
    font-family: Helvetica, sans-serif;
    font-weight: bold;
    font-size: x-large;
}
#container {
    width: 600px;
    height: 300px;
    border: 2px solid #808080;
    display: -moz-box;                    /* Fx用 */
    display: -webkit-box;                 /* Safari、スマホ用 */
    display: -ms-flexbox;
    display: -webkit-flex;
    display: flex;
    -moz-box-pack: justify;               /* Fx用（未対応）*/
    -webkit-box-pack: justify;            /* Safari、スマホ用 */
    -ms-flex-pack: justify;
    -webkit-justify-content: space-between;
    justify-content: space-between;
}
#item1 {
    background-color: #ff9999;
    width: 100px;
}
#item2 {
    background-color: #ffff66;
    width: 200px;
}
#item3 {
    background-color: #99ffcc;
    width: 100px;
}
#item4 {
    background-color: #ccccff;
    width: 80px;
}
```

背景と
ボーダー

ボックス

色と
グラデーション

テキスト

フォント

段組み

フレキシブル
ボックス

グリッド
レイアウト

トランジション

アニメーション

変形

HTML Source

```
<body>
<div id="container">
    <div id="item1">1</div>
    <div id="item2">2</div>
    <div id="item3">3</div>
    <div id="item4">4</div>
</div>
</body>
```

Internet Explorer

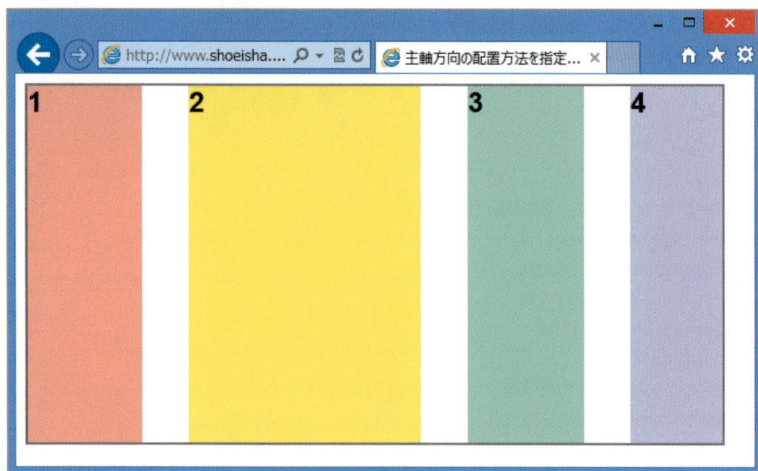

▶ ブラウザごとの指定方法と対応

ブラウザ	プロパティ	値
IE10	-ms-flex-pack	start、end、center、justify
IE9	—	—
Fx	-moz-box-pack	start、end、center、justify
Chrome	-webkit-justify-content	flex-start、flex-end、center、space-between、space-around
Safari	-webkit-box-pack	start、end、center、justify
Opera	justify-content	flex-start、flex-end、center、space-between、space-around
iOS6	-webkit-box-pack	start、end、center、justify
iOS5	-webkit-box-pack	start、end、center、justify
Android	-webkit-box-pack	start、end、center、justify

参照 ▏ レイアウトの方向を指定したい ‥‥‥‥‥ P.382　交差軸方向の配置方法を指定したい ‥‥‥‥ P.405
レイアウトの方向と行数を
一括して指定したい ‥‥‥‥‥‥‥ P.388　複数行の場合の交差軸方向の配置方法を
指定したい ‥‥‥‥‥‥‥‥‥‥‥ P.409

交差軸方向の配置方法を指定したい

align-items: ★
align-self: ◆

- -

★·········flex-start、flex-end、center、baseline、stretch
◆·········auto、flex-start、flex-end、center、baseline、stretch

初期値 stretch（align-itemsの場合）、auto（align-selfの場合）　値の継承 しない
適用要素 フレックスコンテナ（align-itemsの場合）、フレックスアイテム（flex-selfの場合）

　align-itemsは、フレックスコンテナ内の交差軸の方向（p.378）に余白が生じる場合に、フレックスアイテムと余白をどのように配置するのかを指定するプロパティです。このプロパティは、フレックスコンテナに適用します。

　align-itemsプロパティでは、フレックスコンテナ内のすべてのフレックスアイテムの配置を一括して設定します。フレックスアイテムの配置を個別に指定したい場合は、align-selfプロパティを利用します。align-selfプロパティは当該のフレックスアイテムに適用することで、align-itemsプロパティの設定を上書きします。

値の指定方法

flex-start	フレックスアイテムはフレックスコンテナの始端側に揃えて配置されます。交差軸方向の余白はフレックスアイテムの終端側に配置されます。
flex-end	フレックスアイテムはフレックスボックスの終端側に揃えて配置されます。交差軸方向の余白はフレックスアイテムの始端側に配置されます。
center	フレックスアイテムはフレックスボックスの中央に寄せられます。交差軸方向の余白は均等に2分割され、それぞれフレックスアイテムの始端側と終端側に配置されます。
baseline	すべてのフレックスアイテムのベースラインが一直線になるように配置され、このうち交差軸方向の始端とベースラインとの距離が最も大きいアイテムが、フレックスコンテナの始端に揃えて配置されます。
stretch	フレックスアイテムは、min-width、max-width、heightプロパティによる幅や高さの制約の範囲内で、交差軸方向の幅が行と同じになるように拡張されます。
auto	親要素のalign-itemsプロパティの値を計算します。親要素を持たないときは「stretch」を指定した場合と同じになります。この値はalign-selfプロパティにのみ指定できます。

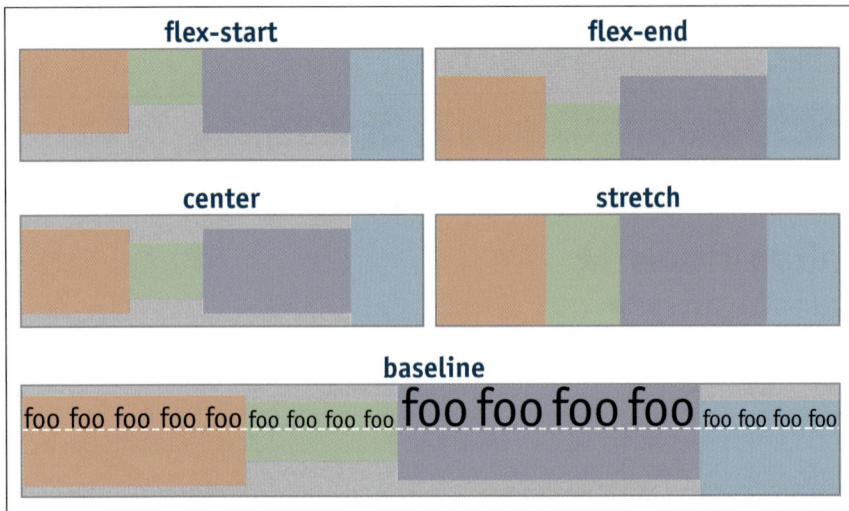

背景と
ボーダー

ボックス

色と
グラデーション

テキスト

フォント

段組み

フレキシブル
ボックス

グリッド
レイアウト

トランジション

アニメーション

変形

flex-start

flex-end

center

stretch

baseline

foo foo foo foo foo foo foo foo foo **foo foo foo foo** foo foo foo foo

---

CSS Source

```css
div {
    font-family: Helvetica, sans-serif;
    font-weight: bold;
    font-size: x-large;
}
#container {
    width: 480px;
    height: 300px;
    border: 2px solid #808080;
    display: -moz-box;                  /* Fx用 */
    display: -webkit-box;               /* Safari、スマホ用 */
    display: -ms-flexbox;
    display: -webkit-flex;
    display: flex;
    -moz-box-align: end;                /* Fx用 */
    -webkit-box-align: end;             /* Safari、スマホ用 */
    -ms-flex-align: end;
    -webkit-align-items: flex-end;
    align-items: flex-end;
}
#item1 {
    background-color: #ff9999;
    width: 100px;
    height: 200px;
}
#item2 {
    background-color: #ffff66;
```

```
    width: 200px;
    height: 150px;
    -webkit-align-self: flex-start;
    align-self: flex-start;
}
#item3 {
    background-color: #99ffcc;
    width: 100px;
    height: 250px;
}
#item4 {
    background-color: #ccccff;
    width: 80px;
    height: 100px;
}
```

HTML Source

```
<body>
<div id="container">
    <div id="item1">1</div>
    <div id="item2">2</div>
    <div id="item3">3</div>
    <div id="item4">4</div>
</div>
</body>
```

Opera

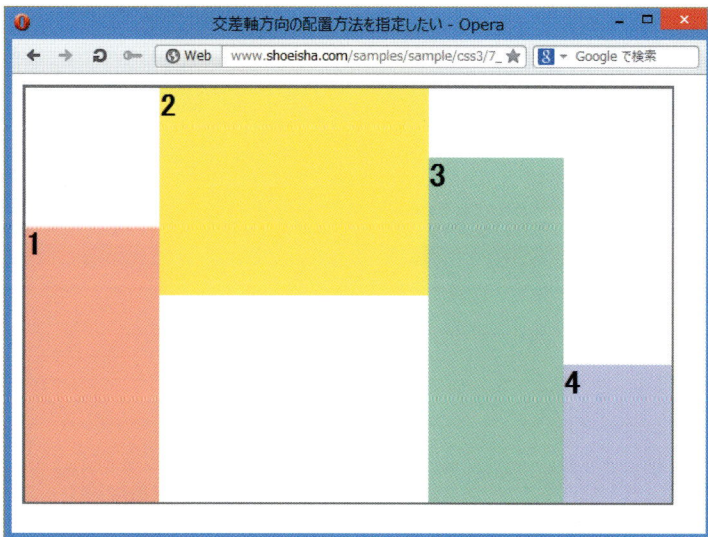

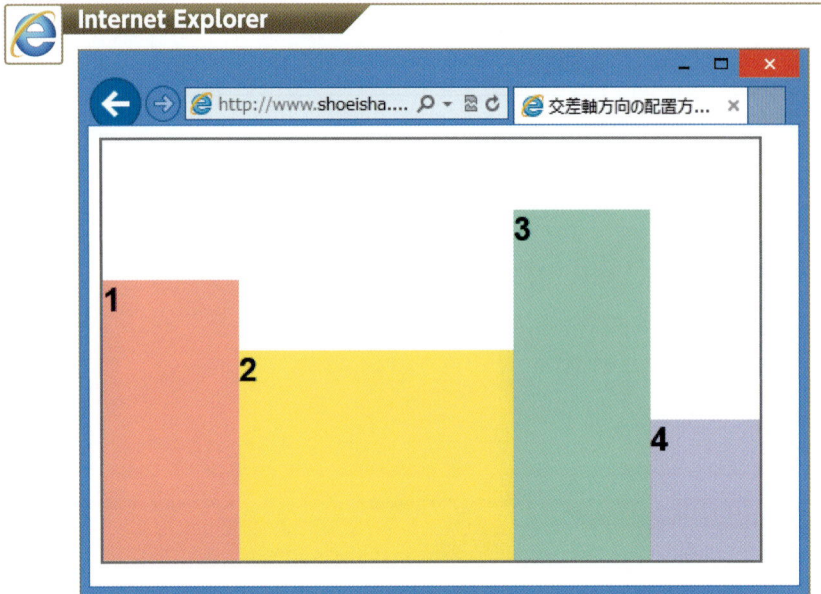

交差軸方向の配置方...

IE10はalign:selfに対応していないので、2番の黄色いボックスも下詰めで表示されます。

▶ ブラウザごとの指定方法と対応

■align-items

ブラウザ	プロパティ	値
IE10	-ms-flex-align	start、end、center、stretch、baseline
IE9	—	—
Fx	-moz-box-align	start、end、center、baseline、stretch
Chrome	-webkit-align-items	flex-start、flex-end、center、baseline、stretch
Safari	-webkit-box-align	start、end、center、baseline、stretch
Opera	align-items	flex-start、flex-end、center、baseline、stretch
iOS6	-webkit-box-align	start、end、center、baseline、stretch
iOS5	-webkit-box-align	start、end、center、baseline、stretch
Android	-webkit-box-align	start、end、center、baseline、stretch

■align-self

ブラウザ	プロパティ	値
IE10	—	
IE9	—	
Fx	—	
Chrome	-webkit-align-self	
Safari	—	
Opera	align-self	
iOS6	—	
iOS5	—	
Android	—	

参照　レイアウトの方向を指定したい・・・・・・・・・・ P.382
レイアウトの方向と行数を
一括して指定したい ・・・・・・・・・・・・・・・・ P.388

主軸方向の配置方法を指定したい・・・・・・・・・ P.402
複数行の場合の交差軸方向の配置方法を
指定したい・・・・・・・・・・・・・・・・・・・・・・・・ P.409

複数行の場合の交差軸方向の配置方法を指定したい

align-content: ★

- -

★‥‥‥‥flex-start、flex-end、center、space-between、space-around、stretch

| 初期値 stretch | 値の継承 しない | 適用要素 行が複数あるフレックスコンテナ |

フレックスコンテナ内のフレックスアイテムを複数の行に配置し（p.385）、交差軸の方向（p.378）に余白が生じる場合に、フレックスアイテムと余白をどのように配置するのかを指定するプロパティです。このプロパティは、複数行のフレックスコンテナに適用します。

値の指定方法

flex-start　　すべての行はフレックスコンテナの始端側に寄せて配置されます。交差軸方向の余白は最後の行とフレックスボックスの終端との間に配置されます。

flex-end　　すべての行はフレックスコンテナの終端側に寄せて配置されます。交差軸方向の余白は最初の行とフレックスコンテナの始端との間に配置されます。

center　　すべての行はフレックスボックスの中央に寄せられます。交差軸方向の余白は均等に2分割され、それぞれ最初のラインの前と最後のラインの後ろに配置されます。

space-between　　最初の行がフレックスボックスの始端側に、最後の行がフレックスボックスの終端側に寄せて配置されます。残りの行は、交差軸方向の余白が各行の間で均等に分配されるようにして配置されます。

space-around　　すべての行は、交差軸方向の余白が各フレックスアイテムの間で均等に分配されるようにして配置されますが、先頭と末尾の余白は他の余白の半分になります。

stretch　　余白が各行へ均等に分配され、すべての行が交差軸方向の余白を使用するように拡張されます。

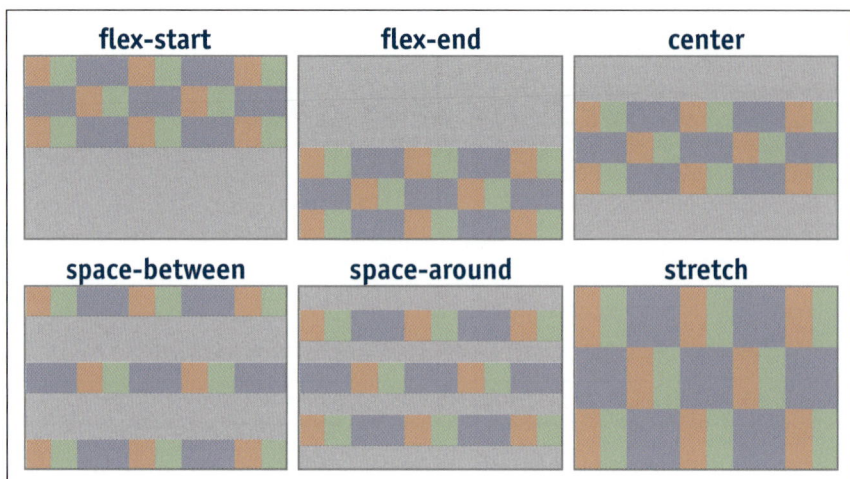

背景と
ボーダー

ボックス

色と
グラデーション

テキスト

フォント

段組み

フレキシブル
ボックス

グリッド
レイアウト

トランジション

アニメーション

変形

flex-start

flex-end

center

space-between

space-around

stretch

CSS Source

```
div {
    font-family: Helvetica, sans-serif;
    font-weight: bold;
    font-size: x-large;
}
div > div {
    height: 100px;
    -webkit-flex: auto;
    flex: auto;
}
#container {
    width: 450px;
    height: 400px;
    border: 2px solid #808080;
    display: -ms-flexbox;
    display: -webkit-flex;
    display: flex;
    -ms-flex-wrap: wrap;
    -webkit-flex-wrap: wrap;
    flex-wrap: wrap;
    -webkit-align-content: center;
    align-content: center;
}
#item1 {
    background-color: #ff9999;
    width: 100px;
}
#item2 {
```

```
   background-color: #ffff66;
   width: 200px;
}
#item3 {
   background-color: #99ffcc;
   width: 100px;
}
#item4 {
   background-color: #99ccff;
   width: 80px;
}
#item5 {
   background-color: #ccccff;
   width: 180px;
}
```

HTML Source

```
<body>
<div id="container">
   <div id="item1">1</div>
   <div id="item2">2</div>
   <div id="item3">3</div>
   <div id="item4">4</div>
   <div id="item5">5</div>
</div>
</body>
```

Opera

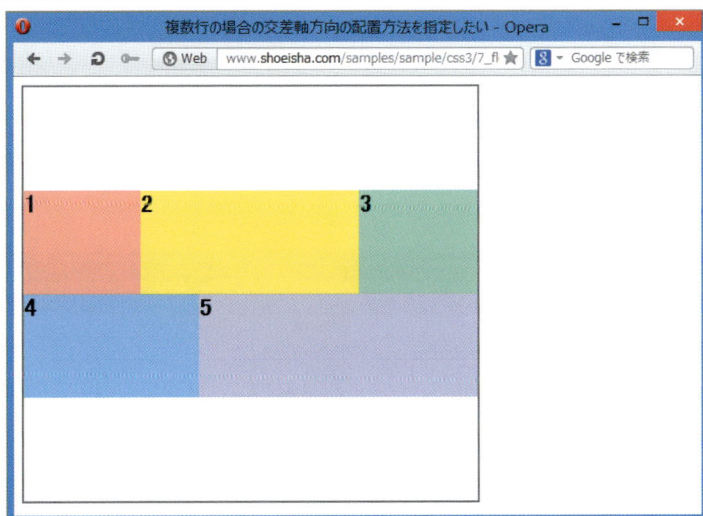

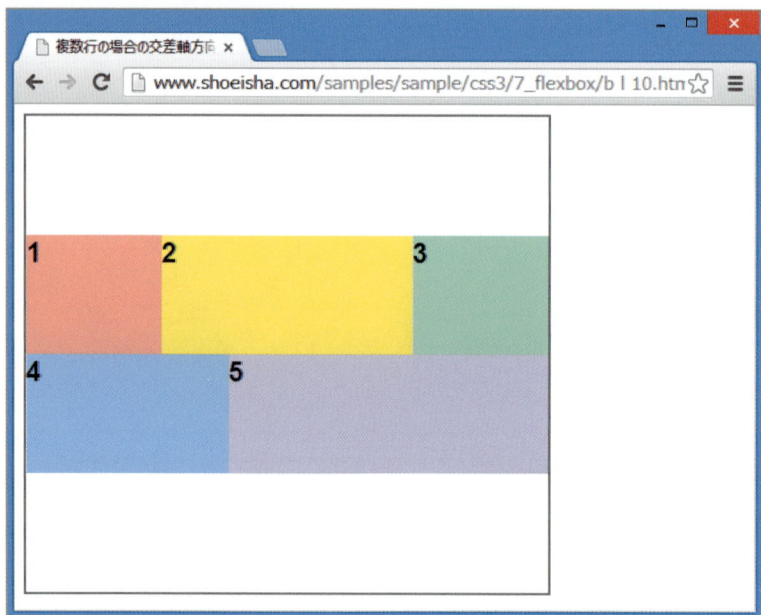

背景と
ボーダー

ボックス

色と
グラデーション

テキスト

フォント

段組み

フレキシブル
ボックス

グリッド
レイアウト

トランジション

アニメーション

変形

Google Chrome

▶ ブラウザごとの指定方法と対応

ブラウザ	プロパティ
IE10	—
IE9	—
Fx	—
Chrome	-webkit-align-content
Safari	—

ブラウザ	プロパティ
Opera	align-content
iOS6	—
iOS5	—
Android	—

※Android4.2機種搭載のChromeは対応していません

参照　アイテムを複数の行に配置したい・・・・・・・・・ P.385　主軸方向の配置方法を指定したい・・・・・・・・・ P.402
レイアウトの方向と行数を　　　　　　　　　　　複数行の場合の交差軸方向の配置方法を
一括して指定したい・・・・・・・・・・・・・・・ P.388　指定したい・・・・・・・・・・・・・・・・・・・ P.409

グリッドレイアウトを使いたい

display: ★

- -

★‥‥‥‥grid、inline-grid

| 初期値 inline | 値の継承 しない | 適用要素 すべての要素 |

　グリッドレイアウトとは、表示領域を縦横に分割して作成されたマス目の中に、コンテンツを配置していくレイアウト方法のことです。これまでのようなpositionプロパティやfloatプロパティで配置を指定したレイアウトよりも、柔軟で流動的なレイアウトが可能になります。本書執筆時点（2013年3月現在）では、Internet Explorer 10のみ先行して対応しています。
　グリッドレイアウトは、次のような考え方になっています。

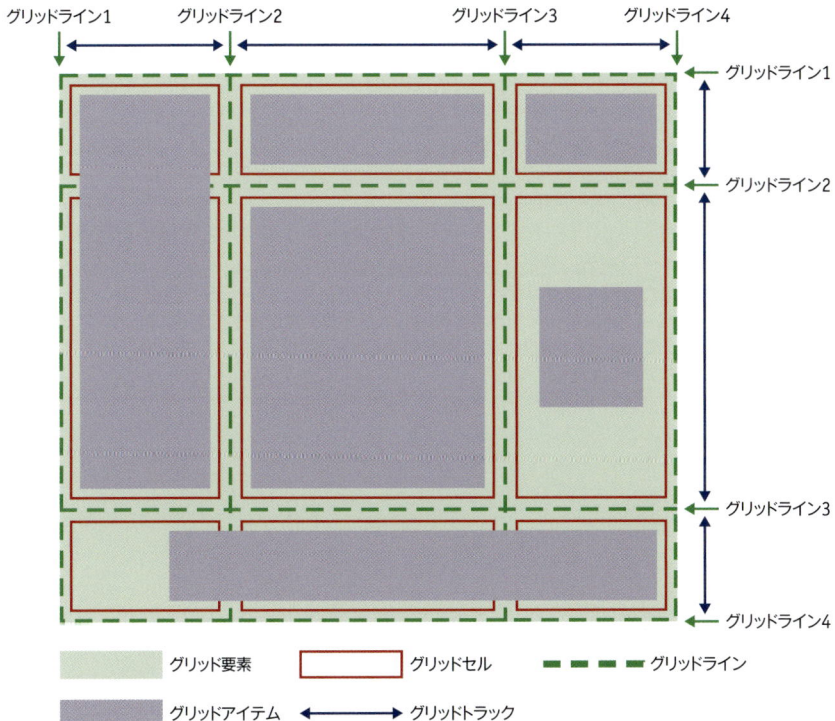

表示領域はグリッドラインで格子状に区切られ、1つ1つのマス目がグリッドセルとなっています。複数のマス目にまたがっているアイテム、センタリングや右寄せになっているアイテムもあります。

背景と
ボーダー

ボックス

色と
グラデーション

テキスト

フォント

段組み

フレキシブル
ボックス

グリッド
レイアウト

トランジション

アニメーション

変形

グリッド要素(grid element)

グリッドのコンテナとなる要素です。displayプロパティの値に「grid」または「inline-grid」が指定された要素がグリッド要素になります。

グリッドトラック(grid track)

grid-columnsプロパティとgrid-rowsプロパティ(p.417)で定義される列と行の総称です。

グリッドライン(grid line)

グリッド要素を列や行に分割する線です。grid-columns／grid-rowsプロパティを指定すると、グリッド要素内にグリッドラインが挿入され、列や行が定義されます。なお、グリッドラインはブラウザ画面上には表示されません。

グリッドセル(grid cell)

分割によって作成された、個々のマス目です。コンテンツはこのグリッドセルに配置していきます。

グリッドアイテム(grid item)

グリッドセルに配置される要素です。グリッド要素の子要素がグリッドアイテムとなります。

要素の種類を指定するdisplayプロパティに「grid」または「iline-grid」を指定すると、その要素内でグリッドレイアウトが可能になります。また、このように「display:grid」「display:inline-grid」が指定された要素を、グリッド要素といいます。

グリッド要素を定義したら、次に各行と列の幅／高さを指定して領域を分割し(p.417)、コンテンツを配置します(p.420)。詳しくは次項以降を参照してください。

値の指定方法

grid	この値が指定された要素を、ブロックレベルのグリッド要素にします。
inline-grid	この値が指定された要素を、インラインレベルのグリッド要素にします。

‖Column　　　　　　　　　　[グリッドレイアウトを利用するときの注意]

グリッドレイアウトは草案の段階にあり、本書執筆時点ではInternet Explorer 10のみ先行実装しています。このことから本書のグリッドレイアウトの項目は、Internet Explorer 10と、このIE10が準拠するバージョンの仕様を参考に作成しています。その後も仕様(草案)の策定は続けられているため、プロパティ名や利用される用語などに変更が加えられ、本書の内容とは対応していない場合がありますので注意してください。

CSS Source

```css
div {
    font-family: Helvetica, sans-serif;
    font-weight: bold;
    font-size: large;
}
#container {
    width: 600px;
    height: 300px;
    background-color: #fffff0;
    border: 2px dotted #808080;
    display: -ms-grid;
    -ms-grid-columns: 100px 300px 200px;
    -ms-grid-rows: 100px 200px;
}
#item1 {
    background-color: #ff6600;
    -ms-grid-column: 1;
    -ms-grid-row: 1;
}
#item2 {
    background-color: #ffcc33;
    -ms-grid-column: 2;
    -ms-grid-row: 1;
}
#item3 {
    background-color: #33ff99;
    -ms-grid-column: 2;
    -ms-grid-row: 2;
    -ms-grid-column-span: 2;
}
```

HTML Source

```html
<body>
<div id="container">
<div id="item1">アイテム 1</div>
<div id="item2">アイテム 2</div>
<div id="item3">アイテム 3</div>
</div>
</body>
```

背景と
ボーダー

ボックス

色と
グラデーション

テキスト

フォント

段組み

フレキシブル
ボックス

グリッド
レイアウト

トランジション

アニメーション

変形

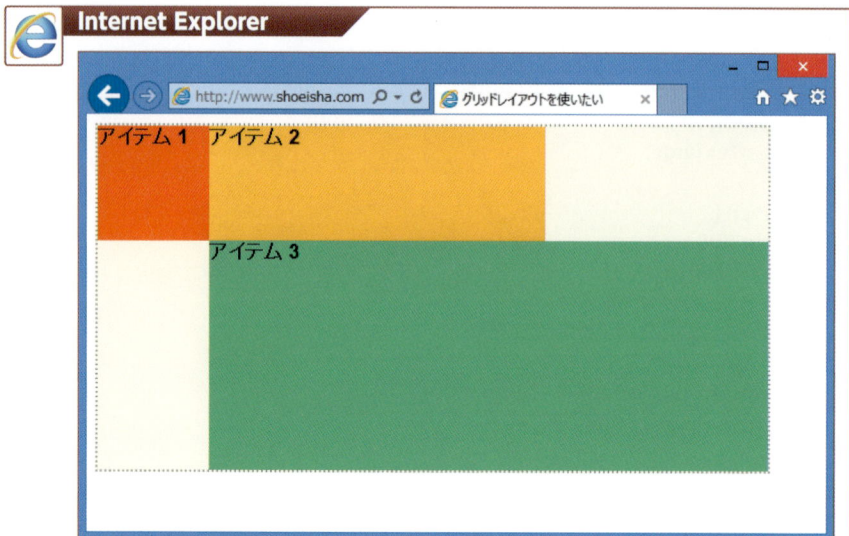

Internet Explorer

アイボリーの背景色の点線で囲まれたグリッド要素を分割して、3つのグリッドアイテムを配置しています。以降のサンプルも同様です。

‖ Column

[リージョン]

本書執筆時点では、グリッドレイアウトはIE10が対応しています。

CSS3への対応は後発的だったInternet Explorerですが、IE10ではグリッドレイアウトのほか、本書では解説をしていないリージョン（領域レイアウト）、エクスクルージョン（除外レイアウト）にも対応しています。

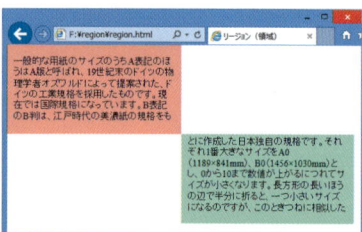

リージョンとは、コンテンツを、複数のボックスに順番に流し込んでいくレイアウト機能です。流し込むコンテンツはflow-into(-ms-flow-into)プロパティで、コンテンツが流し込まれるボックスはflow-from(-ms-flow-from)プロパティで指定します。

詳しくはMicrosoft社の関連Webサイトを参照してください。なお、W3Cの仕様はまだ草案の段階ですので、今後変更される可能性もあります。エクスクルージョンについてはp.425で解説しています。

▶ ブラウザごとの指定方法と対応

ブラウザ	プロパティ	値
IE10	display	-ms-grid、-ms-inline-grid
IE9	—	
Fx	—	
Chrome	—	
Safari	—	
Opera	—	
iOS6	—	
iOS5	—	
Android	—	

参照　グリッドの列と行を定義したい ・・・・・・・・・ P.417　グリッドアイテムの配置方法を指定したい ・・・ P.424
グリッドアイテムを配置したい ・・・・・・・・・ P.420
複数のグリッドセルに配置したい ・・・・・・・・・ P.422

グリッドの列と行を定義したい

grid-columns: ★
grid-rows: ★

- -

★‥‥‥‥実数値+単位、パーセント値+%、その他下記参照

`初期値` auto　`値の継承` しない　`適用要素` displayプロパティの値が「grid」または「inline-grid」の要素

　グリッドライン（p.413）によって分割される、列の幅と行の高さを指定します。

　grid-columnsプロパティでグリッド内の各列の幅を、grid-rowsプロパティでグリッド内の各行の高さを、それぞれ半角スペースで区切って指定します。

　同じ値を繰り返し指定する場合には、繰返す値を()でくくり、繰返す回数を[]内に記述する方法もあります。例えば、次の指定は同じ意味になります。

　　grid-columns: 10px 250px 10px 250px 10px 250px 10px 250px 10px;
　　grid-columns: 10px (250px 10px)[4];

　このようにして定義された列と行を、グリッドトラック（p.413）と呼びます。

値の指定方法

実数値+単位	数値に単位を付けて幅または高さを指定します（単位についてはp.278を参照）。
パーセント値+%	グリッド要素の幅に対する割合で幅または高さを指定します。
min-content	同じグリッドトラックにあるグリッドアイテムのうちの、最小の幅／高さに合わせます。
max-content	同じグリッドトラックにあるグリッドアイテムのうちの、最大の幅／高さに合わせます。
minmax(◆, ▲)	最小値◆から最大値▲までの範囲で幅または高さを指定します。
fr	fractionを略したグリッドレイアウト独自の単位です。レイアウト可能なスペースを、指定した数字の割合で分配します。
	例えば、幅700ピクセルのグリッド要素に「grid-columns: 100px 1fr 2fr」と指定した場合、まず3つの列のうちの最初の列が100ピクセルに設定されます。次に、残りの600ピクセル(700-100)を3等分(1+2)し、2列目に200ピクセル、3列目に400ピクセルが分配されることになります。リキッドレイアウト（ブラウザの画面に合わせて横幅が調整されるレイアウト方法）で特に効果的な指定方法です。
auto	minmax(min-content, max-content)を指定したときと同じです。

背景と
ボーダー

ボックス

色と
グラデーション

テキスト

フォント

段組み

フレキシブル
ボックス

グリッド
レイアウト

トランジション

アニメーション

変形

CSS Source

```css
div {
    font-family: Helvetica, sans-serif;
    font-weight: bold;
    font-size: large;
}
#container {
    width: 600px;
    height: 300px;
    background-color: #fffff0;
    border: 2px dotted #808080;
    display: -ms-grid;
    -ms-grid-columns: 100px 300px 200px;
    -ms-grid-rows: 100px 200px;
}
#item1 {
    background-color: #ff6600;
    -ms-grid-column: 1;
    -ms-grid-row: 1;
}
#item2 {
    background-color: #ffcc33;
    -ms-grid-column: 2;
    -ms-grid-row: 2;
}
#item3 {
    background-color: #33ff99;
    -ms-grid-column: 3;
    -ms-grid-row: 2;
}
```

HTML Source

```html
<body>
<div id="container">
<div id="item1">アイテム 1</div>
<div id="item2">アイテム 2</div>
<div id="item3">アイテム 3</div>
</div>
</body>
```

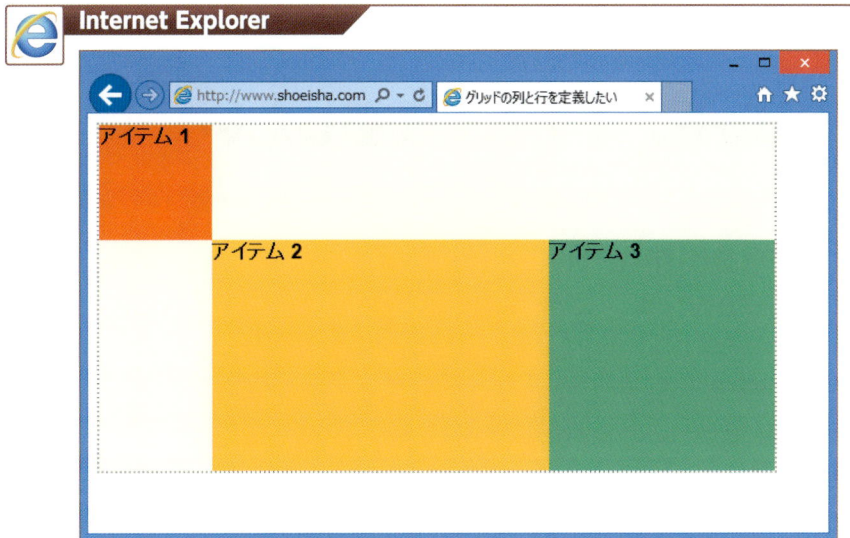

Internet Explorer

▮Column [「fr」でアイテムのサイズを指定する]

例えば次のように、グリッド要素の幅を「width: auto」(または指定無し)にして、グリッドアイテムの幅を「100px 2fr 1fr」と指定します。この場合、ブラウザ画面の横幅を変更すると、1列目の100ピクセルは固定のまま、2列目と3列目の幅は常に2:1の比率で変化するようになります。

```
#container {
  width: auto;
  height: 300px;
  background-color: #fffff0;
  border: 2px dotted #808080;
  display: -ms-grid;
  -ms-grid-columns: 100px 2fr 1fr;
  -ms-grid-rows: 100px 200px;
}
```

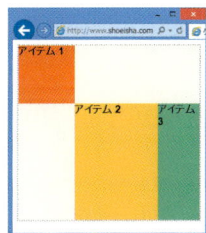

▶ ブラウザごとの指定方法と対応

ブラウザ	プロパティ	ブラウザ	プロパティ
IE10	-ms-grid-columns -ms-grid-rows	Opera	—
		iOS6	—
IE9		iOS5	—
Fx	—	Android	—
Chrome	—		
Safari	—		

参照　グリッドアイテムを配置したい ・・・・・・・・・・ P.420
複数のグリッドセルに配置したい・・・・・・・・・ P.422
グリッドアイテムの配置方法を指定したい ・・・ P.424

CSS3

背景とボーダー

ボックス

色とグラデーション

テキスト

フォント

段組み

フレキシブルボックス

グリッドレイアウト

トランジション

アニメーション

変形

グリッドアイテムを配置したい

grid-column: ★
grid-row: ★

★‥‥‥‥整数値

初期値 auto 値の継承 しない 適用要素 グリッドアイテム要素

　グリッドレイアウトでは、コンテンツを個々のグリッドセルに配置します。配置できるのはグリッド要素の子要素で、これらをグリッドアイテムと呼びます。

　グリッドアイテムを表示するセルは、grid-columnプロパティで列の番号を、grid-rowプロパティで行の番号を指定します。

　仕様では整数値のほか、文字列やキーワードを使った指定方法も検討されていますが、Internet Explorer 10は整数値での指定のみ対応しています。

値の指定方法

整数値　　　グリッドアイテムを配置する列／行の番号を整数で指定します。

CSS Source

```
  :
#container {
    width: 600px;
    height: 300px;
    background-color: #fffff0;
    border: 2px dotted #808080;
    display: -ms-grid;
    -ms-grid-columns: 100px 300px 200px;
    -ms-grid-rows: 100px 200px;
}
#item1 {
    background-color: #ff6600;
    -ms-grid-column: 1;
    -ms-grid-row: 1;
}
#item2 {
    background-color: #ffcc33;
```

```css
    -ms-grid-column: 2;
    -ms-grid-row: 2;
}
#item3 {
    background-color: #33ff99;
    -ms-grid-column: 3;
    -ms-grid-row: 2;
}
```

HTML Source

```html
<body>
<div id="container">
<div id="item1">アイテム 1</div>
<div id="item2">アイテム 2</div>
<div id="item3">アイテム 3</div>
</div>
</body>
```

Internet Explorer

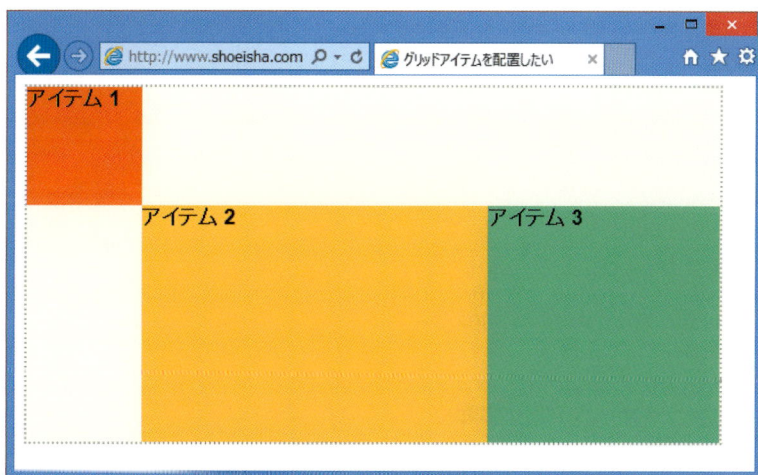

▶ ブラウザごとの指定方法と対応

ブラウザ	プロパティ
IE10	-ms-grid-column
	-ms-grid-row
IE9	—
Fx	—
Chrome	—
Safari	—

ブラウザ	プロパティ
Opera	—
iOS6	—
iOS5	—
Android	—

参照　グリッドの列と行を定義したい ・・・・・・・・・・ P.417
複数のグリッドセルに配置したい・・・・・・・・・ P.422
グリッドアイテムの配置方法を指定したい ・・・ P.424

CSS3

複数のグリッドセルに配置したい

grid-column-span: ★
grid-row-span: ★

- -

★………整数値

| 初期値 1 | 値の継承 しない | 適用要素 グリッドアイテム要素 |

複数のグリッドセルをまたいだ形でグリッドアイテムを配置することもできます。grid-column-spanプロパティで使用する列の数を、grid-row-spanプロパティで使用する行の数を指定します。

値の指定方法

整数値　　グリッドアイテムがまたがる列／行の数を指定します。

CSS Source

```
     :
#container {
    width: 600px;
    height: 300px;
    background-color: #ffffff0;
    border: 2px dotted #808080;
    display: -ms-grid;
    -ms-grid-columns: 100px 300px 200px;
    -ms-grid-rows: 100px 200px;
}
#item1 {
    background-color: #ff6600;
    -ms-grid-column: 1;
    -ms-grid-row: 1;
    -ms-grid-column-span: 2;
}
#item2 {
    background-color: #ffcc33;
    -ms-grid-column: 2;
    -ms-grid-row: 2;
}
```

```
#item3 {
    background-color: #33ff99;
    -ms-grid-column: 3;
    -ms-grid-row: 1;
    -ms-grid-row-span: 2;
}
```

HTML Source

```
<body>
<div id="container">
<div id="item1">アイテム 1</div>
<div id="item2">アイテム 2</div>
<div id="item3">アイテム 3</div>
</div>
</body>
```

Internet Explorer

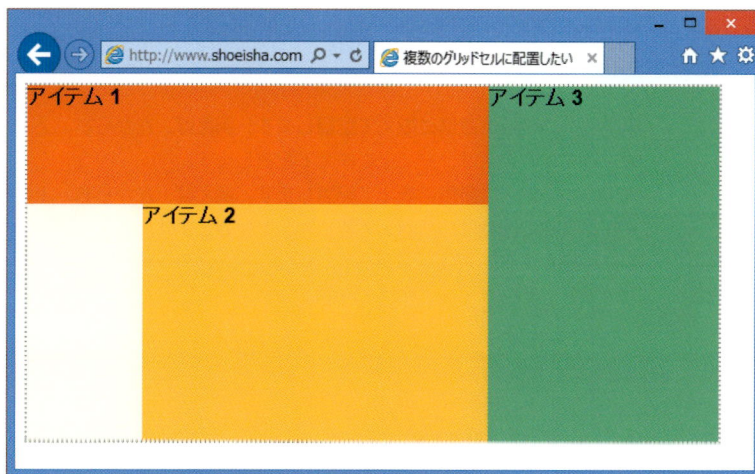

http://www.shoeisha.com   複数のグリッドセルに配置したい

アイテム 1   アイテム 3

           アイテム 2

item1は横2列、item3は縦2列にまたがって配置されます。

▶ ブラウザごとの指定方法と対応

ブラウザ	プロパティ
IE10	-ms-grid-column-span -ms-grid-row-span
IE9	
Fx	—
Chrome	—
Safari	—

ブラウザ	プロパティ
Opera	—
iOS6	—
iOS5	—
Android	—

参照 グリッドの列と行を定義したい・・・・・・・・・・・ P.417
      グリッドアイテムを配置したい・・・・・・・・・・・ P.420
      グリッドアイテムの配置方法を指定したい ・・・ P.424

CSS3

グリッドアイテムの配置方法を指定したい

grid-column-align: ★
grid-row-align: ★

★⋯⋯⋯⋯start、end、center、stretch

初期値 stretch　値の継承 しない　適用要素 グリッドアイテム要素

　グリッドアイテムのサイズがグリッドセルよりも小さい場合に、アイテムをセル内のどの位置に揃えてレイアウトするのかを指定できます。grid-column-alignプロパティで水平方向の配置を、grid-row-alignプロパティで垂直方向の配置を指定します。

値の指定方法

start	書字方向の開始位置側に揃えて配置します。例えば、左から右、上から下へ記述する文字の場合は、左／上に揃えて配置します。
end	書字方向の終了位置側に揃えて配置します。例えば、左から右、上から下へ記述する文字の場合は、右側／下側に揃えて配置します。
center	中央に揃えます。
stretch	グリッドセルのサイズに揃えて配置します。

CSS Source

```
div {
    font-family: Helvetica, sans-serif;
    font-weight: bold;
    font-size: large;
}
#container {
    width: 600px;
    height: 300px;
    background-color: #fffff0;
    border: 2px dotted #808080;
    display: -ms-grid;
    -ms-grid-columns: 100px 300px 200px;
    -ms-grid-rows: 100px 200px;
}
#item1 {
```

サイドタブ（上から下）：
背景とボーダー　ボックス　色とグラデーション　テキスト　フォント　段組み　フレキシブルボックス　グリッドレイアウト　トランジション　アニメーション　変形

```
    width: 40px;
    height: 40px;
    background-color: #ff6600;
    -ms-grid-column: 1;
    -ms-grid-row: 1;
    -ms-grid-column-align: center;
    -ms-grid-row-align: center;
}
#item2 {
    width: 100px;
    height: 80px;
    background-color: #ffcc33;
    -ms-grid-column: 2;
    -ms-grid-row: 2;
    -ms-grid-column-align: end;
    -ms-grid-row-align: start;
}
#item3 {
    background-color: #33ff99;
    -ms-grid-column: 3;
    -ms-grid-row: 2;
}
```

HTML Source

```
<body>
<div id="container">
<div id="item1"><img src="cat.gif" alt=""></div>
<div id="item2">アイテム 2</div>
<div id="item3">アイテム 3</div>
</div>
</body>
```

cat.gif

‖Column   [エクスクルージョン]

　本書執筆時点では、グリッドレイアウトはIE10が対応しています。

　CSS3への対応は後発的だったInternet Explorerですが、IE10ではグリッドレイアウトのほか、本書では解説をしていないリージョン（領域レイアウト）、エクスクルージョン（除外レイアウト）にも対応しています。

　エクスクルージョンとは、「除外要素」とされた要素を囲むように、テキストなどのコンテンツを配置できるレイアウト機能です。除外要素はwrap-flow（-ms-wrap-

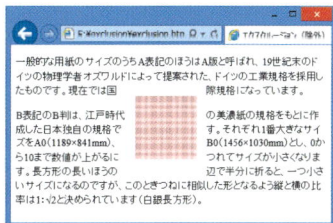

flow）プロパティで、除外要素と周りのコンテンツとの余白を調整したい場合はwrap-margin（-ms-wrap-margin）で指定します。

　詳しくはMicrosoft社の関連Webサイトを参照してください。なお、W3Cの仕様はまだ草案の段階ですので、今後変更される可能性もあります。リージョンについてはp.416で解説しています。

背景とボーダー
ボックス
色とグラデーション
テキスト
フォント
段組み
フレキシブルボックス
グリッドレイアウト
トランジション
アニメーション
変形

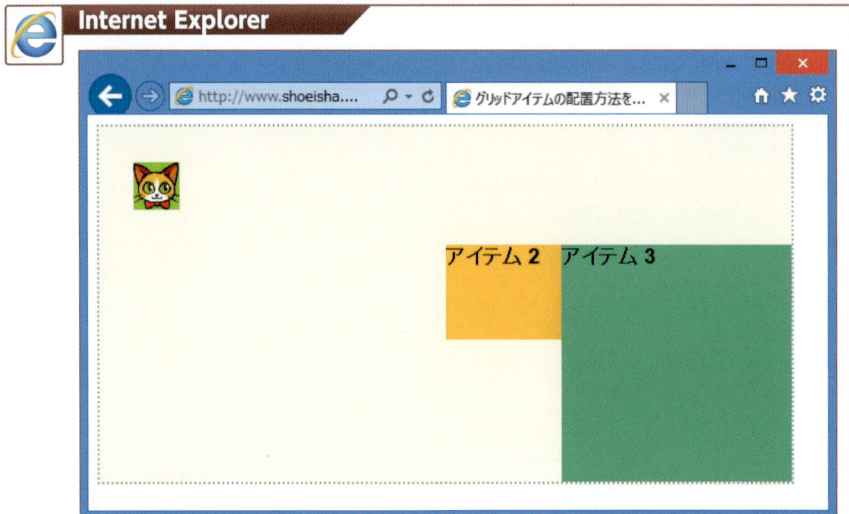

Internet Explorer

item1のgif画像は、グリッドセルに対して水平・垂直方向ともに中央揃え、item2は水平方向は右揃え、垂直方向は上揃えで配置されます。

‖Column [グリッドアイテムを重ねて配置する]

同じ列／行にあるグリッドアイテムは、z-indexプロパティを指定することで、指定した順番に重ねて配置することができます。

```
#item3 {
    background-color: #33ff99;
    -ms-grid-column: 2;
    -ms-grid-row: 2;
    z-index: -1;
}
```

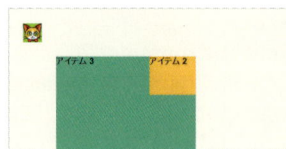

▶ ブラウザごとの指定方法と対応

ブラウザ	プロパティ		ブラウザ	プロパティ
IE10	-ms-grid-column-align -ms-grid-row-align		Opera	—
			iOS6	—
IE9	—		iOS5	—
Fx	—		Android	—
Chrome	—			
Safari	—			

参照　グリッドの列と行を定義したい ・・・・・・・・・・ P.417
グリッドアイテムを配置したい ・・・・・・・・・・ P.420
複数のグリッドセルに配置したい ・・・・・・・・・・ P.422

トランジション効果を付けたい

transition-property: ★

★………none、all、プロパティ名

| 初期値 all | 値の継承 する | 適用要素 すべての要素、::before擬似要素と::after擬似要素 |

トランジション(遷移)とは、あるスタイルを別のスタイルへ滑らかに変化させる効果です。視覚的な変化を、FlashやJavaScriptを使用せずに実現することができます。

トランジションでは、プロパティの値を変化させることで効果を表現します。そのため次の指定が必要です。

・効果を適用するプロパティと、その開始時の値と完了時の値

・変化にかける時間

トランジション効果を適用するプロパティは、transition-propertyプロパティで指定し、変化にかける時間はtransition-durationプロパティ(p.429)で指定します。

値の指定方法

none　　　　変化するプロパティはありません。

all　　　　トランジション効果を適用できる、すべてのプロパティを変化させます。

プロパティ名　変化させるプロパティの名前を指定します。複数のプロパティを変化させる場合は、それぞれを「,(カンマ)」で区切って記述します。

次ページはdiv要素の背景色を変化させるサンプルです。そのため、transition-propertyプロパティに「background-color」を指定しています。背景色は、マウスカーソルが重なったときに、「#3333ff」から「#00ff99」へ、2秒かけて(transition-duration: 2s)変化する設定にしています。

このように、トランジションでは開始時の値から完了時の値へと指定した時間をかけて滑らかに遷移します。

次節で扱うアニメーションも、プロパティの値を変化させてスタイルを変更する点ではトランジションと同じです。しかし、トランジションでは変化の最初と最後のスタイルのみを指定できるのに対し、アニメーションではキーフレームを設定することにより、その間のスタイルの変化を細かく指定できるという違いがあります。

背景と
ボーダー

ボックス

色と
グラデーション

テキスト

フォント

段組み

フレキシブル
ボックス

グリッド
レイアウト

トランジション

アニメーション

変形

CSS Source

```css
div {
    padding: 2em;
    background-color: #3333ff;
    font-family: Helvetica, sans-serif;
    font-weight: bold;
    text-align: center;
    -webkit-transition-property: background-color;
    -webkit-transition-duration: 2s;
    transition-property: background-color;
    transition-duration: 2s;
}
div:hover {
    background-color: #00ff99;
}
```

HTML Source

```html
<body>
<div>sample</div>
</body>
```

Internet Explorer

マウスカーソルを要素に合わせると、色が変化
します。

▶ ブラウザごとの指定方法と対応

ブラウザ	プロパティ
IE10	transition-property
IE9	—
Fx	transition-property
Chrome	-webkit-transition-property
Safari	-webkit-transition-property

ブラウザ	プロパティ
Opera	transition-property
iOS6	-webkit-transition-property
iOS5	-webkit-transition-property
Android	-webkit-transition-property

参照 トランジションにかける時間を指定したい ・・・・P.429 トランジションを遅れて開始させたい ・・・・・・P.434
トランジションの速度のパターンを
指定したい・・・・・・・・・・・・・・・・・・・・・・・・・P.431
トランジションのプロパティを
一括して指定したい ・・・・・・・・・・・・・・・・・・P.436

トランジションにかける時間を指定したい

transition-duration: ★

★………時間（秒、またはミリ秒）

| 初期値 0 | 値の継承 しない | 適用要素 すべての要素、::before擬似要素と::after擬似要素 |

　トランジション効果を表現するには、変化させるプロパティとともに、変化にかける時間を指定する必要があります。この時間は、transition-durationプロパティで指定します。

値の指定方法

時間　　　変化が完了するまでの時間を、秒（s）またはミリ秒（ms）で指定します。
　　　　　　複数のプロパティを時間を変えて変化させる場合は、それぞれに対応する時間を「,（カンマ）」で区切って記述します。

CSS Source

```
div {
    width: 100px;
    height: 100px;
    background-color: #ff0033;
    font-family: Helvetica, sans-serif;
    font-weight: bold;
    -webkit-transition-property: width, height, background-color;
    -webkit-transition-duration: 2s;
    transition-property: width, height, background-color;
    transition-duration: 2s;
}
div:hover {
    width: 300px;
    height: 200px;
    background-color: #ffff33;
}
```

背景と
ボーダー

ボックス

色と
グラデーション

テキスト

フォント

段組み

フレキシブル
ボックス

グリッド
レイアウト

トランジション

アニメーション

変形

HTML Source

```
<body>
<div>sample</div>
</body>
```

Internet Explorer

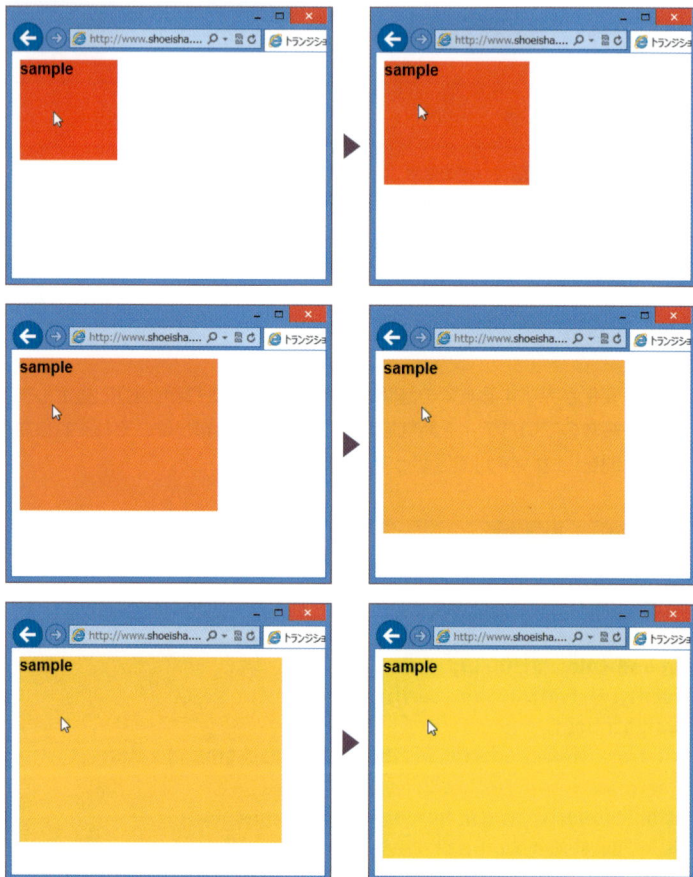

2秒かけて変化が完了します。

▶ ブラウザごとの指定方法と対応

ブラウザ	プロパティ
IE10	transition-duration
IE9	—
Fx	transition-duration
Chrome	-webkit-transition-duration
Safari	-webkit-transition-duration

ブラウザ	プロパティ
Opera	transition-duration
iOS6	-webkit-transition-duration
iOS5	-webkit-transition-duration
Android	-webkit-transition-duration

参照　トランジション効果を付けたい ‥‥‥‥‥ P.427　トランジションを遅れて開始させたい ‥‥‥ P.434
トランジションの速度のパターンを
指定したい ‥‥‥‥‥‥‥‥‥‥‥‥‥ P.431　トランジションのプロパティを
一括して指定したい ‥‥‥‥‥‥‥‥‥ P.436

トランジションの速度のパターンを指定したい

transition-timing-function: ★

★‥‥‥‥ease、linear、ease-in、ease-out、ease-in-out、step-start、step-end、
steps(ステップ数、startまたはend)、cubic-bezier(x1,y1,x2,y2)

初期値 ease　値の継承 しない　適用要素 すべての要素、::before擬似要素と::after擬似要素

　transition-timing-functionプロパティを使うと、変化する速度のパターンを指定できます。キーワード、steps関数、cubic-bezier関数の複数のプロパティをパターンを変えて変化させる場合は、それぞれに対応するパターンを「,(カンマ)」で区切って記述します。

値の指定方法

ease
　ゆっくり変化を始め、変化の途中で加速し、減速して終わります。
　cubic-bezier(0.25, 0.1, 0.25, 1)を指定したときと同じです。

linear
　一定の速度で変化します。
　cubic-bezier(0, 0, 1, 1)を指定したときと同じです。

ease-in
　ゆっくり変化を始め、その後加速します。
　cubic-bezier(0.42, 0, 1, 1)を指定したときと同じです。

ease-out
　高速で変化を始め、減速しながら終わります。
　cubic-bezier(0, 0, 0.58, 1)を指定したときと同じです。

ease-in-out
　ゆっくり変化をはじめ、徐々に加速し、減速しながら終わります。
　cubic-bezier(0.42, 0, 0.58, 1)を指定したときと同じです。

step-start
　steps(1, start)を指定したときと同じです。

step-end
　steps(1, end)を指定したときと同じです。

steps（ステップ数、startまたはend）

steps関数では、指定した回数で等間隔に分割して変化するようにします。1つ目の引数には、何段階（ステップ）で変化するかを「1」以上の整数で指定します。2つ目の引数には、「start」または「end」を指定します。startを指定すると始点（開始時）に最初のステップが起き、endを指定すると終点（完了時）に最後のステップが起きます。2つ目の引数が省略された場合は「end」が指定されたものとみなされます。

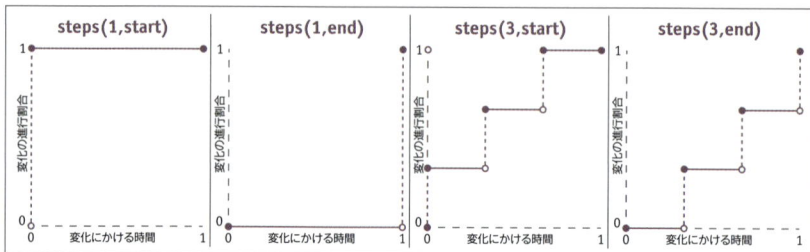

cubic-bezier（x1,y1,x2,y2）

どのように変化させるかを、右図のような3次ベジェ曲線を使って指定します。この場合、変化にかける時間をX軸、変化の進行割合をY軸にとり、始点（開始時）をP_0、終点（完了時）をP_3とします。この間の2つの制御点$P_1(x1,y1)$と$P_2(x2,y2)$の値をcubic-bezier関数で指定することにより、変化のタイミングと進行度を調整します。$P_0(0,0)$と$P_3(1,1)$は固定なので、cubic-bezier関数に指定できる値x1,y1,x2,y2は、0〜1の範囲内の実数になります。変化のパターンをより細かく指定したいときに利用します。

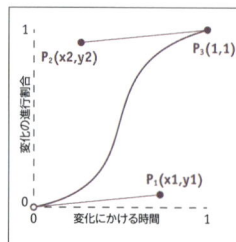

CSS Source

```css
#sample1 {
    width: 300px;
    background-color: #ff6699;
    text-align: center;
}
#sample2 {
    color: #dc143c;
    font-family: "Times New Roman", serif;
    font-weight: bold;
    font-size: 80px;
    opacity: 0.0;
    -webkit-transition-property: opacity;
    -webkit-transition-duration: 3s;
    -webkit-transition-timing-function: steps(3, start);
    transition-property: opacity;
    transition-duration: 3s;
```

```
    transition-timing-function: steps(3, start);
}
#sample2:hover {
    opacity: 1.0;
}
```

HTML Source

```
<body>
<div id="sample1"><div id="sample2">Hello!</div></div>
</body>
```

Internet Explorer

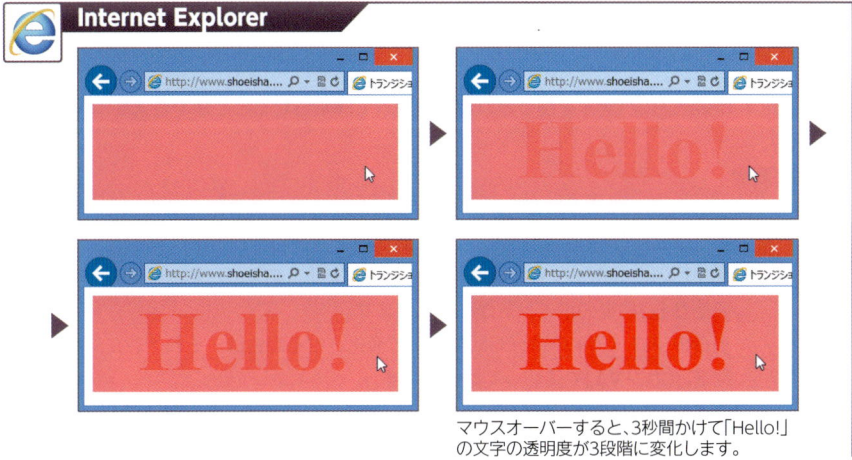

マウスオーバーすると、3秒間かけて「Hello!」
の文字の透明度が3段階に変化します。

トランジションの速度のパターンを指定したい

CSS3

▶ ブラウザごとの指定方法と対応

ブラウザ	プロパティ
IE10	transition-timing-function
IE9	—
Fx	transition-timing-function
Chrome	-webkit-transition-timing-function
Safari	-webkit-transition-timing-function

ブラウザ	プロパティ
Opera	transition-timing-function
iOS6	-webkit-transition-timing-function
iOS5	-webkit-transition-timing-function
Android	-webkit-transition-timing-function

参照　トランジション効果を付けたい ・・・・・・・・・・ P.427　トランジションのプロパティを
　　　トランジションにかける時間を指定したい ・・・ P.429　一括して指定したい ・・・・・・・・・・・・・・・・・・・・ P.436
　　　トランジションを遅れて開始させたい ・・・・・・ P.434

トランジションを遅れて開始させたい

transition-delay: ★

- -

★………時間（秒、またはミリ秒）

| 初期値 0 | 値の継承 しない | 適用要素 すべての要素、::before擬似要素と::after擬似要素 |

transition-delayプロパティを使うと、変化を遅れて開始させることができます。

値の指定方法

時間　プロパティの値が変更されてから変化が開始されるまでの待機時間を、秒（s）またはミリ秒（ms）で指定します。負の値を指定したときは、指定した時間分変化した場合のポイントからすぐに開始されます。例えば、値を「-3s」とした場合、開始から3秒後のポイントから始まります。
複数のプロパティの待機時間を変えて変化させる場合は、それぞれに対応する時間を「,（カンマ）」で区切って記述します。

CSS Source

```
div {
    width: 100px;
    height: 100px;
    background-color: #ff0033;
    font-family: Helvetica, sans-serif;
    font-weight: bold;
    -webkit-transition-property: width, height, background-color;
    -webkit-transition-duration: 3s;
    -webkit-transition-delay: 2s;
    transition-property: width, height, background-color;
    transition-duration: 3s;
    transition-delay: 2s;
}
div:hover {
    width: 300px;
    height: 200px;
    background-color: #ffff33;
}
```

HTML Source

```
<body>
<div>sample</div>
</body>
```

Internet Explorer

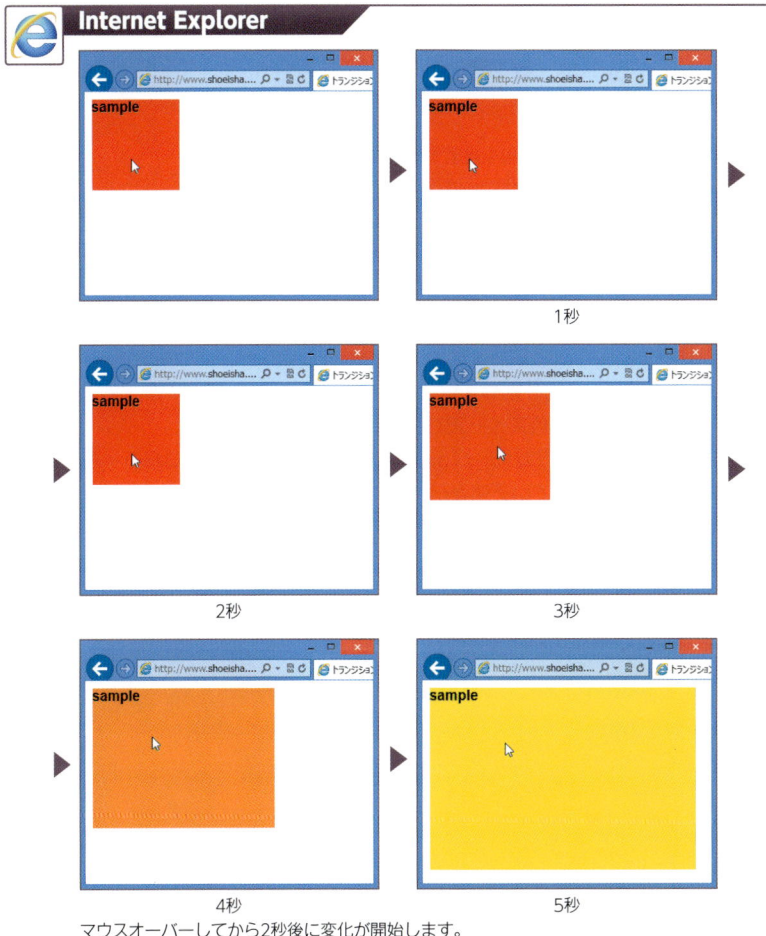

1秒

2秒

3秒

4秒

5秒

マウスオーバーしてから2秒後に変化が開始します。

▶ ブラウザごとの指定方法と対応

ブラウザ	プロパティ
IE10	transition-delay
IE9	
Fx	transition-delay
Chrome	-webkit-transition-delay
Safari	-webkit-transition-delay

ブラウザ	プロパティ
Opera	transition-delay
iOS6	-webkit-transition-delay
iOS5	-webkit-transition-delay
Android	-webkit-transition-delay

参照　　トランジション効果を付けたい ・・・・・・・・・・ P.427　　トランジションのプロパティを
　　　　トランジションにかける時間を指定したい ・・・ P.429　　一括して指定したい ・・・・・・・・・・・・・・・・・・ P.436
　　　　トランジションの速度のパターンを指定したい P.431

CSS3

背景と
ボーダー

ボックス

色と
グラデーション

テキスト

フォント

段組み

フレキシブル
ボックス

グリッド
レイアウト

トランジション

アニメーション

変形

トランジションのプロパティを
一括して指定したい

transition: ★ ◆ ▲ ●

★………transition-propertyの値（効果を適用するプロパティ）
◆………transition-durationの値（変化にかける時間）
▲………transition-delay（変化までの待機時間）
●………transition-timing-functionの値（変化する速度のパターン）

初期値 個別のプロパティ参照　値の継承 しない　適用要素 すべての要素、::before擬似要素と::after擬似要素

　トランジションのプロパティを一括して指定するには、transitionプロパティを使います。それぞれの値を任意の順番で、半角スペースで区切って指定します。

　ただし、transition-durationプロパティ（p.429）とtransition-delayプロパティ（p.434）の値については、1つ目に指定されている値がtransition-durationプロパティの値、2つ目に指定されている値がtransition-delayの値とみなされます。省略された値については、初期値が適用されます。複数のプロパティを変化させる場合は、それぞれに対応する値のセットを「,（カンマ）」で区切って記述します。

　IE10では、値は任意の順番ではなく、上記の順番で指定する必要があるようです。

値の指定方法
transition-propertyの値（p.427）
　トランジション効果を適用するプロパティを指定します。
transition-durationの値（p.429）
　変化にかける時間を指定します。
transition-delay（p.434）
　プロパティの値が変更されてから変化が開始されるまでの待機時間を指定します。
transition-timing-functionの値（p.431）
　変化する速度のパターンを指定します。

CSS Source

```
#sample1 {
    width: 300px;
    background-color: #ff6699;
    text-align: center;
}
```

```
#sample2 {
    color: #dc143c;
    font-family: "Times New Roman", serif;
    font-weight: bold;
    font-size: 80px;
    opacity: 0.0;
    -webkit-transition: opacity 3s 2s steps(3, start);
    transition: opacity 3s 2s steps(3, start);
}
#sample2:hover {
    opacity: 1.0;
}
```

HTML Source

```
<body>
<div id="sample1"><div id="sample2">Hello!</div></div>
</body>
```

Internet Explorer

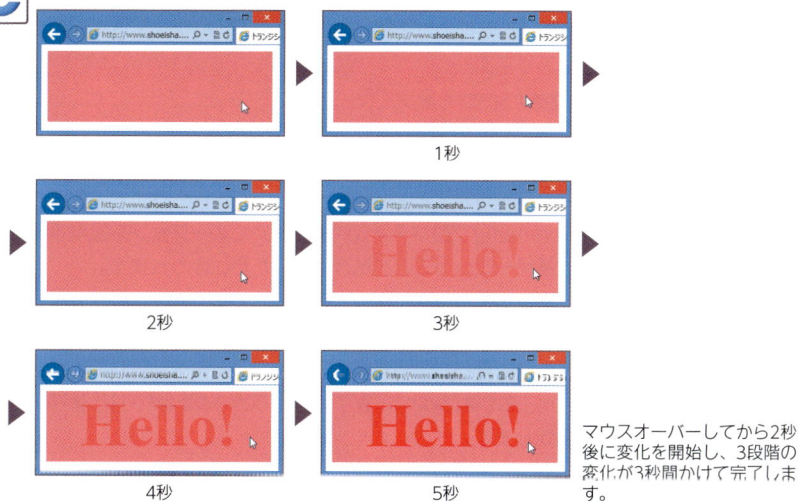

1秒

2秒

3秒

4秒

5秒

マウスオーバーしてから2秒
後に変化を開始し、3段階の
変化が3秒間かけて完了しま
す。

▶ ブラウザごとの指定方法と対応

ブラウザ	プロパティ
IE10	transition
IE9	
Fx	transition
Chrome	-webkit-transition
Safari	-webkit-transition

ブラウザ	プロパティ
Opera	transition
iOS6	-webkit-transition
iOS5	-webkit-transition
Android	-webkit-transition

参照　トランジション効果を付けたい ・・・・・・・・・・ P.427　トランジションの速度のパターンを
　　　トランジションにかける時間を指定したい ・・・ P.429　指定したい・・・・・・・・・・・・・・・・・・・・・・・・・・・ P.431
　　　　　　　　　　　　　　　　　　　　　　　　　　トランジションを遅れて開始させたい ・・・・・・ P.434

CSS3

アニメーションのキーフレームを設定したい

@keyframes ★ {
    ◆,◆,…,◆
}

★………キーフレーム名
◆………キーフレームの指定

前節のトランジション機能を拡張したものが、CSS3のアニメーション効果です。アニメーションでは、トランジション同様プロパティの値を変化させることで効果を表現します。しかし、トランジションでは変化の最初と最後のスタイルのみを指定するのに対し、アニメーションでは「キーフレーム」を設定することにより、完了までのスタイルの変化をポイントごとに細かく指定できるという違いがあります。

キーフレームの設定は、@keyframesを使って行います。

値の指定方法

キーフレーム名 @keyframesで設定するキーフレームに名前を付けます。この名前は、animation-nameプロパティ（p.440）でアニメーションを適用する要素と、実行させるキーフレームとを結び付けるために使われます。

キーフレームの指定 スタイルがどのように変化するのを、アニメーションの任意のポイントごとに次の書式で指定します。ポイントはアニメーションの時間に対するパーセンテージで表し、その時点のプロパティと値を記述していきます。開始時は「0%」または「from」、完了時は「100%」または「to」となり、これらは必ず指定します。

```
@keyframes キーフレーム名 {
    0%      { プロパティ: 値; ～ }
    ○%      { プロパティ: 値; ～ }
            :
    100% { プロパティ: 値; ～ }
}
```

右ページのサンプルは、要素の位置を変化させるキーフレームの設定です。0%、40%、70%、100%の4つのポイントを設定し、各時点における要素の位置をleftプロパティとtopプロパティで指定しています。また、キーフレームに「mymove」という名前を付けています。実際に実行させるには、animation-nameプロパティ（p.440）やanimation-durationプロパティ

（p.443）での設定が必要です。

```css
CSS Source

@keyframes mymove {
    0% {
        left: 0px;
        top: 0px;
    }
    40% {
        left: 200px;
        top: 0px;
    }
    70% {
        left: 200px;
        top: 200px;
    }
    100% {
        left: 400px;
        top: 200px;
    }
}
body {
    margin: 0;
}
div {
    width: 100px;
    height: 100px;
    position: absolute;
    background-color: #da70d6;
    font-family: Helvetica, sans-serif;
    font-weight: bold;
    animation-name: mymove;
    animation-duration: 5s;
}
```

▶ ブラウザごとの指定方法と対応

ブラウザ	プロパティ
IE10	@keyframes
IE9	
Fx	@keyframes
Chrome	@-webkit-keyframes
Safari	@-webkit-keyframes

ブラウザ	プロパティ
Opera	@keyframes
iOS6	@-webkit-keyframes
iOS5	@-webkit-keyframes
Android	@-webkit-keyframes

参照　利用するキーフレームを指定したい ・・・・・・・ P.440
　　　アニメーションを実行する時間を指定したい・・ P.443

利用するキーフレームを指定したい

animation-name: ★

★‥‥‥‥キーフレーム名

初期値 none　値の継承 しない　適用要素 すべての要素、::before擬似要素と::after擬似要素

　アニメーションを実行するには、アニメーション効果を適用する要素に対して、利用するキーフレームと、アニメーションの時間を指定する必要があります。利用するキーフレームを指定するにはanimation-nameプロパティを使います。

　アニメーションの時間はanimation-durationプロパティ（p.443）で指定します。

値の指定方法

none　　　　　アニメーションを実行しません。

キーフレーム名　@keyframes（p.438）に付けたキーフレームの名前を指定します。複数の
　　　　　　　　アニメーションを適用する場合は、それぞれのキーフレーム名を「,（カン
　　　　　　　　マ）」で区切って記述します。

CSS Source

```
@-webkit-keyframes mymove {
    0% {
        left: 0px;
        top: 0px;
    }
    40% {
        left: 200px;
        top: 0px;
    }
    70% {
        left: 200px;
        top: 200px;
    }
    100% {
        left: 400px;
        top: 200px;
    }
```

```
}
@keyframes mymove {
   0% {
      left: 0px;
      top: 0px;
   }
   40% {
      left: 200px;
      top: 0px;
   }
   70% {
      left: 200px;
      top: 200px;
   }
   100% {
      left: 400px;
      top: 200px;
   }
}
body {
   margin: 0;
}
div {
   width: 100px;
   height: 100px;
   position: absolute;
   background-color: #da70d6;
   font-family: Helvetica, sans-serif;
   font-weight: bold;
   -webkit-animation-name: mymove;
   -webkit-animation-duration: 5s;
   animation-name: mymove;
   animation-duration: 5s;
}
```

HTML Source

```
<body>
<div>sample</div>
</body>
```

CSS3

Internet Explorer

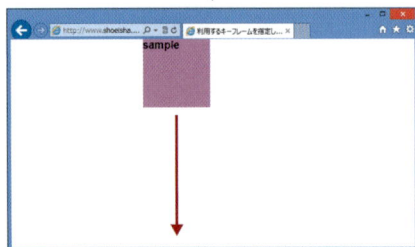

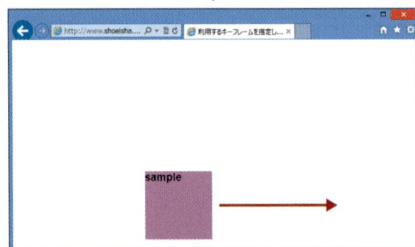

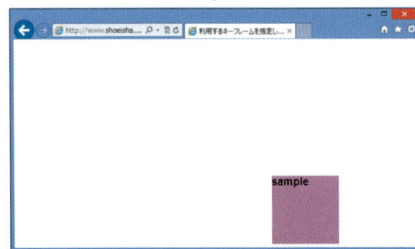

左上の位置から始まり、全体の40%進行したところで左から右へ200px、70%進行した所で上から下へ200px、最後に左から右へ200px移動します。

▶ ブラウザごとの指定方法と対応

ブラウザ	プロパティ
IE10	animation-name
IE9	—
Fx	animation-name
Chrome	-webkit-animation-name
Safari	-webkit-animation-name

ブラウザ	プロパティ
Opera	animation-name
iOS6	-webkit-animation-name
iOS5	-webkit-animation-name
Android	-webkit-animation-name

参照　アニメーションのキーフレームを設定したい‥P.438
アニメーションを実行する時間を指定したい‥P.443

背景とボーダー

ボックス

色とグラデーション

テキスト

フォント

段組み

フレキシブルボックス

グリッドレイアウト

トランジション

アニメーション

変形

アニメーションを実行する時間を指定したい

animation-duration: ★

★………時間(秒、またはミリ秒)

初期値 ease 値の継承 しない 適用要素 すべての要素、::before擬似要素と::after擬似要素

アニメーションを実行するには、利用するキーフレームとともに、アニメーションの時間を指定する必要があります。アニメーションの時間はanimation-durationプロパティで指定します。

値の指定方法

時間　　アニメーションが完了するまでの時間を、秒(s)またはミリ秒(ms)で指定します。複数のアニメーションを実行時間を変えて適用する場合は、それぞれに対応する時間を「,(カンマ)」で区切って記述します。

CSS Source

```css
@-webkit-keyframes mymove {
  0% {
    width: 100px;
    height: 100px;
  }
  50% {
    width: 300px;
    height: 100px;
  }
  100% {
    width: 300px;
    height: 300px;
  }
}
@keyframes mymove {
  0% {
    width: 100px;
    height: 100px;
  }
```

背景と
ボーダー

ボックス

色と
グラデーション

テキスト

フォント

段組み

フレキシブル
ボックス

グリッド
レイアウト

トランジション

アニメーション

変形

```css
    50% {
        width: 300px;
        height: 100px;
    }
    100% {
        width: 300px;
        height: 300px;
    }
}
div {
    width: 100px;
    height: 100px;
    background-color: #ffa500;
    font-family: Helvetica, sans-serif;
    font-weight: bold;
}
div:hover {
    -webkit-animation-name: mymove;
    -webkit-animation-duration: 3s;
    animation-name: mymove;
    animation-duration: 3s;
}
```

HTML Source

```html
<body>
<div><div id="test2">sample</div>
</body>
```

Internet Explorer

3秒かけてアニメーションが完了します。

| 1秒 | 2秒 | 3秒 |

▶ ブラウザごとの指定方法と対応

ブラウザ	プロパティ		ブラウザ	プロパティ
IE10	animation-duration		Opera	animation-duration
IE9	—		iOS6	-webkit-animation-duration
Fx	animation-duration		iOS5	-webkit-animation-duration
Chrome	-webkit-animation-duration		Android	-webkit-animation-duration
Safari	-webkit-animation-duration			

参照　アニメーションのキーフレームを設定したい・・ P.438　アニメーションのプロパティを
利用するキーフレームを指定したい ・・・・・・・ P.440　一括して指定したい ・・・・・・・・・・・・・・・ P.460
アニメーションを遅れて開始させたい ・・・・・・ P.456

アニメーションの速度のパターンを指定したい

animation-timing-function: ★

- -

★‥‥‥‥‥ease、linear、ease-in、ease-out、ease-in-out、step-start、step-end、
steps(ステップ数、startまたはend)、cubic-bezier(x1,y1,x2,y2)

初期値 ease　値の継承 しない　適用要素 すべての要素、::before擬似要素と::after擬似要素

animation-timing-functionプロパティを使うと、アニメーションを実行する速度のパターンを指定できます。

animation-timing-functionプロパティは、アニメーション全体にではなく、@keyframes内で設定されているキーフレームごとに適用されます。例えば、1つのアニメーションの中であるキーフレームには「ease-out」を指定し、別のキーフレームには「linear」を指定することができます。その場合、「ease-out」が指定されているキーフレームでは高速で変化を始めて減速しながら終わり、「linear」が指定されているキーフレームでは、一定の速度で変化するという動作になります。

複数のアニメーションを実行パターンを変えて適用する場合は、それぞれに対応するパターンを「,(カンマ)」で区切って記述します。

次の例では、0%から25%までを「ease-out」で実行します。

```
@keyframes sample {
  0% {
    left: 10px;
    animation-timing-function: ease-out;
  }
  25% {
    left: 50px;
  }
  :
  :
  100% {
    left: 300px;
  }
}
```

背景と
ボーダー

ボックス

色と
グラデーション

テキスト

フォント

段組み

フレキシブル
ボックス

グリッド
レイアウト

トランジション

アニメーション

変形

値の指定方法　値について詳しくはp.431を参照してください。

ease

ゆっくり変化を始め、変化の途中で加速し、減速して終わります。

linear

一定の速度で変化します。

ease-in

ゆっくり変化を始め、その後加速します。

ease-out

高速で変化を始め、減速しながら終わります。

ease-in-out

ゆっくり変化をはじめ、徐々に加速し、減速しながら終わります。

step-start

steps(1, start)を指定したときと同じです。

step-end

steps(1, end)を指定したときと同じです。

steps(ステップ数、startまたはend)

steps関数では、指定した回数でアニメーションを等間隔に分割して実行するようにしま
す。1つ目の引数には、何段階（ステップ）で変化するかを「1」以上の整数で指定します。2
つ目の引数には、「start」または「end」を指定します。startを指定すると始点（開始時）に最
初のステップが起き、endを指定すると終点（完了時）に最後のステップが起きます。2つ
目の引数が省略された場合は「end」が指定されたものとみなされます。

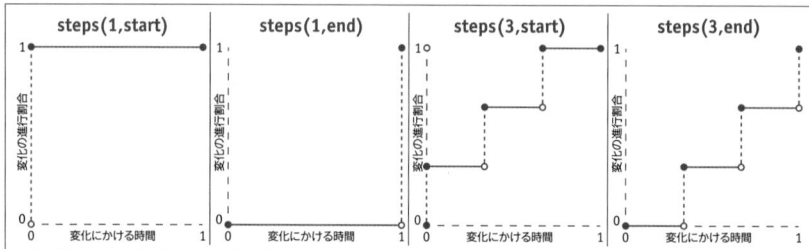

cubic-bezier(x1,y1,x2,y2)

どのように変化させるかを、右図のような3次ベジェ曲線
を使って指定します。この場合、変化にかける時間をX
軸、変化の進行割合をY軸にとり、始点（開始時）をP_0、終
点（完了時）をP_3とします。この間の2つの制御点P_1(x1,y1)
とP_2(x2,y2)の値をcubic-bezier関数で指定することによ
り、変化のタイミングと進行度を調整します。P_0(0,0)と
P_3(1,1)は固定なので、cubic-bezier関数に指定できる値
x1,y1,x2,y2は、0～1の範囲内の実数になります。
アニメーションのパターンをより細かく指定したいときに
利用します。

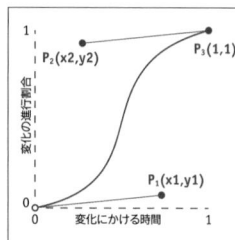

CSS Source

```css
@-webkit-keyframes mymove {
    0% {
        left: 0px;
        width: 100px;
    }
    100% {
        left: 0px;
        width: 400px;
    }
}
@keyframes mymove {
    0% {
        left: 0px;
        width: 100px;
    }
    100% {
        left: 0px;
        width: 400px;
    }
}
div {
    margin: 1px;
    width: 100px;
    height: 50px;
    position: relative;
    background-color: #3cb371;
    font-family: Helvetica, sans-serif;
    font-weight: bold;
    -webkit-animation-name: mymove;
    -webkit-animation-duration: 5s;
    animation-name: mymove;
    animation-duration: 5s;
}
#sample1 {
    -webkit-animation-timing-function: ease;
    animation-timing-function: ease;
}
#sample2 {
    -webkit-animation-timing-function: linear;
    animation-timing-function: linear;
}
#sample3 {
    -webkit-animation-timing-function: ease-in;
    animation-timing-function: ease-in;
}
```

背景と
ボーダー

ボックス

色と
グラデーション

テキスト

フォント

段組み

フレキシブル
ボックス

グリッド
レイアウト

トランジション

アニメーション

変形

```css
#sample4 {
    -webkit-animation-timing-function: ease-out;
    animation-timing-function: ease-out;
}
#sample5 {
    -webkit-animation-timing-function: ease-in-out;
    animation-timing-function: ease-in-out;
}
```

HTML Source

```html
<body>
<div id="sample1">ease</div>
<div id="sample2">linear</div>
<div id="sample3">ease-in</div>
<div id="sample4">ease-out</div>
<div id="sample5">ease-in-out</div>
</body>
```

Internet Explorer

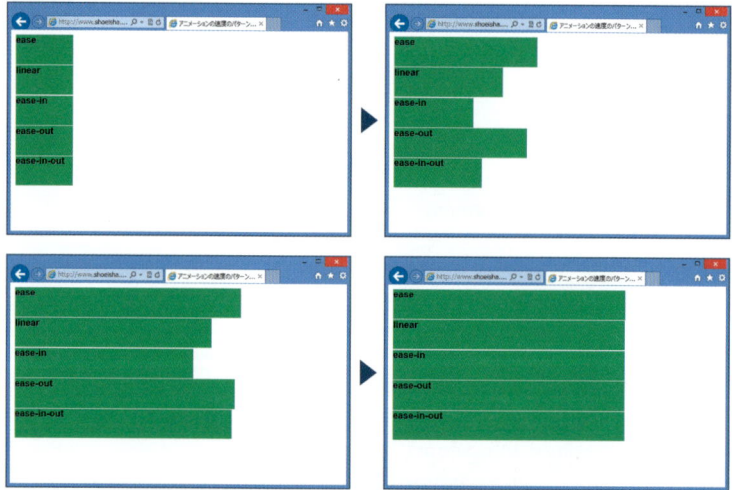

どのボックスも5秒かけて変化が完了しますが、途中の速度が異なります。

▶ ブラウザごとの指定方法と対応

ブラウザ	プロパティ
IE10	animation-timing-function
IE9	—
Fx	animation-timing-function
Chrome	-webkit-animation-timing-function
Safari	-webkit-animation-timing-function

ブラウザ	プロパティ
Opera	animation-timing-function
iOS6	-webkit-animation-timing-function
iOS5	-webkit-animation-timing-function
Android	-webkit-animation-timing-function

参照
アニメーションを実行する時間を指定したい‥‥ P.443　アニメーションのプロパティを
アニメーションを遅れて開始させたい ‥‥‥ P.456　一括して指定したい ‥‥‥‥‥‥‥‥ P.460
アニメーションを繰り返す方向を指定したい‥‥ P.451

アニメーションを実行する回数を指定したい

animation-iteration-count: ★

- -

★⋯⋯⋯⋯infinite、数値

初期値 1　値の継承 しない　適用要素 すべての要素、::before擬似要素と::after擬似要素

　トランジションとは異なり、アニメーションは繰り返して実行できます。繰り返しは、animation-iteration-countプロパティで指定します。初期値は「1」です。つまり1回実行して終了します。
　複数のアニメーションを実行回数を変えて適用する場合は、それぞれに対応する回数を「,(カンマ)」で区切って記述します。

値の指定方法

infinite　アニメーションを無限に繰り返します。
数値　　　アニメーションを実行する回数を数値で指定します。

CSS Source

```
    :
div {
    width: 100px;
    height: 100px;
    background-color: #ffa500;
    font-family: Helvetica, sans-serif;
    font-weight: bold;
    -webkit-animation-name: mymove;
    -webkit-animation-duration: 3s;
    -webkit-animation-iteration-count: infinite;
    animation-name: mymove;
    animation-duration: 3s;
    animation-iteration-count: infinite;
}
```

背景と
ボーダー

ボックス

色と
グラデーション

テキスト

フォント

段組み

フレキシブル
ボックス

グリッド
レイアウト

トランジション

アニメーション

変形

HTML Source

```
<body>
<div>sample</div>
</body>
```

Internet Explorer

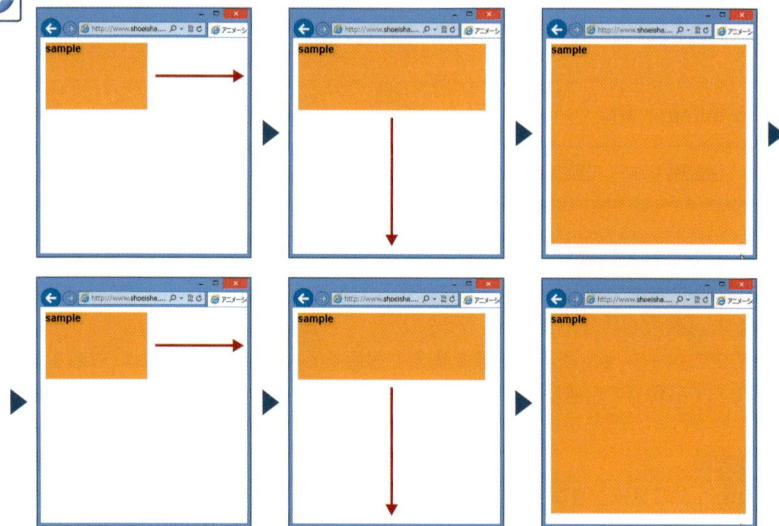

このアニメーションを無限に繰り返します。

▶ ブラウザごとの指定方法と対応

ブラウザ	プロパティ
IE10	animation-iteration-count
IE9	—
Fx	animation-iteration-count
Chrome	-webkit-animation-iteration-count
Safari	-webkit-animation-iteration-count

ブラウザ	プロパティ
Opera	animation-iteration-count
iOS6	-webkit-animation-iteration-count
iOS5	-webkit-animation-iteration-count
Android	-webkit-animation-iteration-count

参照　アニメーションを繰り返す方向を指定したい‥ P.451
アニメーションのプロパティを
一括して指定したい ・・・・・・・・・・・・・・・・・ P.460

アニメーションを繰り返す方向を指定したい

animation-direction: ★

★‥‥‥‥normal、reverse、alternate、alternate-reverse

初期値 normal 値の継承 しない 適用要素 すべての要素、::before擬似要素と::after擬似要素

アニメーションを繰り返すよう設定した場合に(p.449)、折り返して逆向きに実行(逆再生)するかどうかを指定するプロパティです。

複数のアニメーションを実行方向を変えて適用する場合は、それぞれに対応する実行方法を「,(カンマ)」で区切って記述します。

値の指定方法

normal	通常の実行方法でアニメーションを繰返します。
reverse	通常の実行方法とは逆向きに実行しながらアニメーションを繰返します。
alternate	奇数回目は通常通りに実行し、偶数回目は逆向きに実行しながらアニメーションを繰り返します。逆向きに実行するときは、animation-timinig-functionプロパティ(p.445)による動作も逆になります。例えば、「ease-in」が指定されているアニメーションは「ease-out」で実行されます。
alternate-reverse	奇数回目は逆向きに実行し、偶数回目は通常通りに実行しながらアニメーションを繰り返します。逆向きに実行するときは、animation-timinig-functionプロパティ(p.445)による動作も逆になります。例えば、「ease-in」が指定されているアニメーションは「ease-out」で実行されます。

CSS Source

```
@-webkit-keyframes mymove {
  0% {
      width: 100px;
      height: 100px;
  }
  50% {
      width: 300px;
```

背景と
ボーダー

ボックス

色と
グラデーション

テキスト

フォント

段組み

フレキシブル
ボックス

グリッド
レイアウト

トランジション

アニメーション

変形

```css
        height: 100px;
    }
    100% {
        width: 300px;
        height: 300px;
    }
}
@keyframes mymove {
    0% {
        width: 100px;
        height: 100px;
    }
    50% {
        width: 300px;
        height: 100px;
    }
    100% {
        width: 300px;
        height: 300px;
    }
}
div {
    width: 100px;
    height: 100px;
    background-color: #ffa500;
    font-family: Helvetica, sans-serif;
    font-weight: bold;
    -webkit-animation-name: mymove;
    -webkit-animation-duration: 3s;
    -webkit-animation-iteration-count: infinite;
    -webkit-animation-direction: alternate-reverse;
    animation-name: mymove;
    animation-duration: 3s;
    animation-iteration-count: infinite;
    animation-direction: alternate-reverse;
}
```

HTML Source

```html
<body>
<div>sample</div>
</body>
```

Internet Explorer

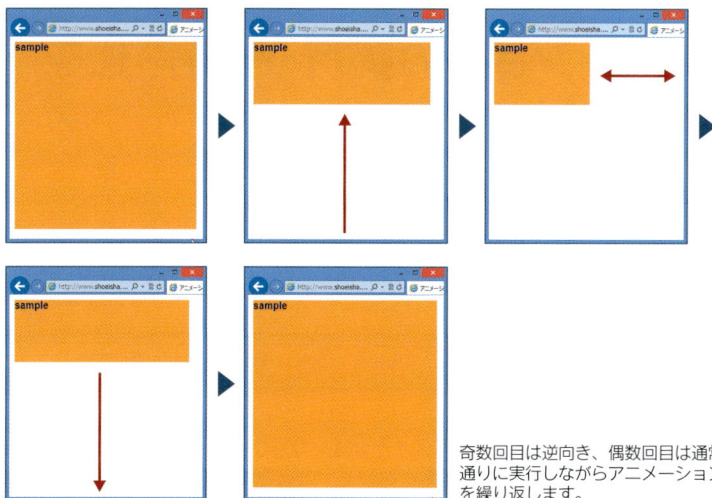

奇数回目は逆向き、偶数回目は通常
通りに実行しながらアニメーション
を繰り返します。

iPhone Safari

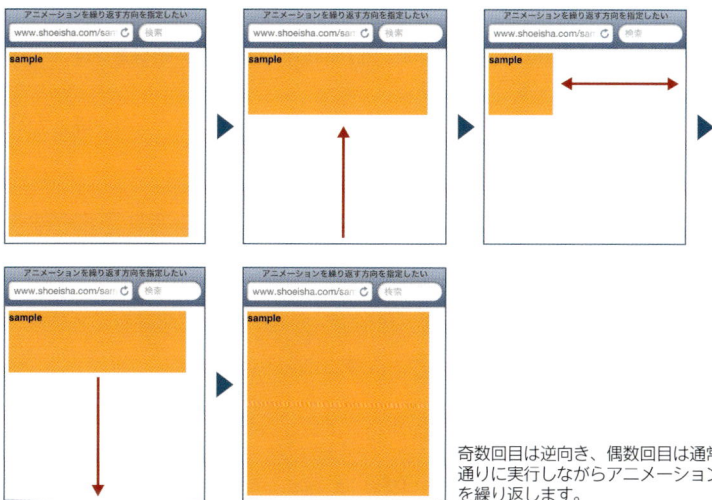

奇数回目は逆向き、偶数回目は通常
通りに実行しながらアニメーション
を繰り返します。

▶ ブラウザごとの指定方法と対応

ブラウザ	プロパティ
IE10	animation-direction
IE9	—
Fx	animation-direction
Chrome	-webkit-animation-direction
Safari	-webkit-animation-direction

ブラウザ	プロパティ
Opera	animation-direction
iOS6	-webkit-animation-direction
iOS5	—
Android	-webkit-animation-direction

※Android4.2機種搭載のChromeは対応していません

参照　アニメーションを実行する回数を指定したい‥‥ P.449　アニメーションのプロパティを
　　　　アニメーションの速度のパターンを　　　　　　　　一括して指定したい ‥‥‥‥‥‥‥‥‥‥ P.460
　　　　指定したい‥‥‥‥‥‥‥‥‥‥‥‥‥‥ P.445

CSS3

背景とボーダー

ボックス

色とグラデーション

テキスト

フォント

段組み

フレキシブルボックス

グリッドレイアウト

トランジション

アニメーション

変形

アニメーションの実行・一時停止を指定したい

animation-play-state: ★

★………running、paused

初期値 running　値の継承 しない　適用要素 すべての要素、::before擬似要素と::after擬似要素

animation-play-stateを使うと、アニメーションの実行と一時停止を指定できます。
　複数のアニメーションを実行・一時停止を変えて適用する場合は、それぞれに対応する値を「,(カンマ)」で区切って記述します。

値の指定方法

running　一時停止中のアニメーションを再開します。アニメーションは、一時停止された時点から実行されます。

paused　実行中のアニメーションを一時停止します。アニメーションは、その時点の状態を表示し続けます。

CSS Source

```
    :
div {
    width: 100px;
    height: 100px;
    background-color: #ffa500;
    font-family: Helvetica, sans-serif;
    font-weight: bold;
    -webkit-animation-name: mymove;
    -webkit-animation-duration: 3s;
    -webkit-animation-iteration-count: infinite;
    animation-name: mymove;
    animation-duration: 3s;
    animation-iteration-count: infinite;
}
div:hover {
    -webkit-animation-play-state: paused;
    animation-play-state: paused;
}
```

HTML Source

```
<body>
<div>sample</div>
</body>
```

Internet Explorer

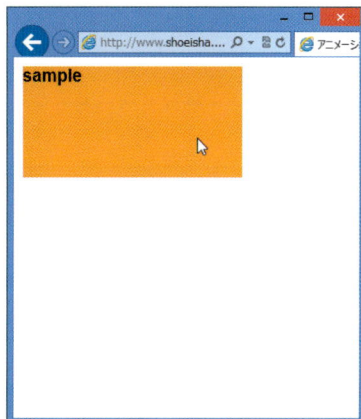

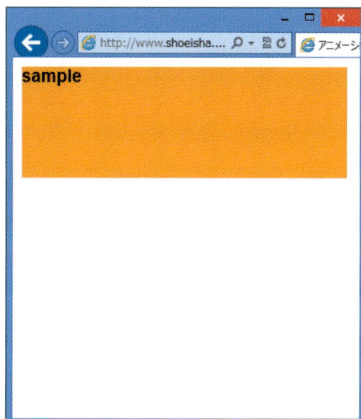

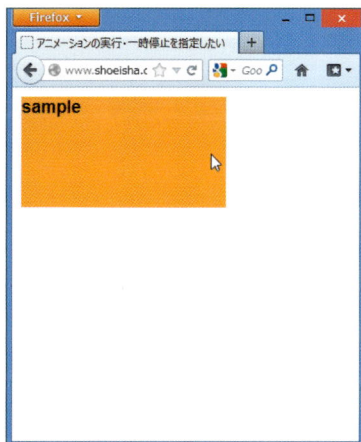

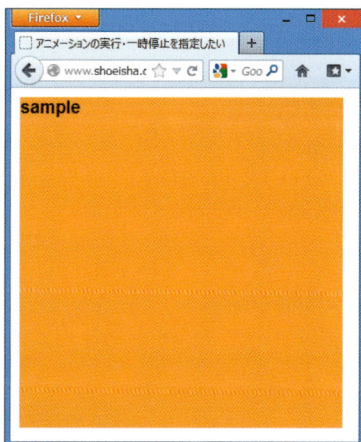

実行中のアニメーションにマウスカーソルをあてると一時停止し、カーソルを外すと再開します。

Firefox

実行中のアニメーションにマウスカーソルをあてると一時停止し、カーソルを外すと再開します。

▶ ブラウザごとの指定方法と対応

ブラウザ	プロパティ	ブラウザ	プロパティ
IE10	animation-play-state	Opera	animation-play-state
IE9	—	iOS6	-webkit-animation-play-state
Fx	animation-play-state	iOS5	-webkit-animation-play-state
Chrome	-webkit-animation-play-state	Android	-webkit-animation-play-state
Safari	-webkit-animation-play-state		

※iPhone、Androidは「:hover」に対応していないため、正しく動作しません

アニメーションを遅れて開始させたい

animation-delay: ★

─ ─

★………時間(秒、またはミリ秒)

| 初期値 0 | 値の継承 しない | 適用要素 すべての要素、::before擬似要素と::after擬似要素 |

animation-delayプロパティを使うと、アニメーションを遅れて開始させることができます。

値の指定方法

時間 アニメーションが開始されるまでの待機時間を、秒(s)またはミリ秒(ms)で指定します。負の値を指定したときは、指定した時間分実行した場合のポイントからすぐに開始されます。例えば、値を「-3s」とした場合、開始から3秒後のポイントから始まります。複数のアニメーションを待機時間を変えて適用する場合は、それぞれに対応する時間を「,(カンマ)」で区切って記述します。

CSS Source

```
         :
div:hover {
    -webkit-animation-name: mymove;
    -webkit-animation-duration: 5s;
    -webkit-animation-timing-function: linear;
    -webkit-animation-delay: 2s;
    animation-name: mymove;
    animation-duration: 5s;
    animation-timing-function: linear;
    animation-delay: 2s;
}
```

HTML Source

```
<body>
<div>sample</div>
</body>
```

Internet Explorer

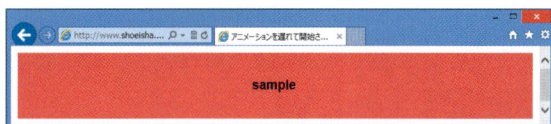

1秒

▼

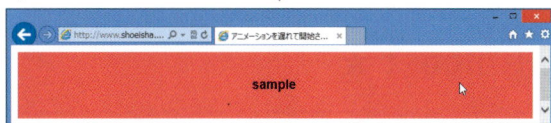

2秒

▼

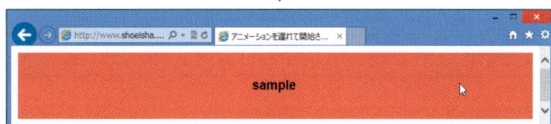

3秒

▼

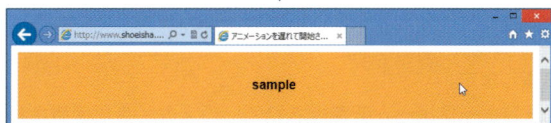

4秒

▼

5秒

▼

6秒

▼

7秒

マウスオーバーしてから2秒後に変化を開始し、5秒かけて変化が完了します。

▶ ブラウザごとの指定方法と対応

ブラウザ	プロパティ		ブラウザ	プロパティ
IE10	animation-direction		Opera	animation-direction
IE9	—		iOS6	-webkit-animation-direction
Fx	animation-direction		iOS5	-webkit-animation-direction
Chrome	-webkit-animation-direction		Android	-webkit-animation-direction
Safari	-webkit-animation-direction			

参照

アニメーションを実行する時間を指定したい‥‥ P.443
アニメーションの速度のパターンを
　　指定したい‥‥‥‥‥‥‥‥‥‥‥‥‥‥‥‥ P.445
アニメーションのプロパティを
　　一括して指定したい‥‥‥‥‥‥‥‥‥‥‥‥ P.460

アニメーションの待機中や完了後の スタイルを指定したい

animation-fill-mode: ★

★⋯⋯⋯none、forwards、backwards、both

| 初期値 none | 値の継承 しない | 適用要素 すべての要素、::before擬似要素と::after擬似要素 |

animation-fill-modeプロパティを使うと、アニメーションの待機中と完了後のスタイルを指定できます。待機中とはanimation-delayプロパティ（p.456）で指定するアニメーションの待機時間を、完了後とはanimation-duration（p.443）プロパティで指定するアニメーションの実行時間が経過した後を指します。

それぞれ最初または最後のキーフレームで定義されているスタイルが適用されますが、animation-directionプロパティ（p.451）やanimation-iteration-countプロパティ（p.449）の値によって、「最初」と「最後」の定義が異なってきますので注意してください。

複数のアニメーションを待機中／完了後のスタイルを変えて適用する場合は、それぞれに対応するスタイルを「,（カンマ）」で区切って記述します。

値の指定方法

none	アニメーションの待機中と完了後のスタイルは変更されません。
forwards	アニメーションの完了後に、最後のキーフレームで設定されているスタイルを保持します。
backwards	アニメーションの待機中に、最初のキーフレームで設定されているスタイルを適用します。
both	「forwards」と「backwards」の両方の規定に従います。アニメーションの待機中には最初のキーフレームで設定されているスタイルを、アニメーションの完了後には最後のキーフレームで設定されているスタイルを適用します。

CSS Source

```
       :
div {
    padding: 2em;
    font-family: Helvetica, sans-serif;
    font-weight: bold;
    text-align: center;
```

```
    background-color: #c0c0c0;
    -webkit-animation-fill-mode: forwards;
    animation-fill-mode: forwards;
}
div:hover {
    -webkit-animation-name: mymove;
    -webkit-animation-duration: 5s;
    -webkit-animation-timing-function: linear;
    -webkit-animation-delay: 2s;
    animation-name: mymove;
    animation-duration: 5s;
    animation-timing-function: linear;
    animation-delay: 2s;
}
```

HTML Source

```
<body>
<div>sample</div>
</body>
```

Internet Explorer

1秒 ▼

2秒 ▼

3秒 ▼

4秒 ▼

5秒 ▼

6秒 ▼

7秒

アニメーションが開始されるまでの2秒間の待機時間は、背景が灰色になります。アニメーション完了後は最後のキーフレームの#33ccff(水色)がそのまま保持されます。

▶ ブラウザごとの指定方法と対応

ブラウザ	プロパティ	ブラウザ	プロパティ
IE10	animation-fill-mode	Opera	animation-fill-mode
IE9	—	iOS6	-webkit-animation-fill-mode
Fx	animation-fill-mode	iOS5	-webkit-animation-fill-mode
Chrome	-webkit-animation-fill-mode	Android	-webkit-animation-fill-mode
Safari	-webkit-animation-fill-mode		

参照 アニメーションを実行する時間を指定したい‥‥ P.443　アニメーションのプロパティを
アニメーションを遅れて開始させたい ‥‥‥‥ P.456　一括して指定したい ‥‥‥‥‥‥‥‥‥‥‥ P.460

アニメーションのプロパティを
一括して指定したい

animation: ★ ◆ ▲ ● ■ ▼

★………animation-nameの値（利用するキーフレームの名前）
◆………animation-durationの値（実行する時間）
▲………animation-timing-functionの値（変化する速度のパターン）
●………animation-delayの値（変化までの待機時間）
■………animation-iteration-countの値（実行回数）
▼………animation-directionの値（逆再生をするかどうか）
☆………animation-fill-modeの値（待機中や完了後のスタイルの指定）

`初期値` 個別のプロパティ参照 `値の継承` しない `適用要素` すべての要素、::before擬似要素と::after擬似要素

アニメーションのプロパティを一括して指定するには、animationプロパティを使います。それぞれの値を任意の順番で、半角スペースで区切って指定します。

ただし、animation-durationプロパティ（p.443）とanimation-delayプロパティ（p.456）の値については、先に指定されている値がanimation-durationの値、後に指定されている値がanimation-delayの値とみなされます。

省略された値については初期値が適用されます。

複数のアニメーションを適用する場合は、それぞれに対応する値のセットを「,（カンマ）」で区切って記述します。

IE10では、値は任意の順番ではなく、上記の順番で指定する必要があるようです。

値の指定方法

animation-nameの値（p.440）
　利用するキーフレームの名前を指定します。

animation-durationの値（p.443）
　実行する時間を指定します。

animation-timing-functionの値（p.445）
　実行する速度のパターンを指定します。

animation-delayの値（p.456）
　アニメーションが開始されるまでの待機時間を指定します。

animation-iteration-countの値（p.449）
　実行する回数を指定します。

animation-directionの値（p.451）

アニメーションを繰り返す場合に、逆再生をするかどうかを指定します。

animation-fill-modeの値（p.458）

アニメーションの待機中と完了後のスタイルを指定します。

CSS Source

```css
@-webkit-keyframes usa {
    0%   {
        -webkit-transform: rotate(0deg);
    }
    20% {
        -webkit-transform: rotate(30deg);
    }
    40% {
        -webkit-transform: rotate(0deg);
    }
    60% {
        -webkit-transform: rotate(-30deg);
    }
    100% {
        -webkit-transform: rotate(0deg);
    }
}
@keyframes usa {
    0%   {
        transform: rotate(0deg);
    }
    20% {
        transform: rotate(30deg);
    }
    40% {
        transform: rotate(0deg);
    }
    60% {
        transform: rotate(-30deg);
    }
    100% {
        transform: rotate(0deg);
    }
}
div{
    margin: 20px 100px;
    width: 182px;
    height: 255px;
    -webkit-transform-origin: center bottom;
    -webkit-animation: usa 8s ease-in-out infinite;
```

背景と
ボーダー

ボックス

色と
グラデーション

テキスト

フォント

段組み

フレキシブル
ボックス

グリッド
レイアウト

トランジション

アニメーション

変形

```
    transform-origin: center bottom;
    animation: usa 8s ease-in-out infinite;
}
```

HTML Source

```
<body>
<div><img src="usa_flute.gif"></div>
</body>
```

Internet Explorer

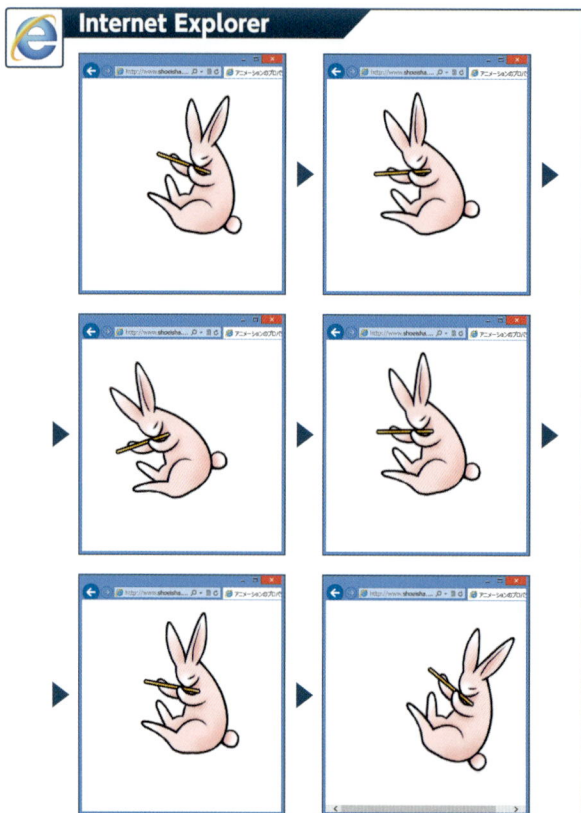

▶ ブラウザごとの指定方法と対応

ブラウザ	プロパティ
IE10	animation
IE9	—
Fx	animation
Chrome	-webkit-animation
Safari	-webkit-animation

ブラウザ	プロパティ
Opera	animation
iOS6	-webkit-animation
iOS5	-webkit-animation
Android	-webkit-animation

参照　アニメーションのキーフレームを設定したい‥‥ P.438
　　　利用するキーフレームを指定したい‥‥‥‥ P.440

要素に2次元の変形効果を付けたい

transform: ★

★ ……… 必要な変形関数（下記参照）、none

初期値 none　値の継承 しない　適用要素 変形可能な要素

　transformプロパティを使うと、要素のボックスに2次元または3次元の変形効果を適用できます。

　2次元変形では横（X軸）と縦（Y軸）の方向に関して、移動、拡大・縮小、回転、傾斜の変形効果を適用できます。変形の種類は下記の変形関数で指定します。

変形効果	変形関数
移動	translate() translateX() translateY()
拡大・縮小	scale() scaleX() scaleY()
回転	rotate()
傾斜	skewX() skewY()
変換行列	matrix()

　各変形効果を半角スペースで区切って記述すれば、複数の効果を適用できます。その場合は、先に指定したものから適用されます。指定する順番によって効果が変わることがありますので、注意してください。

　なお、変形の基点はボックスの中心（50% 50%）ですが、transform-originプロパティ（p.466）で変更することもできます。

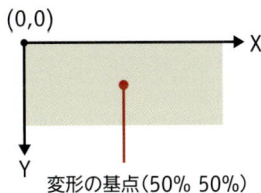

変形の基点（50% 50%）

背景とボーダー
ボックス
色とグラデーション
テキスト
フォント
段組み
フレキシブルボックス
グリッドレイアウト
トランジション
アニメーション
変形

　サンプルでは3つの2次元変形を適用しています。ボックスの中心を基点として、まずX軸方向とY軸方向へ200ピクセルずつ移動し[translate(200px, 200px)]、その位置で時計回りに45度回転します[rotate(45deg)]。最後にX軸方向に2倍、Y軸方向に1.5倍拡大[scale(2, 1.5)]するという設定になっています。

値の指定方法

none
変形効果を適用しません。

translate(X軸方向の距離, Y軸方向の距離)
要素を移動させます。X軸方向とY軸方向の移動距離を、それぞれ「実数値+単位」または「パーセント値+%」で指定します。値を1つだけ指定した場合は、Y軸方向の移動距離に「0」が指定されたものとみなされます。

translateX(X軸方向の距離)
要素をX軸方向へ移動させます。移動距離を「実数値+単位」または「パーセント値+%」で指定します。

translateY(Y軸方向の距離)
要素をY軸方向へ移動させます。移動距離を「実数値+単位」または「パーセント値+%」で指定します。

scale(X軸方向の倍率, Y軸方向の倍率)
要素を拡大または縮小させます。X軸方向とY軸方向に拡大・縮小させる倍率を、それぞれ標準のサイズを1とした単位なしの実数値で指定します。値を1つだけ指定した場合は、X軸方向とY軸方向へ同じ倍率が指定されたものとみなされます。

scaleX(X軸方向の倍率)
要素をX軸方向へ拡大または縮小させます。拡大・縮小させる倍率を、標準のサイズを1とした単位なしの実数値で指定します。

scaleY(Y軸方向の倍率)
要素をY軸方向へ拡大または縮小させます。拡大・縮小させる倍率を、標準のサイズを1とした単位なしの実数値で指定します。

rotate(角度)
要素を回転させます。回転させる角度を「deg（度数）」「rad（ラジアン）」「grad（グラード）」などで指定します。プラスの値を指定すると、時計回りに回転します。

skewX(X軸方向の角度)
要素をX軸方向に傾斜させます。傾斜させる角度を「deg（度数）」「rad（ラジアン）」「grad（グラード）」などで指定します。

skewY(Y軸方向の角度)
要素をY軸方向に傾斜させます。傾斜させる角度を「deg（度数）」「rad（ラジアン）」「grad（グラード）」などで指定します。

matrix(a,b,c,d,e,f)
3×3の変換行列を利用して座標を変換し、要素を変形させます。この行列a〜fの9つの値をmatrix()関数で指定します。例えば元の要素の座標を(x,y)とすると、変形後の新しい座標は、右の式によって計算されたものになり、(ax+cy+e, bx+dy+f)となります。

$$\begin{bmatrix} a & c & e \\ b & d & f \\ 0 & 0 & 1 \end{bmatrix} \cdot \begin{bmatrix} x \\ y \\ 1 \end{bmatrix}$$

CSS Source

```css
div {
    padding: 5px;
    position: absolute;
    width: 200px;
    height: 30px;
    background-color: #ffa500;
    font-family: Helvetica, sans-serif;
    font-weight: bold;
}
#sample1 {
    -ms-transform: translate(200px, 200px) rotate(45deg) scale(2, 1.5);
    -webkit-transform: translate(200px, 200px) rotate(45deg) scale(2, 1.5);
    transform: translate(200px, 200px) rotate(45deg) scale(2, 1.5);
}
```

HTML Source

```html
<body>
<div>default</div>
<div id="sample1">sample1</div>
</body>
```

Internet Explorer

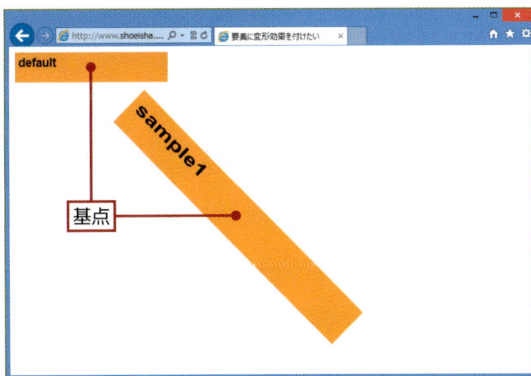

元のdefaultから、X軸Y軸にそれぞれ200px移動し、時計回りに45度回転、さらにX軸は2倍、Y軸は1.5倍に拡大されます。

▶ ブラウザごとの指定方法と対応

ブラウザ	プロパティ		ブラウザ	プロパティ
IE10	transform		Opera	transform
IE9	-ms-transform		iOS6	-webkit-transform
Fx	transform		iOS5	-webkit-transform
Chrome	-webkit-transform		Android	-webkit-transform
Safari	-webkit-transform			

参照　2次元の変形の基点を指定したい ・・・・・・・・・ P.466
　　　要素に3次元の変形効果を付けたい ・・・・・・・・ P.468

CSS3

2次元の変形の基点を指定したい

transform-origin: ★

★………パーセント値+%、実数値+単位、キーワード（下記参照）

`初期値` 50% 50%　`値の継承` しない　`適用要素` 変形可能な要素

　2次元の変形効果（p.463）は、ボックスの中心（50% 50%）を基点として適用されますが、transform-originプロパティを指定すれば、この位置を変更することができます。

　ボックスの左上を「0,0」としたときの基点の位置を、X軸方向とY軸方向の座標またはキーワードで半角スペースで区切って指定します。値を1つだけ指定した場合は、2つ目の値に「center」が指定されたものとみなされます。

値の指定方法

パーセント値+%
　要素のボックスのサイズに対する割合で、基点の位置を指定します。

実数値+単位
　数値に単位を付けて、基点の位置を指定します。

left、center、right、top、bottom
　X軸方向の位置（left、center、right）とY軸方向の位置（top、center、bottom）を指定します。topとleftは「0%」、rightとbottomは「100%」、centerは「50%」を指定したときと同じになります。

CSS Source

```
div {
    padding: 5px;
    position: absolute;
    width: 200px;
    height: 30px;
    background-color: #ffa500;
    font-family: Helvetica, sans-serif;
    font-weight: bold;
}
#sample1 {
    -ms-transform: translate(200px, 200px) rotate(45deg) scale(2, 1.5);
    -ms-transform-origin: left top;
```

サイドタブ（縦書き）：背景とボーダー／ボックス／色とグラデーション／テキスト／フォント／段組み／フレキシブルボックス／グリッドレイアウト／トランジション／アニメーション／変形

```
    -webkit-transform: translate(200px, 200px) rotate(45deg) scale(2, 1.5);
    -webkit-transform-origin: left top;
    transform: translate(200px, 200px) rotate(45deg) scale(2, 1.5);
    transform-origin: left top;
}
```

HTML Source

```
<body>
<div id="default">default</div>
<div id="sample1">sample1</div>
</body>
```

Internet Explorer

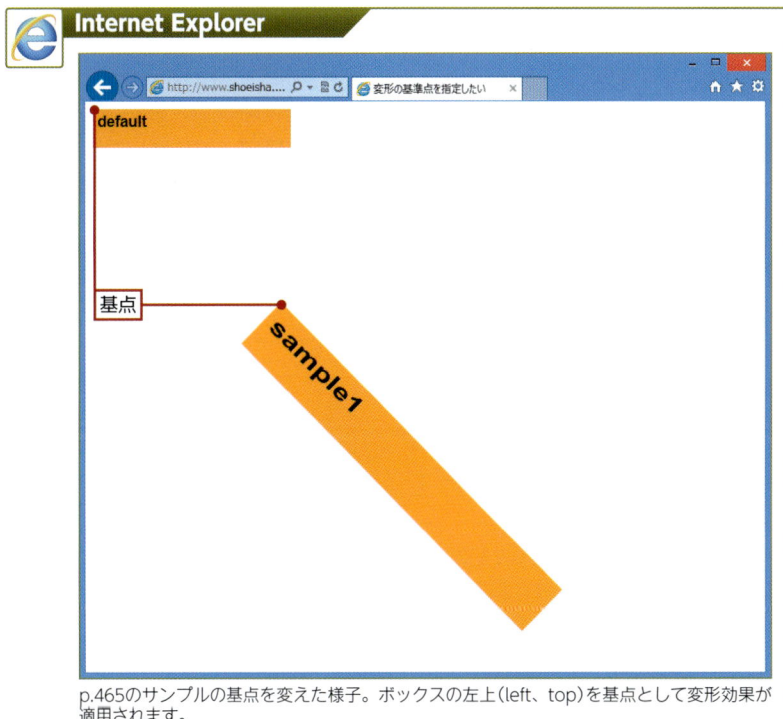

p.465のサンプルの基点を変えた様子。ボックスの左上（left、top）を基点として変形効果が適用されます。

▶ ブラウザごとの指定方法と対応

ブラウザ	プロパティ		ブラウザ	プロパティ
IE10	transform-origin		Opera	transform-origin
IE9	-ms-transform-origin		iOS6	-webkit-transform-origin
Fx	transform-origin		iOS5	-webkit-transform-origin
Chrome	-webkit-transform-origin		Android	-webkit-transform-origin
Safari	-webkit-transform-origin			

参照　要素に2次元の変形効果を付けたい・・・・・・・・ P.463
　　　3次元の変形の基点を指定したい ・・・・・・・・・ P.472

要素に3次元の変形効果を付けたい

transform: ★

- -

★‥‥‥‥必要な変形関数（下記参照）、none

| 初期値 none | 値の継承 しない | 適用要素 変形可能な要素 |

transformプロパティを使うと、要素のボックスに2次元または3次元の変形効果を適用できます。

3次元変形では横（X軸）、縦（Y軸）、ブラウザ画面に垂直（Z軸）の方向に関して、移動、拡大・縮小、回転の変形効果を適用し、透視図法（遠近法）で表現できます。変形の種類は下記の変形関数で指定します。

変形効果	変形関数
移動	translate3d() translateZ()
拡大・縮小	scale3d() scaleZ()
回転	rotate3d() rotateX() rotateY() rotateZ()
透視図法	perspective()
変換行列	matrix()

各変形効果を半角スペースで区切って記述すれば、複数の効果を適用できます。その場合は、先に指定したものから適用されます。指定する順番によって効果が変わることがありますので、注意してください。

なお、変形の基点はブラウザ画面上でのボックスの中心（50% 50% 0）ですが、transform-originプロパティ（p.472）で変更することもできます。

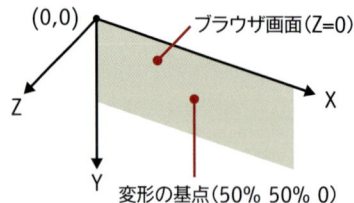

サンプルでは3つの3次元変形を適用しています。まず、視点を表示面から手前400px
の位置とします[perspective(400px)]。次に、ボックスの中心を基点として表示面の奥
へ50ピクセル移動し[translateZ(-50px)]、最後にX軸を中心に時計回りに45度回転する
[rotate(45deg)]という設定になっています。

　なお、変形効果が分かりやすいよう、変形を適用するボックスには、背景色に透明度の指定
を追加しています。

値の指定方法

none
　変形効果を適用しません。

translate3d(X軸方向の距離, Y軸方向の距離, Z軸方向の距離)
　要素を移動させます。X軸方向、Y軸方向の移動距離を「実数値+単位」または「パーセント
値+%」で、Z軸方向の移動距離を「実数値+単位」で指定します。Zの値にパーセント値は
指定できません。Zの値が大きくなるほど要素の位置が手前になります。

translateZ(Z軸方向の距離)
　要素をZ軸方向へ移動させます。移動距離を「実数値+単位」で指定します。パーセント値
は指定できません。Zの値が大きくなるほど要素の位置が手前になります。

scale3d(X軸方向の倍率, Y軸方向の倍率, Z軸方向の倍率)
　要素を拡大または縮小させます。X軸方向、Y軸方向、Z軸方向に拡大・縮小させる倍率を、
それぞれ標準のサイズを1とした単位なしの実数値で指定します。

scaleZ(Z軸方向の倍率)
　要素をX軸方向へ拡大または縮小させます。拡大・縮小させる倍率を、標準のサイズを1
とした単位なしの実数値で指定します。

rotate3d(x, y, z, 回転の角度)
　変形の基点と最初の3つの値で指定された方向ベクトル(x, y, z)を結ぶ直線を軸として、要
素を時計回りに回転させます。最後の値に回転させる角度を「deg(度数)」「rad(ラジア
ン)」「grad(グラード)」などで指定します。

rotateX(X軸回りの角度)
　要素を回転させます。X軸を回転軸として回転させる角度を、それぞれ「deg(度数)」「rad
(ラジアン)」「grad(グラード)」などで指定します。rotate3d(1, 0, 0, X軸回りの角度)を指
定した場合と同じです。

rotateY(Y軸回りの角度)
　要素を回転させます。Z軸を回転軸として回転させる角度を、それぞれ「deg(度数)」「rad
(ラジアン)」「grad(グラード)」などで指定します。rotate3d(0, 1, 0, Y軸回りの角度)を指
定した場合と同じです。

rotateZ(Z軸回りの角度)
　要素を回転させます。Z軸を回転軸として回転させる角度を、それぞれ「deg(度数)」「rad
(ラジアン)」「grad(グラード)」などで指定します。rotate3d(0, 0, 1, Z軸回りの角度)を
指定した場合と同じで、動作は2次元変形のrotate()と同じになります。

背景とボーダー

ボックス

色とグラデーション

テキスト

フォント

段組み

フレキシブルボックス

グリッドレイアウト

トランジション

アニメーション

変形

perspective(視点の距離)

要素を「透視図法」で表示します。通常、変形の効果は、Z軸に平行な視点で描く「投影図法」でブラウザに表示されるため、奥行きのある表現にはなりません。perspective()関数で視点を指定すると、奥行きがあるように表現できます。値には、Z=0の面、つまりブラウザ画面から視点までの距離を、0以上の数値に単位を付けて指定します。負の値は指定できません。値が大きいほど、要素が小さく、遠くに見えるようになります。また、要素の位置によっても見え方は変わります。下図は、要素のZ軸方向の位置が「100px」と「-100px」のときに、perspective(200px)を指定した場合の違いです。

perspective(200px)の場合

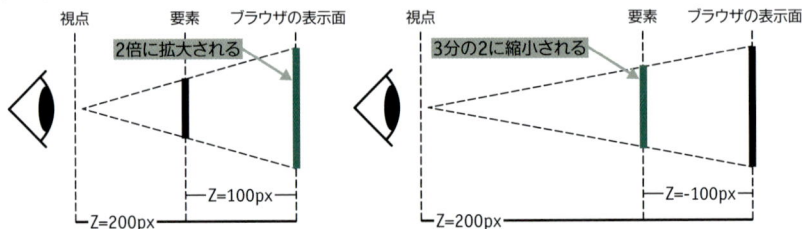

matrix(a,b,…,o,p)

4×4の変換行列を利用して座標を変換し、要素を変形させます。この行列a〜pの16つの値をmatrix()関数で指定します。例えば元の要素の座標を(x,y)とすると、変形後の新しい座標は、右の式によって計算されたものになります。

$$\begin{bmatrix} a & e & i & m \\ b & f & j & n \\ c & g & k & o \\ d & h & l & p \end{bmatrix} \cdot \begin{bmatrix} x \\ y \\ z \\ 1 \end{bmatrix}$$

CSS Source

```css
body {
    margin-left: 100px;
}
div {
    position: absolute;
    width: 200px;
    height: 200px;
    background-color: rgb(211, 211, 211);
    font-family: Helvetica, sans-serif;
    font-size: larger;
}
#sample1 {
    background-color: rgba(000, 139, 139, 0.8);
    -webkit-transform: perspective(400px) translateZ(-50px) rotateX(50deg);
    transform: perspective(400px) translateZ(-50px) rotateX(50deg);
}
```

HTML Source

```
<body>
<div id="webkit">default</div>
<div id="sample1">transform: <br>perspective(400px)<br>translateZ(-50px)<br>
rotateX(50deg)</div>
</body>
```

Internet Explorer

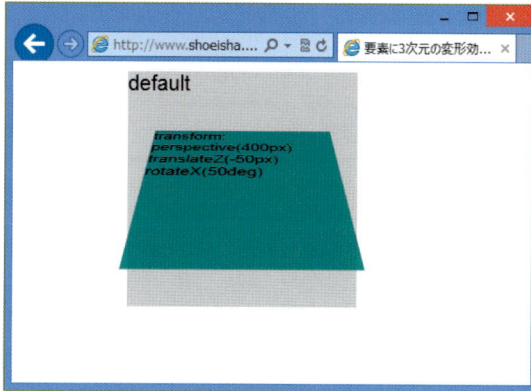

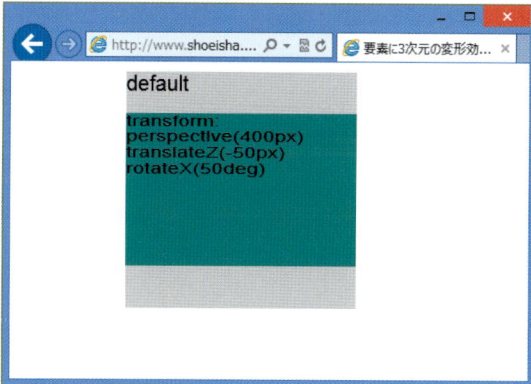

上図は平行投影の指定を行ったサンプル、下図はperspective()指定無しのサンプルです。

▶ ブラウザごとの指定方法と対応

ブラウザ	プロパティ
IE10	transform
IE9	—
Fx	transform
Chrome	-webkit-transform
Safari	-webkit-transform

ブラウザ	プロパティ
Opera	—
iOS6	-webkit-transform
iOS5	-webkit-transform
Android	-webkit-transform

※Chromeは3Dレンダリングが有効になっていない場合、正しく表示されません

参照　3次元の変形の基点を指定したい ・・・・・・・・ P.472
　　　要素の裏面の表示方法を指定したい ・・・・・・・ P.480

3次元の変形の基点を指定したい

transform-origin: ★

★………パーセント値+%、実数値+単位、キーワード（下記参照）

`初期値` 50% 50%　`値の継承` しない　`適用要素` 変形可能な要素

　3次元の変形効果（p.468）は、ボックスの中心（50% 50% 0）を基点として適用されますが、transform-originプロパティを指定すれば、この位置を変更することができます。

　ボックスの左上を「0,0,0」としたときの基点の位置を、X軸、Y軸、Z軸方向の座標またはキーワードで半角スペースで区切って指定します。ただし、Z軸方向の位置を示す3つ目の値は、実数値+単位でのみ指定できます。パーセント値やキーワードでの指定はできませんので注意してください。

　1つ、または2つの値のみ指定されている場合（p.466）は、3つ目の値は「0」が指定されたものとみなされます。

値の指定方法

パーセント値+%
　要素のボックスのサイズに対する割合で、基点の位置を指定します。

実数値+単位
　数値に単位を付けて、基点の位置を指定します。

left、center、right、top、bottom
　X軸方向の位置（left、center、right）とY軸方向の位置（top、center、bottom）を指定します。topとleftは「0%」、rightとbottomは「100%」、centerは「50%」を指定したときと同じになります。

CSS Source

```
body {
    margin-left: 100px;
}
div {
    position: absolute;
    width: 200px;
    height: 200px;
    background-color: rgb(211, 211, 211);
```

背景とボーダー / ボックス / 色とグラデーション / テキスト / フォント / 段組み / フレキシブルボックス / グリッドレイアウト / トランジション / アニメーション / 変形

```
    font-family: Helvetica, sans-serif;
    font-size: larger;
}
#sample1 {
    background-color: rgba(000, 139, 139, 0.8);
    -webkit-transform: perspective(400px) translateZ(-50px) rotateX(50deg);
    transform: perspective(400px) translateZ(-50px) rotateX(50deg);
    -webkit-transform-origin: 50% 100% 0;
    transform-origin: 50% 100% 0;
}
```

HTML Source

```
<body>
<div>default</div>
<div id="sample1">transform: <br>perspective(400px)<br>translateZ(-50px)
<br>rotateX(50deg)</div>
</body>
```

Internet Explorer

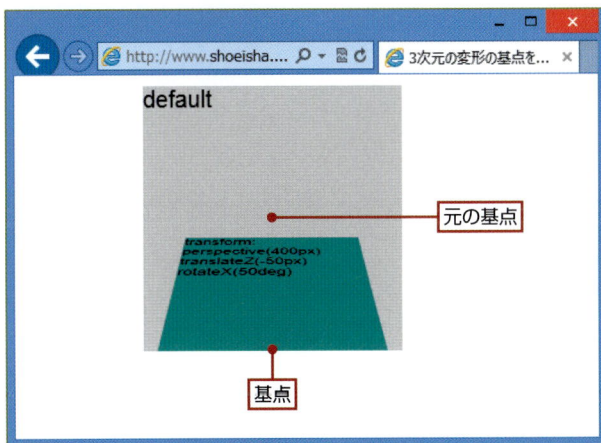

p.471のサンプルの基点を変えた様子。ボックスの下中央（center bottom）を基点として変形効果が適用されます。

▶ ブラウザごとの指定方法と対応

ブラウザ	プロパティ
IE10	transform-origin
IE9	—
Fx	transform-origin
Chrome	-webkit-transform-origin
Safari	-webkit-transform-origin

ブラウザ	プロパティ
Opera	—
iOS6	-webkit-transform-origin
iOS5	-webkit-transform-origin
Android	-webkit-transform-origin

※Chromeは3Dレンダリングが有効になっていない場合、正しく表示されません

参照　　2次元の変形の基点を指定したい ・・・・・・・・・ P.466
　　　　要素に3次元の変形効果を付けたい ・・・・・・・・ P.468
　　　　子要素の透視図法の視点を変更したい ・・・・・・ P.478

■背景と
ボーダー

ボックス

色と
グラデーション

テキスト

フォント

段組み

フレキシブル
ボックス

グリッド
レイアウト

トランジション

アニメーション

変形

CSS3 > TRANCEFORM.05

3次元上での子要素の描画方法を
指定したい

transform-style: ★

★・・・・・・・・flat、preserve-3d

初期値 flat　値の継承 しない　適用要素 変形可能な要素

　transform-styleプロパティは、3次元の変形効果において、親要素と子要素をどのような
関係で表示するかを指定するプロパティです。

値の指定方法

flat　　　　　親要素に適用した3次元の変形効果は子要素には適用されません。子要素は、
　　　　　　　親要素に平面的に投影された形で表示されます。

preserve-3d　親要素に適用した3次元の変形効果は子要素にも適用されます。3次元上で
　　　　　　　の親要素と子要素の位置関係がそのまま保持されるため、子要素が影に隠れ
　　　　　　　て見えなくなることもあります。

CSS Source

```
body {
    margin-top: 40px;
}
div {
    position: absolute;
    width: 180px;
    height: 180px;
    font-family: Helvetica, sans-serif;
    font-weight: bold;
    font-size: larger;
}
#container1 {
    background-color: rgba(169, 169, 169, 0.7);
    -webkit-transform: perspective(500px) rotateY(45deg);
    -webkit-transform-style: flat;
    transform: perspective(500px) rotateY(-45deg);
    transform-style: flat;
}
```

```
#sample1 {
    background-color: rgb(000, 139, 139);
    -webkit-transform: perspective(500px) translateZ(-500px);
    transform: perspective(500px) translateZ(-500px);
}
#container2 {
    left: 200px;
    background-color: rgba(169, 169, 169, 0.7);
    -webkit-transform: perspective(500px) rotateY(45deg);
    -webkit-transform-style: preserve-3d;
    transform: perspective(500px) rotateY(-45deg);
    transform-style: preserve-3d;
}
#sample2 {
    background-color: rgb(000, 139, 139);
    -webkit-transform: perspective(500px) translateZ(-500px);
    transform: perspective(500px) translateZ(-500px);
}
```

HTML Source

```
<body>
<div id="container1">flat<div id="sample1"></div></div>
<div id="container2">preserve-3d<div id="sample2"></div></div>
</body>
```

Firefox

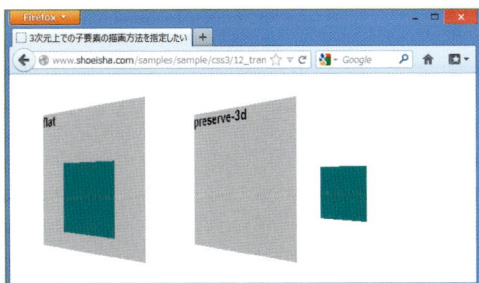

▶ ブラウザごとの指定方法と対応

ブラウザ	プロパティ
IE10	—
IE9	—
Fx	transform-style
Chrome	-webkit-transform-style
Safari	-webkit-transform-style

ブラウザ	プロパティ
Opera	—
iOS6	-webkit-transform-style
iOS5	-webkit-transform-style
Android	-webkit-transform-style

※Chromeは3Dレンダリングが有効になっていない場合、正しく表示されません

参照　子要素を透視図法で表示したい ・・・・・・・・・・ P.476
　　　子要素の透視図法の視点を変更したい ・・・・・・ P.478

CSS3

子要素を透視図法で表示したい

perspective: ★

- -

★………実数値+単位

| 初期値 none | 値の継承 しない | 適用要素 変形可能な要素 |

perspectiveプロパティは、視点の距離を指定することで子要素を透視図法で表示するプロパティです。perspective()関数（p.470）と似ていますが、perspective()関数がその要素自体に適用されるのに対し、perspectiveプロパティはこのプロパティが指定された要素の子要素にのみ有効になります。

値の指定方法

none　　視点の距離を変更しません。子要素は投影図法で表現されます。

実数値+単位　Z=0の面、つまりブラウザ画面から視点までの距離を、0以上の数値に単位を付けて指定します。視点を変化させることで、奥行きがあるように表現できます。値が大きいほど、要素が小さく、遠くに見えるようになります。負の値は指定できません。

CSS Source

```
body {
    margin-top: 30px;
    margin-left: 20px;
}
div {
    position: absolute;
    width: 200px;
    height: 100px;
    font-family: Helvetica, sans-serif;
    font-weight: bold;
    font-size: large;
}
#container1 {
    border: 2px solid rgb(169, 169, 169);
    -webkit-perspective: none;
    perspective: none;
```

```
}
#sample1 {
    background-color: rgb(000, 139, 139);
    -webkit-transform: rotateY(-55deg);
    transform: rotateY(-55deg);
}
#container2 {
    left: 250px;
    border: 2px solid rgb(169, 169, 169);
    -webkit-perspective: 500px;
    perspective: 500px;
}
#sample2 {
    background-color: rgb(000, 139, 139);
    -webkit-transform: rotateY(-55deg);
    transform: rotateY(-55deg);
}
```

HTML Source

```
<body>
<div id="container1"><div id="sample1">perspective: none</div></div>
<div id="container2"><div id="sample2">perspective: 500px</div></div>
</body>
```

Internet Explorer

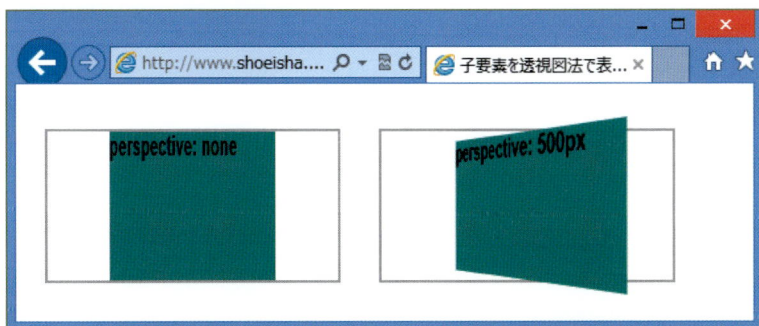

▶ ブラウザごとの指定方法と対応

ブラウザ	プロパティ		ブラウザ	プロパティ
IE10	perspective		Opera	—
IE9	—		iOS6	-webkit-perspective
Fx	perspective		iOS5	-webkit-perspective
Chrome	-webkit-perspective		Android	-webkit-perspective
Safari	-webkit-perspective			

※Chromeは3Dレンダリングが有効になっていない場合、正しく表示されません

参照　3次元上での子要素の描画方法を指定したい ‥ P.474
　　　子要素の透視図法の視点を変更したい ‥‥‥ P.478

子要素の透視図法の視点を変更したい

perspective-origin: ★

★………パーセント値+%、実数値+単位、キーワード（下記参照）

`初期値` 50% 50%　`値の継承` しない　`適用要素` 変形可能な要素

　子要素の透視図法(p.476)のX軸とY軸の方向は、perspectiveプロパティが指定された要素のボックスの中心(50% 50%)が基点となりますが、perspective-originプロパティを指定すれば、この位置を変更することができます。ボックスの左上を「0,0」としたときの基点の位置を、X軸方向とY軸方向の座標またはキーワードで半角スペースで区切って指定します。値を1つだけ指定した場合は、2つ目の値に「center」が指定されたものとみなされます。

値の指定方法

パーセント値+%
　要素のボックスのサイズに対する割合で、X軸とY軸方向の基点の位置を指定します。

実数値+単位
　数値に単位を付けて、X軸とY軸方向の基点の位置を指定します。

left、center、right、top、bottom
　X軸方向の位置(left、center、right)とY軸方向の位置(top、center、bottom)を指定します。topとleftは「0%」、rightとbottomは「100%」、centerは「50%」を指定したときと同じになります。

CSS Source

```
body {
    margin-top: 30px;
    margin-left: 20px;
}
div {
    position: absolute;
    width: 200px;
    height: 100px;
    font-family: Helvetica, sans-serif;
    font-weight: bold;
    font-size: large;
}
```

```css
#container {
    border: 2px solid rgb(169, 169, 169);
    -webkit-perspective: 500px;
    -webkit-perspective-origin: center 0;
    perspective: 500px;
    perspective-origin: center 0;
}
#sample {
    background-color: rgb(000, 139, 139);
    -webkit-transform: rotateY(-55deg);
    transform: rotateY(-55deg);
}
```

HTML Source

```html
<body>
<div id="container"><div id="sample">perspective-origin: center 0</div></div>
</body>
```

Internet Explorer

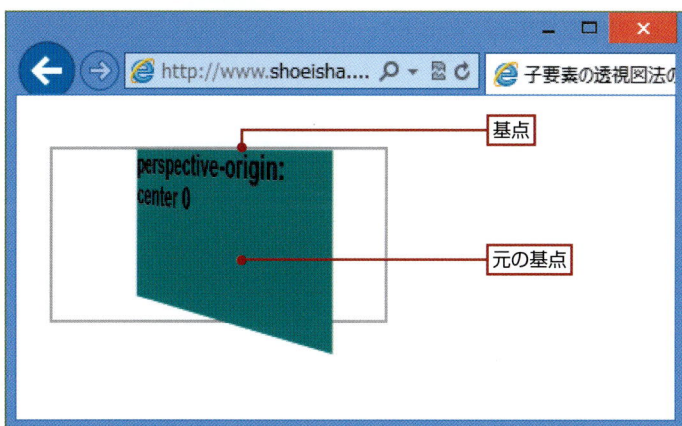

p.477のサンプルの基点を変えた様子。ボックスの上中央（center top）を基点として子要素に変形効果が適用されます。

▶ ブラウザごとの指定方法と対応

ブラウザ	プロパティ	ブラウザ	プロパティ
IE10	perspective-origin	Opera	—
IE9	—	iOS6	-webkit-perspective-origin
Fx	perspective-origin	iOS5	-webkit-perspective-origin
Chrome	-webkit-perspective-origin	Android	-webkit-perspective-origin
Safari	-webkit-perspective-origin		

※Chromeは3Dレンダリングが有効になっていない場合、正しく表示されません

参照
3次元の変形の基点を指定したい ・・・・・・・・・ P.472
3次元上での子要素の描画方法を指定したい ・・ P.474
子要素を透視図法で表示したい ・・・・・・・・・・ P.476

CSS3

要素の裏面の表示方法を指定したい

backface-visibility: ★

- -

★‥‥‥‥visible、hidden

| 初期値 | visible | 値の継承 | なし | 適用要素 | 変形可能な要素 |

　X軸やY軸を中心とした回転のように、変形効果によっては要素の裏面にあたる部分がユーザー側に現れることがあります。backface-visibilityプロパティは、こうした場合に裏面を表示するかどうかを指定するプロパティです。

値の指定方法

visible　　裏面が表示されるようにします。
hidden　　裏面が表示されないようにします。

CSS Source

```
body {
    margin-top: 30px;
    margin-left: 20px;
}
div {
    position: absolute;
    width: 200px;
    height: 100px;
    font-family: Helvetica, sans-serif;
    font-weight: bold;
}
#container1 {
    border: 2px solid rgb(169, 169, 169);
}
#sample1 {
    background-color: rgb(000, 139, 139);
    -webkit-transform: rotateY(180deg);
    -webkit-backface-visibility: visible;
    transform: rotateY(180deg);
    backface-visibility: visible;
}
```

左側のタブ（上から下）:
背景とボーダー / ボックス / 色とグラデーション / テキスト / フォント / 段組み / フレキシブルボックス / グリッドレイアウト / トランジション / アニメーション / 変形

```
#container2 {
    left: 250px;
    border: 2px solid rgb(169, 169, 169);
}
#sample2 {
    background-color: rgb(000, 139, 139);
    -webkit-transform: rotateY(180deg);
    -webkit-backface-visibility: hidden;
    transform: rotateY(180deg);
    backface-visibility: hidden;
}
```

HTML Source

```
<body>
<div id="container1"><div id="sample1">backface-visibility: visible</div></div>
<div id="container2"><div id="sample2">backface-visibility: hidden</div></div>
</body>
```

Internet Explorer

左のボックスには「visible」、右のボックスには「hidden」を指定しているので、右のボックスでは裏面が表示されません。

▶ ブラウザごとの指定方法と対応

ブラウザ	プロパティ		ブラウザ	プロパティ
IE10	backface-visiblity		Opera	—
IE9	—		iOS6	-webkit-backface-visibility
Fx	backface-visiblity		iOS5	-webkit-backface-visibility
Chrome	backface-visiblity		Android	-webkit-backface-visibility
Safari	-webkit-backface-visibility			

※Chromeは3Dレンダリングが有効になっていない場合、正しく表示されません

参照 要素に3次元の変形効果を付けたい・・・・・・・・P.468

付 録
APPENDIX

- 廃止された属性一覧表
- HTML5タグインデックス
- HTML5属性インデックス
- CSS3インデックス
- 用語インデックス

HTML
5

CSS
3

APPENDIX 01

廃止された属性一覧表

■ 文書の基本

要素	属性	意味	代替
html	version	HTML DTDのバージョン	—
head	profile	メタデータプロファイルのURI	ブラウザの特定の動作を規定する場合はlink要素
body	alink	リンク部分を選択した瞬間（クリックなど）の色	CSS
	background	ページ全体の背景画像	CSS
	bgcolor	ページ全体の背景色	CSS
	link	まだ見ていないページへリンクしている部分の色	CSS
	text	ページの標準の文字色	CSS
	vlink	すでに見たページへリンクしている部分の色	CSS
link	charset	リンク先の文字エンコーディング	リンク先のHTTP Content-Typeヘッダ
	rev	関連付けるファイルから見たこの文書との関係	rel属性
	target	リンク先を読み込むウインドウ	—
meta	scheme	content属性に指定されたプロパティの値を解釈するための情報	スキームをフィールドごとに使うか、もしくは値のスキーム宣言部分を作る。
script	language	使用するスクリプト言語	type属性

■ セクションと見出し

要素	属性	意味	代替
h1〜h6	align	見出しの行揃え	CSS

■ コンテンツのグループ化

要素	属性	意味	代替
p	align	段落の行揃え	CSS
hr	align	横罫線の位置	CSS
	noshade	平面的な横罫線	CSS
	size	横罫線の太さ	CSS
	width	横罫線の長さ	CSS
pre	width	表示幅	CSS
ul	compact	リストをより小さく表示	CSS
	type	項目の先頭に付くマークの種類	CSS
ol	compact	リストをより小さく表示	CSS
li	type	項目の先頭に付くマークや番号の種類	CSS
dl	compact	リストをより小さく表示	CSS
div	align	指定の範囲の行揃え	CSS

■ テキストレベルの意味付け

要素	属性	意味	代替
a	charset	リンク先の文字エンコーディング	リンク先のHTTP Content-Typeヘッダ
	coords	リンク領域の座標	area要素のshape属性
	name	移動先の名前	id属性
	shape	リンクとして定義される領域の形	area要素のcoords属性
	rev	リンク先のファイルから見たこの文書との関係	rel属性
br	clear	画像に対する回り込みの解除	CSS

■ コンテンツの埋め込み

要素	属性	意味	代替
img	align	画像とテキストとの位置関係	CSS
	border	画像の枠線	CSS
	hspace	画像に対する左右の余白	CSS
	longdesc	画像に関する詳しい説明へのリンク	a要素
	name	名前	id属性
	vspace	画像に対する上下の余白	CSS
area	nohref	リンクが無い	不要
iframe	align	インラインフレームとテキストとの位置関係	CSS
	frameborder	フレーム枠の表示・非表示	CSS
	longdesc	フレームに関する詳しい説明へのリンク	a要素
	marginheight	フレーム内の上下のマージン	CSS
	marginwidth	フレーム内の左右のマージン	CSS
	scrolling	スクロールの表示・非表示	CSS
embed	align	コンテンツの位置	CSS
	hspace	コンテンツの左右の余白	CSS
	name	コンテンツの名前	id属性
	vspace	コンテンツの上下の余白	CSS
object	align	オブジェクトと文字との位置関係	CSS
	archive	オブジェクトに関連するファイルのURLのアーカイブ	data属性、type属性、param要素
	border	オブジェクトの枠線	CSS
	classid	オブジェクトを実行するプログラムのURL	data属性、type属性、param要素
	code	JavaアプレットのクラスファイルのURL	data属性、type属性、param要素
	codebase	classid属性、data属性、archive属性で相対URLが指定された場合の基準のURL	data属性、type属性、param要素
	codetype	classid属性で指定されたプログラムのMIMEタイプ	data属性、type属性、param要素
	declare	オブジェクトの宣言だけ行い、自動で実行しない	その都度宣言
	hspace	オブジェクトの左右の余白	CSS
object	standby	オブジェクトの読み込み中に表示されるメッセージ	コンテンツを最適化
	vspace	オブジェクトの上下の余白	CSS

要素	属性	意味	代替
param	type	valuetype属性がrefの場合の、value属性で指定されるURLのリソースのMIMEタイプ	name属性とvalue属性(値のタイプは宣言しない)
	valuetype	value属性で指定する値のタイプ	name属性とvalue属性(値のタイプは宣言しない)

■ テーブル

要素	属性	意味	代替
table	align	表の位置	CSS
	bgcolor	表の背景色	CSS
	cellpadding	セル内の余白	CSS
	cellspacing	セルの間隔	CSS
	frame	表の外枠線の表示方法	CSS
	summary	表の概要	-
	rules	セルの間に引かれる罫線の表示方法	CSS
	width	表の横幅	CSS
tr	align	セルのデータの行揃え(行単位)	CSS
	bgcolor	行の背景色	CSS
	char	セル内の位置を揃える文字(行単位)	CSS
	charoff	セル内の位置を揃える文字までの距離(行単位)	CSS
	valign	セルのデータの垂直方向の位置(行単位)	CSS
td	abbr	セルの内容を簡略化した内容	セル内に、最初に簡潔な内容、その次に詳細な内容のテキストを続ける
	align	セルのデータの行揃え	CSS
	axis	ヘッダセルの分類名	th要素のscope属性
	char	セル内の位置を揃える文字	CSS
	charoff	セル内の位置を揃える文字までの距離	CSS
	bgcolor	セルの背景色	CSS
	height	セルの高さ	CSS
	nowrap	セル内での改行を禁止	CSS
	scope	対象となるデータセルの範囲	th要素
	valign	セルのデータの垂直方向の位置	CSS
	width	セルの横幅	CSS
th	abbr	セルの内容を簡略化した内容	セル内に、最初に簡潔な内容、その次に詳細な内容のテキストを続ける
	align	セルのデータの行揃え	CSS
	axis	ヘッダセルの分類名	th要素のscope属性
	char	セル内の位置を揃える文字	CSS
	charoff	セル内の位置を揃える文字までの距離	CSS
	bgcolor	セルの背景色	CSS
	height	セルの高さ	CSS
	nowrap	セル内での改行を禁止	CSS
	valign	セルのデータの垂直方向の位置	CSS
	width	セルの横幅	CSS
caption	align	キャプションの位置	CSS

要素	属性	意味	代替
colgroup	align	グループ内の列に含まれる、各セルのデータの行揃え	CSS
	char	セル内の位置を揃える文字（グループ内の列に対して指定）	CSS
	charoff	セル内の位置を揃える文字までの距離（グループ内の列に対して指定）	CSS
	valign	グループ内の列に含まれる、各セルのデータの垂直方向の位置	CSS
	width	グループ内の列の横幅	CSS
col	align	対象とする列に含まれる、各セルのデータの行揃え	CSS
	char	セル内の位置を揃える文字（列に対して指定）	CSS
	charoff	セル内の位置を揃える文字までの距離（列に対して指定）	CSS
	valign	対象とする列に含まれる、各セルのデータの垂直方向の位置	CSS
	width	対象とする列の横幅	CSS
thead	align	グループ内の各セルのデータの行揃え	CSS
	char	セル内の位置を揃える文字（グループに対して指定）	CSS
	charoff	セル内の位置を揃える文字までの距離（グループに対して指定）	CSS
	valign	グループ内の各セルのデータの垂直方向の位置	CSS
tbody	align	グループ内の各セルのデータの行揃え	CSS
	char	セル内の位置を揃える文字（グループに対して指定）	CSS
	charoff	セル内の位置を揃える文字までの距離（グループに対して指定）	CSS
	valign	グループ内の各セルのデータの垂直方向の位置	CSS
tfoot	align	グループ内の各セルのデータの行揃え	CSS
	char	セル内の位置を揃える文字（グループに対して指定）	CSS
	charoff	セル内の位置を揃える文字までの距離（グループに対して指定）	CSS
	valign	グループ内の各セルのデータの垂直方向の位置	CSS

■ フォーム

要素	属性	意味	代替
input	align	画像ボタンと文字との位置関係	CSS
	usemap	クライアントサイド・イメージマップとの関連付け	input要素の代わりにimg要素
legend	align	ラベルの位置	CSS

■ インタラクティブ

要素	属性	意味	代替
menu	compact	リストをより小さく表示	CSS

HTMLタグインデックス

APPENDIX 03

HTML5属性インデックス

翔泳社ecoProjectのご案内

株式会社 翔泳社では地球にやさしい本づくりを目指します。

近年、京都議定書の発効に伴って環境問題への関心が世界的な高まりを見せています。このような時代の要請に適応するためにも、企業は真剣に環境戦略を求められるようになってきました。業態の性格上、出版社は商品の生産ラインを所有してこなかったためか、環境問題を身近に感じることが今まで少なかったと言えます。しかし、事実上、大量の紙と原油系の化学物質製品を使用しているため、社会的責任を免れることはできません。

そこで、弊社では商品の制作工程において、環境への配慮を強化するために、エコロジー活動の一環として『翔泳社ecoProject』を立ち上げ、独自にエコロジー基準を設定しました（下表）。このうち4項目以上を満たしたものをエコロジー製品と位置づけ、シンボルマークをつけています。

このシンボルマークは葉をモチーフとしてデザインされています。
木から抽出されたパルプでつくられる紙。それを原料とする本。
本のもとは木なのです。

環境を考慮した技術で生産された本が適正にリサイクルされる。
そのことで新しい緑が育まれる。
はじめは小さな小さな葉っぱのような活動が徐々に枝葉を広げ、
一本の大樹となるように願っています。
そんな思いがつまったマークです。

資材	基準	期待される効果	本書採用
装丁用紙	無塩素漂白パルプ使用紙 あるいは 再生循環資源を利用した紙	有毒な有機塩素化合物発生の軽減（無塩素漂白パルプ） 資源の再生循環促進（再生循環資源紙）	○
本文用紙	材料の一部に無塩素漂白パルプ あるいは 古紙を利用	有毒な有機塩素化合物発生の軽減（無塩素漂白パルプ） ごみ減量・資源の有効活用（再生紙）	○
製版	CTP（フィルムを介さずデータから直接プレートを作製する方法）	枯渇資源（原油）の保護、産業廃棄物排出量の減少	○
印刷インキ*	植物油を含んだインキ	枯渇資源（原油）の保護、生産可能な農業資源の有効利用	○
製本メルト	難細裂化ホットメルト	細裂化しないために再生紙生産時に不純物としての回収が容易	○
装丁加工	植物性樹脂フィルムを使用した加工 あるいは フィルム無使用加工	枯渇資源（原油）の保護、生産可能な農業資源の有効利用	

＊：パール、メタリック、蛍光インキを除く

■ Information

翔泳社のWeb辞典シリーズのホームページでは、本書のサンプルデータダウンロードのほか、カラーチャートや正誤表を掲載しています。
ぜひご利用ください。

サンプルデータはこちら

http://www.shoeisha.com/book/pc/dic/

なお、スマートフォンからサンプルデータを閲覧する
際には、右のQRコードからアクセスいただけます。

■ Author

株式会社アンク　http://www.ank.co.jp/

■ Staff

装丁	米倉 英弘（株式会社 細山田デザイン事務所）
本文デザイン／DTP	尾花 暁

■ 翔泳社メールマガジンのご案内

翔泳社「SEeditors」では、新刊案内やコラムをお届けするメールマガジンを発行しています。ぜひご登録ください。

http://www.shoeisha.co.jp/editors/ml

エイチティーエムエルファイブ　アンド　シーエスエススリー　ジ　テン　ダイニハン

HTML5 & CSS3辞典 第2版

2013年4月23日　初版第1刷発行
2015年7月25日　初版第2刷発行

著　者	（株）アンク
発行人	佐々木 幹夫
発行所	株式会社 翔泳社（http://www.shoeisha.co.jp）
印刷・製本	大日本印刷株式会社

ISBN978-4-7981-3056-9　　　　　　Printed in JAPAN